面向“十三五”普通高等院校机械专业规划教材

机械工程控制基础

主　编：王瑞丽　孔爱菊

副主编：白晓虎　郭　娜　邱　硕

主　审：王　伟

北京理工大学出版社
BEIJING INSTITUTE OF TECHNOLOGY PRESS

内 容 简 介

本书讲述了控制理论的基本原理及其在机械工程控制系统中的应用。全书共9章。第1～6章和第9章为经典控制理论部分，研究对象为线性连续系统，主要内容包括自动控制的基本概念，控制系统数学模型的建立，线性控制系统的时域分析、频域分析、根轨迹法，以及线性系统的综合与校正和控制系统设计。第7章为线性离散系统的分析和综合。第8章为线性控制系统的状态空间法。本书论述简洁，层次分明，注重物理概念和工程应用,每章都配备了习题。

本书可作为普通高等院校机械类专业的教材，也可作为从事相关工作的工程技术人员、科研人员的参考用书。

图书在版编目（CIP）数据

机械工程控制基础/王瑞丽，孔爱菊主编. —北京：北京理工大学出版社，2019.7（2019.12 重印）
ISBN 978-7-5682-7352-7

Ⅰ.①机…　Ⅱ.①王…　②孔…　Ⅲ.①机械工程－控制系统－高等学校－教材　Ⅳ.①TH-39

中国版本图书馆 CIP 数据核字（2019）第 167610 号

出版发行 / 北京理工大学出版社有限责任公司
社　　址 / 北京市海淀区中关村南大街 5 号
邮　　编 / 100081
电　　话 /（010）68914775（总编室）
（010）82562903（教材售后服务热线）
（010）68948351（其他图书服务热线）
网　　址 / http://www.bitpress.com.cn
经　　销 / 全国各地新华书店
印　　刷 / 北京国马印刷厂
开　　本 / 787 毫米×1092 毫米　1/16
印　　张 / 16.5
字　　数 / 388 千字
版　　次 / 2019 年 7 月第 1 版　2019 年 12 月第 2 次印刷
定　　价 / 45.00 元

责任编辑 / 陆世立
文案编辑 / 赵　轩
责任校对 / 周瑞红
责任印制 / 李志强

前 言

本书主要研究自动控制的基本原理及其在机械工程中的应用问题，旨在培养学生利用控制论的思想和方法分析机械工程领域中的控制问题的能力。本书编者结合多年的教学经验和研究工作，并参考国内外优秀教材内容，引入机械工程实例，由浅入深地介绍了自动控制的基本概念、分析方法、设计过程及 MATLAB 仿真方法。全书共分 9 章，第 1～6 章和第 9 章为经典控制理论部分，以线性连续系统为研究对象，主要内容包括自动控制的基本概念、控制系统数学模型的建立、控制系统的时域分析、频域分析、根轨迹法、线性系统的综合与校正和控制系统设计。第 7 章为线性离散系统的分析和综合。第 8 章为线性控制系统的状态空间法。

本书论述简洁，层次分明，注重物理概念和工程应用，每章配备习题，适合作为机械类专业的教材，也可作为从事相关工作的工程技术人员、科研人员的参考用书。

本书由沈阳农业大学王瑞丽、孔爱菊任主编，沈阳农业大学白晓虎、郭娜、邱硕任副主编，沈阳农业大学王伟任主审。本书的编写分工如下：王瑞丽编写第 1 章、第 5 章，孔爱菊编写第 2 章、第 3 章，邱硕编写第 4 章，郭娜编写第 6 章、第 9 章，白晓虎编写第 7 章、第 8 章。全书由王瑞丽修改、定稿。

在编写本书的过程中，我们得到了编者单位和出版社的大力支持，书中引用了参考文献中的部分资料，在此向文献作者表示感谢。

虽然经过多次校对，但由于编者水平有限，书中难免有不当之处，欢迎广大读者批评指正。

编　者

2019 年 3 月

目 录

第1章 绪论……(1)
1.1 机械工程的发展与控制理论的应用……(1)
1.2 机械工程自动控制系统的基本结构及工作原理……(2)
1.2.1 机械装置自动控制系统……(3)
1.2.2 工作台位置自动控制系统……(4)
1.2.3 工作台速度自动控制系统……(8)
1.2.4 机械工程自动控制系统的基本结构与基本变量……(10)
1.3 机械工程自动控制系统的分类……(11)
1.4 自动控制系统的基本要求……(12)
习题……(13)
第2章 控制系统的数学模型……(17)
2.1 控制系统的微分方程……(17)
2.1.1 列写微分方程的一般步骤……(18)
2.1.2 机械系统……(18)
2.1.3 电气系统……(19)
2.2 拉普拉斯变换及反变换……(20)
2.2.1 拉氏变换的概念……(20)
2.2.2 拉氏变换的性质……(21)
2.2.3 拉氏反变换……(22)
2.3 传递函数……(25)
2.3.1 传递函数的定义……(25)
2.3.2 传递函数的性质……(26)
2.3.3 基本环节及传递函数……(27)
2.3.4 电气网络的运算阻抗与传递函数……(33)
2.4 系统传递函数动态结构图及其简化……(34)

2.4.1 系统方块图的构成 …… (34)
2.4.2 方块图的绘制 …… (35)
2.4.3 方块图等效变换规则 …… (37)
2.4.4 典型控制系统的传递函数 …… (40)
2.4.5 方块图的简化 …… (43)
2.4.6 梅逊公式 …… (45)
2.5 数学模型的MATLAB描述 …… (46)
2.5.1 MATLAB的数学模型表示 …… (46)
2.5.2 MATLAB在方块图简化中的应用 …… (49)
习题 …… (51)
第3章 线性系统的时域分析 …… (56)
3.1 典型输入信号 …… (56)
3.2 一阶系统的时域分析 …… (58)
3.2.1 一阶系统的数学模型 …… (58)
3.2.2 一阶系统的单位阶跃响应 …… (59)
3.2.3 一阶系统的单位脉冲响应 …… (60)
3.2.4 一阶系统的单位速度响应 …… (60)
3.2.5 一阶系统的等加速度响应 …… (61)
3.2.6 一阶系统对各典型输入信号的响应 …… (62)
3.3 二阶系统的时域分析 …… (62)
3.3.1 二阶系统的时间响应 …… (62)
3.3.2 二阶系统的单位阶跃响应 …… (64)
3.4 二阶系统的时域性能指标 …… (67)
3.5 高阶系统的时间响应 …… (73)
3.5.1 高阶系统的单位阶跃响应 …… (73)
3.5.2 高阶系统的主导极点 …… (75)
3.6 线性系统的稳定性分析 …… (76)
3.6.1 线性系统稳定性的定义和判定 …… (77)
3.6.2 线性系统的代数稳定性判据 …… (78)
3.7 线性系统的误差 …… (82)
3.7.1 系统的误差和偏差 …… (83)
3.7.2 静态误差系数法求稳态误差 …… (84)
3.7.3 干扰作用下的稳态误差 …… (89)
3.7.4 减少或消除稳态误差的方法 …… (92)
3.8 用MATLAB进行系统时域分析 …… (94)

3.8.1 典型输入信号的 MATLAB 描述 …… (94)
3.8.2 利用 MATLAB 分析系统的稳定性 …… (97)
习题 …… (98)
第 4 章 控制系统的根轨迹法 …… (102)
4.1 根轨迹的基本概念 …… (102)
4.1.1 根轨迹的定义 …… (102)
4.1.2 根轨迹与系统的性能 …… (103)
4.1.3 根轨迹方程 …… (104)
4.2 绘制根轨迹的基本规则与方法 …… (105)
4.2.1 绘制根轨迹的基本规则 …… (105)
4.2.2 绘制根轨迹的方法 …… (110)
4.2.3 绘制 0° 根轨迹的基本规则 …… (111)
4.3 根轨迹应用 …… (113)
4.3.1 增加开环极点的影响 …… (113)
4.3.2 增加开环零点的影响 …… (114)
4.3.3 利用根轨迹确定系统参数 …… (114)
4.3.4 用根轨迹分析系统的动态性能 …… (117)
4.4 利用 MATLAB 语言绘制系统的根轨迹 …… (118)
习题 …… (120)
第 5 章 线性系统的频域分析 …… (122)
5.1 频率特性 …… (122)
5.1.1 频率特性的相关概念 …… (122)
5.1.2 频率特性的求法 …… (124)
5.1.3 频率特性的物理意义 …… (125)
5.1.4 频率特性的图示方法 …… (125)
5.2 系统的开环幅相频率特性曲线（Nyquist 图） …… (126)
5.2.1 Nyquist 图的基本概念 …… (126)
5.2.2 典型环节的 Nyquist 图 …… (126)
5.2.3 开环系统的 Nyquist 图 …… (131)
5.2.4 Nyquist 图的画法 …… (133)
5.3 系统的对数频率特性图（Bode 图） …… (134)
5.3.1 Bode 图基本概念 …… (134)
5.3.2 典型环节的 Bode 图 …… (135)
5.3.3 系统 Bode 图绘制 …… (143)
5.4 开环系统的频率特性 …… (146)

5.4.1 最小相位系统与非最小相位系统 …… (146)
5.4.2 由开环频率特性确定系统的数学模型 …… (148)
5.4.3 闭环系统的频率特性 …… (150)
5.5 Nyquist 稳定判据 …… (153)
5.5.1 辐角原理（Cauchy 定理） …… (154)
5.5.2 Nyquist 稳定判据 …… (155)
5.5.3 原点处有开环极点时的 Nyquist 判据 …… (158)
5.5.4 Nyquist 判据应用举例 …… (159)
5.6 Bode 稳定判据 …… (161)
5.6.1 Nyquist 图与 Bode 图的对应关系 …… (161)
5.6.2 穿越的概念 …… (162)
5.6.3 Bode 稳定判据 …… (162)
5.7 控制系统的相对稳定性 …… (163)
5.8 频域指标与时域指标之间的关系 …… (167)
5.8.1 闭环幅频特性与时域稳态误差之间的关系 …… (167)
5.8.2 频域动态性能指标与时域动态指标的关系 …… (169)
5.9 用 MATLAB 语言计算频率特性 …… (173)
5.9.1 Nyquist 图 …… (173)
5.9.2 Bode 图 …… (174)
5.9.3 Nichocls 图 …… (176)
习题 …… (176)
第 6 章 线性系统的综合与校正 …… (178)
6.1 系统的性能指标及校正的基本概念 …… (178)
6.1.1 系统的性能指标 …… (178)
6.1.2 常用的校正方式 …… (179)
6.2 相位超前校正网络设计 …… (181)
6.2.1 相位超前校正及其校正元件的特性 …… (181)
6.2.2 基于 Bode 图的相位超前校正网络设计 …… (183)
6.3 相位滞后校正网络设计 …… (186)
6.3.1 相位滞后校正及滞后校正元件的特性 …… (186)
6.3.2 基于 Bode 图的相位滞后校正网络设计 …… (187)
6.4 相位滞后-超前校正网络设计 …… (189)
6.4.1 相位滞后-超前校正网络特性 …… (189)
6.4.2 基于 Bode 图的相位滞后-超前校正网络设计 …… (190)
6.5 PID 校正 …… (191)

6.5.1 比例微分（PD）控制 ……（191）
6.5.2 比例积分（PI）控制 ……（192）
6.5.3 比例积分微分（PID）控制 ……（193）
6.6 反馈校正 ……（194）
6.6.1 比例（位置）负反馈校正 ……（195）
6.6.2 微分（速度）负反馈校正 ……（196）
习题 ……（196）
第7章 线性离散系统的分析与综合 ……（199）
7.1 引言 ……（199）
7.2 采样 ……（200）
7.2.1 采样过程 ……（200）
7.2.2 采样定理 ……（201）
7.2.3 保持器 ……（203）
7.3 Z变换 ……（204）
7.3.1 Z变换 ……（204）
7.3.2 Z变换的求法 ……（205）
7.3.3 Z变换的基本性质 ……（206）
7.3.4 Z反变换 ……（207）
7.3.5 Z变换方法解差分方程 ……（209）
7.4 脉冲传递函数 ……（210）
7.4.1 脉冲传递函数的定义 ……（210）
7.4.2 串联元件的脉冲传递函数 ……（211）
7.4.3 闭环系统的脉冲传递函数 ……（212）
7.5 线性离散系统的稳定性分析 ……（214）
7.5.1 [s]平面与[z]平面的映射关系 ……（214）
7.5.2 线性离散控制系统稳定的充要条件 ……（215）
7.5.3 推广的劳斯稳定判据 ……（216）
7.6 线性离散系统的时域分析 ……（217）
7.6.1 [z]平面上极点的位置与系统的时间响应 ……（217）
7.6.2 线性离散系统的响应过程 ……（218）
7.6.3 线性离散系统的稳态误差 ……（219）
习题 ……（221）
第8章 线性控制系统的状态空间法 ……（222）
8.1 状态空间的基本概念 ……（222）
8.2 状态空间模型与输入-输出模型间的关系 ……（224）

8.2.1 由状态空间模型推导输入-输出模型 …… (224)
8.2.2 由输入-输出模型转换为状态变量模型 …… (226)
8.3 控制系统的能控性和能观性 …… (227)
8.3.1 能控性和能观性的定义 …… (228)
8.3.2 线性定常连续系统的能控性判据 …… (228)
8.3.3 线性定常连续系统的能观性判据 …… (229)
习题 …… (229)
第 9 章 控制系统设计 …… (231)
9.1 控制系统设计的步骤 …… (231)
9.1.1 确定系统的性能指标要求 …… (231)
9.1.2 系统构建 …… (232)
9.1.3 系统建模 …… (232)
9.1.4 控制器设计 …… (233)
9.1.5 样机生产 …… (233)
9.2 数控直线工作台位置控制系统设计实例 …… (233)
9.2.1 系统构建 …… (234)
9.2.2 系统建模 …… (234)
9.2.3 控制器设计 …… (239)
9.3 系统辨识 …… (247)
9.4 PID 控制参数工程整定方法 …… (249)
9.4.1 稳定边界法 …… (250)
9.4.2 衰减曲线法 …… (250)
9.4.3 试凑法 …… (250)
习题 …… (251)
参考文献 …… (253)

第1章

绪论

机械工程自动控制是一门技术科学，它研究自动控制的基本原理及其在机械工程中的应用问题。高科技在机械工程中的应用，使机械制造和机械产品本身的自动化和智能化水平不断提高。所谓自动控制，是指在人不直接参与的情况下，利用外加的设备或装置，使机器、设备或生产过程的工作状态或参数自动地按照特定规律运行。现代机械工程要求机械工程师们不但要具有机械结构现代设计和制造方法的知识，同时也要具有机械工程自动控制的知识。通过对本书的学习，学生可以掌握自动控制理论的基本原理及其在现代机械工程中应用的技能。

1.1 机械工程的发展与控制理论的应用

人类的祖先在制作和使用工具以后，就逐渐开始制作和使用机械了，人类最初使用机械的目的是省力，或者使人的力量变大。最古老、最简单的机械是杠杆，通过杠杆，人可以移动用手不能直接移动的重物。利用自然力（如风车和水车的使用），人开始把自己从繁重的体力劳动中解脱出来。蒸汽机和电动机的发明为机械提供了方便、有效的动力。机械的不断发展使人类从繁重的体力劳动中解放出来，并大大提高了劳动效率和产品质量。人类认识到机械在生产中的重要作用，不断地改进旧机器和发明新机器来满足不断增长的生产需要。在机械工程发展的过程中，人们一直致力于机器的自动化。只有自动化的机器才能生产出更多更好的产品，并能进一步降低人们在生产过程中的劳动强度。不断提高机器的自动化水平，一直是人类追求的目标。

1. 经典控制理论

虽然人类开始运用自动控制的初级原理较早，但自动控制理论的形成是在20世纪40年代。由于当时军事技术和工业生产中都出现了许多亟待解决的系统控制问题，所以要求设计的系统工作稳定、响应迅速，并且精度高。这就需要对系统做深入的理论研究，揭示系统内部运动的规律，即系统性能与系统结构及参数之间的关系。最初所涉及的系统是单输入-单输出、用微分方程及传递函数描述的系统，形成的理论称为经典控制理论。经典控制理论用频率特性法、根轨迹法等方法分析和设计系统。在经典控制理论基础上发展起来的模拟量自动控制系统，至今在许多工业部门仍然占有重要地位。经典控制理论是现代控制理论的基础，要掌握现代控制理论首先要学好经典控制理论。

2. 现代控制理论

随着现代科学技术的发展，多输入-多输出的复杂系统，如各种数控机床和各种用途的机器人等越来越多。经典控制理论已不能满足解决这类问题的需要，机械工程发展的需要是自动控制理论发展的强大动力。现代控制理论用状态空间描述系统变量，所建立的状态空间表达式不仅表达系统输入、输出之间的关系，而且描述系统内部状态变量随时间的变化规律。现代控制理论在实际工程中的应用需要大量快速的运算，电子技术和计算机技术的发展，为现代控制理论的产生和发展提供了在现代化系统中实际应用的技术条件。现代控制理论的基础部分是线性系统理论，其研究如何建立系统的状态方程，如何由状态方程分析系统的响应、稳定性和系统状态的可观测性与可控制性，以及如何利用状态反馈改善系统性能等。现代控制理论的重要部分是最优控制，就是在已知系统的状态方程、初始条件及某些约束条件下，寻求一个最优控制向量，使系统在此最优控制向量作用下的状态或输出满足某种最优准则。电子计算机及计算方法的迅速发展，使最优控制成为应用越来越广泛的方法。自适应控制是近年来发展较快的现代控制论分支，它适合被控对象的结构或参数随环境条件变化而变化的情况。控制器的参数要能随环境条件的变化自动进行调节，才能使系统始终满足某种最优准则。这类系统称为自适应控制系统。

3. 智能控制技术

智能控制特别适用于实际工程中存在的一些无法建立精确数学模型甚至根本无法建立数学模型及具有强非线性复杂系统的控制问题。虽然它还处于初级阶段，但它具有无限的发展空间，是以往任何控制理论和技术无法比拟的。人类可以把所有的知识及获取知识的方法注入智能控制系统，也可以把聪明人的思维方法（对所获取信息的分析、特性提取、推理、判断、决策，经验的获取、积累与提高等）“教给”智能控制系统。人类的智能在不断发展，智能控制系统也将不断地发展。智能控制近年来发展较快，并在实际工程中得到了广泛应用。

无论是现代控制系统还是正在发展的智能控制系统，它们的控制算法都是通过运行在控制计算机中的程序实现的，因此它们属于数字控制系统。根据经典控制理论建立起来的控制系统属于模拟量控制系统，因为在这样的系统中的变量全部是连续的模拟信号和模拟量。模拟量控制系统的控制作用是通过模拟电路来实现的。本书主要讲述模拟量控制系统。

1.2 机械工程自动控制系统的基本结构及工作原理

机械工程自动控制系统的控制对象是机械零件或部件，而不是专门通过机械装置产生控制作用的系统。在机械工程自动控制系统的初级阶段或简单的机械工程自动控制系统中，常用机械装置产生自动控制作用，但是由于电子技术的发展促进了传感技术和计算机技术的发展，逐渐地用电子元器件组成的电气装置代替机械装置来产生自动控制作用。下面首先介绍由机械装置产生控制作用的系统结构及其自动控制原理，然后通过一个典型例子介绍由电气装置产生控制作用的系统结构及其自动控制原理。

1.2.1　机械装置自动控制系统

如图 1.1 所示的蒸汽机转速控制系统中，控制的目的是使蒸汽机的转速 n 保持为一个恒定数值，这个恒定数值称为控制系统的目标值，实际转速称为控制系统的被控量或输入量。如果给蒸汽机通入额定的蒸汽流量 Q，若额定负载不变，又没有其他干扰，则蒸汽机的转速为额定转速 n_0，即目标值。但在负载变化的情况下，蒸汽机的转速必然也会有影响。为了使控制系统的实际转速保持为目标值，首先应采用离心机构检测转速 n。离心机构中连杆张开角度的大小取决于小球离心作用的大小，蒸汽机的转速越高，小球离心作用越大，所产生的张开角度越大。根据离心作用与张开角度的关系，利用离心机构可测量蒸汽机的实际转速 n。类似离心机构这种用于检测被控量的装置称为控制系统的检测装置。

如果负载增大，转速降低，使离心机构连接小球的连杆的张开角度变小，离心机构下部的滑块位置向下移动，则可通过由杠杆构成的转换机构增加阀门打开的程度，从而加大蒸汽量，提高蒸汽机的转速；如果负载减小，转速提高，增大了小球连杆的张开角度，使离心机构下部的滑块位置向上移动，则可通过转换机构减小阀门的开度，从而减小蒸汽量，降低蒸汽机的转速。显然，这里的速度检测装置是由机械装置构成的，保持速度恒定的调节机构也是由机械装置构成的。

如图 1.2 所示的水位自动控制系统中，控制的目的是使水位保持在一定的高度上。水位高度是被控量。水位高度是通过浮球装置检测的，所以浮球装置是该系统的检测装置。浮球随水面高度的上升或下降通过杠杆转换成阀门的开闭程度。

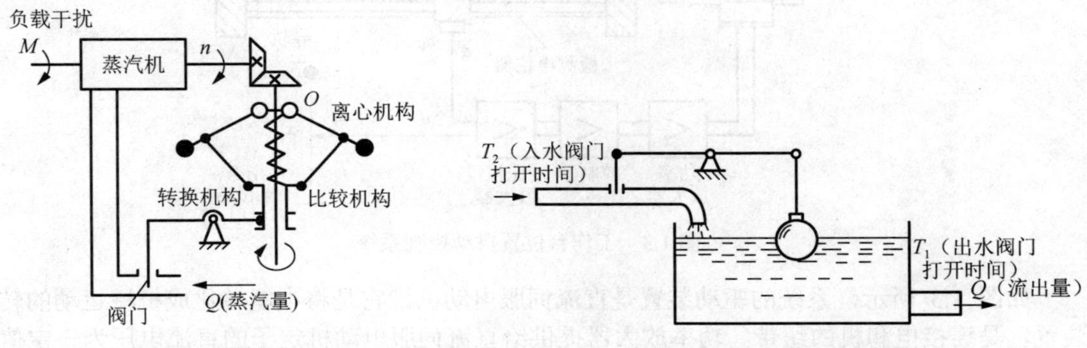

图 1.1　蒸汽机转速控制系统　　　　图 1.2　水位自动控制系统

通过以上两个用机械装置产生自动控制作用的例子可以看出自动控制系统自动调节的基本原理。同时，通过分析也可以看到，机械装置自动调节的调节范围、精度和可靠性都是很有限的。随着科学技术的发展，机械系统变得越来越复杂，以机构作为自动控制系统的调节装置已不能满足对系统越来越高的要求。电子学和电子技术的发展，使自动控制系统的检测手段和控制方法产生了巨大的变革。原来用机械的方法构成的检测装置改用各种电子元器件构成的传感器。现代传感器不但体积小、质量小、精度高，而且大大增加了使用寿命和可靠性。与机械调节装置相比，由电子元器件构成的控制器及放大器能完成复杂得多、先进得多的控制功能。在现代机械工程自动控制系统中，总是把机械与电子融合在一起，构成机电一体化系统。因此对机械工程自动控制系统进行性能分析和设计时，必须把机械系统和电子控制系统作为统一的整体来考虑。下面通过一个典型例子说明用电子设备构成的机械工程自动控制系统的基本结构、工作原理和一些基本定义。这个例子在以后的七章中都将作为学习该章内容的实际背景。有了这个背景，就会明确学习自动控制理论的具体意义。

1.2.2 工作台位置自动控制系统

如图 1.3 所示为工作台位置自动控制系统。该系统的控制功能为：操作者（人）通过指令电位器设置希望的工作台位置，工作台将自动运动到操作者所指定的位置上去。如果这个自动控制系统的性能良好，则工作台的运动是稳定、快速和准确的；如果这个自动控制系统的性能较差，则工作台的运动可能是不稳定的，如工作台在指定位置附近来回振动，或者可能运动速度缓慢，或者不能准确地运动到指定位置。那么如何才能获得性能良好的自动控制系统呢？大体上要解决两大方面的问题，即高水平的设计和精心的制造。在高水平的设计中，特别强调的是，要根据对系统动态特性的要求对机械系统进行动力学设计，并根据自动控制理论对控制系统进行多次设计至仿真、仿真至设计的过程，力求使整个系统达到最佳状态。这就需要掌握自动控制方面的知识，也就是学习本课程的目的。当然，高水平的设计还包括采用各种现代设计方法。例如，闻邦椿院士提出的动态优化、智能化和可视化“三化”设计法对提高系统整体设计水平和产品质量具有重要的指导意义。此外，先进的、具有足够精度和可靠性的元器件，较高的性能价格比，友好的人机界面及赏心悦目的造型等都是要反复考虑的。

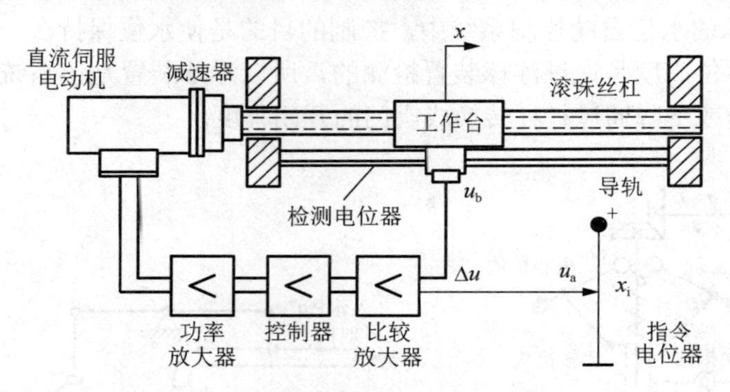

图 1.3 工作台位置自动控制系统

如图 1.3 所示，系统的驱动装置是直流伺服电动机，它是将电能转化成机械运动的转换装置，是连接电和机的纽带。功率放大器提供给直流伺服电动机定子的直流电压为一定值，形成一个恒定的定子磁场，定子也可以由永久磁铁制成。电动机的转子电枢接受功率放大器提供的直流电，此直流电的电压决定电动机的转速，电流的大小与电动机输出的转矩成正比。

工作台的传动系统由减速器、滚珠丝杠和导轨等组成。减速器起放大电动机输出转矩的作用。伺服系统中常用的有行星轮减速器和谐波减速器等。行星轮减速器有背隙，改变转动方向时电动机有空回程，小背隙高精度的行星轮减速器价格较高。谐波减速器无背隙，但价格高，使用寿命较低。滚珠丝杠和导轨（图 1.4）是将电动机的转动精确地转换成直线运动的装置。丝杠与减速器输出轴相连，滚珠丝杠的螺母与工作台相连。直流伺服电动机经减速器驱动滚珠丝杠转动，工作台在滚珠丝杠的带动下在导轨上滑动。滚珠丝杠较普通丝杠的优点不仅精度高，而且无回程间隙，有专门厂家生产，可以根据需要提供图样订货。同样，导轨可以根据需要选型订货。

如图 1.3 所示的自动控制系统的控制量是工作台的位置。系统利用指令电位器给出期望的工作台位置，指定电位器为系统的给定元件。检测电位器用来测量实际的工作台位置，为系统的检测元件。电位器按其结构形式可分成转动电位器和直线电位器，本系统中使用的电位器均为直线电位器。

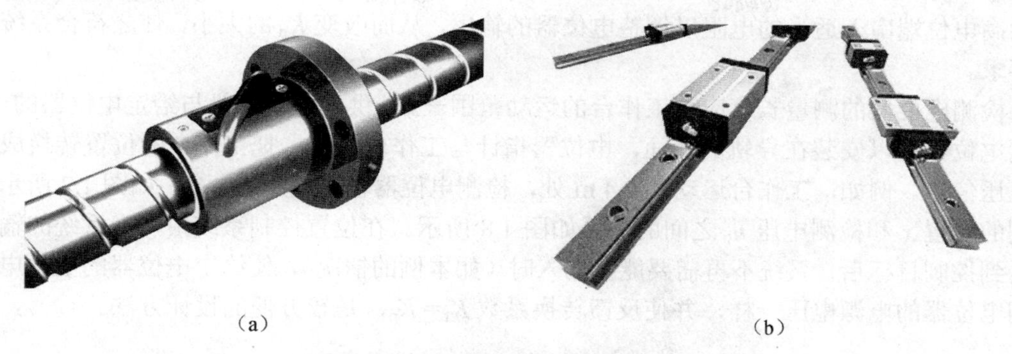

（a） （b）

图 1.4 滚珠丝杠和导轨

（a）滚珠丝杠；（b）导轨

操作者通过指令电位器将指令输入给系统。在本系统中，操作者通过指令电位器指定工作台的运动目的位置，指令电位器将操作者指定的位置转化成相应的电压信号输出。检测电位器用来检测工作台的实际位置，将工作台的实际位置转化成电压信号输出。

在指令电位器面板上应有控制量刻度，刻度要与控制量相对应。例如，工作台的位置范围是0～1.5 m，在指令电位器面板的全量程上可以均匀地刻上15个小格，每个小格代表0.1 m，并在对应的刻度线上标注数字 0, 0.1, 0.2, …, 1.5，如图 1.5 所示。电位器的 3 个引脚中，一个是直流稳压电源输入端，它与电源高电位相连；一个是公共端，即接地端；还有一个是电压信号输出端。电路接法如图 1.5 所示。设电源电压是 15 V 恒压电源，则刻度板上的每个小格对应 1 V 电压。指令电位器的指针与电压信号输出端相连，这样，指针指到 0 时，输出端电压为 0；指针指到 1.5 时，输出端电压为 15 V。如果操作者把指令电位器的指针指到刻度为 1.0 的位置，就代表让工作台运动到 1.0 m 的位置上，这时指令电位器的输出端电压为 10 V。操作者就这样把工作台的位置指令输入给了控制系统，在本例中指令电位器为人机界面。指令电位器是把位置指令转换成电压信号的元件，在控制理论中也称为给定环节。用 x_i 表示给定的位置，即该环节的输入；用 u_a 表示指令电位器对应的输出电压。这种转换关系可用图 1.6 所示的方块图表示，也可表示为

$$K_p = \frac{u_a}{x_i} \tag{1-1}$$

式中：K_p 为指令环节转换系数，或称为给定转换系数。

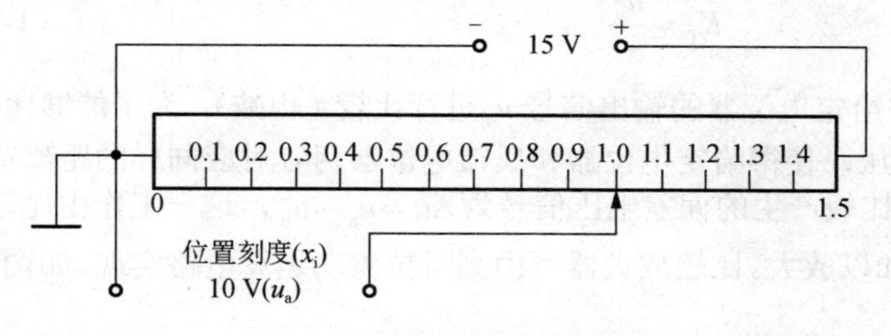

图 1.5 位置指令电位器电路接法

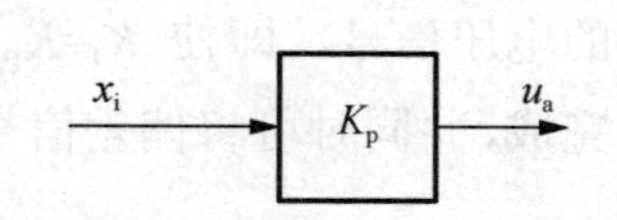

图 1.6 位置指令电位器方块图

选用具有良好线性度的电位器作为位置指令电位器，使式（1-1）中的 K_p 为常数，在本例中 $K_p=10\ \text{V}\cdot\text{m}^{-1}$。如果工作台的位置范围是 x，电位器的电源电压为 u，则可以根据 $K_p=u/x$ 来计算 K_p 的值，然后就可以根据式（1-1）计算对应 x_i 的 u_a。在实际应用中，也可以在电位器的高电位端串入适当的电阻以调整电位器的输出，从而改变 K_p 的大小，使之符合系统设计的要求。

检测电位器的测量长度应与工作台的运动范围一致，供电电压一般与给定电位器的一样。检测电位器可以安装在导轨的侧面，电位器指针与工作台相连，把工作台的位置转换成相应的电压信号。例如，工作台运动到 0.4 m 处，检测电位器输出电压为 4 V，如图 1.7 所示。检测到的位置 x 和检测电压 u_b 之间的关系如图 1.8 所示。在位置控制系统中，当系统的输出已经达到控制目标后，系统不再需要能量输入时（如本例的情况），使给定电位器的电源电压与检测电位器的电源电压一样，并使反馈转换系数 $K_f=K_p$，是较方便的设计方法。

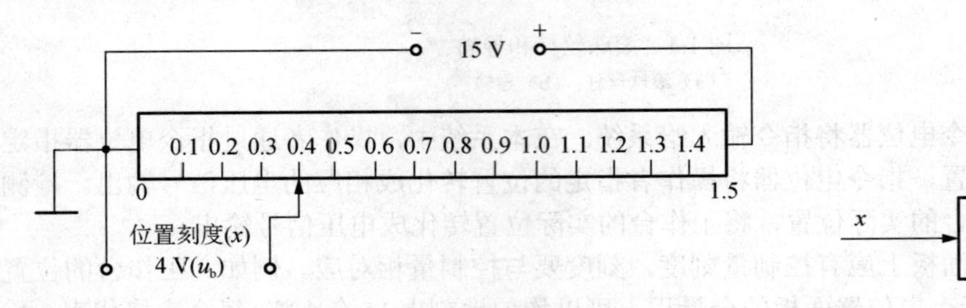

图 1.7　位置检测电位器

图 1.8　位置检测电位器方块图

在许多情况下，如工作台的运行范围太大，可以将一个多圈旋转电位器安装在滚珠丝杠的端部，通过检测滚珠丝杠的角度换算出工作台的位置。这种换算实际上是通过调整串联在电位器高电位端的可调电阻，使给定电位器和反馈电位器对应相同的工作台位置有相同的电压信号输出。采用多圈电位器作为反馈元件在本例中属于间接测量，但由于滚珠丝杠没有回程间隙，又具有较高的精度，这种间接测量也可以保证较高的反馈精度。当需要特别高的控制精度时，还是应该采用直接测量的方式。

了解指令电位器和检测电位器的工作原理以后，图 1.3 所示的工作台位置自动控制系统的控制原理可表述如下：工作台的操作者通过指令电位器发出工作台的位置指令 x_i，指令电位器就对应输出一个电压信号 u_a。电压信号 u_a 与位置 x_i 成正比，比例系数即为给定转换系数 K_p。工作台在导轨上的实际位置 x 由装在导轨侧向的位置检测电位器检测（或者由装在滚珠丝杠端部的多圈电位器的角度换算得出），位置检测电位器将实际位置 x 转换为电压信号 u_b 输出。电压信号 u_b 与工作台的实际位置 x 也成正比，有

$$K_f=\frac{u_b}{x} \tag{1-2}$$

电压信号 u_b 需要反馈回去与给定电位器的输出信号 u_a 进行比较（相减），为了能够比较，必须通过调节反馈电位器电源电压，使得给定电位器和反馈电位器两者对应同样的距离输出相同的电压信号，即使 $K_f=K_p$。比较产生的偏差电压信号为 $\Delta u=u_a-u_b$，这一工作由比较放大器完成，并同时可将偏差信号加以放大。比较放大器可由高阻抗差动运算电路实现，如图 1.9 所示。

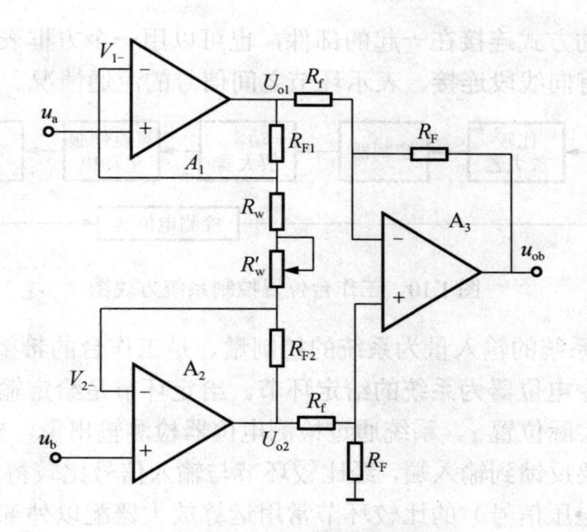

图1.9 比较放大器电路

由图1.9可知，比较放大器的输入为给定电位器输出 u_a 和检测电位器输出 u_b，其输出为

$$u_{ob}=K_q\left(u_a-u_b\right)=K_q\Delta u \tag{1-3}$$

式中：K_q 为比较放大器的增益，即

$$K_q=-\frac{R_F}{R_f}\left(1+\frac{R_{F1}+R_{F2}}{R_w+R'_w}\right) \tag{1-4}$$

这样，当 x 和 x_i 有偏差时，对应偏差电压为 $\Delta u=u_a-u_b$，该偏差电压在比较放大器中被放大成 $K_q\Delta u$。经比较放大器放大后的偏差信号进入控制器，控制器中加一个反相器就可以将 K_q 中的负号"-"去掉。通过控制器处理后的信号经功率放大器放大驱动直流伺服电动机转动。控制器如何处理放大后的偏差信号 $K_q\Delta u$ 涉及控制器的工作原理，是通过学习本课程才能解决的问题。电动机的转动通过减速器和滚珠丝杠驱动工作台向给定位置 x_i 运动。随着工作台实际位置与给定位置偏差的减小，偏差电压 Δu 的绝对值也逐渐减小。当工作台实际位置与给定位置重合时，偏差电压 $\Delta u=0$，没有电压和电流输入电动机，伺服电动机不输出转矩。如果工作台此时的速度刚好为0，工作台将保持静止的状态；如果此时工作台的速度不为0，工作台的位置将超过给定位置，称为"超调"现象。工作台处于超调状态时，偏差电压 $\Delta u<0$，伺服电动机输出反向转矩，使工作台受到指向给定位置的力。至于工作台是否能够精确地停止在给定位置上，就要看控制器了。好的控制器将使工作台迅速准确地到达给定位置，不好的控制器会使工作台到达的位置有较大的误差，或者围绕某一位置振荡。在系统机械结构设计合理的情况下，控制器的设计是系统性能好坏的关键。好的控制器设计需要自动控制理论知识和丰富的经验，这就是学习本课程的意义所在。如果系统设计正确合理，当不断改变指令电位器的给定位置时，工作台就不断改变在机座上的位置，以保持 $x=x_i$ 的状态。

为了简化系统的描述，进一步分析系统的性质及进行系统设计，在自动控制理论中，常用方块图表示系统的结构及工作原理。上面介绍的工作台位置控制系统可用图1.10表示。比较环节和前置放大器实际上由比较放大器完成，为了更清楚地描述系统的原理，将比较和放大的作用分别画出来。图中每一个方框代表系统中的一个元器件，也称为一个环节，也可以代表几个环节按一定的方式连接在一起的部件，也可以用一个方框表示一个系统。在一个方块图中，方框之间用有向线段连接，表示环节之间信号的流通情况。

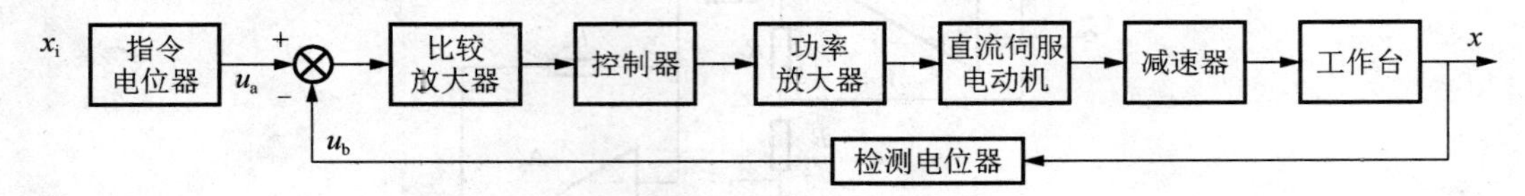

图 1.10　工作台位置控制系统方块图

由图 1.10 可知，系统的输入量为系统的控制量，是工作台的希望位置 x_i，是通过指令电位器给定的，所以指令电位器为系统的给定环节。给定环节是给定输入信号的环节。此系统的输出量为工作台的实际位置 x。系统通过检测电位器检测输出量，检测电位器为测量环节。测量环节的输出信号要反馈到输入端，经比较环节与输入信号比较得出偏差信号 Δu。用于比较模拟量（如连续的电压信号）的比较环节常用运算放大器配以外部电阻电路构成，在比较两个模拟量的同时，对它们的差进行一定的放大，即图 1.10 中的比较放大器。但是需要注意的是，要比较的物理量必须是同种物理量。若测量环节的输出信号与系统输入信号不是同种物理量，则需将其转化成同种物理量，以便比较。由比较放大器输出的信号经控制器、功率放大器后驱动伺服电动机。功率放大器必须线性度好、工作频率范围宽和响应速度快。现代的功率放大器采用脉宽调制（pulse width modulation，PWM）技术，保证了自动控制系统对功率放大器的要求。线性度好的放大器在控制系统中作为比例环节。直流伺服电动机为执行环节。执行环节驱动被控对象，使其输出预定的输出量。系统的控制量被检测并反馈到输入端，与输入量比较，构成一个闭环，称这样的系统为闭环控制系统。精确的自动控制系统大多数采用闭环控制。

若系统控制量未被检测，未反馈到输入端参加控制，也没有其他与控制量相关的输出量被检测和参与控制，则称这样的系统为开环控制系统。对于运动控制系统，用步进电动机作为驱动的开环系统也能实现较好的系统性能。而对于像温度、压力、流量等，采用开环控制就很难保证系统性能了。

1.2.3　工作台速度自动控制系统

当系统的自动调节作用使控制量达到给定值时，称系统达到平衡状态。当系统达到平衡状态时，比较环节输出的偏差有两种情况：一种为 0，一种不为 0。在上述工作台位置控制系统中，随着工作台位置不断接近给定位置，偏差电压 Δu 不断减小，当工作台位置达到给定位置时，系统调节到平衡状态，偏差电压 $\Delta u=0$。另一种情况是当系统的控制量达到预定值时，起控制作用的偏差为一确定值，以维持系统的平衡状态。工作台的速度控制就属于这种情况，如图 1.11 所示。

系统的控制功能是，操作者通过指令电位器设置希望的工作台运动速度，工作台将在导轨上自动地按所设定的速度运动。要控制工作台的运动速度，就需要检测并反馈工作台的运动速度。检测环节由测速发电机和比例调压电路组成，检测环节的输出电压 u_b 与工作台运动速度 v 成比例关系，即

$$u_b = K_{vo} v \tag{1-5}$$

式中：K_{vo}为测速反馈系数，是一个可以通过检测环节中的比例调压电路调解的系数，单位为 V/(m·s^{-1})，其值为工作台运动速度为 1 m·s^{-1} 时的反馈电压。

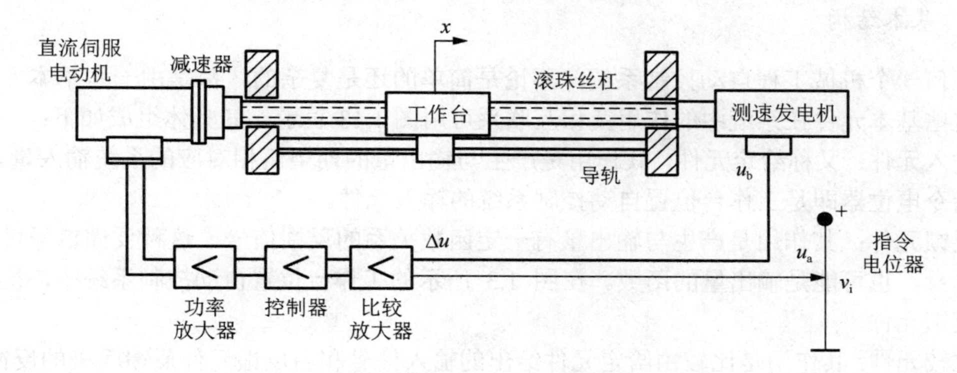

图 1.11 工作台速度控制系统

如图 1.12 所示，系统通过指令电位器发出工作台运动速度指令 v_i，指令电位器的输出是电压 u_a，它与工作台的运动速度指令 v_i 对应。电压 u_a 与速度 v_i 成正比，设比例系数为 $K_{vi}=u_a/v_i$。

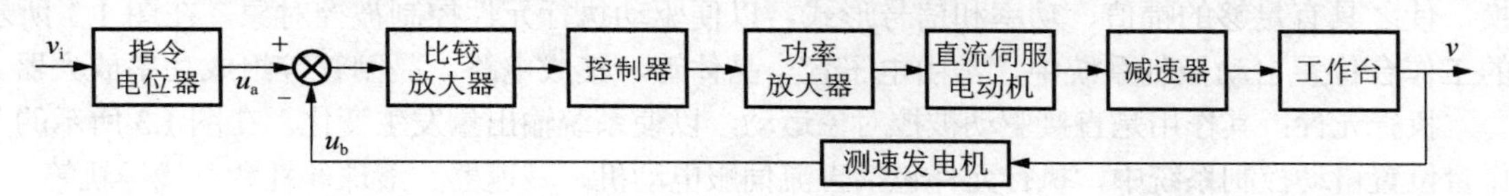

图 1.12 工作台速度控制原理图

在实际设计时，选取 K_{vi}，使 $K_{vi}>K_{vo}$。这样，当工作台速度 $v=v_i$ 时，也存在偏差电压 $\Delta u=u_a-u_b=K_{vi}v_a-K_{vo}v_b=\left(K_{vi}-K_{vo}\right)v_i$。在设计系统时，将放大器的放大倍数设计成可以调整的，系统调试过程中，调整其放大倍数，使得工作台速度 v 和给定速度 v_i 相等。

此系统的速度自动控制作用在于：

（1）如果系统受到某种干扰作用引起工作台速度变化，如速度小于给定值 v_i，检测环节输出的反馈电压 u_b 降低，偏差电压 $\Delta u=u_a-u_b$ 相应增大，使伺服电动机转速增高，工作台速度提高，直到工作台速度为给定值 v_i 时止，即调节达到了平衡状态；反之，如果工作台速度大于 v_i，则反馈电压 u_b 增高，偏差电压 $\Delta u=u_a-u_b$ 相应降低，使伺服电动机转速减低，工作台速度减小，直到工作台速度为给定值 v_i 时止。这样，工作台的速度只取决于给定速度 v_i，而不受干扰的影响。

（2）如果给定速度 v_i 提高，如提高到原来速度的 2 倍，则指令电位器输出电压提高到原来的 2 倍，偏差电压 Δu 提高，电动机的转速提高，工作台速度提高。由于工作台速度提高，反馈电压也随之提高。当工作台的速度达到新设定值时，反馈电压为原来的 2 倍，偏差电压也为原来的 2 倍，系统达到了新的平衡。

在以上两个例子中，系统的输出量不断地跟随系统的输入量，这种输出量能够迅速而准确地跟随输入量变化的系统称为随动系统。导弹、火炮和卫星跟踪天线等自动定位系统及船用随动舵等都属于随动系统。具有机械量（如位移、速度、加速度）输出的随动系统称为伺服系统。因此，机械工程中的随动系统绝大多数为伺服系统。

1.2.4 机械工程自动控制系统的基本结构与基本变量

1. 基本结构

任何一个机械工程自动控制系统，不论是简单的还是复杂的，都是由一些基本元件组成的，这些基本元件在系统中的作用及相互联系可用图 1.13 表示，其具体组成如下：

输入元件：又称给定元件，其作用是产生与输出量的期望值相对应的系统输入量。图 1.3 中的指令电位器即是工作台位置自动控制系统的输入元件。

反馈元件：其作用是产生与输出量有一定函数关系的反馈信号。这种反馈信号可能是输出量本身，也可能是输出量的函数。在图 1.3 所示的工作台位置自动控制系统中，检测电位器是反馈元件。

比较元件：其作用是比较由给定元件给出的输入信号和由反馈元件反馈回来的反馈信号，并产生反映两者差值的偏差信号。在图 1.3 所示的工作台位置自动控制系统中，由于给定电压 u_a 和反馈电压 u_b 都是直流电压，将它们反向串联便可得到偏差电压 Δu 。

放大变换元件：其作用是将比较元件给出的偏差信号进行放大并完成不同能量形式的转换，使之具有足够的幅值、功率和信号形式，以便驱动执行元件控制被控对象。在图 1.3 所示的工作台位置自动控制系统中，常由电子管、晶体管、集成电路、晶闸管等组成功率放大器。

执行元件：其作用是直接驱动被控对象运动，以使系统输出量发生变化。在图 1.3 所示的工作台位置自动控制系统中，执行元件包括直流伺服电动机、减速器、滚珠丝杠和直线导轨等。

被控对象：就是控制系统所要操纵和控制的对象。在图 1.3 所示的工作台位置自动控制系统中，被控对象就是工作台。

校正元件：又称校正装置，其作用是校正系统的动态特性，使之达到性能指标要求。在图 1.3 所示的工作台位置自动控制系统中，控制器就是串联校正元件，常用的有比例积分微分（proportional integral differentiation，PID）控制器等。

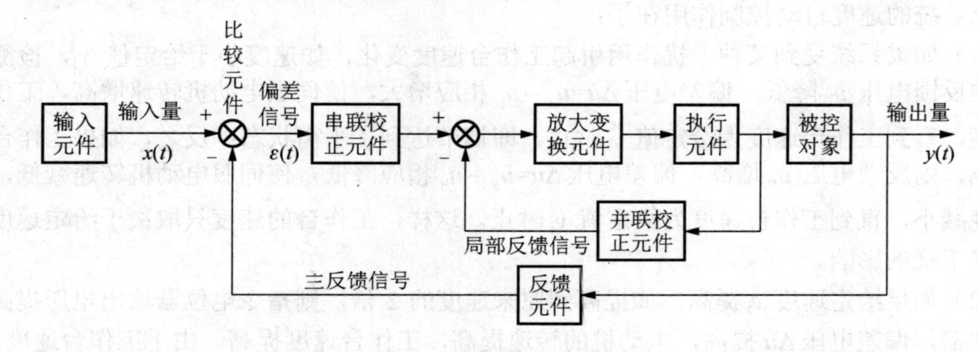

图 1.13 反馈控制系统基本构成

在工程实际中，比较元件、放大元件及校正元件常常合在一起形成一个装置，这样的装置一般称为控制元件。

2. 基本变量

一个机械工程自动控制系统，其基本变量主要包括以下几种。

（1）输入信号：又称输入量或给定量，也称为控制量或控制信号，用 $x(t)$表示，是控制输出量按预期规律变化而提供给控制系统的输入物理量。在图 1.3 所示的工作台位置自动控制系统中，指令电位器的给定电压为系统的输入信号。

（2）输出信号：又称输出量或被控量，用 $y(t)$表示，是与输入信号存在一定函数关系的物理量。在图 1.3 所示的工作台位置自动控制系统中，工作台的实际位置为系统的输出信号。

（3）反馈信号：是指从输出端或中间环节引出来，并直接或经过变换以后传输到输入端比较元件中的信号。在图 1.3 所示的工作台位置自动控制系统中，检测电位器的输出电压 u_b 为系统的反馈信号。按照反馈信号在系统中的位置可分为主反馈和局部反馈。从输出端到输入端的反馈称为主反馈，从中间环节到输入端或者从输出端到中间环节的反馈称为局部反馈。反馈信号有正负之分，自动控制系统中的主反馈一定是负反馈，否则偏差信号会越来越大，最终将导致系统失去控制。

（4）偏差信号：简称偏差，用 $\varepsilon(t)$ 表示，它是比较元件的输出，等于输入信号与主反馈信号之差。偏差信号只存在于闭环系统之中，它是闭环系统的实际控制信号，即真正起调节和控制作用的信号不是输入信号本身，而是由输入信号和主反馈信号通过比较元件形成的偏差信号。在图 1.3 所示的工作台位置自动控制系统中，偏差信号 $\varepsilon(t)=u_a(t)-u_b(t)=\Delta u$ 。

（5）误差信号：简称误差，用 $e(t)$表示，它是输出量的期望值与实际值之差。由于输出量的期望值是一个理想值，在实际系统中无法测量，所以误差只是一个理论值，通常误差用偏差来度量，其原因在于误差和偏差二者之间存在确定关系，偏差的大小能间接反映误差的大小，所以用偏差来度量误差既合理又实用。对于单位负反馈系统，误差就等于偏差。

值得注意的是，在机械工程控制基础这门学科中，信号和变量这两个术语不加区分，信号也即变量，变量也即信号。正因为如此，以上许多术语都有多种叫法。

1.3　机械工程自动控制系统的分类

机械自动控制系统有许多类型及分类方法，在此仅介绍以下几种。

1. 按控制系统有无反馈划分

前面已经提到，如果检测系统检测输出量，并将检测结果反馈到输入端，参加控制运算，这样的系统称为闭环控制系统。如果在控制系统的输出端与输入端之间没有反馈通道，则称此系统为开环控制系统。开环控制系统的控制作用不受系统输出的影响。如果系统受到干扰，使输出偏离了正常值，则系统便不能自动改变控制作用，而使输出返回到预定值。所以，一般开环控制系统很难实现高精度控制。前面列举的自动控制例子均为闭环控制系统。自动控制理论主要研究闭环系统的性能分析和系统设计问题。

2. 按控制系统中的信号类型划分

如果控制系统各部分的信号均为时间的连续函数，如电流、电压、位置、速度及温度等，则称其为连续量控制系统，也称为模拟量控制系统。如果控制系统中有离散信号，则称其为离散控制系统。计算机处理的是数字量，是离散量，所以计算机控制系统为离散控制系统，也称为数字控制系统。本书主要讨论模拟量控制系统，这是自动控制理论的基础。

3. 按控制变量的多少划分

如果系统的输入、输出变量都是单个的，则称其为单变量控制系统。前面所举的两个例子均属单变量控制系统问题。如果系统有多个输入、输出变量，则称此系统为多变量控制系统。多变量控制系统是现代控制理论研究的对象。

4. 按系统控制量变化规律划分

如果系统调节目标是使控制量为一常量，则称其为恒值调节系统。前面所举的蒸汽机转速控制系统和水位控制系统均为恒值调节系统，常见的恒温或恒压控制系统也为恒值调节系统。恒值调节系统和随动系统均为闭环系统，它们的控制原理没有区别。如果系统的控制量按预定的程序变化，则称其为程序控制系统。数控机床、工业机器人及自动生产线等均为程序控制系统。

5. 按系统本身的动态特性划分

系统的数学模型描述系统的动态特性。如果系统的数学模型是线性微分方程，则称其为线性系统；如果系统中存在非线性元器件，系统的数学模型是非线性方程，则称其为非线性系统。线性系统控制理论是自动控制理论的基础，也是本书的主要研究对象。

6. 按系统采用的控制方法划分

在模拟量控制系统中，按控制器的类型可分为比例微分（proportional differential，PD）、比例积分（proportional integral，PI）和 PID 控制。

1.4 自动控制系统的基本要求

由于控制目的不同，不可能对所有控制系统有完全一样的要求。但是，对控制系统有一些共同的基本要求，归结如下。

1. 稳定性

稳定性是指系统在受到外部作用之后的动态过程的倾向和恢复平衡状态的能力。当系统的动态过程是发散的或由于振荡而不能稳定到平衡状态时，则系统是不稳定的。不稳定的系统是无法工作的。因此，控制系统的稳定性是控制系统分析和设计的首要内容。

2. 快速性

系统在稳定的前提下，响应的快速性是指系统消除实际输出量与稳态输出量之间误差的快慢程度。快速性体现了系统对输入信号的响应速度，表现了系统追踪输入信号的反应能力。

3. 准确性

准确性是指在系统达到稳定状态后，系统实际输出量与给定的希望输出量之间的误差大小，它又称为稳态精度。系统的稳态精度不但与系统有关，而且与输入信号的类型有关。

对于一个自动化系统来说，最重要的是系统的稳定性，这是自动控制系统能正常工作的首要条件。要使一个自动控制系统满足稳定性、准确性和响应快速性要求，除了要求组成此系统的所有元器件性能稳定、动作准确和响应快速外，更重要的是应用自动控制理论对整个系统进行分析和校正，以保证系统整体性能指标的实现。一个性能优良的机械工程自动控制系统绝不是机械和电气的简单组合，而是对整个系统进行仔细分析和精心设计的结果。自动控制理论为机械工程自动控制系统分析和设计提供理论依据与方法。

机械工程自动控制系统的稳定性、准确性和快速性可以用性能指标来具体描述，我们将在以后的章节中介绍。

习　题

1-1　单项选择题。

（1）（　　）是保证控制系统正常工作的先决条件。

A. 稳定性　　B. 快速性　　C. 准确性　　D. 连续性

（2）与开环控制系统相比较，闭环控制系统通常对（　　）进行直接或间接地测量，通过反馈环节去影响控制信号。

A. 输出量　　B. 输入量　　C. 扰动量　　D. 设定量

（3）通常把系统（或环节）的输出信号直接或经过一些环节重新引回到输入端的做法称为（　　）。

A. 对比　　B. 校正　　C. 顺馈　　D. 反馈

（4）系统在稳定的前提下，其响应的（　　）是指系统消除实际输出量与稳态输出量之间误差的快慢程度。

A. 稳定性　　B. 快速性　　C. 准确性　　D. 连续性

（5）在系统达到稳定状态后，系统实际输出量与希望输出量之间的误差大小属于（　　）。

A. 稳定性　　B. 快速性　　C. 准确性　　D. 连续性

1-2　什么是反馈？什么是负反馈？负反馈在自动控制系统中有什么重要意义？

1-3　机械工程自动控制系统有许多类型及分类方法，试简要说明。

1-4　对控制系统的基本要求是什么？

1-5　试用方块图说明负反馈控制系统的基本组成。

1-6　通过实际应用例子说明开环控制系统和闭环控制系统的原理、特点及适应范围。

1-7　在下列运动中都存在信息的传输。试说明下列哪些运动是利用反馈来进行控制的，哪些不是。为什么？

（1）司机驾驶汽车；（2）篮球运动员投篮；（3）人骑自行车。

1-8　图题 1-8 是全自动电热淋浴器结构图，说明其工作原理，并画出水温控制系统的原理方块图。

1-9　图题 1-9 为一压力控制系统示意图。炉内压力由挡板位置控制，并由压力测量元件测量，说明其控制原理。

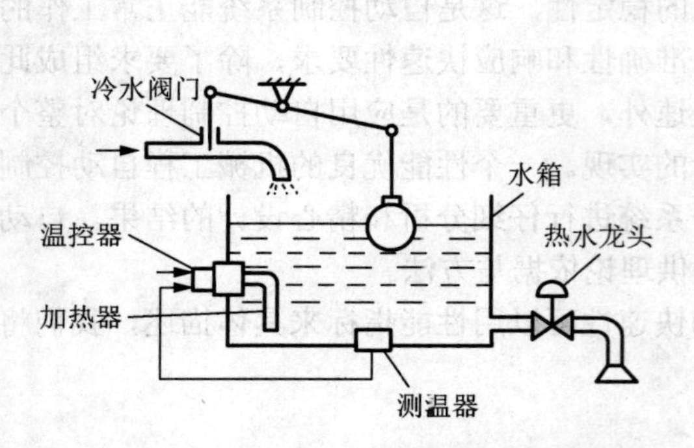

图题 1-8　全自动电热淋浴器结构图

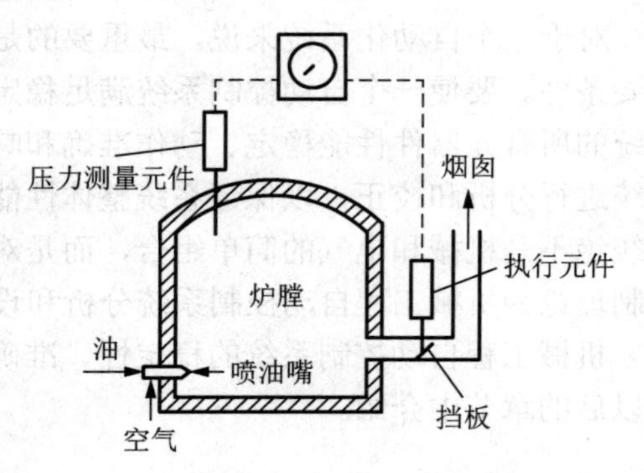

图题 1-9　压力控制系统示意图

1-10　图题 1-10 是一工作台位置液压控制系统示意图。该系统可以使工作台按照控制电位器给定的规律变化。要求：

（1）指出系统的被控对象、被控量和给定量，并画出系统方块图；

（2）说明控制系统中控制装置的各组成部分。

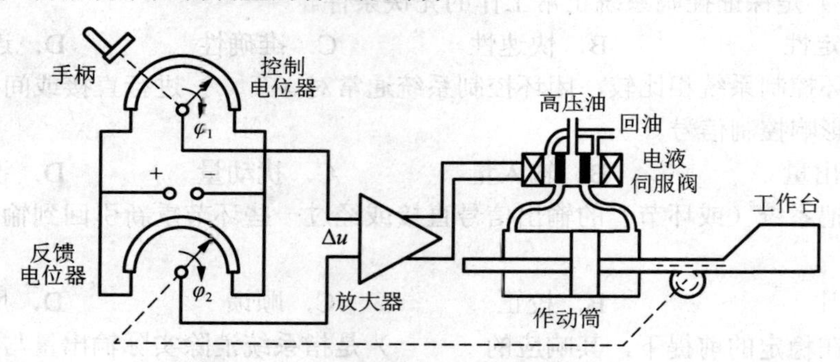

图题 1-10　工作台位置液压控制系统示意图

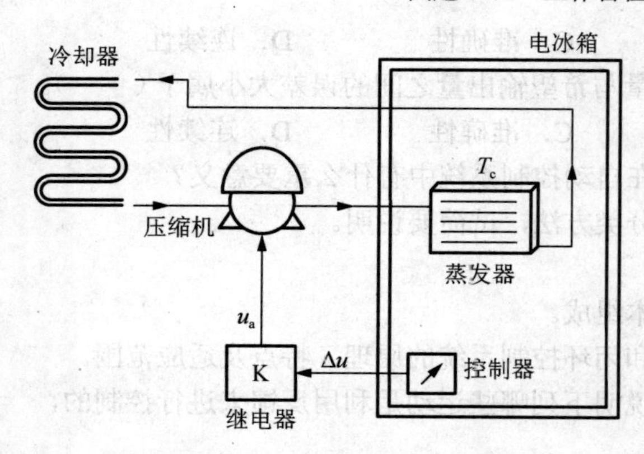

图题 1-11　电冰箱制冷系统工作原理

1-11　电冰箱制冷系统工作原理如图题 1-11 所示。试简述系统的工作原理，指出系统的被控对象、被控量和给定量，并画出系统方块图。

1-12　图题 1-12 是仓库大门自动控制系统原理示意图，图中，参数 u 表示放大器的输出电压。试说明自动控制大门开关的工作原理，并画出系统原理方块图。

1-13　图题 1-13 是炉温自动控制系统示意图，其中，热电偶是温度检测元件，它的输入量是温度，输出量为电压。试说明此系统的工作原理，并画出原理方块图。

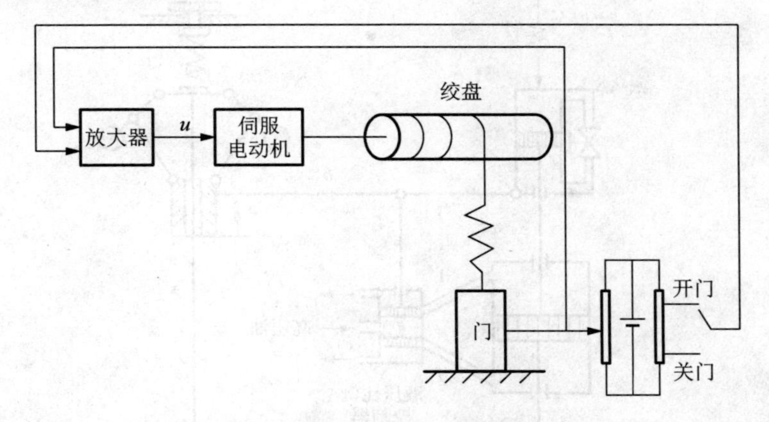

图题 1-12　仓库大门自动控制系统原理示意图

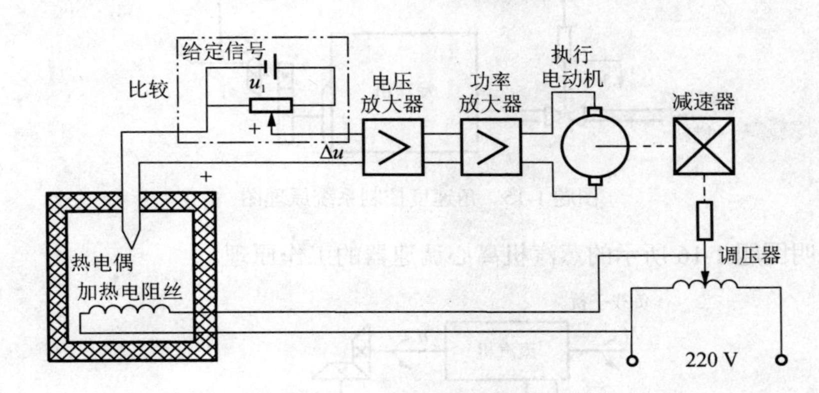

图题 1-13　炉温自动控制系统示意图

1-14　试画出如图题 1-14 所示的飞机-自动驾驶仪系统的结构方块图。

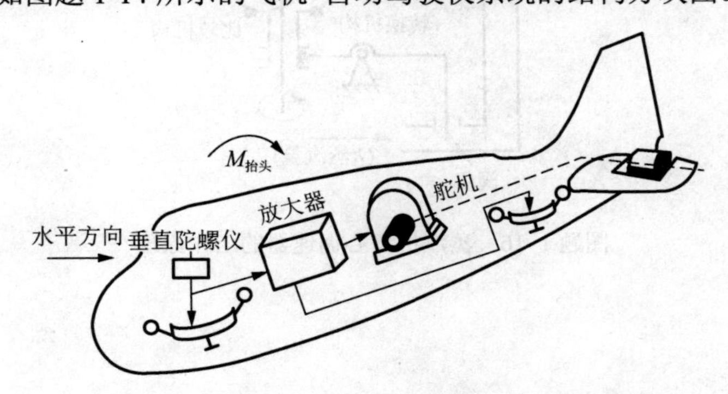

图题 1-14　飞机-自动驾驶仪系统

1-15　图题 1-15 是一角速度控制系统原理图。离心调速器的轴由内燃发动机通过减速齿轮获得角速度为 ω 的转动，旋转的飞锤产生的离心力被弹簧力抵消，所要求的速度 ω 由弹簧预紧力调准。当 ω 突然变化时，试说明控制系统的作用情况。

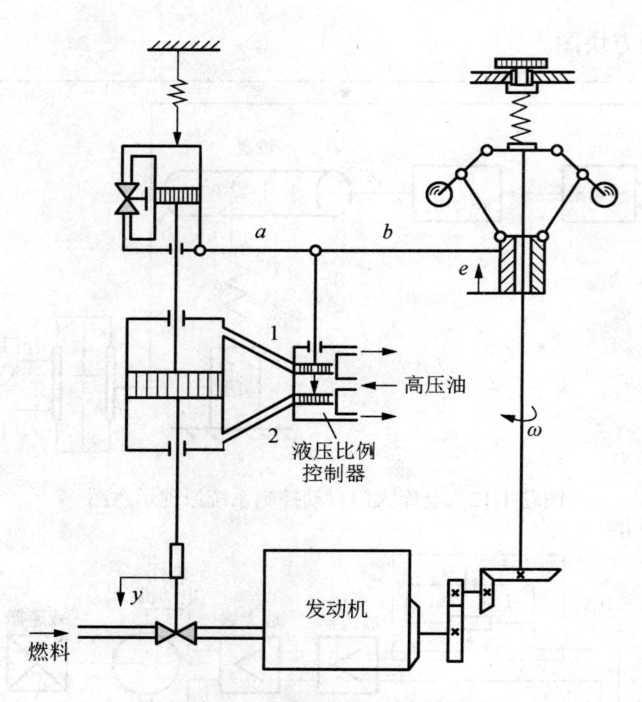

图题 1-15　角速度控制系统原理图

1-16　说明图题 1-16 所示的蒸汽机离心调速器的工作原理。

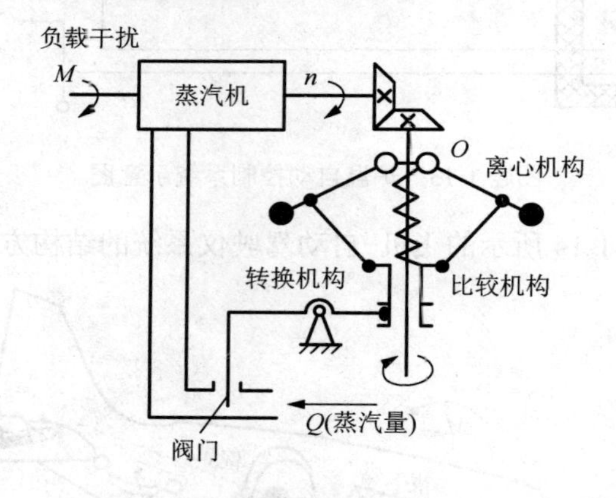

图题 1-16　蒸汽机离心调速器的工作原理

第2章

控制系统的数学模型

数学模型的建立是研究和分析控制系统首先要解决的问题。控制系统的数学模型是描述系统各变量之间关系的数学表达式。机械、电气、液压、电力等系统的结构和参数之间必定存在相应的联系，将这些联系通过数学的方式表达出来，将物理问题转化为数学问题来解决。在静态条件下（即变量对时间的各阶导数为0），描述变量之间关系的数学模型称为静态模型；在动态条件下（即变量对时间的各阶导数有不为0的情况），描述变量之间关系的数学模型称为动态模型。确定系统的数学模型，就表示确定了系统输入、输出及各变量之间的关系，就可以建立系统输入量和输出量的数学表达式，在已知的初始条件下可以求解，进而对系统的性能进行分析。

建立系统的数学模型一般可分为解析法和实验法两种。解析法是通过系统本身运动机理（物理、化学规律）分析确定相应的运动方程，推导出系统的数学模型。实验法（又称为辨识法）是人为给系统施加典型信号，测量在输入信号作用下系统的输出，拟合出被研究系统输入信号和输出信号之间的关系。

以单输入、单输出为研究目标的经典控制理论中，建立的数学模型有多种形式，其中时域模型主要有微分方程、差分方程和状态方程等；复域模型主要有传递函数、信号流图、结构方块图等；频域模型主要有频率特性等。本章主要研究微分方程、传递函数和方块图等数学模型的建立和应用。

2.1 控制系统的微分方程

微分方程是在时域内描述系统动态性能的数学模型，即系统中各变量都是关于时间 t 的函数。在给定初始条件和输入量的前提下，通过微分方程求解可得到系统的输出响应。

若系统的数学模型可用线性微分方程来描述，则该系统称为线性系统；若线性系统微分方程的系数均为常数，则该系统称为线性定常系统。线性系统可应用叠加定理，即多个输入量同时作用在系统上产生的总输出量等于各输入量分别单独作用时产生的输出之和。因此，对线性系统分析和设计时，当有多个输入信号同时施加于系统上时，可将它们分别考虑，依次求出各个信号单独作用时系统的输出，并将其叠加。但叠加定理不适用于非线性系统。然而，实际元件的输入与输出之间都存在不同程度的非线性，但在一定的范围内，非线性系统可进行线性化处理，把非线性系统用近似的线性系统代替。但是本质非线性系统与线性系统的行为不同，这类系统不能用线性系统理论分析。

实际上，通过理论的方法建立系统的数学模型并不容易，特别是环节较多的复杂系统，因此，根据研究目的和精确性要求，可忽略一些次要因素，但又能正确反映系统的特性，使系统数学模型简化，以便于数学上的处理。

2.1.1 列写微分方程的一般步骤

建立系统的微分方程实际是确定系统输入量和输出量之间的数学关系，输入量 $x(t)$ 和输出量 $x_y(t)$ 都是时间 t 的函数，因此微分方程中含有输入量和输出量及它们对时间的导数或积分。微分方程的阶数通常是指方程中最高导数项的阶数，又称为系统的阶数。

对于单输入-单输出线性定常系统的微分方程可表示为

$$a_n y^n(t)+a_{n-1}y^{n-1}(t)+a_{n-2}y^{n-2}(t)+\cdots+a_0 y(t)=b_m x^m(t)+b_{m-1}x^{m-1}(t)+\cdots+b_0 x(t) \tag{2-1}$$

式中：$x(t)$ 表示系统的输入信号；$y(t)$ 表示系统的输出信号；$y^{(n)}(t)$表示 $y(t)$对时间 t 求 n 阶导数；$a_i(i=0,1,2,\cdots,n)$和 $b_j(j=0,1,2,\cdots,m)$是由系统的结构和参数所决定的常数。

明确系统的工作原理及各元件的物理属性，利用解析法建立系统微分方程的一般步骤如下：

（1）确定系统的输入量和输出量。

（2）分析系统和各元件的工作原理，确定各变量之间的内在联系，根据内在联系所遵循的物理定律和化学定律，列写微分方程组，如有必要可引入中间变量。为了能够消掉中间变量，要保证方程组中方程的个数比引入的中间变量的个数多一个。

（3）消去系统的中间变量，最终求出描述系统输出量与输入量之间关系的运动方程式，即方程中只含有输入量和输出量及其导数。

（4）标准化处理。将输出量及其导数放在方程的左边，将输入量及其导数放在方程的右边，按照阶次由高到低的顺序排列。

2.1.2 机械系统

机械系统的运动遵循牛顿定律及力、力矩守恒定律等，机械系统的形式多样，但一般可简化为质量、弹簧、阻尼器 3 个要素。

【例 2-1】图 2.1 是质量-弹簧-阻尼器组成的机械平移系统，试写出以外力 $F(t)$ 为输入量，质量块的位移 $x(t)$ 为输出量的微分方程。其中，m 为物体质量，k 为弹性系数，c 为阻尼系数。

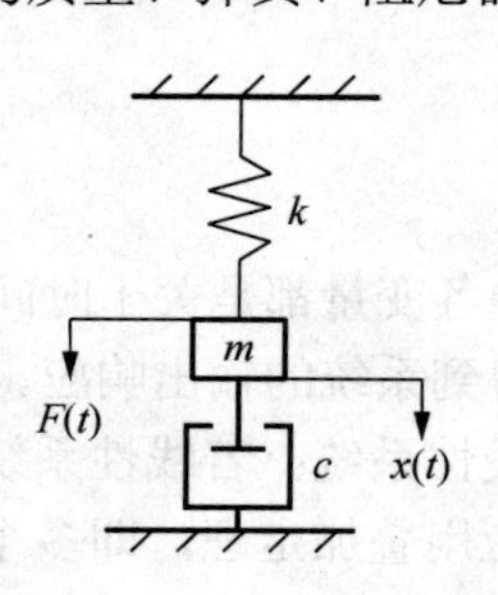

图 2.1 例 2-1 质量-弹簧-阻尼系统

解 质量块 m 在外力作用下进行运动，考虑利用牛顿定律分析各变量的关系。

假定位移和受力以向下为正方向，当外力 $F(t)=0$ 时，质量块所处位置为坐标原点，此时在重力作用下质量块的初始伸长量为 x_0，则

$$mg=kx_0 \tag{2-2}$$

当 $F(t)\neq 0$ 时，质量块上共有 4 个作用力，分别是重力、弹簧力 F_k、阻尼力 F_c 和外力 $F(t)$，其中，弹簧力与弹簧的伸长量成正比 $F_k=k\left[x(t)+x_0\right]$，阻尼力与阻尼器中的活塞和缸体的相对

运动速度成正比，即 $F_c=c\dfrac{\mathrm{d}x(t)}{\mathrm{d}t}$。根据牛顿第二定律，可知

$$k\left[x(t)+x_0\right]+c\frac{\mathrm{d}x(t)}{\mathrm{d}t}-mg-F(t)=m\frac{\mathrm{d}^2x(t)}{\mathrm{d}t^2} \tag{2-3}$$

将式（2-2）和式（2-3）相结合，消掉中间变量 x_0，整理得以外力 $F(t)$为输入量，质量块的位移 $x(t)$为输出量的微分方程为

$$m\frac{\mathrm{d}^2x(t)}{\mathrm{d}t^2}+c\frac{\mathrm{d}x(t)}{\mathrm{d}t}+kx(t)=F(t) \tag{2-4}$$

式中：m、c、k 分别为质量、阻尼系数和弹性系数，均为常数。

根据系统的微分方程可判断该机械平移系统为二阶线性定常系统。

2.1.3　电气系统

电气系统遵循基尔霍夫电压、电流定律及焦耳定律等。由电阻、电容、电感等无源元件组成的系统称为无源电气系统；若系统中存在电池和运算放大器等有源元件，则称为有源电气系统。

【例 2-2】由电阻 R、电容 C、电感 L 组成的无源电气系统如图 2.2 所示。试确定以电压 $u_\mathrm{i}(t)$为输入量，$u_\mathrm{o}(t)$为输出量的系统微分方程。

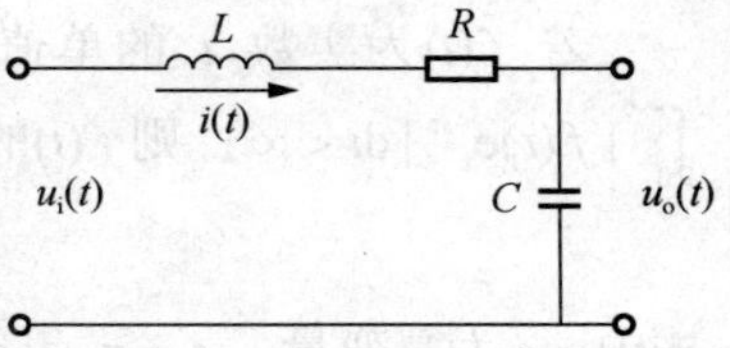

图 2.2　例 2-2 RLC 无源电气系统

解　为清楚分析系统中各变量间的关系，引入中间变量，设回路中电流为 $i(t)$。

根据基尔霍夫电压、电流定律得

$$L\frac{\mathrm{d}i(t)}{\mathrm{d}t}+Ri(t)+u_\mathrm{o}(t)=u_\mathrm{i}(t) \tag{2-5}$$

$$i(t)=C\frac{\mathrm{d}u_\mathrm{o}(t)}{\mathrm{d}t} \tag{2-6}$$

消去中间变量 $i(t)$，得无源电气系统的微分方程为

$$LC\frac{\mathrm{d}^2u_\mathrm{o}(t)}{\mathrm{d}t^2}+RC\frac{\mathrm{d}u_\mathrm{o}(t)}{\mathrm{d}t}+u_\mathrm{o}(t)=u_\mathrm{i}(t) \tag{2-7}$$

式中：R、L、C 分别为电阻、电感和电容，均为常数，确定系统为二阶线性定常系统。

对比质量-弹簧-阻尼器组成的机械系统的微分方程，虽然这两个系统就系统本质而言完全不同，但却具有相同结构的微分方程。

【例 2-3】由运算放大器组成的有源电气系统如图 2.3 所示。试确定以电压 $u_\mathrm{i}(t)$ 为输入量，$u_\mathrm{o}(t)$ 为输出量的系统微分方程。已知 R_0、R_1 为电阻值。

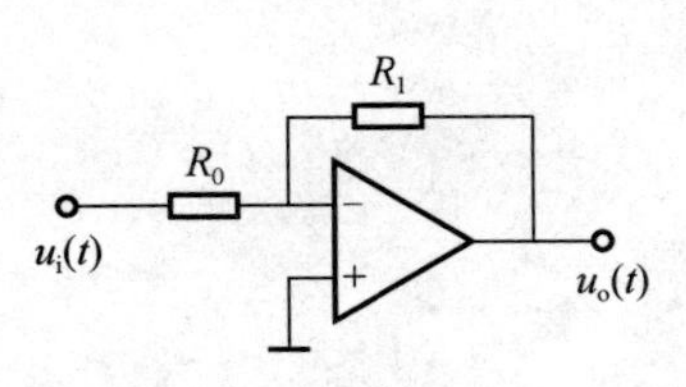

图 2.3　例 2-3 有源电气系统

解　根据运算放大器的特点，可知

$$\frac{u_\mathrm{i}(t)}{R_0}+\frac{u_\mathrm{o}(t)}{R_1}=0 \tag{2-8}$$

整理得系统的微分方程为

$$u_o(t) = -\frac{R_1}{R_0}u_i(t) \tag{2-9}$$

根据微分方程可知系统的输出量与输入量成正比例关系，输出信号立即反映输入，不存在延迟现象。

2.2 拉普拉斯变换及反变换

从理论上讲，建立了系统的微分方程，代入初始条件就可确定输入信号作用下输出信号的响应情况，然而大部分系统通过微分方程求解是比较麻烦的。拉普拉斯变换（简称拉氏变换）是一种函数变换，可将复杂的微分方程变换为简单的代数方程式，避免了微分方程求解的困难。

2.2.1 拉氏变换的概念

若 $f(t)$为实数 t 的单值函数，且当 $t<0$ 时，$f(t)=0$；当 $t\geqslant 0$ 时，$f(t)$分段连续，且 $\int_0^{+\infty} |f(t)\mathrm{e}^{-st}|\,\mathrm{d}t < \infty$；则$f(t)$的拉氏变换存在，可记为

$$F(s) = L[f(t)] = \int_0^{+\infty} f(t)\mathrm{e}^{-st}\mathrm{d}t \tag{2-10}$$

式中：s 为复变量，$s=\sigma+\mathrm{j}\omega$（$\sigma$、$\omega$为实数）；$F(s)$为$f(t)$的象函数；$f(t)$为$F(s)$的原函数。$F(s)$与$f(t)$具有一一对应的关系，拉氏变换是将一个实数域内的实变函数$f(t)$变换成复数域内的复变函数$F(s)$。

同样，根据象函数$F(s)$也可反过来求解原函数$f(t)$，这个过程称为拉普拉斯反变换（简称拉氏反变换）。

$$f(t) = L^{-1}[F(s)] = \frac{1}{2\pi\mathrm{j}}\int_{\sigma-\mathrm{j}\omega}^{\sigma-\mathrm{j}\omega} F(s)\mathrm{e}^{st}\mathrm{d}s \tag{2-11}$$

式中：L^{-1} 表示进行拉氏反变换的符号。

【例 2-4】 求$f(t)=t$ 的象函数$F(s)$。

解 根据拉氏变换的定义，得

$$F(s) = L[f(t)] = \int_0^{+\infty} t\mathrm{e}^{-st}\mathrm{d}t = -\frac{t}{s}\mathrm{e}^{-st}\Big|_0^{+\infty} + \int_0^{+\infty}\frac{1}{s}\mathrm{e}^{st}\mathrm{d}t = \frac{1}{s^2}$$

按照同样的方法计算，可知

$$L(t^2) = \frac{2}{s^3}$$

$$\vdots$$

$$L(t^n) = \frac{n!}{s^{n+1}}$$

【例 2-5】 求$f(t)=\mathrm{e}^{at}$的象函数$F(s)$。

解 根据拉氏变换的定义，有

$$F(s) = L[f(t)] = \int_0^{+\infty} \mathrm{e}^{at}\mathrm{e}^{-st}\mathrm{d}t = \int_0^{+\infty}\mathrm{e}^{(a-s)t}\mathrm{d}t = \frac{1}{a-s}\mathrm{e}^{(a-s)t}\Big|_0^{+\infty}$$

$a-s<0$ 时，拉氏变换有意义，$F(s)=\dfrac{1}{s-a}$。

表 2.1 给出了常用函数的拉氏变换表。通过查表可方便确定原函数与象函数的关系。

表 2.1　拉氏变换表

序号	原函数 $f(t)(t\geqslant 0)$	象函数 $F(s)$
1	单位脉冲 $\delta(t)$	1
2	单位阶跃 $1(t)$	$1/s$
3	t	$1/s^2$
4	e^{-at}	$\dfrac{1}{s+a}$
5	te^{-at}	$\dfrac{1}{(s+a)^2}$
6	$1-e^{-at}$	$\dfrac{a}{s(s+a)}$
7	$\sin\omega t$	$\dfrac{\omega}{s^2+\omega^2}$
8	$\cos\omega t$	$\dfrac{s}{s^2+\omega^2}$
9	$t^n(n=1, 2, 3, \cdots)$	$\dfrac{n!}{s^{n+1}}$
10	$t^n e^{-at}(n=1, 2, 3, \cdots)$	$\dfrac{n!}{(s+a)^{n+1}}$
11	$\dfrac{1}{b-a}(e^{-at}-e^{-bt})$	$\dfrac{1}{(s+a)(s+b)}$
12	$\dfrac{1}{b-a}(be^{-bt}-ae^{-at})$	$\dfrac{s}{(s+a)(s+b)}$
13	$e^{-at}\sin\omega t$	$\dfrac{\omega}{(s+a)^2+\omega^2}$
14	$e^{-at}\cos\omega t$	$\dfrac{s+a}{(s+a)^2+\omega^2}$
15	$a^{\frac{t}{T}}$	$\dfrac{1}{s-\left(\dfrac{1}{T}\right)\ln a}$

2.2.2　拉氏变换的性质

拉氏变换应用时，往往需要借助其性质，现分别论述如下。

1．叠加定理

两个函数代数和的拉氏变换等于两个函数拉氏变换的代数和，即

$$L[af_1(t)+bf_2(t)]=aF_1(s)+bF_2(s) \tag{2-12}$$

式中：a、b 为常数。

2．微分定理

若 $f(t)$及各阶导数的初始值均为 0，则称其为零初始条件，即

$$f(0)=f'(0)=f''(0)=\cdots=f^{(n-1)}(0)=0$$

则

$$F(s)=L[f^{(n)}(t)]=s^nF(s) \tag{2-13}$$

在零初始条件下，原函数 n 阶导数的拉氏变换等于其象函数 $F(s)$乘以 s^n。

3. 积分定理

若 $f(t)$及各阶积分的初始值均为 0，则称其为零初始条件，即

$$\int f(t)\mathrm{d}t\,|_{t=0}=\iint f(t)\mathrm{d}t\,|_{t=0}=\cdots=\int\cdots\iint f(t)(\mathrm{d}t)^{(n-1)}\,|_{t=0}=0$$

则

$$L\left[\int\cdots\iint f(t)(\mathrm{d}t)^n\right]=\frac{F(s)}{s^n} \tag{2-14}$$

在零初始条件下，原函数 n 阶积分的拉氏变换等于其象函数 $F(s)$乘以 $1/s^n$ 。

4. 延迟定理

延迟函数 $f(t-\tau)$ 表示原函数 $f(t)$ 延迟时间 τ，与 $f(t)$相比，$f(t-\tau)$ 与 $f(t)$的图像完全一致，只是向右错开 τ 个单位，即

$$L[f(t-\tau)]=\mathrm{e}^{-\tau s}F(s) \tag{2-15}$$

延迟定理表示当函数 $f(t)$ 延迟时间 τ 时，相应的象函数 $F(s)$乘以 $\mathrm{e}^{-\tau s}$ 。

5. 位移定理

原函数 $f(t)$ 乘以 e^{-as}，即 $f(t)\mathrm{e}^{-as}$，其拉氏变换为

$$L[f(t)\mathrm{e}^{-as}]=F(s+a) \tag{2-16}$$

6. 初值定理

初值定理表示原函数在初始点（t=0）的数值，与 $sF(s)$在 $s\to\infty$ 的极限值相同。

$$\lim_{t\to 0}f(t)=\lim_{s\to\infty}sF(s) \tag{2-17}$$

7. 终值定理

终值定理表示原函数在极限点 $t\to\infty$ 的数值（稳定值）与 $sF(s)$的初始值（s=0）相同。

$$\lim_{t\to\infty}f(t)=\lim_{s\to 0}sF(s) \tag{2-18}$$

2.2.3 拉氏反变换

拉氏反变换是指将象函数 $F(s)$转换为原函数 $f(t)$的运算，即将复变函数变换为实变函数，可采用部分分式展开法求取。把复变函数 $F(s)$用部分分式展开成有理分式之和，由拉氏变换表一一查出对应的拉氏反变换，即可得原函数 $f(t)$。

$$F(s)=\frac{N(s)}{D(s)}=\frac{b_ms^m+b_{m-1}s^{m-1}+\cdots+b_1s+b_0}{a_ns^n+a_{n-1}s^{n-1}+\cdots+a_1s+a_0}=K\frac{(s-z_1)(s-z_2)\cdots(s-z_m)}{(s-p_1)(s-p_2)\cdots(s-p_n)}\quad(n\geqslant m) \tag{2-19}$$

式中：$p_1, p_2, \cdots, p_n$ 是令象函数 $F(s)$ 分母 $D(s)=0$ 的 s 的值，称为 $F(s)$ 的极点。

根据 $F(s)$ 的极点，拉氏反变换的求解可分 3 种情况。

（1）$F(s)$ 的极点为各不相同的实数，即 $D(s)=0$ 的根为各不相同的实数根。

$$F(s)=\frac{a_1}{s-p_1}+\frac{a_2}{s-p_2}+\cdots+\frac{a_n}{s-p_n} \tag{2-20}$$

式中：a_k 称为留数，

$$a_k=[F(s)(s-p_k)]_{s=p_k}=\left[\frac{N(s)}{D(s)}(s-p_k)\right]_{s=p_k} \quad (k=1,2,\cdots,n)$$

【例 2-6】求 $F(s)=\dfrac{s^2-s+2}{s(s^2-s-6)}$ 的原函数 $f(t)$。

解　$F(s)$ 的极点 $p_1=0$，$p_2=3$，$p_3=-2$ 为各不相同的实数根，$F(s)$ 可表示为

$$F(s)=\frac{s^2-s+2}{s(s^2-s-6)}=\frac{a_1}{s}+\frac{a_2}{s-3}+\frac{a_3}{s+2}$$

式中：

$$a_1=[F(s)\cdot s]_{s=0}=\left[\frac{s^2-s+2}{s(s^2-s-6)}\cdot s\right]_{s=0}=-\frac{1}{3}$$

$$a_2=[F(s)\cdot(s-3)]_{s=3}=\left[\frac{s^2-s+2}{s(s^2-s-6)}\cdot(s-3)\right]_{s=3}=\frac{8}{15}$$

$$a_3=[F(s)\cdot(s+2)]_{s=-2}=\left[\frac{s^2-s+2}{s(s^2-s-6)}\cdot(s+2)\right]_{s=-2}=\frac{4}{5}$$

因此，$F(s)=-\dfrac{1}{3}\cdot\dfrac{1}{s}+\dfrac{8}{15}\cdot\dfrac{1}{s-3}+\dfrac{4}{5}\cdot\dfrac{1}{s+2}$，查拉氏变换表，可得

$$f(t)=L^{-1}[F(s)]=L^{-1}\left(-\frac{1}{3}\cdot\frac{1}{s}+\frac{8}{15}\cdot\frac{1}{s-3}+\frac{4}{5}\cdot\frac{1}{s+2}\right)=-\frac{1}{3}+\frac{8}{15}\mathrm{e}^{3t}+\frac{4}{5}\mathrm{e}^{-2t} \quad (t\geqslant 0)$$

（2）$F(s)$ 的极点为共轭复数，即 $D(s)=0$ 的根为共轭复数根。

$$F(s)=\frac{a_1 s+a_2}{(s-p_1)(s-p_2)}+\frac{a_3}{s-p_3}+\cdots+\frac{a_n}{s-p_n} \tag{2-21}$$

式中：p_1、p_2 为共轭复数极点，即

$$(a_1 s+a_2)_{s=p_1\text{或}s=p_2}=[F(s)(s-p_1)(s-p_2)]_{s=p_1\text{或}s=p_2}$$

根据等号两边的实部和虚部分别相等，求取 a_1 和 a_2。

【例 2-7】求 $F(s)=\dfrac{s+1}{s(s^2+s+1)}$ 的原函数 $f(t)$。

解　$F(s)$的极点 $p_1=0$，$p_2=-\dfrac{1}{2}+\dfrac{\sqrt{3}}{2}\mathrm{j}$，$p_3=-\dfrac{1}{2}-\dfrac{\sqrt{3}}{2}\mathrm{j}$，具有共轭复数。

$$F(s)=\frac{s+1}{s\left(s+\frac{1}{2}+\frac{\sqrt{3}}{2}\mathrm{j}\right)\left(s+\frac{1}{2}-\frac{\sqrt{3}}{2}\mathrm{j}\right)}=\frac{a_0}{s}+\frac{a_1 s+a_2}{s^2+s+1}$$

式中：

$$a_0=[F(s)\cdot s]_{s=0}=\left.\left(\frac{s+1}{s^2+s+1}\right)\right|_{s=0}=1$$

$$\left.(a_1s+a_2)\right|_{s=-\frac{1}{2}-\frac{\sqrt{3}}{2}\mathrm{j}}=\left.[F(s)\cdot(s^2+s+1)]\right|_{s=-\frac{1}{2}-\frac{\sqrt{3}}{2}\mathrm{j}}=\left.\left(\frac{s+1}{s}\right)\right|_{s=-\frac{1}{2}-\frac{\sqrt{3}}{2}\mathrm{j}}$$

即

$$\left(-\frac{1}{2}-\frac{\sqrt{3}}{2}\mathrm{j}\right)a_1+a_2=\frac{1}{2}+\frac{\sqrt{3}}{2}\mathrm{j}$$

根据方程两边实部和虚部分别相等，可求得 a_1=−1，a_2=0，则

$$F(s)=\frac{1}{s}-\frac{s}{\left(s+\frac{1}{2}\right)+\left(\frac{\sqrt{3}}{2}\right)^2}=\frac{1}{s}-\frac{s+\frac{1}{2}}{\left(s+\frac{1}{2}\right)^2+\left(\frac{\sqrt{3}}{2}\right)^2}+\frac{\sqrt{3}}{3}\frac{\frac{\sqrt{3}}{2}}{\left(s+\frac{1}{2}\right)^2+\left(\frac{\sqrt{3}}{2}\right)^2}$$

查拉氏变换表可得

$$f(t)=L^{-1}[F(s)]=1-\mathrm{e}^{-\frac{1}{2}t}\cos\frac{\sqrt{3}}{2}t+\frac{\sqrt{3}}{3}\mathrm{e}^{-\frac{1}{2}t}\sin\frac{\sqrt{3}}{2}t \quad (t\geqslant 0)$$

（3）$F(s)$中包含有多重极点，即 $D(s)$=0 有 r 个重根。

$$F(s)=\frac{a_{01}}{(s-p_0)^r}+\frac{a_{02}}{(s-p_0)^{r-1}}+\cdots+\frac{a_{0r}}{s-p_0}+\frac{a_{r+1}}{s-p_{r+1}}+\cdots+\frac{a_n}{s-p_n} \tag{2-22}$$

式中：

$$a_{01}=\left.[F(s)\cdot(s-p_0)^r]\right|_{s=p_0}$$

$$a_{02}=\left.\left\{\frac{\mathrm{d}[F(s)\cdot(s-p_0)^r]}{\mathrm{d}s}\right\}\right|_{s=p_0}$$

$$a_{03}=\frac{1}{2!}\left.\left\{\frac{\mathrm{d}^2[F(s)\cdot(s-p_0)^r]}{\mathrm{d}s^2}\right\}\right|_{s=p_0}$$

$$\vdots$$

$$a_{0r}=\frac{1}{(r-1)!}\cdot\left.\left\{\frac{\mathrm{d}^{(r-1)}[F(s)\cdot(s-p_0)^r]}{\mathrm{d}s^{(r-1)}}\right\}\right|_{s=p_0}$$

【例 2-8】 求 $F(s)=\dfrac{s+3}{(s+2)^2(s+1)}$ 的原函数 $f(t)$。

解 $F(s)$的极点 p_1=−2，p_2=−1，其中 p_1 为二重实数根。

$$F(s)=\frac{a_{01}}{(s+2)^2}+\frac{a_{02}}{s+2}+\frac{a_{03}}{s+1}$$

式中：$a_{01}=[F(s)\cdot(s+2)^2]_{s=-2}=-1$；$a_{02}=\left.\dfrac{\mathrm{d}[F(s)\cdot(s+2)^2]}{\mathrm{d}s}\right|_{s=-2}=-2$；$a_{03}=\left.[F(s)\cdot(s+1)]\right|_{s=-1}=2$。

所以，

$$f(t)=L^{-1}[F(s)]=L^{-1}\left[-\frac{1}{(s+2)^2}-\frac{2}{s+2}+\frac{2}{s+1}\right]=-te^{-2t}-2e^{-2t}+2e^{-t}\quad (t\geqslant 0)$$

应用拉氏变换可解决微分方程求解困难的问题，可将微分方程中的各项进行拉氏变换，将微分方程变换为复数方程分析，将分析结果再进行拉氏反变换即可求得原函数。

2.3　传递函数

微分方程是在时域内描述系统动态性能的数学模型，在给定初始条件和输入信号的条件下，可求解出系统的输出信号，但这种方法计算较复杂。利用拉氏变换将时域范围的微分方程变换为复域模型——传递函数。传递函数不仅可描述系统的动态性能，而且还可以研究系统的结构和参数变化对其性能的影响，传递函数是经典控制理论最基础和最重要的内容。

2.3.1　传递函数的定义

线性定常系统的传递函数定义为在零初始条件下，输出信号的拉氏变换与输入信号拉氏变换的比。

由前面所述，线性定常系统的微分方程式可表述为

$$a_n y^n(t)+a_{n-1}y^{n-1}(t)+a_{n-2}y^{n-2}(t)+\cdots+a_0 y(t)=b_m x^m(t)+b_{m-1}x^{m-1}(t)+\cdots+b_0 x(t)$$

假定 $x(t)$和 $y(t)$及它们的各阶导数在 t=0 时的值均为零，即满足零初始条件。对上式两边取拉氏变换，令 $Y(s)=L[y(t)]$，$X(s)=L[x(t)]$，可得

$$(a_n s^n+a_{n-1}s^{n-1}+\cdots+a_0)Y(s)=(b_m s^m+b_{m-1}s^{m-1}+\cdots+b_0)X(s)\tag{2-23}$$

根据定义可得系统的传递函数为

$$G(s)=\frac{Y(s)}{X(s)}=\frac{b_m s^m+b_{m-1}s^{m-1}+\cdots+b_0}{a_n s^n+a_{n-1}s^{n-1}+\cdots+a_0}=\frac{N(s)}{D(s)}\quad (n\geqslant m)\tag{2-24}$$

式中：$N(s)=b_m s^m+b_{m-1}s^{m-1}+\cdots+b_0$；$D(s)=a_n s^n+a_{n-1}s^{n-1}+\cdots+a_0$，称为特征多项式。

传递函数反映了信号在系统中的流动变化，表达了输入信号与输出信号的关系。若系统的输入信号确定，系统的输出信号完全取决于传递函数，即

$$Y(s)=G(s)X(s)\tag{2-25}$$

【例 2-9】求图 2.1 所示的质量-弹簧-阻尼器组成机械系统的传递函数 $G(s)=\dfrac{X(s)}{F(s)}$。

解　机械系统的微分方程为

$$m\frac{d^2x(t)}{dt^2}+c\frac{dx(t)}{dt}+kx(t)=F(t)$$

在零初始条件下，对方程两边取拉氏变换，有

$$(ms^2+cs+k)X(s)=F(s)$$

故机械系统的传递函数为

$$G(s)=\frac{X(s)}{F(s)}=\frac{1}{ms^2+cs+k}$$

【例 2-10】图 2.2 所示 RLC 无源电气系统的传递函数 $G(s)=\dfrac{U_{\mathrm{o}}(s)}{U_{\mathrm{i}}(s)}$。

解 无源电气系统的微分方程为

$$LC\frac{\mathrm{d}^2u_{\mathrm{o}}(t)}{\mathrm{d}t^2}+RC\frac{\mathrm{d}u_{\mathrm{o}}(t)}{\mathrm{d}t}+u_{\mathrm{o}}(t)=u_{\mathrm{i}}(t)$$

在零初始条件下，对方程两边取拉氏变换，有

$$(LCs^2+RCs+1)U_{\mathrm{o}}(s)=U_{\mathrm{i}}(s)$$

故机械系统的传递函数为

$$G(s)=\frac{U_{\mathrm{o}}(s)}{U_{\mathrm{i}}(s)}=\frac{1}{LCs^2+RCs+1}$$

2.3.2 传递函数的性质

根据传递函数的定义可知传递函数具有以下性质。

（1）传递函数属于系统的固有属性。传递函数的各系数均为常数，常数项取决于系统本身的结构和参数，与输入信号及初始条件无关。

（2）线性定常系统的传递函数与微分方程一一对应，传递函数是微分方程拉氏变换的结果，因此传递函数只适用于线性定常系统。传递函数是关于复变量 s 的函数，称为系统的复域描述；微分方程是关于时间 t 的函数，称为系统的时域描述。

传递函数表示系统输入与输出之间信号的传递关系，必须确定输入量和输出量，即便是同一个系统，但输入量和输出量不同，对应的传递函数也会发生改变。

（3）传递函数描述了输入量和输出量之间的传递关系，不能反映系统内部变量的特征，也不能反映系统具体的物理结构，甚至不同的物理系统可能具有相同的传递函数。如上述的机械系统和电气系统，尽管它们的物理结构各不相同，但传递函数具有相同的形式。

（4）传递函数的分子中 s 的阶次 m 不能大于分母中 s 的阶次 n，这反映了实际系统的惯性，输出信号不能立即复现出输入信号。输入信号导入系统后，系统需要一定的反应时间才能达到要求的数值。

（5）传递函数的拉氏反变换是理想单位脉冲信号 $\delta(t)$ 的响应。脉冲响应是指系统在脉冲信号作用下的输出信号，由于输入信号 $\delta(t)$ 的拉氏变换等于 1，因此输出响应为

$$y(t)=L^{-1}\left[Y(s)\right]=L^{-1}\left[X(s)G(s)\right]=L^{-1}\left[G(s)\right] \tag{2-26}$$

（6）传递函数都有其相对应的零极点图。

系统的传递函数是复变量 s 的有理分式，且 $m\leqslant n$，经过因式分解，式（2-24）可改写为

$$G(s)=\frac{N(s)}{D(s)}=\frac{b_ms^m+b_{m-1}s^{m-1}+\cdots+b_0}{a_ns^n+a_{n-1}s^{n-1}+\cdots+a_0}=K_{\mathrm{b}}\frac{\prod_{j=1}^{m}(s-z_j)}{\prod_{i=1}^{n}(s-p_i)} \tag{2-27}$$

式中：$z_j\left(j=0,1,\cdots,m\right)$ 是多项式 $N(s)$的根，称为传递函数的零点；$p_i(i=0,1,\cdots,n)$是特征多项

式 $D(s)$的根，称为传递函数的极点，其中多项式 $D(s)=0$ 称为特征方程，特征方程的根又称为特征根；K_b 为常数，称为传递函数系数。

传递函数的极点由系统的结构和参数决定。极点决定了系统输出信号的基本组成部分，将由极点决定的运动模态称为运动的基本模态，它是系统的固有运动属性，也就是说，无论系统是自由运动还是强迫运动，系统的输出信号中都会包含这些基本运动模态。

传递函数的零点和极点可能是实数，也可能是复数。把传递函数的零点和极点表示在复平面上，这个图形称为传递函数的零极点分布图。在图像中，用“∘”表示零点，用“×”表示极点，零极点分布图可更直观地反映系统的全面特征。

【例 2-11】系统的传递函数为 $G(s)=\dfrac{s+1}{(s+2)(s^2+s+1)}$，试绘制对应的零极点分布图。

解　传递函数的零点 $z_1=-1$，传递函数的极点 $p_1=-2$，$p_2=-\dfrac{1}{2}+\dfrac{\sqrt{3}}{2}\mathrm{j}$，$p_3=-\dfrac{1}{2}-\dfrac{\sqrt{3}}{2}\mathrm{j}$。

根据系统的零点和极点，可绘制零极点图，如图 2.4 所示。

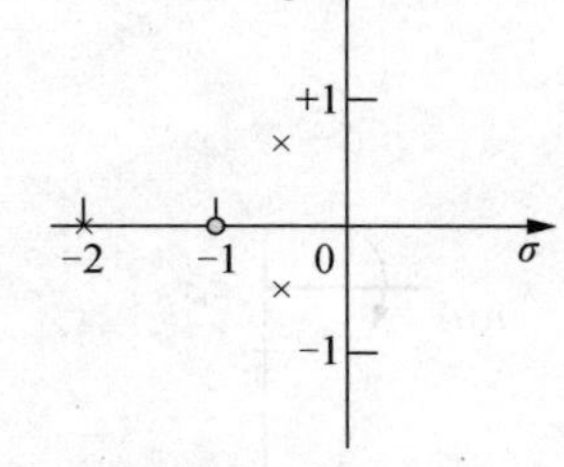

图 2.4　例 2-11 零极点分布图

2.3.3　基本环节及传递函数

控制系统一般由若干个元件以一定的形式连接而成，各元件类型有可能不同，可能是机械、液压、电子、光学或其他形式的装置。虽然这些元件的物理结构和工作原理不同，但从传递函数的角度分析，不同的元件可能具有相同的数学模型。为了便于研究，通常将具有相同运动规律的元件归为一类，每一种类别都具有相应的传递函数。

将这些从动态方程、传递函数和运动特性的角度看，不宜再分的最小环节称为典型环节。任何一个复杂的系统都可以看作多个典型环节的组合。典型环节是最简单和最基本的传递函数。一般常见的线性定常系统的典型环节有比例环节、积分环节、微分环节、惯性环节、振荡环节和延迟环节等。

假设，$x(t)$为各环节的输入，$y(t)$为输出，$G(s)$为环节的传递函数。

1. 比例环节

比例环节输入与输出之间的微分方程可以表述为

$$y(t)=Kx(t)\quad (t\geqslant 0) \tag{2-28}$$

式中：K 为常数，称为放大系数。

根据式（2-28）可得到比例环节的传递函数为

$$G(s)=\frac{Y(s)}{X(s)}=K \tag{2-29}$$

由此可见，比例环节传输特点是输入与输出成正比，其传递函数为常数 K。在传递过程中，信号不存在失真和时间延迟的情况，输出信号将输入信号放大（或缩小）了 K 倍，比例环节的阶跃响应变化如图 2.5（a）所示。比例环节的输入量和输出量之间的关系可以用如图 2.5（b）所示的方块图来表示。机械系统的减速器、杠杆等传动装置及电气系统的电子放大器、测速发电机、运算放大器等都可以看作比例环节。

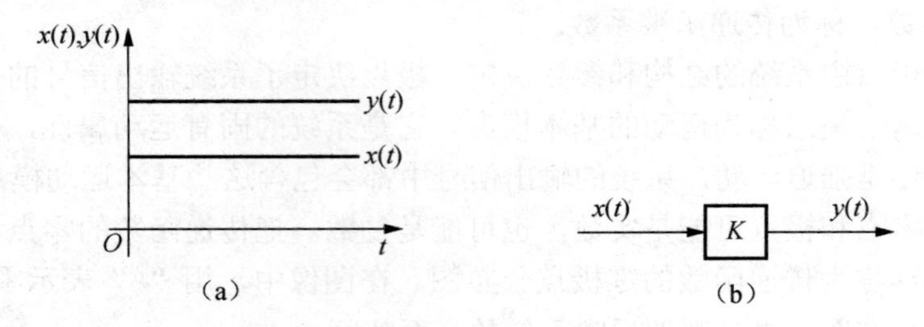

图 2.5　比例环节

（a）单位阶跃响应变化；（b）输入与输出关系方块图

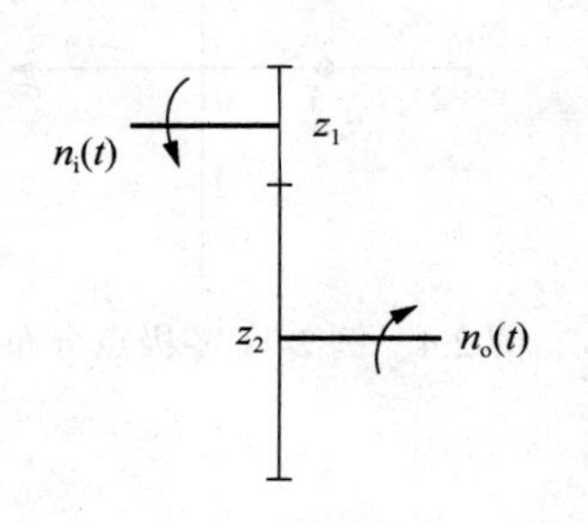

图 2.6　例 2-12 齿轮传动机械系统

【例 2-12】图 2.6 所示为齿轮传动机械系统，图中，$n_i(t)$为输入轴转速，$n_o(t)$为输出轴转速，z_1、z_2分别为齿轮的齿数，求该系统的传递函数$G(s)$。

解　根据齿轮的传动关系，可知

$$n_i(t)\cdot z_1 = n_o(t)\cdot z_2$$

系统的传递函数为

$$G(s)=\frac{N_o(s)}{N_i(s)}=\frac{z_1}{z_2}=K$$

根据系统的传递函数可判断该机械系统为比例环节。

2. 积分环节

积分环节输入与输出之间的微分方程可以表述为

$$y(t)=\int_0^t x(t)\mathrm{d}t \quad (t\geqslant 0) \tag{2-30}$$

根据式（2-30）可得到积分环节的传递函数为

$$G(s)=\frac{Y(s)}{X(s)}=\frac{1}{s} \tag{2-31}$$

由此可见，积分环节的输出与输入的积分成正比，输出量是输入量对时间累积的结果，输入量累积一段时间后，即使输入消失，输出也能保持原来的值不变，即具有记忆的功能。例如电容上的电流与电压，测速发电机的位移与电流，电动机的角速度与角度等都属于积分环节。如图 2.7（a）所示，若输入为突变信号，输出要经过一段时间后才能等于输入值，因此具有滞后性。输入量为常数 B 时，有

$$y(t)=\int_0^t B\mathrm{d}t = Bt$$

输出信号 $y(t)$为一条斜线，输出量需要经过单位时间后，才能达到输入量 $x(t)$在初始点 t=0 时的数值，积分环节可用于改善系统的控制性能。积分环节的输入量和输出量之间的关系可以用如图 2.7（b）所示的方块图来表示。

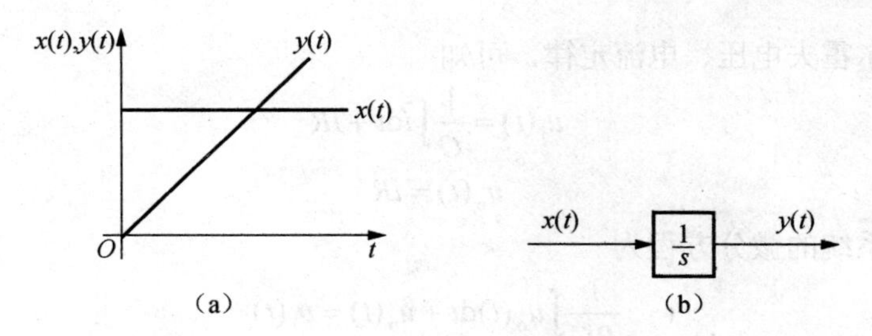

图 2.7　积分环节

（a）单位阶跃响应变化；（b）输入与输出关系方块图

3. 微分环节

1）纯微分环节

纯微分环节输入与输出之间的微分方程可以表述为

$$y(t)=\frac{\mathrm{d}x(t)}{\mathrm{d}t}\quad (t\geqslant 0) \tag{2-32}$$

根据式（2-32）可得到纯微分环节的传递函数为

$$G(s)=\frac{Y(s)}{X(s)}=s \tag{2-33}$$

当输入为阶跃信号时，输出量为振幅无穷大的脉冲。

2）一阶微分环节

一阶微分环节输入与输出之间的微分方程可以表述为

$$y(t)=\tau\frac{\mathrm{d}x(t)}{\mathrm{d}t}+x(t)\quad (t\geqslant 0) \tag{2-34}$$

根据式（2-34）可得到一阶微分环节的传递函数为

$$G(s)=\frac{Y(s)}{X(s)}=\tau s+1 \tag{2-35}$$

式中：τ 为微分环节的时间常数。

3）二阶微分环节

二阶微分环节输入与输出之间的微分方程可以表述为

$$y(t)=\tau^2\frac{\mathrm{d}^2x(t)}{\mathrm{d}t^2}+2\xi\tau\frac{\mathrm{d}x(t)}{\mathrm{d}t}+x(t)\quad (t\geqslant 0) \tag{2-36}$$

根据式（2-36）可得到二阶微分环节的传递函数为

$$G(s)=\frac{Y(s)}{X(s)}=\tau^2s^2+2\xi\tau s+1 \tag{2-37}$$

式中：ξ、τ 为常数。

微分环节的输出量与输入量变化的速度成正比，输出量能够预测输入信号的变化趋势。

【例 2-13】 如图 2.8 所示的有源电气系统，C 为电容，R 为电阻，$u_\mathrm{i}(t)$为输入端电压，$u_\mathrm{o}(t)$为输出端电压。求该系统的传递函数 $G(s)$。

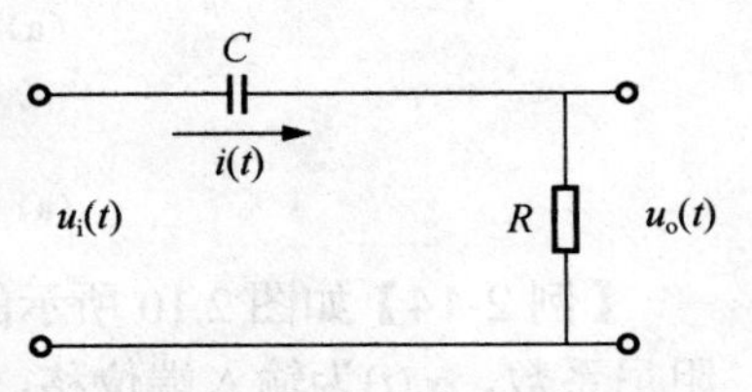

图 2.8　例 2-13 有源电气系统

解 根据基尔霍夫电压、电流定律，可知

$$u_{\mathrm{i}}(t)=\frac{1}{C}\int i\mathrm{d}t+iR$$

$$u_{\mathrm{o}}(t)=iR$$

消去中间变量得系统的微分方程为

$$\frac{1}{RC}\int u_{\mathrm{o}}(t)\mathrm{d}t+u_{\mathrm{o}}(t)=u_{\mathrm{i}}(t)$$

则传递函数为

$$G(s)=\frac{U_{\mathrm{o}}(s)}{U_{\mathrm{i}}(s)}=\frac{RCs}{RCs+1}$$

当 $RC\ll 1$ 时，其传递函数可写为

$$G(s)=\frac{U_{\mathrm{o}}(s)}{U_{\mathrm{i}}(s)}=RCs$$

根据其传递函数可判断，该系统由微分环节和比例环节组成。

4. 惯性环节

惯性环节输入与输出之间的微分方程可以表述为

$$T\frac{\mathrm{d}y(t)}{\mathrm{d}t}+y(t)=x(t)\quad (t\geqslant 0) \tag{2-38}$$

式中：T 为常数，称为惯性环节的时间常数。

根据式（2-38）可得到惯性环节的传递函数为

$$G(s)=\frac{Y(s)}{X(s)}=\frac{1}{Ts+1} \tag{2-39}$$

由此可见，惯性环节含有一个储能元件，对突变的输入其输出不能立即复现，而需要经过一段时间输入才能够达到希望值，且输出无振荡。因此惯性环节的输出总是滞后于输入，系统具有一定的惯性。例如，RC 电路、交流直流电动机等都属于惯性环节。惯性环节的阶跃响应变化如图 2.9（a）所示。惯性环节的输入量和输出量之间的关系可以用如图 2.9（b）所示的方块图来表示。

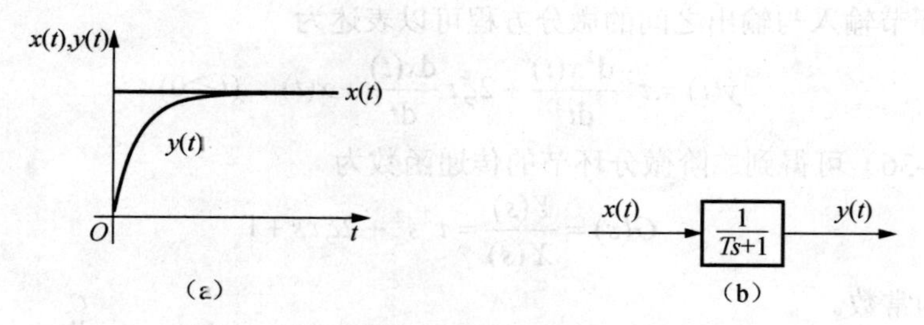

图 2.9 惯性环节的单位阶跃响应

（a）单位阶跃响应变化；（b）输入与输出关系方块图

【例 2-14】 如图 2.10 所示的弹簧-质量-阻尼系统，m 为质量，k 为弹性系数，c 为阻尼器阻尼系数，$x_{\mathrm{i}}(t)$为输入端位移，$x_{\mathrm{o}}(t)$为输出端位移。求该系统的传递函数 $G(s)$。

解　当质量 m 很小，可忽略不计时，由达朗贝尔原理可知，

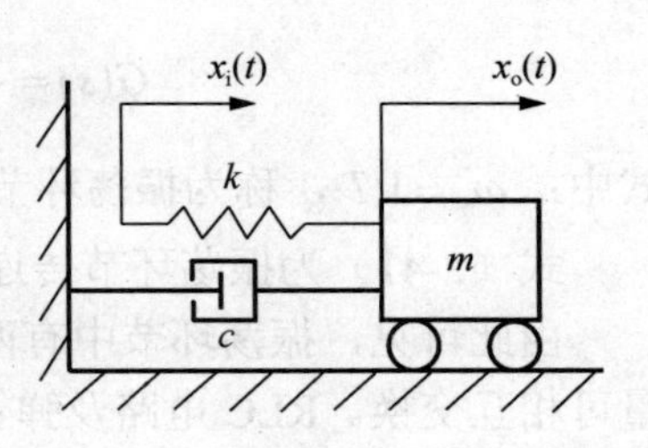

图 2.10　例 2-14 质量-阻尼-弹簧系统

$$c\frac{\mathrm{d}x_o(t)}{\mathrm{d}t}+kx_o(t)=kx_i(t)$$

在零初始条件下对微分方程的两端取拉氏变换，得系统的传递函数为

$$G(s)=\frac{X_o(s)}{X_i(s)}=\frac{k}{cs+k}=\frac{1}{Ts+1}$$

式中：时间常数为 T=c/k；放大系数为 1。

弹簧是储能元件，阻尼器是耗能元件。由于系统包含储能元件和耗能元件，其输出总是落后于输入，说明系统具有惯性。时间常数 T 越大，系统的惯性也越大。此系统的惯性并不是由质量引起的，与力学中的惯性概念不同。

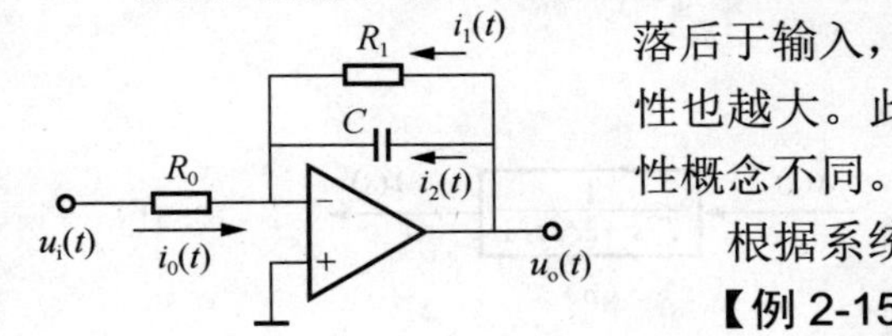

图 2.11　例 2-15 有源电气系统

根据系统的传递函数可判断系统为惯性环节。

【例 2-15】图 2.11 所示为有源电气系统，图中 $u_i(t)$为输入端电压，$u_o(t)$为输出端电压，R_0、R_1 分别为电阻，C 为电容。求该系统的传递函数 $G(s)$。

解　假设电阻 R_0、R_1 和电容上 C 的电流分别为 $i_0(t)$、$i_1(t)$和 $i_2(t)$。

根据运算放大器的特点，可知

$$i_0(t)=i_2(t)+i_1(t)$$
$$u_i(t)=R_0 i_0(t)$$
$$u_o(t)=R_1 i_1(t)$$
$$i_2(t)=C\frac{\mathrm{d}u_o(t)}{\mathrm{d}t}$$

整理得系统的微分方程为

$$R_0R_1C\frac{\mathrm{d}u_o(t)}{\mathrm{d}t}+R_0u_o(t)=R_1u_i(t)$$

对上式的两边分别取拉氏变换，得此电气系统的传递函数为

$$G(s)=\frac{R_1}{R_0}\frac{1}{R_1C+1}$$

很明显，该系统是由比例环节和惯性环节共同组成的。其中，电阻为耗能元件，电容为储能元件，它们是该系统具有惯性的原因。

5. 振荡环节

振荡环节输入与输出之间的微分方程可以表示为

$$T^2\frac{\mathrm{d}^2y(t)}{\mathrm{d}t^2}+2\xi T\frac{\mathrm{d}y(t)}{\mathrm{d}t}+y(t)=x(t)\quad(0<\xi<1,\ t\geqslant 0)\tag{2-40}$$

式中：T 为振荡环节的时间常数；ξ 为阻尼比。

根据式（2-40）可得到振荡环节的传递函数为

$$G(s)=\frac{Y(s)}{X(s)}=\frac{1}{T^2s^2+2\xi Ts+1}=\frac{\omega_n^2}{s^2+2\xi\omega_n s+\omega_n^2} \tag{2-41}$$

式中：$\omega_n=1/T$，称为振荡环节的无阻尼固有频率。

式（2-41）为振荡环节传递函数的一般表达式。

由此可见，振荡环节中有两个独立的储能元件，当输入发生变化时，两个储能元件的能量可相互交换。RLC 电路及弹簧-质量-阻尼系统等都可构成振荡环节。振荡环节的阶跃响应变化如图 2.12（a）所示。振荡环节的输入量和输出量之间的关系可以用如图 2.12（b）所示的方块图来表示。

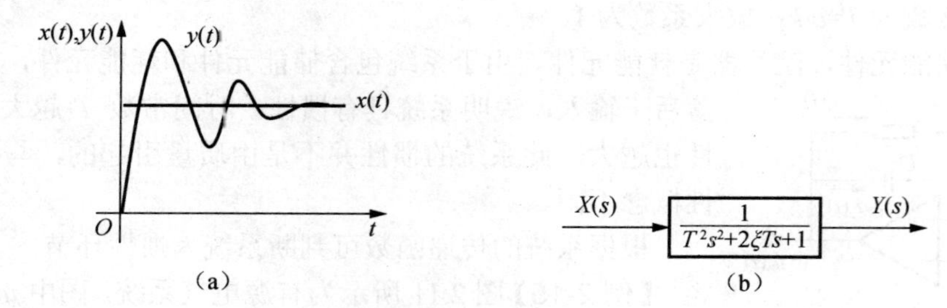

图 2.12　振荡环节的单位阶跃响应

（a）单位阶跃响应变化；（b）输入与输出关系方块图

【例 2-16】如图 2.10 所示的弹簧-质量-阻尼系统中，当质量 m 不能忽略时，系统的微分方程为

$$m\frac{d^2x(t)}{dt^2}+c\frac{dx(t)}{dt}+kx(t)=f(t)$$

此微分方程为二阶线性定常微分方程，描述了系统的振荡性质。因此把数学模型为二阶线性定常微分方程的环节称为振荡环节。对微分方程两端在零初始条件下取拉氏变换得到系统的传递函数为

$$G(s)=\frac{X(s)}{F(s)}=\frac{1}{k}\cdot\frac{k/m}{s^2+(c/m)s+k/m}$$

与振荡环节传递函数的一般形式［式（2-41）］对比得 $\omega_n=\sqrt{\frac{k}{m}}$，$\xi=\frac{c}{2\sqrt{mk}}$。调节 k、m、c 可改变振荡的固有频率和阻尼比。

【例 2-17】图 2.2 所示的 RLC 无源电气系统的微分方程为

$$LC\frac{d^2u_o(t)}{dt^2}+RC\frac{du_o(t)}{dt}+u_o(t)=u_i(t)$$

此微分方程代表的环节也是振荡环节，在零初始条件下对该微分方程的两端取拉氏变换得到环节的传递函数为

$$G(s)=\frac{U_o(s)}{U_i(s)}=\frac{1}{LCs^2+RCs+1}=\frac{1/LC}{s^2+(R/L)s+1/LC}$$

与振荡环节传递函数的一般形式［式（2-41）］对比得 $\omega_n=\sqrt{\frac{1}{LC}}$，$\xi=\frac{R}{2}\sqrt{\frac{C}{L}}$。调节 L、R、C 可改变振荡的固有频率和阻尼比。

6. 延迟环节

延迟环节输入与输出之间的微分方程可以表述为

$$y(t) = x(t-\tau) \quad (t \geqslant 0) \tag{2-42}$$

式中：τ 为延迟时间。

根据式（2-42）可得到延迟环节的传递函数为

$$G(s) = \frac{Y(s)}{X(s)} = e^{-\tau s} \tag{2-43}$$

延迟环节的输出量能够准确复现输入量，但需要延迟一个固定的时间间隔。延迟环节在输入开始时并没有信号输出，延迟时间后，输出与输入完全一致。管道压力、流量等物理量的控制，燃料等物料的传输等基本是由于管道长度而延迟了信号的传递。延迟环节的输入与输出变化曲线的关系如图 2.13（a）所示。延迟环节可以用如图 2.13（b）所示的方块图来表示。

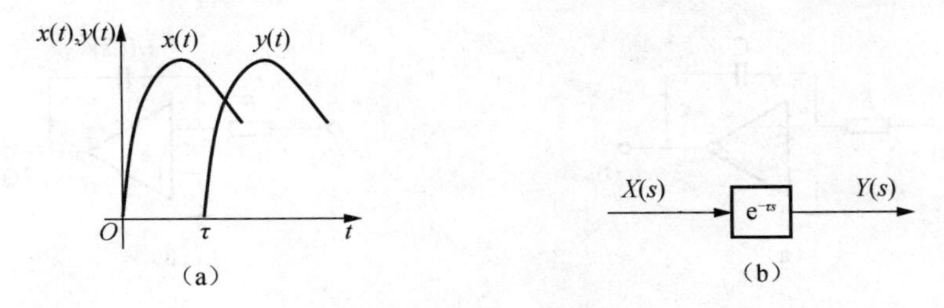

图 2.13　延迟环节

（a）输入与输出变化曲线的关系；（b）输入与输出关系方块图

一个控制元件可能是一个典型环节，也可能由多个典型环节组成；一个典型环节也可能是由多个元件组合的结果。另外，同一个元件在不同系统中的作用也有可能不同，输入与输出之间的关系也不相同。因此实际元件与典型环节之间并不存在一一对应的关系，应根据系统的动态特性确定系统与典型元件的对应关系。

2.3.4　电气网络的运算阻抗与传递函数

一般情况下，求取系统的传递函数需要先计算其微分方程。但是对于电气系统，可利用电路理论中的运算阻抗的定义，不计算微分方程也可以快速简便的计算其传递函数。

电气系统中常见的元件为电阻、电容和电感，它们都具有阻碍电流流动的作用，可计算各元件对应的运算阻抗。其中，电阻 R 的运算阻抗就是它本身，电感 L 的运算阻抗为 Ls，电容 C 的运算阻抗为 $1/(Cs)$。把变量 $i(t)$、$u(t)$转变为相应的拉氏变换式 $I(s)$、$U(s)$，将运算阻抗当作普通的电阻。在零初始条件下，电路中运算阻抗与电流、电压的拉氏变换式 $I(s)$、$U(s)$满足电路的各个定律，如欧姆定律，基尔霍夫电压、电流定律等。可以通过简单的运算，确定 $I(s)$、$U(s)$等相关变量之间的关系。

【例 2-18】如图 2.14（a）所示的电气系统，L 为电感，C 为电容，R 为电阻，$u_i(t)$为输入端电压，$u_o(t)$为输出端电压。求该系统的传递函数 $G(s)$。

解　将普通电路转变为运算电路。运算阻抗 R、Ls 及 $1/(Cs)$构成串联电路，传递函数为电压 $U_o(s)$ 与 $U_i(s)$ 的比，即电压对应的运算阻抗的比。

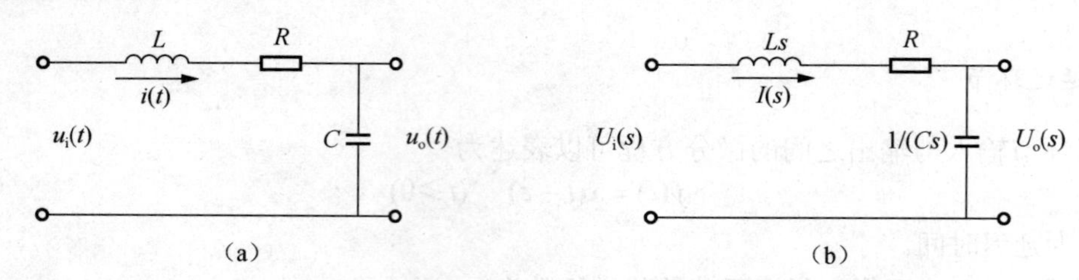

图 2.14 例 2-18 RLC 电气系统

(a) 普通电路；(b) 运算电路

$$G(s)=\frac{U_o(s)}{U_i(s)}=\frac{1/(Cs)}{R+Ls+1/(Cs)}=\frac{1}{LCs^2+RCs+1}$$

【例 2-19】 如图 2.15（a）所示的电气系统，C 为电容，R 为电阻，$u_i(t)$ 为输入端电压，$u_o(t)$ 为输出端电压。求该系统的传递函数 $G(s)$。

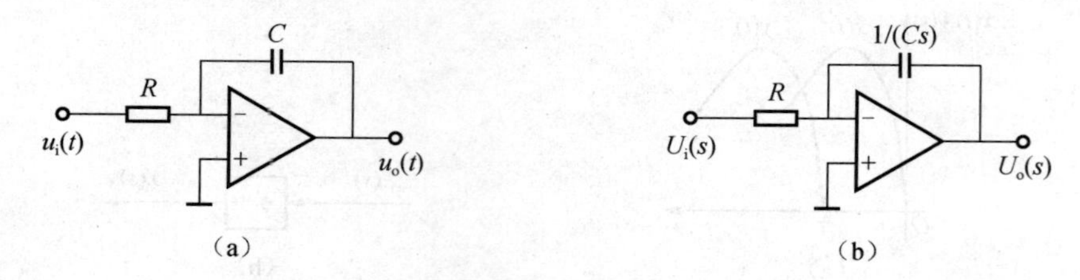

图 2.15 例 2-19 电气系统

(a) 普通电路；(b) 运算电路

解 把普通电路转变为运算电路。根据运算放大器的性质

$$\frac{U_i(s)}{R}+\frac{U_o(s)}{1/(Cs)}=0$$

整理得系统的传递函数为

$$G(s)=\frac{U_o(s)}{U_i(s)}=-\frac{1/(Cs)}{R}=-\frac{1}{RCs}$$

根据传递函数可确定该系统由比例环节和积分环节组成。

2.4 系统传递函数动态结构图及其简化

2.4.1 系统方块图的构成

自动控制系统可看作由基本环节按照一定关系组合而成的。信号从输入到输出实际也是输入信号在各个环节中传递的过程。系统的传递函数仅能反映输入信号和输出信号的关系，而不能体现信号在各环节中流动的过程。系统方块图又称为系统的结构图，是系统各个环节的功能和信号流向的图形表示。方块图可体现出各环节的关系及信号的传递过程，它是用图形表示的数学模型。

系统的方块图包括函数方块、信号流线、相加点和分支点等图形符号。把系统中的各个环节用函数方块表示，按照系统中各变量之间的关系，用信号流线和分支点把函数方块连接成一个整体，这样获得的完整的图形就是控制系统的方块图。

1. 函数方块

函数方块是各个环节的传递函数，表示该环节输入到输出的单向传递的函数关系，如图 2.16（a）所示。

2. 信号流线

信号流线是带箭头的直线，箭头表示信号的流向，指向函数方块表示信号输入，背离函数方块表示信号输出。在直线旁标记信号的时间函数或象函数，如图 2.16（a）所示。

3. 相加点

相加点表示两个或两个以上输入信号的代数和。符号“+”表示信号相加，符号“-”表示信号相减，其中“+”可以省略，如图 2.16（b）所示，此时 $Y(s)=X_1(s)+X_2(s)-X_3(s)$。

4. 分支点

分支点表示信号引出和测量的位置，在同条信号流线上可引出多个分支点。在同一信号流线上引出的信号数值和性质完全相同，如图 2.16（c）所示。

用方块图描述系统的特点：按照信号的流向将各个环节的函数方块连接起来，就可以组成整个系统的方块图，通过对方块图简化，不难求出输入信号与输出信号之间的传递函数。通过控制系统的方块图不仅可以对系统的性能进行分析，而且还可以评价各个环节对系统性能的影响。但是方块图只能够体现系统的动态性能，并不能表达系统的物理结构，也就是说物理结构不同的系统可能存在相同的方块图。

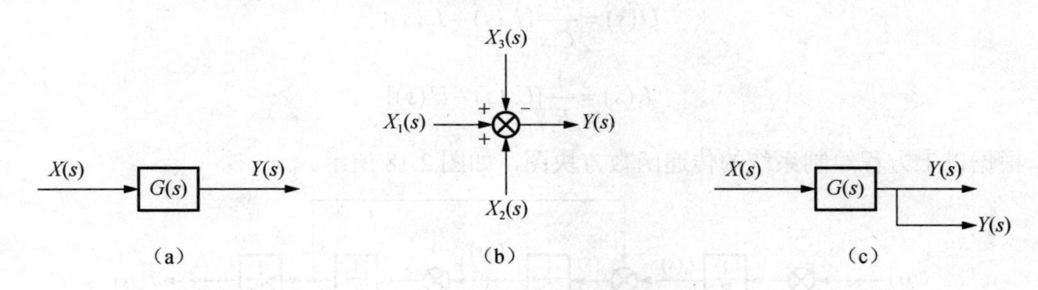

图 2.16　方块图的组成

（a）函数方块与信号流线；（b）相加点；（c）分支点

2.4.2　方块图的绘制

建立系统的传递函数方块图，需要建立组成系统的各个环节的微分方程，求取各个环节对应的传递函数，画出个体方块图。根据各个环节之间的连接关系，从相加点入手，按照信号流向依次连接成整体方块图，即系统方块图。

（1）建立系统（或元件）的原始微分方程（或传递函数）。从输出量开始写，以系统输出量作为第一个方程左边的量。

（2）每个方程左边只有一个量。从第二个方程开始每个方程左边的量是前面方程右边出现的中间变量。

（3）列写方程时尽量用已出现的量。

（4）输入量至少要在一个方程的右边出现；除输入量外，在方程右边出现过的中间变量一定要在某个方程的左边出现。

【例 2-20】如图 2.17（a）所示的电气系统，C_1、C_2 为电容，R_1、R_2 为电阻，$u_i(t)$ 为输入端电压，$u_o(t)$ 为输出端电压。绘制该电气系统的传递函数方块图。

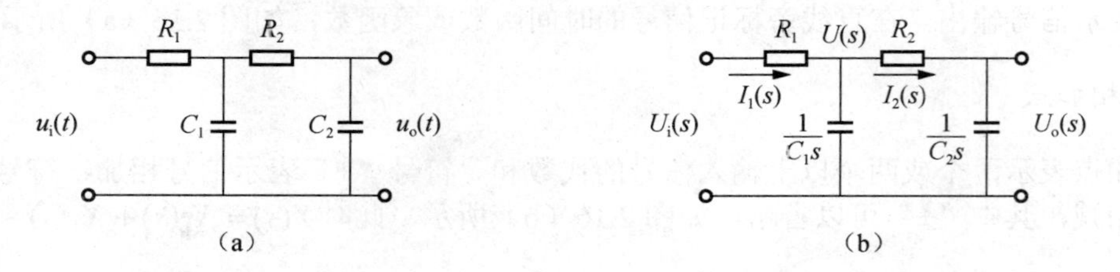

图 2.17　例 2-20 电气网络

（a）电气系统；（b）运算网络

解　绘制系统的运算网络如图 2.17（b）所示，设定中间变量 $I_1(s)$、$I_2(s)$ 和 $U(s)$。根据基尔霍夫电压、电流定律可知

$$U_o(s)=\frac{1}{C_2 s}I_2(s)$$

$$I_2(s)=\frac{1}{R_2}[U(s)-U_o(s)]$$

$$U(s)=\frac{1}{C_1 s}[I_1(s)-I_2(s)]$$

$$I_1(s)=\frac{1}{R_1}[U_i(s)-U(s)]$$

根据以上方程绘制系统的传递函数方块图，如图 2.18 所示。

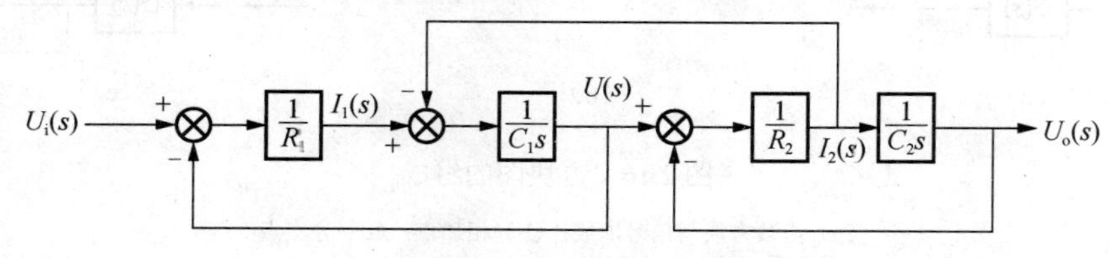

图 2.18　例 2-20 电气系统传递函数方块图

由例 2-20 可见，以系统的输出量作为第一个方程左边的量，以方程中出现的中间变量作为下一个方程左边的量，以此类推，直到方程右边出现过的中间变量都在方程左边出现过，并且输入量也在某个方程的右边出现过，这样列写方程结束。按照方程表示的关系绘制方块图，从系统的输出量开始，建立各个环节的方块图。

各个系统的方块图并不是只有一种形式，由于考虑的角度不一样，因此写出的方程也不相同，最后的连接关系就会有变化，但是各个变量之间的关系保持不变。

2.4.3　方块图等效变换规则

根据系统的方块图可直观地确定系统中各变量之间的数学关系，但是当系统较复杂时，各函数方块之间交错连接，不能直接得到系统的传递函数。若只为求取系统的传递函数，而不考虑其具体的结构，则可对系统的方块图进行等效变换。所谓等效变换是指在变换前后各个变量之间的函数关系保持不变。无论系统各环节的连接多么交错复杂，一般来说，各环节都是按照 3 种基本的方式进行连接的。

1. 串联环节

前一个环节的输出为后一个环节的输入，这样的连接称为串联连接。需要注意的是，环节之间必须首尾相连，不允许有其他的信号介入。如图 2.19（a）所示，$G_1(s)$ 、$G_2(s)$ 、$G_3(s)$ 分别是各个环节的传递函数，各环节按照串联原则连接。

根据各变量的传递关系，可知

$$X_1(s)=X(s)G_1(s),\ X_2(s)=X_1(s)G_2(s),\ Y(s)=X_2(s)G_3(s)$$

则串联环节总输入和总输出之间的关系为

$$Y(s)=G_1(s)G_2(s)G_3(s)X(s)$$

所以，3 个环节串联的等效传递函数为

$$G(s)=\frac{Y(s)}{X(s)}=G_1(s)G_2(s)G_3(s)$$

3 个环节串联的等效传递函数等于 3 个环节传递函数的乘积。根据等效传递函数，可将 3 个串联的环节简化为 1 个环节，如图 2.19（b）所示。

如果 n 个环节串联，根据以上结论可推理得出，串联环节的等效传递函数等于构成串联的各环节传递函数的乘积，即

$$G(s)=\prod_{i=1}^{n}G_i(s) \tag{2-44}$$

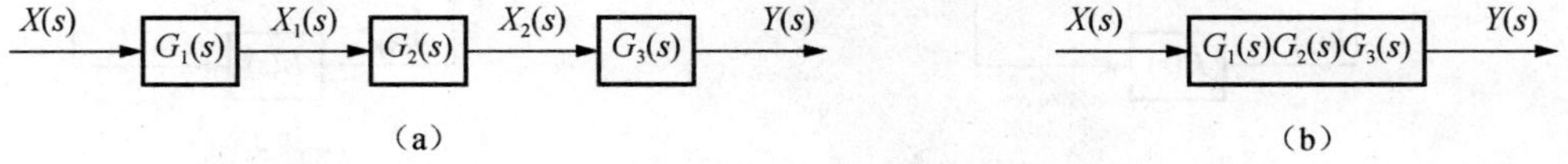

$X(s)$ → $G_1(s)$ → $X_1(s)$ → $G_2(s)$ → $X_2(s)$ → $G_3(s)$ → $Y(s)$

（a）

$X(s)$ → $G_1(s)G_2(s)G_3(s)$ → $Y(s)$

（b）

图 2.19　串联环节

（a）3 个环节串联；（b）串联后的传递函数

2. 并联环节

各个环节具有同一输入，且输出为各环节输出的代数和，这样的连接方式称为并联。图 2.20（a）表示了 3 个环节并联的情况，3 个环节的输入信号均为 $X(s)$，输入为 3 个环节输出的线性叠加。

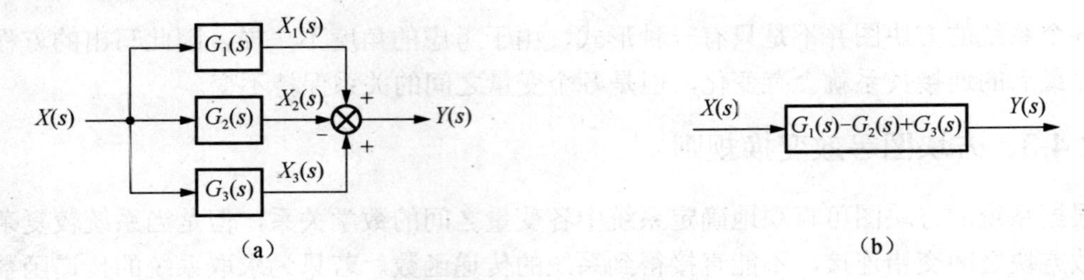

图 2.20　并联环节

（a）3 个环节并联；（b）并联后的传递函数

根据各变量之间的传递关系，可知

$$Y(s)=X_1(s)-X_2(s)+X_3(s)=X(s)G_1(s)-X(s)G_2(s)+X(s)G_3(s)$$

则并联环节总输入和总输出之间的关系为

$$Y(s)=X(s)[G_1(s)-G_2(s)+G_3(s)]$$

所以，3 个环节并联的等效传递函数为

$$G(s)=\frac{Y(s)}{X(s)}=G_1(s)-G_2(s)+G_3(s)$$

3 个环节并联的等效传递函数等于 3 个环节传递函数的代数和。根据等效传递函数，可将 3 个并联的环节简化为一个环节，如图 2.20（b）所示。

如果 n 个环节并联，根据以上的结论可推理得出，并联环节的等效传递函数等于构成并联的各环节传递函数的代数和，即

$$G(s)=\sum_{i=1}^{n}G_i(s) \tag{2-45}$$

3. 反馈环节

反馈环节由前向通道和反馈通道组成，如图 2.21（a）所示为正反馈环节。其中，$G(s)$为前向通道传递函数，$H(s)$为反馈通道传递函数，$\varepsilon(s)$为偏差信号。根据反馈信号与输入信号的对比关系，反馈环节可分为正反馈和负反馈。

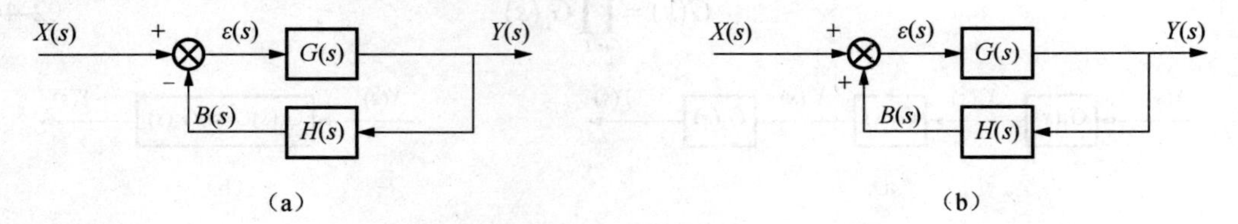

图 2.21　反馈环节

（a）负反馈连接；（b）正反馈连接

根据信号之间的传递关系，可知负反馈环节各信号间的关系为

$$Y(s)=\varepsilon(s)G(s)$$

$$B(s)=Y(s)H(s)$$

$$\varepsilon(s)=X(s)-B(s)$$

因此，负反馈环节的等效传递函数为

$$\frac{Y(s)}{X(s)}=\frac{G(s)}{1+G(s)H(s)}$$

负反馈环节等效传递函数等于前项通道传递函数除以 1 加前向通道传递函数与反馈通道传递函数的乘积。负反馈是把反馈信号与输入信号做差，减弱输入信号的作用，使得偏差信号减小。

同理，正反馈环节的等效传递函数为

$$\frac{Y(s)}{X(s)}=\frac{G(s)}{1-G(s)H(s)}$$

正反馈表示反馈信号加强输入信号的作用，使得偏差信号增大。

反馈通道的传递函数 $H(s)=1$ 时，称该系统为单位反馈系统，对应的反馈环节的传递函数为

$$\frac{Y(s)}{X(s)}=\frac{G(s)}{1\pm G(s)}$$

4. 相加点和分支点的移动

相加点和分支点的移动中，“前”“后”是按照信号流动方向定义的，是指信号从“前面”流向“后面”，而不是位置上的前后，因此判断信号的先后位置主要是看信号流线箭头的指向。

（1）相加点前移。如图 2.22 所示为相加点的前移。在移动之前，输出信号 $Y(s)$为相加点前两个输入信号的代数和，即 $Y(s)=X_1(s)G(s)-X_2(s)$。相加点移动到函数方块前面，相当于输入信号 $X_2(s)$串联了$G(s)$输出到 $Y(s)$。要保证相加点移动以后变量的关系不变，需再串联 $1/G(s)$环节。

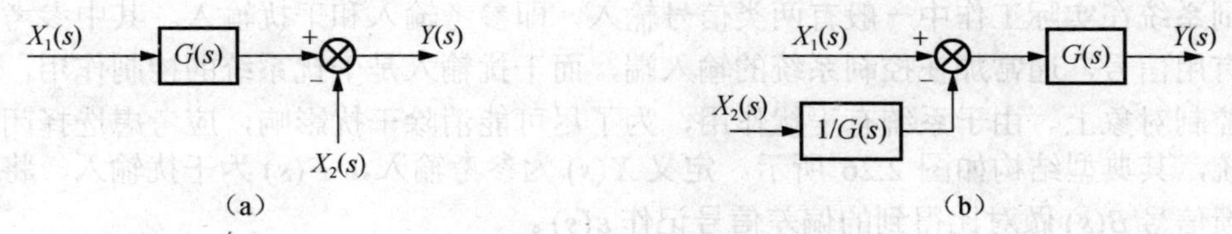

图 2.22　相加点前移

（a）移动前；（b）移动后

（2）相加点之间移动。如图 2.23 所示为相加点之间的移动。根据信号的传动关系，可知在相加点移动之前 $Y(s)=X_1(s)-X_2(s)+X_3(s)$，移动后 $Y(s)=X_1(s)+X_3(s)-X_2(s)$。相加点位置虽然发生改变，但总输出信号没有任何变化，因此，两个相邻的相加点可以互相移动而不改变最终的输出结果。

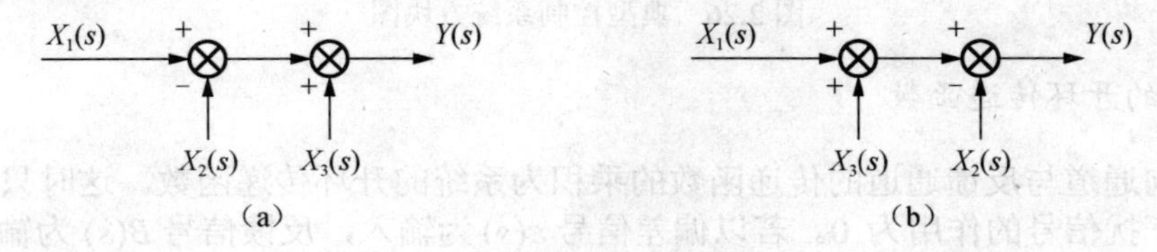

图 2.23　相加点之间移动

（a）移动前；（b）移动后

(3)分支点后移。如图 2.24 所示为分支点的后移。在移动之前，分支点引出的信号为 $X(s)$，分支点位置移动到函数方块 $G(s)$之后，分支点引出的信号变为 $X(s)G(s)$。为保证信号不变，需在输出信号前串联 $1/G(s)$，如图 2.24（b）所示。

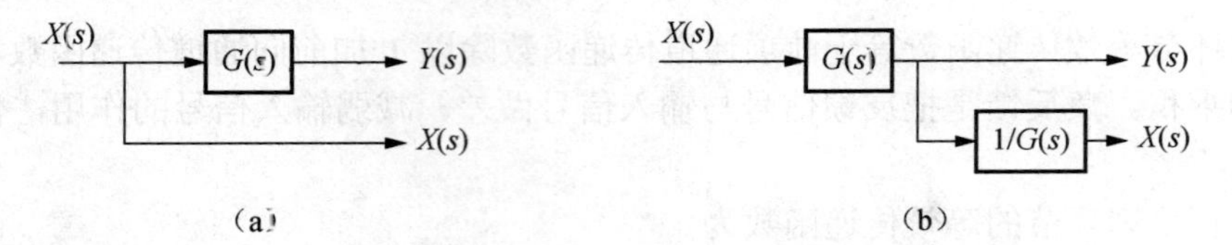

图 2.24　分支点后移

（a）移动前；（b）移动后

（4）分支点之间的移动。图 2.25 所示为分支点的移动。在同一条信号线上引出的分支点的所有信号都具有相同的性质和大小，分支点之间的前后移动都不会改变引出的信号。

图 2.25　分支点之间移动

（a）移动前；（b）移动后

2.4.4 典型控制系统的传递函数

控制系统在实际工作中一般有两类信号输入，即参考输入和干扰输入。其中参考输入是系统的有用信号，通常加在控制系统的输入端，而干扰输入是干扰系统的控制作用，往往作用在被控制对象上。由于系统有干扰作用，为了尽可能消除干扰影响，应考虑选择闭环反馈控制系统，其典型结构如图 2.26 所示。定义 $X(s)$ 为参考输入，$F(s)$ 为干扰输入，将参考输入与反馈信号 $B(s)$ 做对比得到的偏差信号记作 $\varepsilon(s)$。

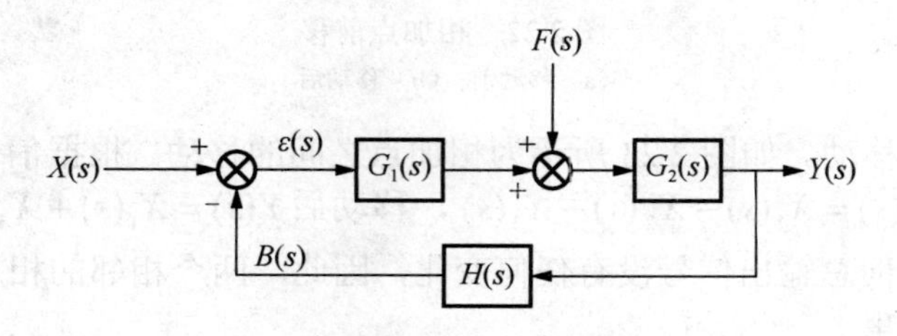

图 2.26　典型控制系统方块图

1. 系统的开环传递函数

定义前向通道与反馈通道的传递函数的乘积为系统的开环传递函数。这时只考虑参考输入的作用，干扰信号的作用为 0。若以偏差信号 $\varepsilon(s)$ 为输入，反馈信号 $B(s)$ 为输出，根据信号传递的关系可以看出这两个变量之间的传递函数就等于系统的开环传递函数，即

$$\frac{B(s)}{\varepsilon(s)}=G_1(s)G_2(s)H(s) \tag{2-46}$$

2. 输出信号 $Y(s)$对参考输入 $X(s)$的闭环传递函数

令 $F(s)=0$，称 $\varphi(s)=\dfrac{Y(s)}{X(s)}$ 为输出对参考输入的闭环传递函数，这时只考虑参考输入 $X(s)$ 的作用。若是干扰输入信号 $F(s)$ 作用为 0，可将原方块图变换为图 2.27 的形式。则环节 $G_1(s)$ 和 $G_2(s)$ 为串联，再和 $H(s)$ 构成闭环负反馈系统，其传递函数为

$$\varphi(s)=\frac{Y(s)}{X(s)}=\frac{G_1(s)G_2(s)}{1+G_1(s)G_2(s)H(s)}=\frac{G(s)}{1+G(s)H(s)} \tag{2-47}$$

式中：$G(s)=G_1(s)G_2(s)$，表示前向通道的传递函数。若反馈通道传递函数 $H(s)=1$，称为单位反馈控制系统，其传递函数为

$$\varphi(s)=\frac{Y(s)}{X(s)}=\frac{G_1(s)G_2(s)}{1+G_1(s)G_2(s)}=\frac{G(s)}{1+G(s)} \tag{2-48}$$

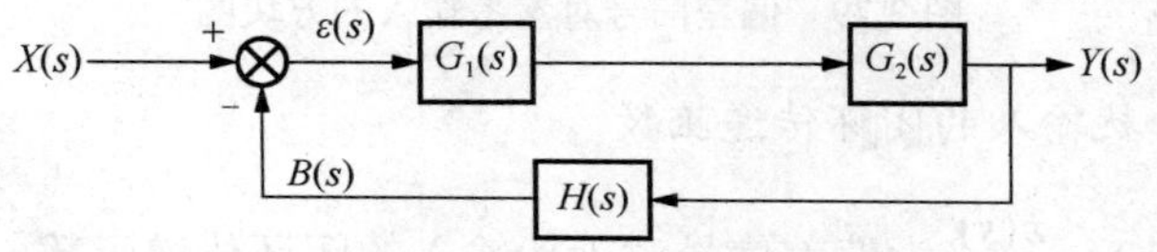

图 2.27　输出信号对参考输入的方块图

3. 输出信号 $Y(s)$对干扰输入 $F(s)$的闭环传递函数

令 $X(s)=0$，称 $\varphi(s)=\dfrac{Y(s)}{F(s)}$ 为输出对干扰输入的闭环传递函数，这时只考虑干扰输入 $F(s)$ 的作用。参考输入信号 $X(s)$ 作用为 0，可将原方块图变换为图 2.28 的形式。注意反馈信号 $B(s)$ 与偏差信号 $\varepsilon(s)$ 的关系，需要考虑相加点的作用，$\varepsilon(s)=-B(s)$，也就是两个信号为比例关系。

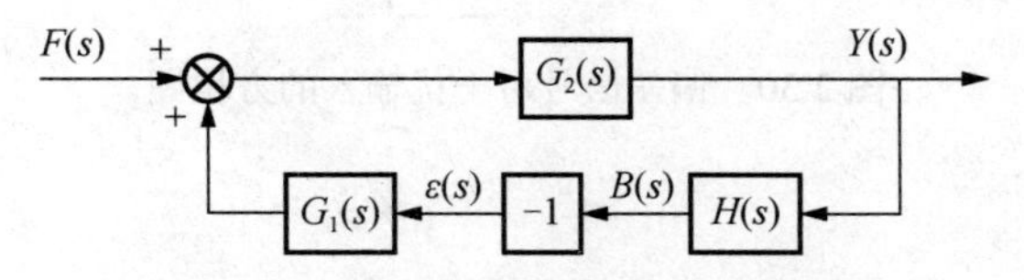

图 2.28　输出信号对干扰输入的方块图

此时系统的传递函数为

$$\varphi_F(s)=\frac{Y(s)}{F(s)}=\frac{G_2(s)}{1+G_1(s)G_2(s)H(s)}=\frac{G_2(s)}{1+G(s)H(s)} \tag{2-49}$$

4. 系统总输出

根据线性叠加定理，系统有多个输入信号作用时，系统的总输出等于各输入信号引起的输出的总和。参考输入和干扰输入同时作用于系统，系统的总输出为两者各自单独作用时输出的叠加。

$$
\begin{aligned}
Y(s) &= \varphi(s)X(s) + \varphi_F(s)F(s) \\
&= \frac{G_1(s)G_2(s)}{1+G_1(s)G_2(s)H(s)}X(s) + \frac{G_2(s)}{1+G_1(s)G_2(s)H(s)}F(s)
\end{aligned}
\tag{2-50}
$$

5．偏差信号对参考输入的闭环传递函数

令 $F(s)=0$，称 $\varphi_\varepsilon(s)=\dfrac{\varepsilon(s)}{X(s)}$ 为偏差信号对参考输入的闭环传递函数。干扰输入信号 $F(s)$ 的作用为 0，可将原方块图变换为图 2.29 的形式。在此方块图中，参考输入和反馈信号的代数和就是偏差信号，因此前向通道的传递函数为 1。此时系统的传递函数为

$$
\varphi_\varepsilon(s)=\frac{\varepsilon(s)}{X(s)}=\frac{1}{1+G_1(s)G_2(s)H(s)}=\frac{1}{1+G(s)H(s)}
\tag{2-51}
$$

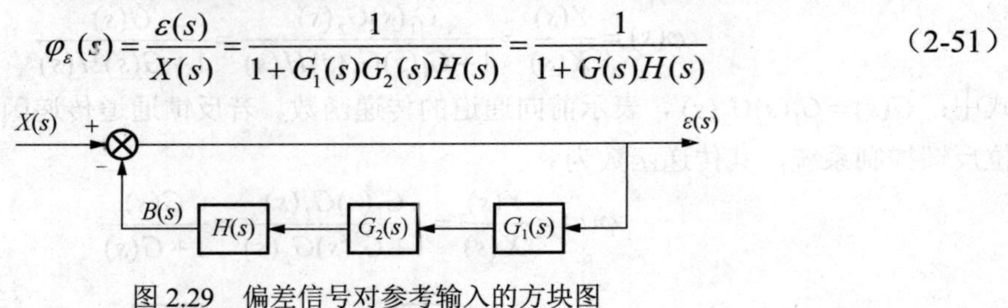

图 2.29　偏差信号对参考输入的方块图

6．偏差信号对干扰输入的闭环传递函数

令 $X(s)$=0，称 $\varphi_\varepsilon(s)=\dfrac{\varepsilon(s)}{F(s)}$ 为偏差信号对干扰输入的闭环传递函数。参考输入信号 $X(s)$=0 时，可将原方块图变换为图 2.30 的形式。注意考虑相加点前后信号的传递关系。此时系统的传递函数为

$$
\varphi_{\varepsilon F}(s)=\frac{\varepsilon(s)}{F(s)}=-\frac{G_2(s)H(s)}{1+G_1(s)G_2(s)H(s)}=-\frac{G_2(s)H(s)}{1+G(s)H(s)}
\tag{2-52}
$$

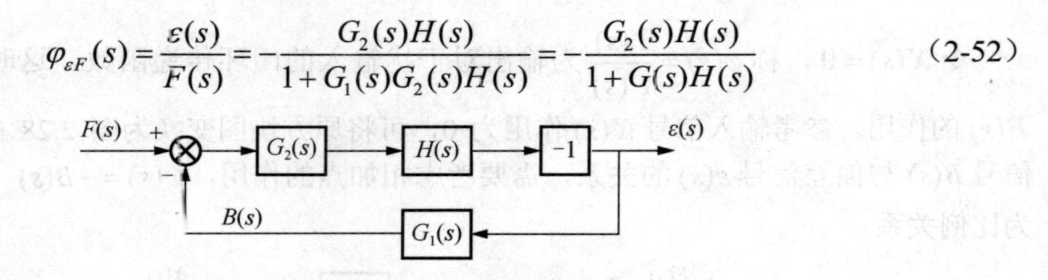

图 2.30　偏差信号对干扰输入的方块图

7．系统总偏差

根据线性叠加定理，参考输入和干扰输入同时作用于系统产生的偏差应等于两者各自单独作用时偏差的叠加，即

$$
\varepsilon(s)=\varphi_\varepsilon(s)X(s)+\varphi_{\varepsilon F}(s)F(s)
\tag{2-53}
$$

分析系统的各闭环传递函数可知，即便是同一个系统，研究的输入信号和输出信号不同，对应的前向通道和反馈通道的传递函数也各不相同，系统的传递函数也不相同。但是传递函数的不同主要表现在分子上，各传递函数的分母不变，这是由于分母反映了系统本身的固有属性，与外界没有关系。对于开环系统来说，取不同的输入信号和输出信号，就表示参与信号传递的工作环节也会随之发生改变，开环传递函数仅仅反映了参与工作的各个环节的工作情况，这时不仅传递函数各不相同，而且传递函数的分母也会不同。

根据上述内容可知，设计合理的闭环控制系统可以抑制甚至消除干扰作用的影响，包括系统参数的变化和外界的影响等，使得控制作用更加准确，提高控制系统的性能。

2.4.5　方块图的简化

复杂的方块图可看作由多个回路组成，各个回路相互交织和嵌套在一起，可利用方块图的等效变换和运算法则进行方块图的简化。通过移动相加点和分支点的位置，可消除各回路之间的相互作用，使其成为简单串联、并联或者反馈连接的小回路。再利用运算法则对简单的小回路进一步简化，一般按照由内而外的原则，先处理内部的回路，逐渐向外展开处理，从而确定输入与输出之间的关系。

【例 2-21】 试简化图 2.31 所示系统的方块图，并求系统的传递函数 $\dfrac{Y(s)}{X(s)}$。

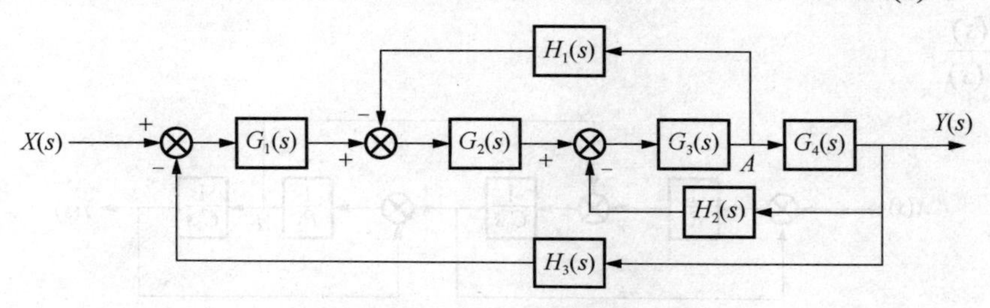

图 2.31　系统方块图简化

解　图中有 3 个相加点，也就是说系统中有 3 个反馈回路。但是方块图中存在由相加点和分支点组成的交叉点，首先要解除交叉作用。可以考虑将分支点 A 的位置后移到函数方块 $G_4(s)$ 的输出端。在移动以前，$H_1(s)$ 的输入信号为 $G_3(s)$ 的输出信号，分支点位置后移以后，$H_1(s)$ 的输入信号为 $G_4(s)$ 的输出信号。为保证 $H_1(s)$ 的输入信号不变，应在它的输入信号上串联 $1/G_4(s)$，即可还原原有信号。原方块图转化为图 2.32 所示的形式。

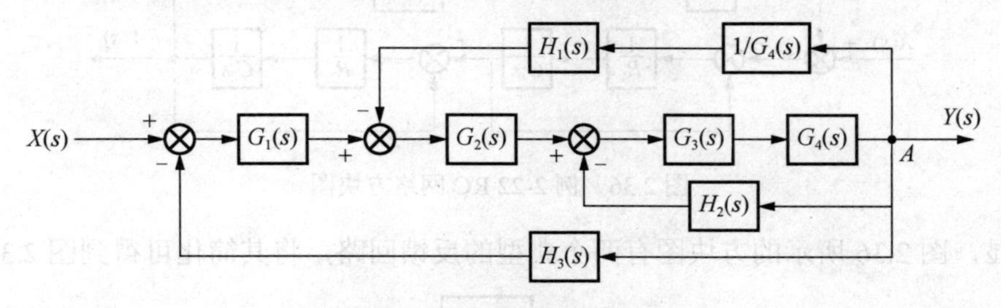

图 2.32　系统方块图简化步骤一

由此可见 $G_3(s)$、$G_4(s)$、$H_2(s)$ 组成了局部反馈回路，可对其进行简化，得到图 2.33。

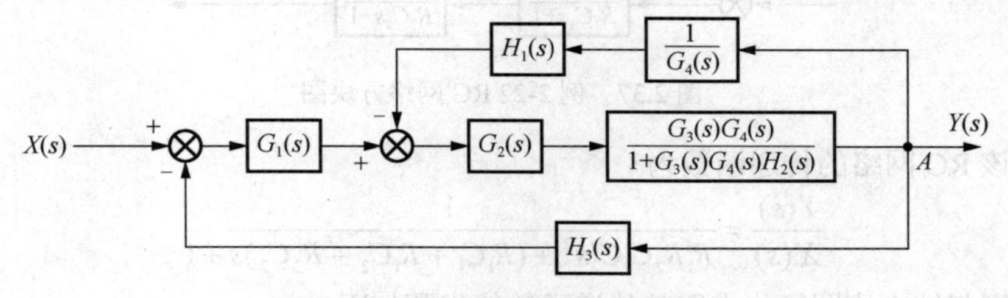

图 2.33　系统方块图简化步骤二

对图 2.33 的内回路进行串联环节和反馈回路的简化得到图 2.34。

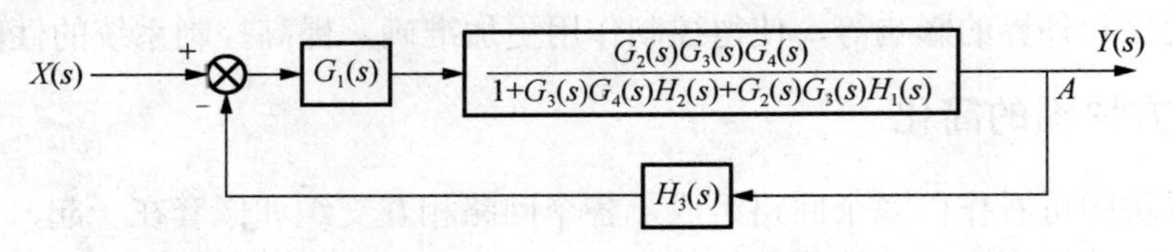

图 2.34　系统方块图简化步骤三

根据方块图 2.34 可知系统的传递函数为

$$\frac{Y(s)}{X(s)}=\frac{G_1(s)G_2(s)G_3(s)G_4(s)}{1+G_2(s)G_3(s)G_4(s)H_1(s)+G_3(s)G_4(s)H_2(s)+G_1(s)G_2(s)G_3(s)G_4(s)H_3(s)}$$

【例 2-22】 如图 2.35 所示 RC 网络的方块图，试利用方块图简化的方法求系统的传递函数 $G(s)=\dfrac{Y(s)}{X(s)}$。

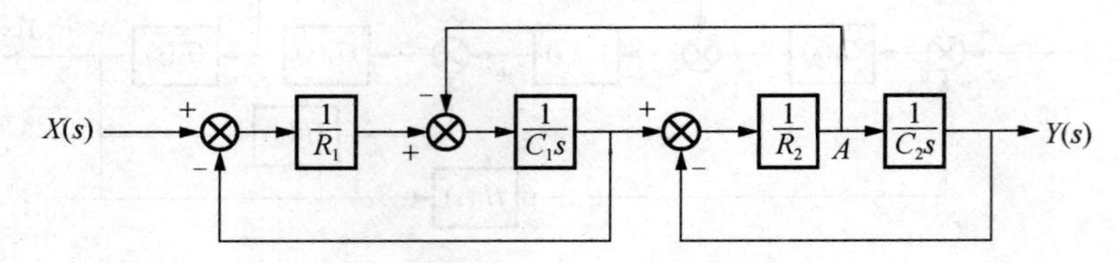

图 2.35　例 2-22 RC 网络方块图

解　图中有 3 个反馈回路交织在一起，首先要解除彼此之间的交互作用，就要移动分支点 A 的位置，并将中间的相加点前移，就可以利用反馈回路进行简化了。将相加点前移，分支点后移可得到图 2.36。

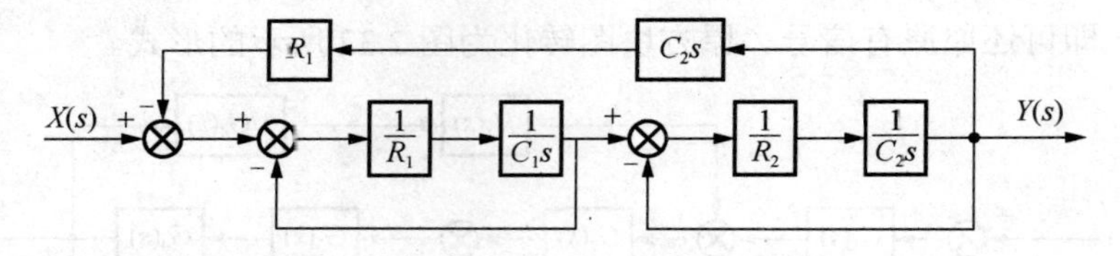

图 2.36　例 2-22 RC 网络方块图

很明显，图 2.36 所示的方块图有两个典型的反馈回路，将其简化可得到图 2.37。

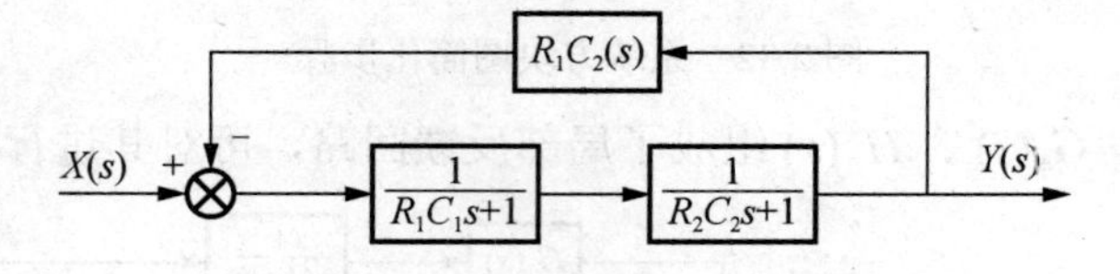

图 2.37　例 2-22 RC 网络方块图

可得到该 RC 网络的传递函数为

$$\frac{Y(s)}{X(s)}=\frac{1}{R_1R_2C_1C_2s^2+(R_1C_1+R_1C_2+R_2C_2)s+1}$$

由此，可归纳方块图简化求取其传递函数的步骤如下。

（1）确定系统的输入量和输出量。根据传递函数的定义可知，即便是同一个系统，输入量或输出量发生改变，那么表达输入与输出之间关系的传递函数也会随之发生改变。确定了输入量和输出量，也就是确定了方块图简化的目标。

（2）方块图中如有交叉作用，应利用相加点或分支点的移动，先消除彼此之间的交叉作用，使得系统中只有串联、并联及反馈关系。

（3）对于多回路的系统，按照从里到外的顺序进行简化，就可以得到系统的传递函数。

2.4.6　梅逊公式

用方块图等效变换的方法可对系统进行简化，并求得传递函数，但是对于回路比较复杂的系统，运用上述简化方法计算系统中各个变量之间的关系，其变换和化简的过程就很复杂。可以利用梅逊公式直接求得系统的传递函数，它与方块图一样也是系统数学模型的一种图解表示方法，因此梅逊公式同样也适用于结构图。

梅逊公式给出了系统方块图中，任意输入量与输出量之间的增益，即传递函数。其公式为

$$G(s)=\frac{\sum_{k=1}^{n}P_k\Delta_k}{\Delta} \tag{2-54}$$

式中：$G(s)$ 为待求的传递函数；P_k 为第 k 条前向通道的传递函数；n 为前向通道的个数；Δ 为特征式，且 $\Delta=1-\sum L_i+\sum L_iL_j-\sum L_iL_jL_k+\cdots$，其中，$\sum L_i$ 为方块图中所有不同回路的传递函数的和，$\sum L_iL_j$ 为方块图中所有两两互不接触回路的传递函数乘积的和，$\sum L_iL_jL_k$ 为方块图中所有三三互不接触回路的传递函数乘积的和，回路传递函数是指反馈回路的前向通道与反馈通道传递函数的乘积，并且包括代表反馈特性的正、负号；Δ_k 是第 k 条前向通道的余子式，是在特征式 Δ 中，将与第 k 条前向通道 P_k 相接触的回路各项全部去除后剩下的余子式。

式（2-54）中的接触回路是指具有共同节点的回路，反之称为不接触回路。与第 k 条前向通路具有共同节点的回路称为与第 k 条前向通路接触的回路。

根据梅逊公式计算系统的传递函数，首要问题是正确识别所有的回路并确定它们是否相互接触，属于哪种类型的接触；正确识别所规定的输入与输出变量之间的所有前向通路及与其相接触的回路。

【例 2-23】用梅逊公式求例 2-21 所示系统的传递函数。

解　根据系统的方块图可知，系统中共有 3 个回路，即

$$L_1=-G_2(s)G_3(s)H_1(s)$$
$$L_2=-G_3(s)G_4(s)H_2(s)$$
$$L_3=-G_1(s)G_2(s)G_3(s)G_4(s)H_3(s)$$

且 3 个回路两两都有接触，因此

$$\Delta=1-\sum_{i=1}^{3}L_i=1+G_2(s)G_3(s)H_1(s)+G_3(s)G_4(s)H_2(s)+G_1(s)G_2(s)G_3(s)G_4(s)H_3(s)$$

系统中只有 1 条前向通道，

$$P_1=G_1(s)G_2(s)G_3(s)G_4(s)$$

且所有的回路与该前向通道都有接触，因此

$$\Delta_1 = 1$$

则系统的传递函数

$$\frac{Y(s)}{X(s)} = \frac{G_1(s)G_2(s)G_3(s)G_4(s)}{1 + G_2(s)G_3(s)H_1(s) + G_3(s)G_4(s)H_2(s) + G_1(s)G_2(s)G_3(s)G_4(s)H_3(s)}$$

从分析结果可见，利用梅逊公式求得的系统的传递函数与方块图简化的方法求得的结果相同。

【例 2-24】用梅逊公式求例 2-22 所示系统的传递函数。

解 系统中共有 3 个回路，分别是

$$L_1 = -\frac{1}{R_1C_1s}，L_2 = -\frac{1}{R_2C_2s}，L_3 = -\frac{1}{R_2C_1s}$$

而且很明显第一个回路与第二个回路没有共同的节点，也就是不存在两两互相接触，因此

$$\Delta = 1 - L_1 - L_2 - L_3 + L_1L_2 = 1 + \frac{1}{R_1C_1s} + \frac{1}{R_2C_2s} + \frac{1}{R_2C_1s} + \frac{1}{R_2C_2s}\frac{1}{R_2C_1s}$$

系统中有 1 条前向通道，传递函数为

$$P_1 = \frac{1}{R_1R_2C_1C_2s^2}$$

所有的回路与前向通道都有接触，因此

$$\Delta_1 = 1$$

则系统的传递函数为

$$\frac{Y(s)}{X(s)} = \frac{1}{R_1R_2C_1C_2s^2 + (R_1C_1 + R_1C_2 + R_2C_2)s + 1}$$

2.5 数学模型的 MATLAB 描述

MATLAB 软件是以矩阵运算为基础的交互式程序语言，具有强大的数值分析、矩阵计算和信息处理分析设计的功能。它使用方便、运算高效、人机界面友好、易于扩展，现在已经成为控制理论分析不可或缺的计算工具。

2.5.1 MATLAB 的数学模型表示

1. 传递函数

MATLAB 采用行向量的形式表示多项式，并且行向量中的各个元素按照降幂排列多项式系数。例如，多项式 $F(s) = a_ns^n + a_{n-1}s^{n-1} + a_{n-2}s^{n-2} + \cdots + a_1s + a_0$ 的系数行向量可以表示为

$$\boldsymbol{F} = [a_n, a_{n-1}, a_{n-2}, \cdots, a_0]$$

式中：若 $a_i = 0$ (i=0,1,2,⋯,n−1)，即除第一项外，多项式中某一项系数等于 0，在 MATLAB 中输入时该项不能省略，应写入 0。

MATLAB 中表示两个多项式相乘，可以调用函数

$$F = \mathrm{conv}(F_1,\ F_2)$$

式中：F_1、F_2 分别表示多项式；F 为多项式 F_1、F_2 的乘积。

【例 2-25】已知多项式 $A(s) = s+1$，$B(s) = 2s^2 + s + 1$，求 $C(s) = A(s)B(s)$。

解　输入 MATLAB 命令

```
>>A=[1,1];
>>B=[2,1,1];
>>C=conv(A,B)
```

运行结果为

```
C=2 3 2 1
```

这就表示多项式 $A(s)$和 $B(s)$相乘得到的多项式 $C(s)=2s^3+3s^2+2s+1$。

conv( )函数也可使用嵌套形式表示多个多项式相乘，例如，$F(s)=2(s+1)(s+2)(s+3)$可表示为

```
>>F=2*conv([1,1],conv([1,2],[1,3]))
```

其运行结果为

```
F=1 6 11 6
```

控制系统的传递函数为

$$G(s) = \frac{\mathrm{num}}{\mathrm{den}} = \frac{b_m s^m + b_{m-1} s^{m-1} + b_{m-2} s^{m-2} + \cdots + b_1 s + b_0}{a_n s^n + a_{n-1} s^{n-1} + a_{n-2} s^{n-2} + \cdots + a_1 s + a_0}$$

式中：$a_i(i=0,1,2,\cdots,n)$、$b_j(j=0,1,2,\cdots,m)$均为常数，$n \geqslant m$。

传递函数的分子和分母均为复变量 s 的多项式，利用 MATLAB 中多项式的表达

$$\mathrm{num}=[\,b_m, b_{m-1}, b_{m-2}, \cdots, b_1, b_0\,]$$

$$\mathrm{den}=[\,a_n, a_{n-1}, a_{n-2}, \cdots, a_1, a_0\,]$$

$$\mathrm{sys}=\mathrm{tf}(\mathrm{num},\mathrm{den})$$

式中：num 为分子多项式；den 为分母多项式；sys 为系统的传递函数。

对于复杂的传递函数表达式，注意使用conv( )函数嵌套。例如，$G(s) = \dfrac{2(s+2)(s^2+2s+3)}{s(s+3)^2(s^3+3s+1)}$

的 MATLAB 程序为

```
>>num=2*conv([1,2],[1,2,3]);
>>den=conv([1,0],conv(conv([1,3],[1,3]),[1,0,3,1]));
>>G=tf(num,den)
```

运行结果为

$$\frac{2s^3 + 8s^2 + 14s + 12}{s^6 + 6s^5 + 12s^4 + 19s^3 + 33s^2 + 9s}$$

2. 传递函数的特征根

多项式求根在 MATLAB 中可以用函数 roots(***F***)来表示。其中 ***F*** 为多项式系数向量，按照 s 降幂排列。

【例 2-26】求多项式 $F(s)=s^4+2s^3+3s^2+4s+5$ 的根。

解 MATLAB 程序为

```
>> F=[1,2,3,4,5];
>>r=roots (F)
```

运行结果为

```
r=
 0.2878+1.4161i
 0.2878-1.4161i
-1.2878+0.8579i
-1.2870.8579i
```

利用 roots( )函数可求解传递函数的特征根。

3. 传递函数的零极点形式

传递函数可以用有理多项式的形式表示，也可以表达为零极点形式。MATLAB 可以表达出传递函数的零点和极点，并构建系统的零极点模型。其调用格式为

```
[z,p,k]=tf2zp(num,den)
```

式中：z、p、k 分别表示零点向量、极点向量和增益。

【例 2-27】传递函数为 $G(s)=\dfrac{s^2+s-6}{s^3-7s-6}$，将其转换为零极点形式。

解 MATLAB 程序为

```
>>num=[1,1,-6];
>>den=[1,0,-7,-6];
>>[z,p,k]=tf2zp(num,den)
```

运行结果为

```
z=2      -3
p=-1     -2     3
k=1
```

则传递函数的零极点形式为

$$G(s)=\frac{(s-2)(s+3)}{(s+1)(s+2)(s-3)}$$

传递函数的零极点可以表示在复平面上，即根据传递函数可绘制对应的零极点图，可用 pzmap( )函数实现，调用格式为

```
[p,z]=pzmap(num,den)
```

【例 2-28】绘制传递函数 $G(s)=\dfrac{s^2+3s+2}{2s^3+s^2+2s+1}$ 的零极点图。

解　MATLAB 程序为

```
>>num=[1,3,2]; den=[2,1,2,1];
>>pzmap(num,den)
```

运行结果如图 2.40 所示。

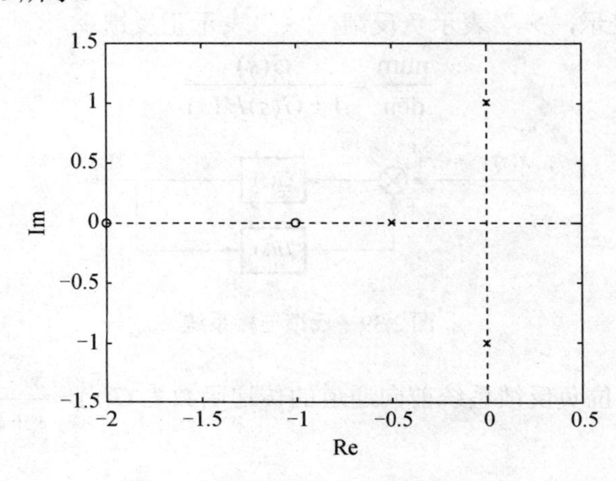

图 2.38　例 2-28 的零极点图

2.5.2　MATLAB 在方块图简化中的应用

利用分析的方法可以利用方块图简化或者梅森公式对复杂的系统进行简化，但是求解过程比较烦琐。本节将介绍使用 MATLAB 函数对系统方块图简化的方法。

1. 串联连接

两个串联的环节 $G_1(s)$ 和 $G_2(s)$，在 MATLAB 中可用串联函数 series( )求得串联环节的传递函数。其调用格式为

```
[num,den]=series(num1,den1,num2,den2)
```

其中：$G_1(s)=\dfrac{\text{num1}}{\text{den1}}$；$G_2(s)=\dfrac{\text{num2}}{\text{den2}}$；$G(s)=\dfrac{\text{num}}{\text{den}}$。

2. 并联连接

两个并联的环节 $G_1(s)$ 和 $G_2(s)$，在 MATLAB 中可用并联函数 parallel( )求得并联环节的传递函数。其调用格式为

```
[num,den]=parallel(num1,den1,num2,den2)
```

其中：$G_1(s)=\dfrac{\text{num1}}{\text{den1}}$；$G_2(s)=\dfrac{\text{num2}}{\text{den2}}$；$G(s)=\dfrac{\text{num}}{\text{den}}$。

3. 反馈连接

如图 2.39 所示为反馈连接系统。在 MATLAB 中可用反馈连接函数 feedback( )求得反馈环节的传递函数。其调用格式为

```
[num,den]=feedback(numg,deng,numh2,denh,sign)
```

其中：前向通道传递函数 $G(s)=\dfrac{\text{numg}}{\text{deng}}$；反馈通道传递函数 $H(s)=\dfrac{\text{num}h}{\text{den}h}$；sign 表示反馈极性，在图中用“∓”表示，“-”表示负反馈，“+”表示正反馈。

$$\frac{\text{num}}{\text{den}}=\frac{G(s)}{1\pm G(s)H(s)}$$

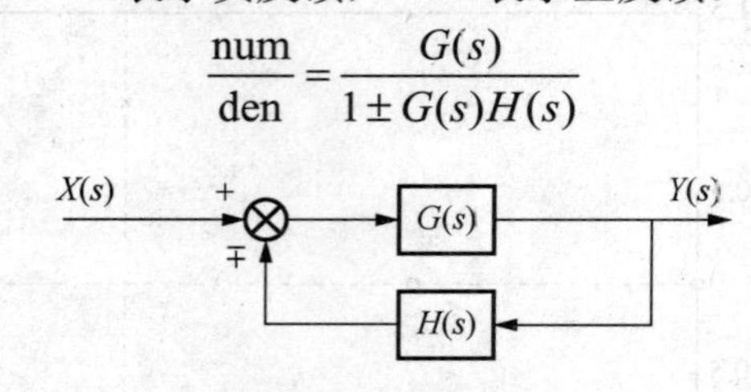

图 2.39 反馈连接系统

【例 2-29】已知单位负反馈系统前向通道的传递函数为 $G(s)=\dfrac{s-1}{s+2}$，求解系统的闭环传递函数。

解 MATLAB 程序为

```
>>numg=[1,-1];deng=[1,2];
>>numh=[1];denh=[1];
>> [num,den]=feedback(numg,deng,numh,denh,-1)
```

运行结果为

$$\frac{\text{num}}{\text{den}}=\frac{s-1}{2s+1}$$

在 MATLAB 中可利用串联函数 series( )、并联函数 parallel( )和反馈函数 feedback( )简化多回路方块图。

【例 2-30】已知系统的方块图如图 2.40 所示。其中：$G_1(s)=\dfrac{1}{s}$；$G_2(s)=\dfrac{1}{2s^2+3s+1}$；$H(s)=\dfrac{1}{s+1}$。写出它的传递函数。

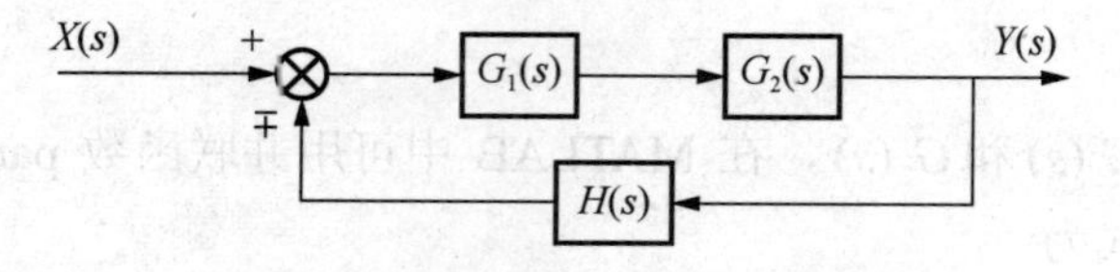

图 2.40 例 2-30 系统方块图

解 MATLAB 程序为

```
>>numg1=[1];deng1=[1,0];
>>numg2=[1];deng2=[2,3,1];
>>[numg,deng]=series(numg1,deng1,numg2,deng2);
>>numh=[1];denh=[1,1];
>> [num,den]=feedback(numg,deng,numh,denh,-1)
```

运行结果为

$$\frac{\text{num}}{\text{den}}=\frac{s+1}{2s^4+5s^3+4s^2+s+1}$$

习　题

2-1　判断系统是否为线性系统的重要特征是什么？下列用微分方程表示的系统中，x_i 表示系统的输入量，x_o 表示系统的输出量，试判断哪些系统是线性系统。

（1）$\frac{d^3x_o}{dt^3}+3\frac{d^2x_o}{dt^2}+2x_o\frac{dx_o}{dt}+x_o=x_i$；　（2）$2\frac{d^2x_o}{dt^2}+x_o\frac{dx_o}{dt}+3tx_o=\frac{d^2x_i}{dt^2}$；

（3）$\frac{d^3x_o}{dt^3}+\frac{d^2x_o}{dt^2}+3\frac{dx_o}{dt}=x_i$；　（4）$5\frac{d^2x_o}{dt^2}+3t\frac{dx_o}{dt}+x_o=\frac{dx_i}{dt}+2x_i$。

2-2　求图题 2-2 所示机械系统的微分方程和传递函数，其中，外力 $F(t)$为输入量，位移 $x(t)$为输出量，m 为质量、k 为弹簧的弹性系数。

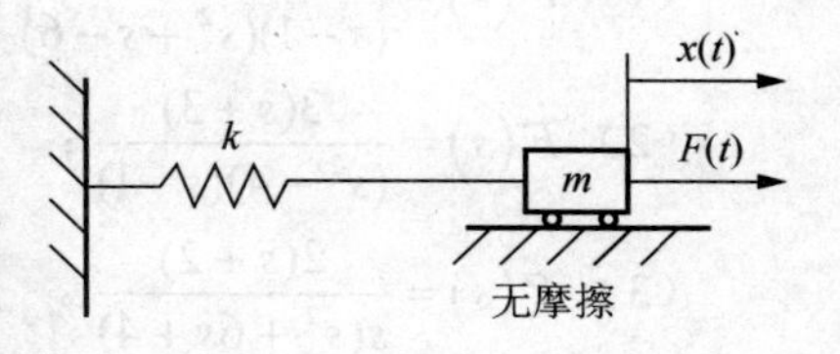

图题 2-2　机械系统（一）

2-3　求图题 2-3 所示机械系统的微分方程，其中，位移 x_i 表示系统的输入量，位移 x_o 表示系统的输出量，k 为弹簧的弹性系数，c 为阻尼器的阻尼系数，图题 2-3（a）的重力忽略不计。

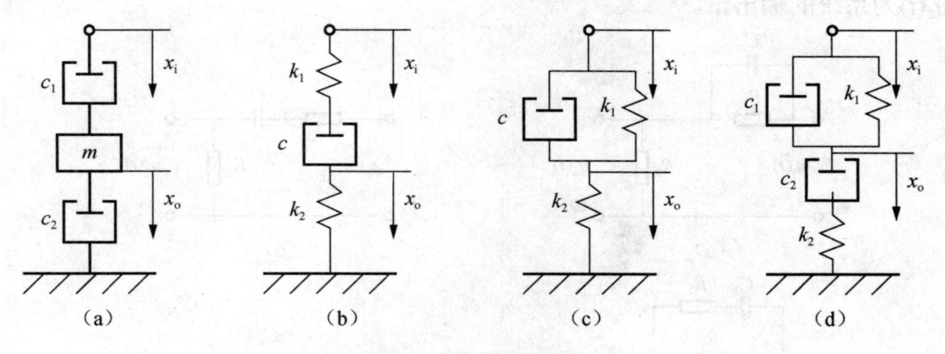

图题 2-3　机械系统（二）

2-4　求图题 2-4 所示机械系统的微分方程，其中，外力 $F(t)$为输入量，位移 x_1、x_2 分别为系统的输入量和输出量，m_1、m_2 为质量，k_1、k_2 为弹簧的弹性系数，c、c_1、c_2 为阻尼器的阻尼系数。

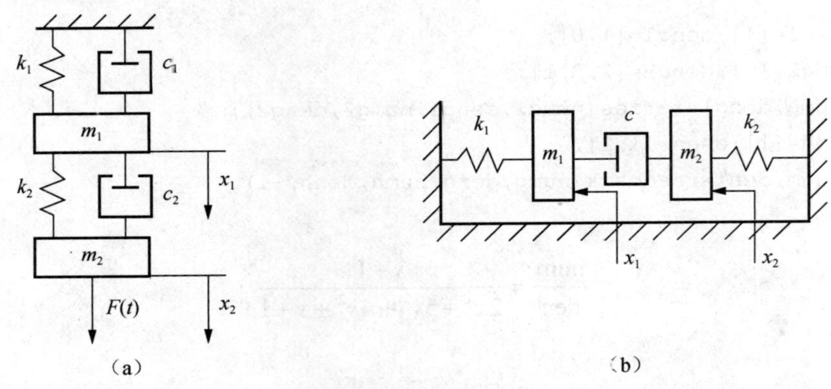

图题 2-4　机械系统（三）

2-5　在零初始条件下，试求下列方程的拉氏变换。

（1）$L\dfrac{\mathrm{d}i(t)}{\mathrm{d}t}+Ri(t)+\dfrac{1}{C}\int i\mathrm{d}t=0$；

（2）$m\dfrac{\mathrm{d}^2x(t)}{\mathrm{d}t^2}+f\dfrac{\mathrm{d}x(t)}{\mathrm{d}t}+kx(t)=3y(t)$；

（3）$J\dfrac{\mathrm{d}^2\theta(t)}{\mathrm{d}t^2}+\dfrac{\mathrm{d}\theta(t)}{\mathrm{d}t}+k\theta(t)=2\sin\omega t$。

2-6　试求下列各式的拉氏反变换。

（1）$F(s)=\dfrac{10}{(s-1)(s^2+s-6)}$；

（2）$F(s)=\dfrac{3(s+3)}{(s^2-4)(s-1)}$；

（3）$F(s)=\dfrac{2(s+2)}{s(s^2+6s+4)}$。

2-7　求图题 2-7 所示无源电气网络的微分方程和传递函数，图中，电压 $u_i(t)$为系统的输入量，$u_o(t)$为系统的输出量。

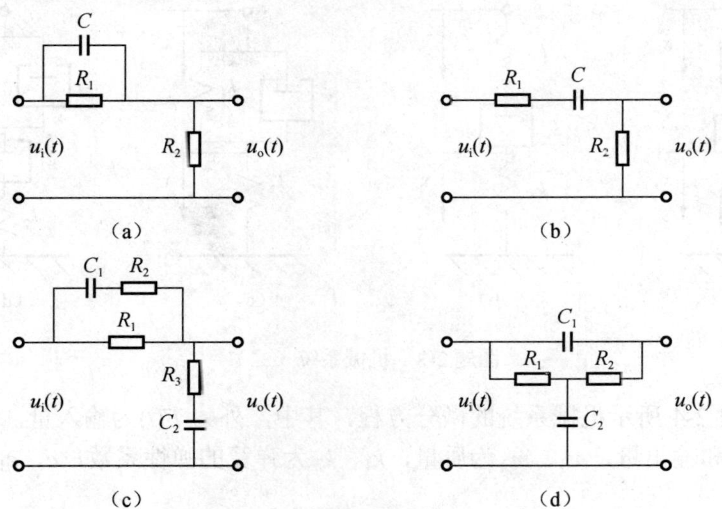

图题 2-7　无源电气网络

2-8　求图题 2-8 所示有源电气网络的微分方程和传递函数，图中，电压 $u_i(t)$为系统的输入量，$u_o(t)$为系统的输出量。

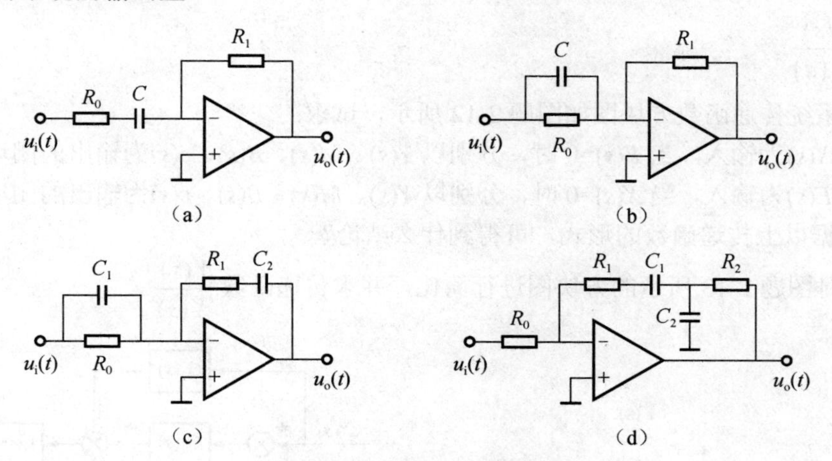

图题 2-8　有源电气网络

2-9　求图题 2-9 所示由运算放大器组成的控制系统模拟电路的闭环传递函数，图中，电压 $u_i(t)$为系统的输入量，$u_o(t)$为系统的输出量。

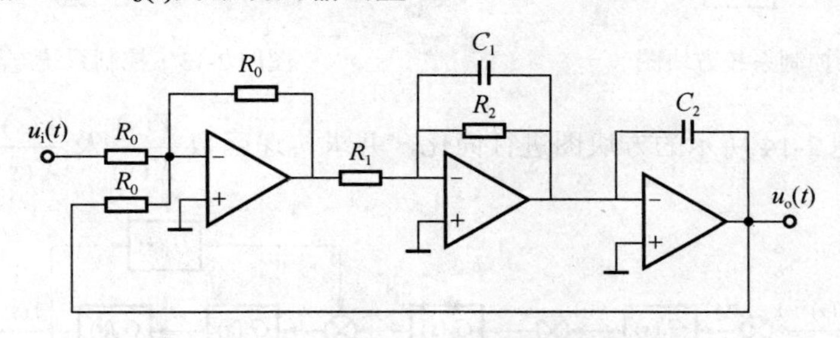

图题 2-9　控制系统模拟电路

2-10　试绘制图题 2-10 所示机械系统传递函数的方块图。其中，外力 $F(t)$为输入量，位移 $x_o(t)$系统的输出量，m 为质量、k 为弹簧的弹性系数，c 为阻尼器的阻尼系数。

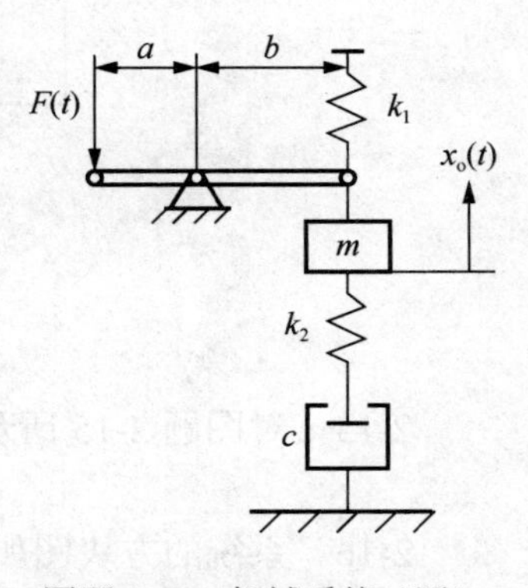

图题 2-10　机械系统（四）

2-11　系统的微分方程组如下：

（1）$c(t)=r(t)-x_1(t)+n_1(t)$；

（2）$x_1(t)=K_1x_2(t)$；

（3）$x_2(t)=x_3(t)+x_5(t)$；

（4）$x_3(t)=T\dfrac{\mathrm{d}x_4(t)}{\mathrm{d}t}$；

（5）$x_4(t)=x_5(t)+K_2n_2(t)$；

（6）$x_5(t)=K_3\left[\dfrac{\mathrm{d}^2c(t)}{\mathrm{d}t^2}+\dfrac{\mathrm{d}c(t)}{\mathrm{d}t}\right]$。

其中，K_1、K_2、K_3、T 均为常数。试建立系统的传递函数方块图，并求传递函数 $\dfrac{C(s)}{R(s)}$、$\dfrac{C(s)}{N_1(s)}$ 及 $\dfrac{C(s)}{N_2(s)}$。

2-12　系统传递函数方块图如图题 2-12 所示，试求：

（1）以 $X(s)$为输入，当 $F(s)=0$ 时，分别以 $Y(s)$、$M(s)$、$B(s)$、$\varepsilon(s)$为输出的闭环传递函数；

（2）以 $F(s)$为输入，当 $X(s)=0$ 时，分别以 $Y(s)$、$M(s)$、$B(s)$、$\varepsilon(s)$为输出的闭环传递函数；

（3）根据以上传递函数的形式，可得到什么结论？

2-13　对图题 2-13 所示的方块图进行简化，并求传递函数 $\dfrac{Y(s)}{X(s)}$。

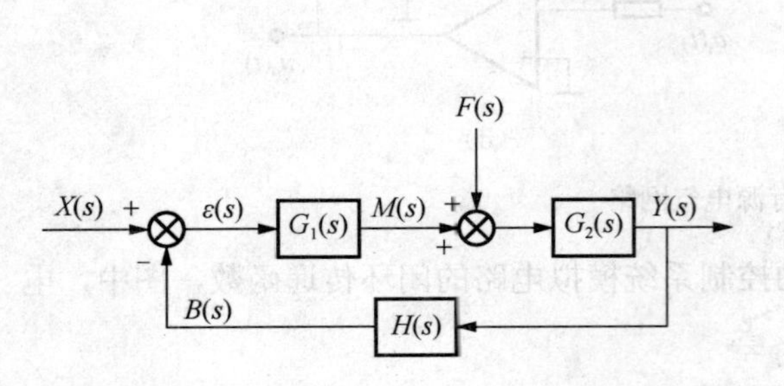

图题 2-12　控制系统方块图（一）

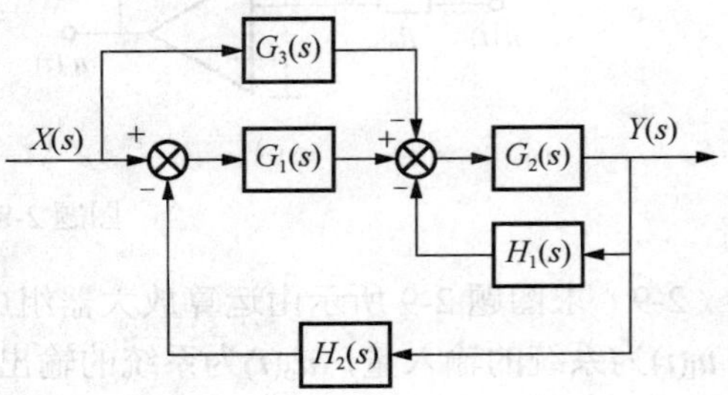

图题 2-13　控制系统方块图（二）

2-14　对图题 2-14 所示的方块图进行简化，并求传递函数 $\dfrac{Y(s)}{X(s)}$ 及 $\dfrac{\varepsilon(s)}{X(s)}$。

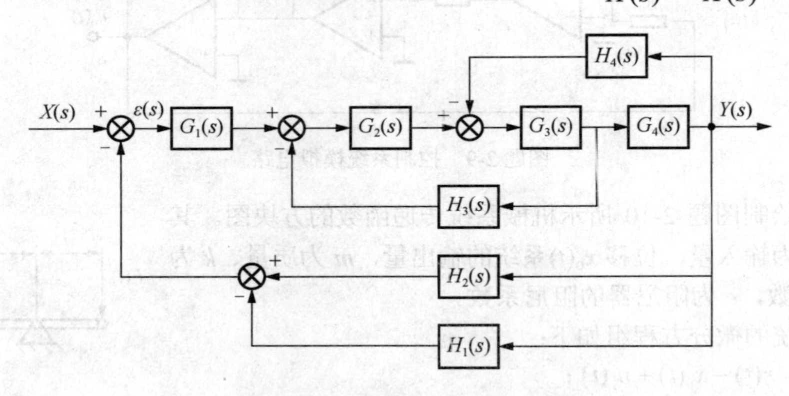

图题 2-14　控制系统方块图（三）

2-15　对图题 2-15 所示的方块图进行简化，并求传递函数 $\dfrac{Y(s)}{X(s)}$。

2-16　系统的方块图如图题 2-16 所示，求传递函数 $\dfrac{Y(s)}{X(s)}$、$\dfrac{\varepsilon(s)}{X(s)}$ 及 $\dfrac{Y(s)}{N(s)}$。

2-17　系统的方块图如图题 2-17 所示。

（1）求传递函数 $\dfrac{Y(s)}{X(s)}$；

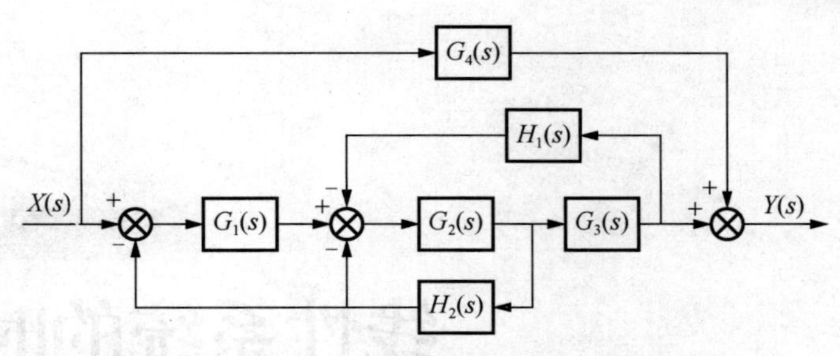

图题 2-15　控制系统方块图（四）

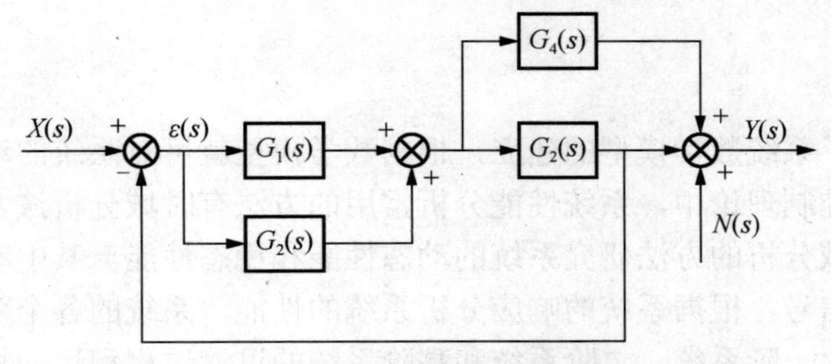

图题 2-16　控制系统方块图（五）

（2）当 G_1、G_2、G_3、G_4、H_1、H_2 满足什么关系时，输出信号 $Y(s)$不受干扰信号 $N(s)$的影响？

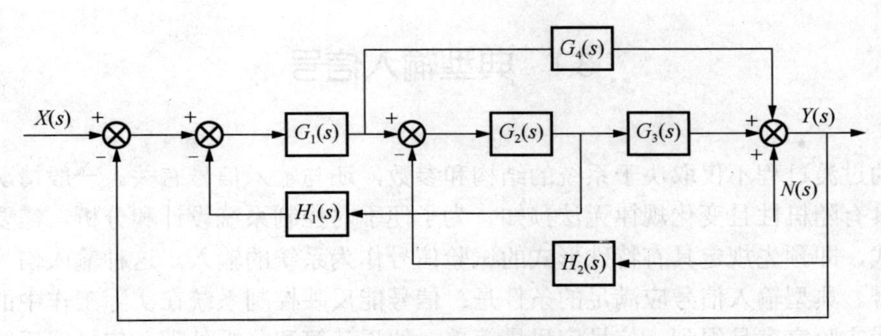

图题 2-17　控制系统方块图（六）

2-18　图题 2-18 所示为测速电桥的原理电路图。图中反电动势 $e_b(t)$与电动机 M 的转速成比例。试列出反电动势 $e_b(t)$与外加电压 $e_a(t)$之间的微分方程式，并求传递函数 $E_b(s)/E_a(s)$。

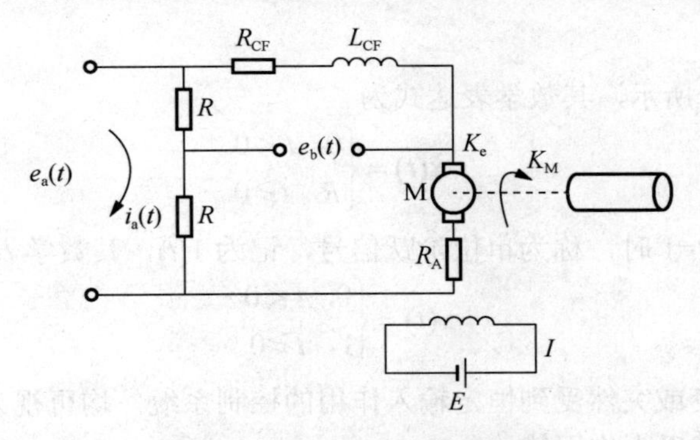

图题 2-18　测速电桥的原理电路图

第3章 线性系统的时域分析

前面已经介绍了系统数学模型的建立，根据数学模型就可对系统的动态性能和稳态特性进行分析。在古典控制理论中，系统性能分析常用的方法有时域分析法、根轨迹法和频域分析法。本章是以时域分析的方法研究系统的动态性能和稳态性能。其中动态特性一般在输入端给系统施加典型信号，根据系统的响应分析系统的性能，系统的各个变量一般描述为时间函数。本章分别研究一阶系统、二阶系统和高阶系统的过渡过程和运动特性，同时阐述系统稳定性的概念、稳定性判据及稳态误差等。通过这些内容分析系统的稳定性、快速性和准确性等指标。

3.1 典型输入信号

系统的过渡过程不仅取决于系统的结构和参数，还与输入信号有关。一般情况，系统的输入信号具有随机性且变化规律无法预知。为了便于对控制系统设计和分析，需要确定输入信号的形式，即预先规定具有特殊形式的试验信号作为系统的输入。这种输入信号或函数称为典型信号。典型输入信号应满足的条件是：信号能反映控制系统在实际工作中的输入；信号在现场或实验室容易得到；信号应尽量简单，便于计算和分析处理；信号能反映系统在最不利情况下的工作。典型信号是实际复杂信号的近似和抽象，典型信号不仅可使数学运算简单，而且还便于用实验验证。常用的典型信号有以下几种形式。

1. 阶跃信号

阶跃信号如图3.1所示，其数学表达式为

$$x(t)=\begin{cases}0, & t<0\\ R, & t\geqslant 0\end{cases} \tag{3-1}$$

式中：R 为常数，当 R=1时，称为单位阶跃信号，记为 $1(t)$，其数学表达式为

$$x(t)=\begin{cases}0, & t<0\\ 1, & t\geqslant 0\end{cases}$$

工作状态突然改变或突然受到恒定输入作用的控制系统，均可视为阶跃信号，如电源突然接通、控制对象突然受力作用等。

2. 速度信号（斜坡信号）

速度信号如图 3.2 所示，其数学表达式为

$$x(t)=\begin{cases}0, & t<0\\ Rt, & t\geqslant 0\end{cases} \tag{3-2}$$

式中：R 为常数，当 R=1 时，称为单位斜坡信号，记为 t，其数学表达式为

$$x(t)=\begin{cases}0, & t<0\\ t, & t\geqslant 0\end{cases}$$

速度信号表示随时间匀速增加的信号，如汽车的匀速前进，数控机床加工斜面时的进给指令等。

3. 加速度信号

加速度信号如图 3.3 所示，其数学表达式为

$$x(t)=\begin{cases}0, & t<0\\ R\cdot\dfrac{1}{2}t^2, & t\geqslant 0\end{cases} \tag{3-3}$$

式中：R 为常数，当 R=1 时，称为单位加速度信号，记为 $\frac{1}{2}t^2$，其数学表达式为

$$x(t)=\begin{cases}0, & t<0\\ \dfrac{1}{2}t^2, & t\geqslant 0\end{cases} \tag{3-4}$$

4. 正弦信号

加速度信号如图 3.4 所示，其数学表达式为

$$x(t)=A\sin(\omega t) \tag{3-5}$$

式中：A 为振幅；ω 为角频率。

在控制系统中，如海浪对船舰的干扰力、机械振动的噪声等都可近似为正弦信号，正弦信号可通过正弦发生器或正弦机发送轴转动而获得。

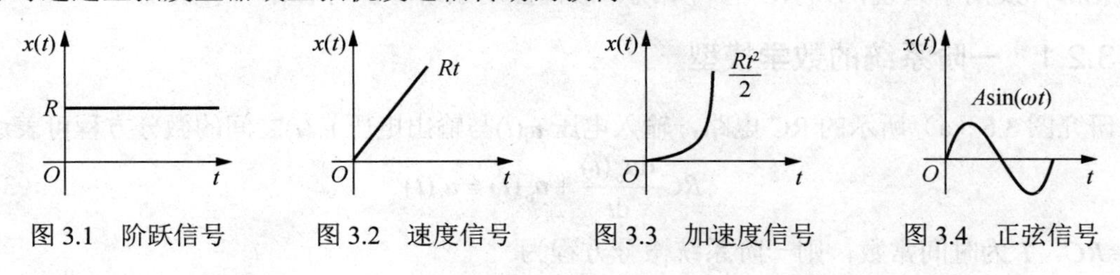

图 3.1　阶跃信号　　图 3.2　速度信号　　图 3.3　加速度信号　　图 3.4　正弦信号

5. 脉冲信号

脉冲信号如图 3.5 所示，其数学表达式为

$$x(t)=\begin{cases}\dfrac{1}{h}, & 0\leqslant t\leqslant h\\ 0, & t<0\text{或}t>h\end{cases} \tag{3-6}$$

式中：脉冲宽度 h 为常数。

脉冲面积为 1，当 $h \to 0$ 时，称为理想单位脉冲信号，记为 $\delta(t)$，其数学表达式为

$$\delta(t)=\begin{cases}\infty, & t=0\\ 0, & t\neq 0\end{cases}，且\int_{-\infty}^{+\infty}\delta(t)\mathrm{d}t=1$$

脉冲信号表示系统突然受到瞬时的冲击作用。

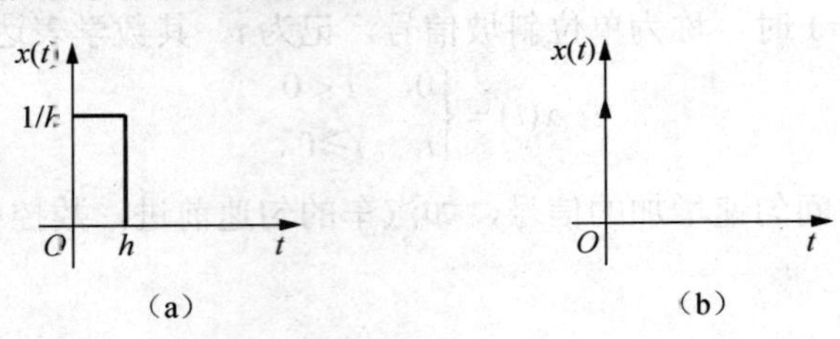

图 3.5　脉冲信号

（a）脉冲信号；（b）理想单位脉冲

以上几种常用的典型输入信号形式简单，利用它们作为输入信号，便于对系统进行数学分析和实验研究。

对于同一系统，输入信号不同，那么对应的输出响应也不同，但由过渡过程表征的系统性能是一致的。在分析和设计过程中，具体采用哪种形式的典型输入信号，还要根据系统实际工作中的常见输入信号的特征。可以选用一种甚至几种典型信号的组合作为输入信号，以便于在同一基础上对各控制系统的性能进行比较和研究。但是对于一些随机系统，如火炮系统，其实际输入信号是变化规律无法预知的随机信号，此时就不能用典型输入信号去代替实际输入信号，应考虑采用随机控制理论进行分析。

3.2　一阶系统的时域分析

用一阶微分方程描述的系统称为一阶系统。一阶系统在控制工程实践中应用广泛。一些控制元部件及简单系统，如 RC 电气系统、液位控制系统等都可看作一阶系统。

3.2.1　一阶系统的数学模型

研究图 3.6（a）所示的 RC 电路，输入电压 $u_{\mathrm{i}}(t)$与输出电压 $u_{\mathrm{o}}(t)$之间的微分方程可表达为

$$RC\frac{\mathrm{d}u_{\mathrm{o}}(t)}{\mathrm{d}t}+u_{\mathrm{o}}(t)=u_{\mathrm{i}}(t) \tag{3-7}$$

令 T=RC，T 为时间常数，则一阶系统微分方程为

$$T\frac{\mathrm{d}u_{\mathrm{o}}(t)}{\mathrm{d}t}+u_{\mathrm{o}}(t)=u_{\mathrm{i}}(t) \tag{3-8}$$

在零初始条件下，对方程两边取拉氏变换，得一阶系统的传递函数为

$$G(s)=\frac{U_{\mathrm{o}}(s)}{U_{\mathrm{i}}(s)}=\frac{1}{Ts+1} \tag{3-9}$$

相应的结构图如图 3.6（b）所示。式（3-8）和式（3-9）为一阶系统的微分方程和传递函数的表达形式，时间常数 T 是表征一阶系统惯性的主要参数，由系统的结构和参数决定。不同的一阶系统代表的物理结构可能不同，则时间常数的含意也有所区别，但数学模型的形式完全相同。

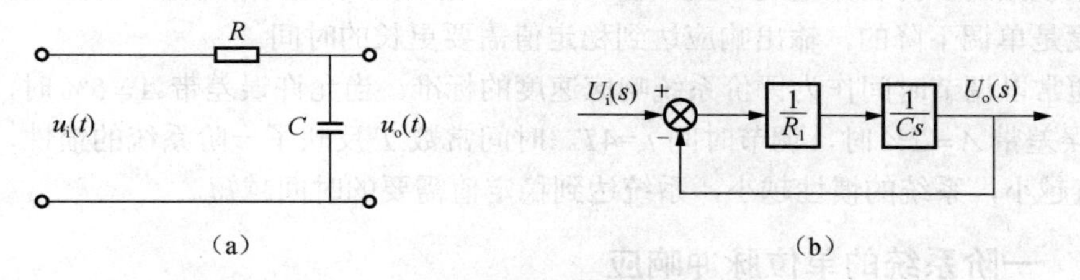

图 3.6 一阶系统电路图与方块图

（a）电路图；（b）方块图

3.2.2 一阶系统的单位阶跃响应

一阶系统的单位阶跃响应是指将单位阶跃信号输入到一阶系统中，系统的输出信号为单位阶跃响应。

根据定义可知输入信号 $x(t)=1(t)$，$L[x(t)]=1/s$，则一阶系统的输出信号为

$$Y(s)=G(s)X(s)=\frac{1}{Ts+1}\cdot\frac{1}{s} \tag{3-10}$$

取 $Y(s)$的拉氏反变换，可得输出信号的原函数为

$$y(t)=L^{-1}\left(\frac{1}{Ts+1}\cdot\frac{1}{s}\right)=L^{-1}\left(\frac{1}{s}-\frac{T}{Ts+1}\right)=1-\mathrm{e}^{-\frac{t}{T}}=y_{ss}+y_{tt}\quad(t\geqslant 0) \tag{3-11}$$

式中：$y_{ss}=1$ 为输出的稳态分量；$y_{tt}=\mathrm{e}^{-\frac{t}{T}}$ 为输出的暂态分量。

系统的响应由稳态分量和暂态分量两部分构成。这一特性适用于所有的线性系统。由于控制系统存在惯性、摩擦等其他原因，一般系统的输出量不能立即复现输入量的变化。稳定系统的动态过程表现为衰减的动态变化过程，也就是说，暂态分量随时间呈衰减变化趋势，当时间 $t\to\infty$时，暂态分量 y_{ss} 衰减为 0，而且衰减的速度与传递函数的极点有关系。随着暂态分量的作用减弱，系统最终表现为稳态分量的特征。稳态分量始终不变，与系统的输入量有关，这也说明了系统将会追踪到输入信号，表现出稳定特性。

一阶系统的单位阶跃响应如图 3.7 所示，一阶系统的单位阶跃响应曲线是一条由 0 开始，按指数规律变化并最终趋于 1 的曲线，响应曲线是单调上升的曲线，没有出现振荡，故也称为非周期响应。由图 3.7 可知一阶系统单位阶跃响应特点如下。

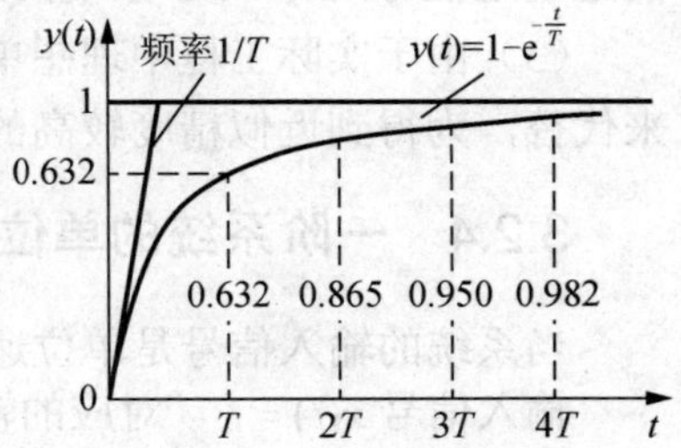

图 3.7 一阶系统的单位阶跃响应

（1）时间常数 T 是表征一阶系统响应特征的唯一参数。当 $t=T$ 时，$y(T)=1-\mathrm{e}^{-1}\approx 0.632$，表示达到了稳态值的 63.2%，可利用这一性质，采用实验的方法求取时间常数 T。

（2）在 t=0 时，系统响应的切线斜率（表示系统的响应速度）等于 $1/T$，即

$$\left.\frac{\mathrm{d}y(t)}{\mathrm{d}t}\right|_{t=0}=\left.\frac{1}{T}\mathrm{e}^{-\frac{t}{T}}\right|_{t=0}=\frac{1}{T} \tag{3-12}$$

如果系统始终保持初始速度不变，在 $t=T$ 时，输出量可达到稳定值，而实际上响应曲线的变化速度是单调下降的，输出响应达到稳定值需要更长的时间。

（3）通常以调节时间作为评价系统响应速度的标准。当允许误差带 $\Delta=5\%$ 时，调节时间 $t_s=3T$；当误差带 $\Delta=2\%$ 时，调节时间 $t_s=4T$。时间常数 T 反映了一阶系统的惯性，属于固有特性，T 值越小，系统的惯性越小，系统达到稳定值需要的时间越短。

3.2.3　一阶系统的单位脉冲响应

当系统的输入信号是理想单位脉冲信号 $\delta(t)$ 时，系统的输出 $y(t)$就是单位脉冲响应。

输入信号 $x(t)=\delta(t)$，其拉氏变换 $X(s)$=1，对应的输出响应为

$$Y(s)=G(s)X(s)=\frac{1}{Ts+1}\cdot 1=\frac{1}{Ts+1}$$

取 $Y(s)$的拉氏反变换，一阶系统的理想单位脉冲响应为

$$y(t)=L^{-1}\left(\frac{1}{Ts+1}\right)=\frac{1}{T}\mathrm{e}^{-\frac{t}{T}}\quad (t\geqslant 0) \tag{3-13}$$

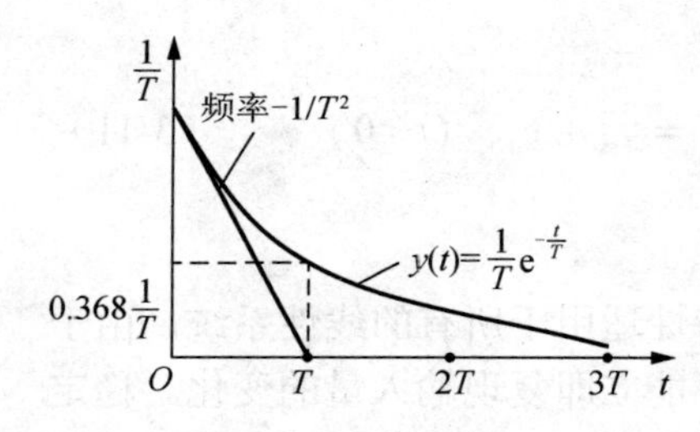

图 3.8　一阶系统的单位脉冲响应

一阶系统的单位脉冲响应曲线如图 3.8 所示。由此可见系统单位脉冲响应特点如下。

（1）响应曲线为单调下降的指数曲线，在初始点 t=0 时，输出信号达到最大值 $1/T$；当 $t\to\infty$ 时，幅值逐渐衰减，直至为 0，因此不存在稳态分量，这也与输入信号相一致。对式（3-13）求一阶导数，得响应曲线的斜率

$$\frac{\mathrm{d}y(t)}{\mathrm{d}t}=-\frac{1}{T^2}\mathrm{e}^{-\frac{t}{T}} \tag{3-14}$$

且 $\left.\frac{\mathrm{d}y(t)}{\mathrm{d}t}\right|_{t=0}=-\frac{1}{T^2}$，$\left.\frac{\mathrm{d}y(t)}{\mathrm{d}t}\right|_{t=\infty}=0$ 。

（2）指数曲线衰减到初始值的 5%对应的过渡过程时间 $t_s=3T$；而衰减到初始值的 2%对应的过渡过程时间 $t_s=4T$。系统的过渡过程时间由时间常数 T 决定。

（3）由于实际工程中理想单位脉冲信号无法获取，往往以脉宽为 b 的、有限幅度的脉冲来代替，为得到近似精度较高的单位脉冲响应，一般要求 $b<0.1T$。

3.2.4　一阶系统的单位速度响应

当系统的输入信号是单位速度信号时，系统的输出 $y(t)$称为单位速度响应。

输入信号 $x(t)=t$，对应的输出响应为

$$Y(s)=G(s)X(s)=\frac{1}{Ts+1}\cdot\frac{1}{s^2}$$

取 $Y(s)$的拉氏反变换，可得一阶系统的单位速度响应为

$$y(t)=L^{-1}\left(\frac{1}{Ts+1}\cdot\frac{1}{s^2}\right)=L^{-1}\left(\frac{1}{s^2}-\frac{T}{s}+\frac{T^2}{Ts+1}\right)=t-T+T\mathrm{e}^{-\frac{t}{T}}=y_{ss}+y_{tt}\quad(t\geqslant 0)\quad(3\text{-}15)$$

式中：$y_{ss}=t-T$ 为输出信号的稳态分量；$y_{tt}=T\mathrm{e}^{-\frac{t}{T}}$ 为输出信号的暂态分量，暂态分量最终衰减为 0。一阶系统的单位速度响应曲线如图 3.9 所示，由图可知一阶系统单位速度响应特点如下。

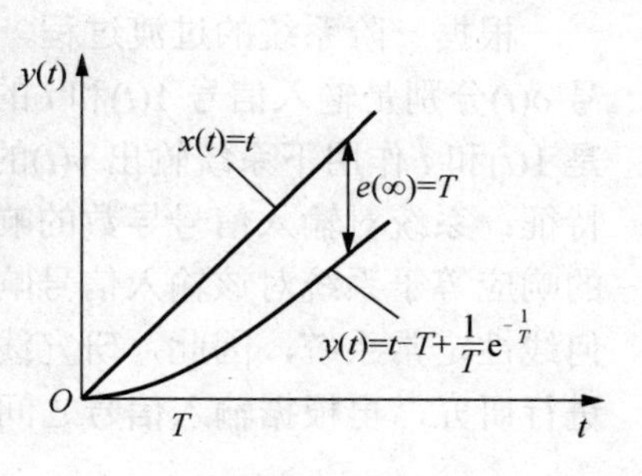

图 3.9　一阶系统的单位速度响应

（1）输出响应的初始速度为

$$\left.\frac{\mathrm{d}y(t)}{\mathrm{d}t}\right|_{t=0}=\left.1-\mathrm{e}^{-\frac{t}{T}}\right|_{t=0}=0$$

（2）一阶系统的单位速度响应与输入信号有误差。根据式（3-15）得

$$e(t)=x(t)-y(t)=t-\left(t-T+T\mathrm{e}^{-\frac{t}{T}}\right)=T\left(1-\mathrm{e}^{-\frac{t}{T}}\right)$$

输出响应的稳态分量与速度输入信号的斜率相同。但是当时间 $t\to\infty$时，$e(\infty)\to T$，表示输出滞后于输入一个 T 值，存在一个跟踪位置误差。时间常数 T 值越小，系统的惯性越小，响应速度越快，位置误差越小，输出信号跟踪输入信号准确度就越高。

（3）在一阶系统的单位阶跃响应过程中，输出信号与输入信号之间的位置误差在初始状态时最大，位置误差随时间增长而减小，最终趋于 0。而在单位速度响应过程中，输出信号与输入信号之间的位置误差在初始状态时位置误差最小，位置误差随时间增长而逐渐增大，最终趋于常数 T。

3.2.5　一阶系统的等加速度响应

当系统的输入信号是单位加速度信号时，系统的输出 $y(t)$称为等加速度响应。

输入信号 $x(t)=\frac{1}{2}t^2$，对应的输出响应为

$$Y(s)=G(s)X(s)=\frac{1}{Ts+1}\cdot\frac{1}{s^3}$$

取 $Y(s)$的拉氏反变换，一阶系统的等加速度响应为

$$y(t)=L^{-1}\left(\frac{1}{Ts+1}\cdot\frac{1}{s^3}\right)=\frac{1}{2}t^2-Tt+T^2\left(1-\mathrm{e}^{-\frac{t}{T}}\right)\quad(t\geqslant 0)\qquad(3\text{-}16)$$

等加速度响应与输入信号的误差 $e(t)$为

$$e(t)=x(t)-y(t)=Tt-T^2\left(1-\mathrm{e}^{-\frac{t}{T}}\right)\qquad(3\text{-}17)$$

当时间 $t\to\infty$时，跟踪误差 $e(t)\to\infty$，因此，一阶系统无法跟踪到加速度信号。

3.2.6 一阶系统对各典型输入信号的响应

根据一阶系统的过渡过程，将对各典型信号的响应列入表 3.1。根据表 3.1 可见，输入信号 $\delta(t)$分别是输入信号 $1(t)$和 t 的一阶导数和二阶导数，而在 $\delta(t)$作用下系统的输出 $y(t)$也分别是 $1(t)$和 t 作用下系统输出 $y(t)$的一阶导数和二阶导数。由此可得到线性定常系统的一个重要特征：系统对输入信号导数的响应等于系统对该输入信号响应的导数；系统对输入信号积分的响应等于系统对该输入信号响应的积分，积分常数由零初始条件决定。这一特征适用于任何线性定常系统，因此，研究线性定常系统的响应时，可以只取系统对一种典型信号的响应进行研究，再根据输入信号之间的关系，推导出对其他信号的响应情况。

表 3.1　一阶系统对各典型信号的响应

输入信号 $x(t)$	输出信号 $y(t)$
$\delta(t)$	$y(t)=\dfrac{1}{T}\mathrm{e}^{-\frac{t}{T}}$
$1(t)$	$y(t)=1-\mathrm{e}^{-\frac{t}{T}}$
t	$y(t)=t-T+T\mathrm{e}^{-\frac{t}{T}}$
$t^2/2$	$y(t)=\dfrac{1}{2}t^2-Tt+T^2\left(1-\mathrm{e}^{-\frac{t}{T}}\right)$

3.3 二阶系统的时域分析

用二阶微分方程描述运动方程的控制系统均可称为二阶系统。二阶系统在控制工程中的应用广泛，并且许多高阶系统在一定条件下可近似用二阶系统来表示，因此讨论和分析二阶系统的基本性能具有重要的实际意义。

3.3.1 二阶系统的时间响应

如图 3.10 所示的 RLC 振荡电路，电压 $u_{\mathrm{i}}(t)$ 为输入信号，电压 $u_{\mathrm{o}}(t)$ 为输出信号，其微分方程为

$$LC\frac{\mathrm{d}^2u_{\mathrm{o}}(t)}{\mathrm{d}t^2}+RC\frac{\mathrm{d}u_{\mathrm{o}}(t)}{\mathrm{d}t^2}+u_{\mathrm{o}}(t)=u_{\mathrm{i}}(t) \tag{3-18}$$

根据微分方程可知，在零初始条件下系统的传递函数为

$$G(s)=\frac{U_{\mathrm{o}}(s)}{U_{\mathrm{i}}(s)}=\frac{1}{LCs^2+RCs+1}=\frac{\dfrac{1}{LC}}{s^2+\dfrac{R}{L}s+\dfrac{1}{LC}} \tag{3-19}$$

根据传递函数的形式可以判断出该系统是二阶系统。

为了分析方便，通常将二阶系统的闭环传递函数表示为标准形式，即

$$G(s)=\frac{Y(s)}{X(s)}=\frac{\omega_n^2}{s^2+2\xi\omega_n s+\omega_n^2} \tag{3-20}$$

式中：$X(s)$为系统输入信号；$Y(s)$为系统输出信号；ξ 为阻尼比；ω_n 为无阻尼自振角频率。

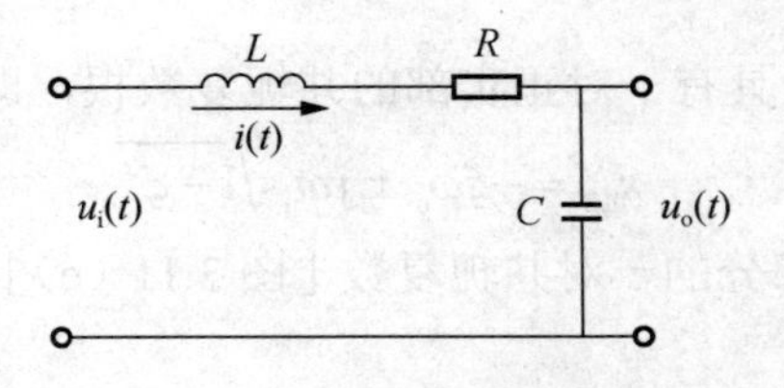

图 3.10　RLC 振荡电路

由式（3-20）可求得二阶系统的特征方程

$$s^2+2\xi\omega_n s+\omega_n^2=0 \tag{3-21}$$

则闭环特征方程的特征根为

$$s_{1,2}=-\xi\omega_n \pm \omega_n\sqrt{\xi^2-1} \tag{3-22}$$

由此可见，阻尼比ξ的取值不同，二阶系统的特征根（闭环极点）形式不同，系统的时间响应也不同。

1. 过阻尼（$\xi>1$）

当$\xi>1$时，特征方程具有两个不同的负实数根，即

$$s_1=-\xi\omega_n+\omega_n\sqrt{\xi^2-1} \text{ 及 } s_2=-\xi\omega_n-\omega_n\sqrt{\xi^2-1} \tag{3-23}$$

二阶系统的两个闭环极点位于[s]平面负实轴上两个不同的位置上［图 3.11（a)]，系统响应表现为过阻尼。

2. 临界阻尼（$\xi=1$）

当$\xi=1$时，特征方程具有两个相同的负实数根，即

$$s_{1,2}=-\xi\omega_n \tag{3-24}$$

二阶系统的两个闭环极点位于[s]平面负实轴上相同的位置上［图 3.11（b)]，系统响应表现为临界阻尼。

3. 欠阻尼（$0<\xi<1$）

当$0<\xi<1$时，特征方程具有一对共轭复数根，即

$$s_{1,2}=-\xi\omega_n \pm \mathrm{j}\omega_n\sqrt{1-\xi^2} \tag{3-25}$$

二阶系统的闭环极点为位于[s]平面左半部分的一对共轭复数极点［图 3.11（c)]，系统表现为欠阻尼特性。

4. 无阻尼（$\xi=0$）

无阻尼系统属于欠阻尼系统的特殊情况，当$\xi=0$时，特征方程具有一对共轭虚根，即

$$s_{1,2}=\pm \mathrm{j}\omega_n \tag{3-26}$$

二阶系统的两个闭环极点为位于[s]平面虚轴上的一对共轭虚数［图 3.11（d）］，系统表现为无阻尼等幅振荡。

5. 负阻尼（$-1<\xi<0$）

当$-1<\xi<0$时，特征方程具有一对正实部的共轭复数根，即

$$s_{1,2}=-\xi\omega_{\mathrm{n}}\pm \mathrm{j}\omega_{\mathrm{n}}\sqrt{1-\xi^2} \tag{3-27}$$

极点是位于[s]平面右半部分的一对共轭复数［图 3.11（e）］，系统表现为随时间而发散的不稳定特征。

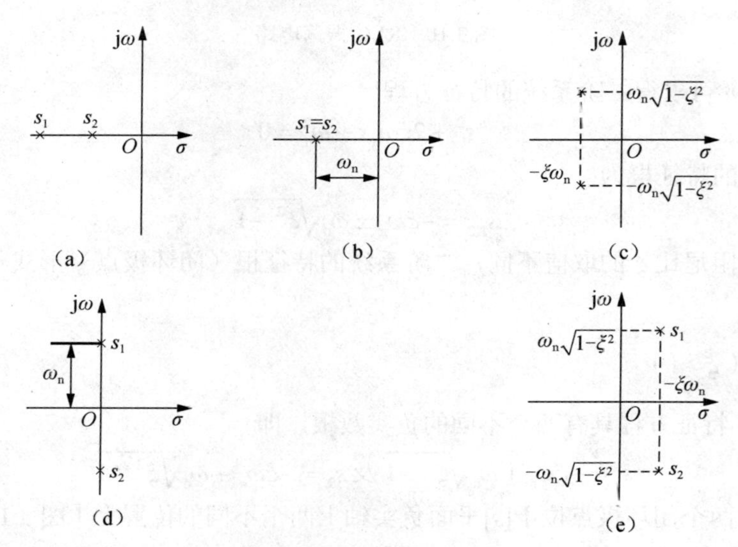

图 3.11　二阶系统的闭环极点

3.3.2　二阶系统的单位阶跃响应

下面分析二阶系统的单位阶跃响应，即当输入信号作用与系统之前，系统处于静止状态，假定系统的初始条件为 0。二阶系统单位阶跃响应的拉氏变换为

$$Y(s)=\frac{\omega_{\mathrm{n}}^2}{s^2+2\xi\omega_{\mathrm{n}}s+\omega_{\mathrm{n}}^2}\cdot\frac{1}{s} \tag{3-28}$$

对式（3-28）取拉氏反变换，可得二阶系统的单位阶跃响应

$$y(t)=L^{-1}[Y(s)] \tag{3-29}$$

阻尼比ξ不同，特征根分布不同，对阶跃信号响应的表现形式也各不相同。下面对二阶系统在不同阻尼状态下的响应特性进行分析。

1. 欠阻尼状态（$0<\xi<1$）

当$0<\xi<1$时，式（3-28）可展开为

$$Y(s)=\frac{1}{s}-\frac{s+2\xi\omega_{\mathrm{n}}}{s^2+2\xi\omega_{\mathrm{n}}s+\omega_{\mathrm{n}}^2}=\frac{1}{s}-\frac{s+\xi\omega_{\mathrm{n}}}{(s+\xi\omega_{\mathrm{n}})^2+\omega_{\mathrm{d}}^2}-\frac{\xi\omega_{\mathrm{n}}}{(s+\xi\omega_{\mathrm{n}})^2+\omega_{\mathrm{d}}^2} \tag{3-30}$$

式中：$\omega_{\mathrm{d}}=\omega_{\mathrm{n}}\sqrt{1-\xi^2}$ 为有阻尼振荡频率。

对式（3-30）求其拉氏反变换，欠阻尼系统的单位阶跃响应为

$$y(t)=1-\mathrm{e}^{-\xi\omega_{\mathrm{n}}t}\left(\cos\omega_{\mathrm{d}}t+\frac{\xi}{\sqrt{1-\xi^2}}\sin\omega_{\mathrm{d}}t\right)=1-\frac{\mathrm{e}^{-\xi\omega_{\mathrm{n}}t}}{\sqrt{1-\xi^2}}\sin\left(\omega_{\mathrm{d}}t+\varphi\right)\quad(t\geqslant0)\tag{3-31}$$

式中：$\varphi=\arctan(\sqrt{1-\xi^2}/\xi)$。

根据上式可看出，当 $0<\xi<1$ 时，输出响应由稳态分量和暂态分量两部分组成。稳态分量为 1，表示随着时间 t 的增大，输出信号会跟踪到输入信号。暂态分量是振幅呈指数规律衰减的正弦振荡曲线，如图 3.12 所示。振荡曲线的衰减速度取决于 $\xi\omega_{\mathrm{n}}$ 值的大小，其衰减振荡频率就是有阻尼自振频率 ω_{d}，对应的衰减周期为

$$T_{\mathrm{d}}=\frac{2\pi}{\omega_{\mathrm{d}}}=\frac{2\pi}{\omega_{\mathrm{n}}\sqrt{1-\xi^2}}$$

$\xi=0$ 是欠阻尼的一种特殊情况，将 $\xi=0$ 代入式（3-31），得输出信号

$$y(t)=1-\cos\omega_{\mathrm{n}}t\quad(t\geqslant0)$$

由此可见，二阶无阻尼系统的阶跃响应是等幅正弦（余弦）振荡，由于没有阻尼作用，输出信号的振幅不变，振荡频率为 ω_{n}。

综上分析，可见频率 ω_{d} 和 ω_{n} 的物理意义不同。其中 ω_{n} 是无阻尼（$\xi=0$）时二阶系统过渡过程的等幅正弦振荡角频率，称为无阻尼自振频率。二阶欠阻尼系统（$0<\xi<1$）过渡过程为振幅衰减的正弦振荡，ω_{d} 是正弦振荡的角频率，称为有阻尼自振频率。因为 $\omega_{\mathrm{d}}=\omega_{\mathrm{n}}\sqrt{1-\xi^2}$，显然 $\omega_{\mathrm{d}}<\omega_{\mathrm{n}}$，且随着 ξ 的增大，ω_{d} 的值将减小。

2. 临界阻尼状态（$\xi=1$）

$\xi=1$ 时，二阶系统特征方程具有两个相同的负实根，系统的单位阶跃响应为

$$Y(s)=\frac{\omega_{\mathrm{n}}^2}{(s+\omega_{\mathrm{n}})^2}\cdot\frac{1}{s}=\frac{1}{s}-\frac{\omega_{\mathrm{n}}}{(s+\omega_{\mathrm{n}})^2}-\frac{1}{s+\omega_{\mathrm{n}}}\tag{3-32}$$

对式（3-32）求拉氏反变换，得二阶系统临界阻尼状态下的过渡过程为

$$y(t)=1-\mathrm{e}^{-\omega_{\mathrm{n}}t}(1+\cos\omega_{\mathrm{n}}t)\quad(t\geqslant0)\tag{3-33}$$

当阻尼比为 1 时，二阶系统的单位阶跃响应是一条无超调的单调上升的曲线，如图 3.13 所示。其变化率为

$$\frac{\mathrm{d}y(t)}{\mathrm{d}t}=\omega_{\mathrm{n}}^2t\mathrm{e}^{-\omega_{\mathrm{n}}t}$$

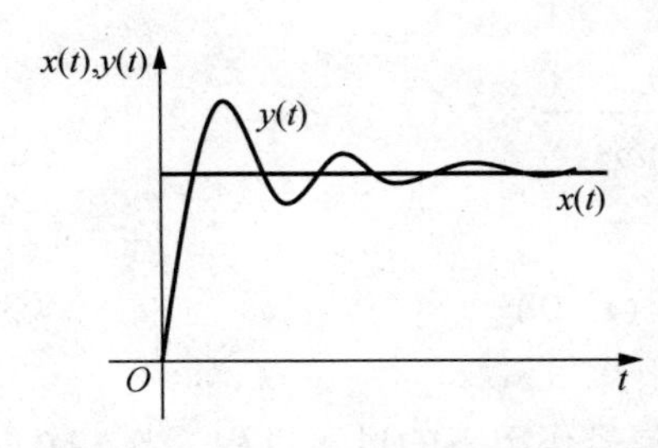

图 3.12　二阶欠阻尼系统的过渡过程

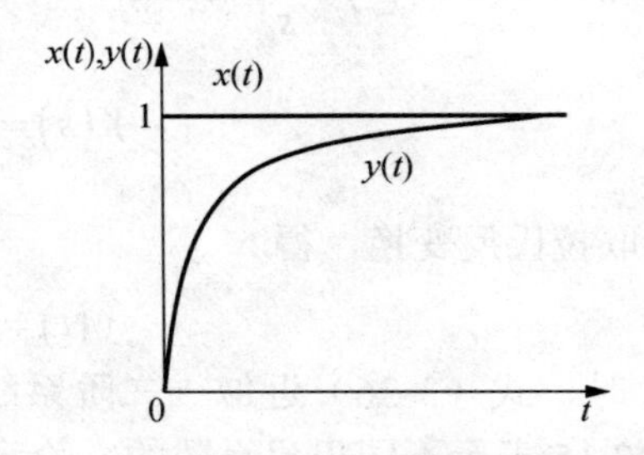

图 3.13　二阶临界阻尼系统的过渡过程

当 t=0 时，$\frac{dy(t)}{dt}=0$，表示在 t=0 时过渡过程的变化率为零；当 t>0 时，$\frac{dy(t)}{dt}>0$，表示初始点以后输出信号呈单调上升的变化趋势；当 $t\to\infty$ 时，过渡过程的变化率趋于 0，表示过渡过程将趋于稳定值。

3. 过阻尼状态（$\xi>1$）

当 $\xi>1$ 时，二阶系统特征方程具有两个不相同的负实数根，系统的单位阶跃响应应为

$$Y(s)=\frac{1}{s}+\frac{1}{2\sqrt{\xi^2-1}(\xi+\sqrt{\xi^2-1})}\cdot\frac{1}{s+\xi\omega_n+\omega_n\sqrt{\xi^2-1}}-\frac{1}{2\sqrt{\xi^2-1}(\xi+\sqrt{\xi^2-1})}\cdot\frac{1}{s+\xi\omega_n-\omega_n\sqrt{\xi^2-1}} \tag{3-34}$$

对式（3-34）求拉氏反变换，得二阶系统过阻尼状态下的过渡过程为

$$\begin{aligned}y(t)&=1+\frac{1}{2\sqrt{\xi^2-1}(\xi+\sqrt{\xi^2-1})}e^{-\left(\xi+\sqrt{\xi^2-1}\right)\omega_n t}-\frac{1}{2\sqrt{\xi^2-1}(\xi-\sqrt{\xi^2-1})}e^{-\left(\xi-\sqrt{\xi^2-1}\right)\omega_n t}\\&=1+\frac{\omega_n}{2\sqrt{\xi^2-1}}\left(\frac{e^{s_1 t}}{-s_1}-\frac{e^{s_2 t}}{-s_2}\right)\quad(t\geqslant 0)\end{aligned} \tag{3-35}$$

式中：$s_1=-\left(\xi+\sqrt{\xi^2-1}\right)\omega_n$；$s_2=-\left(\xi-\sqrt{\xi^2-1}\right)\omega_n$。

当 $\xi>1$ 时，过渡过程 $y(t)$的暂态分量中含有两个衰减部分，呈指数规律逐渐衰减为 0，其过渡过程曲线如图 3.14 所示。

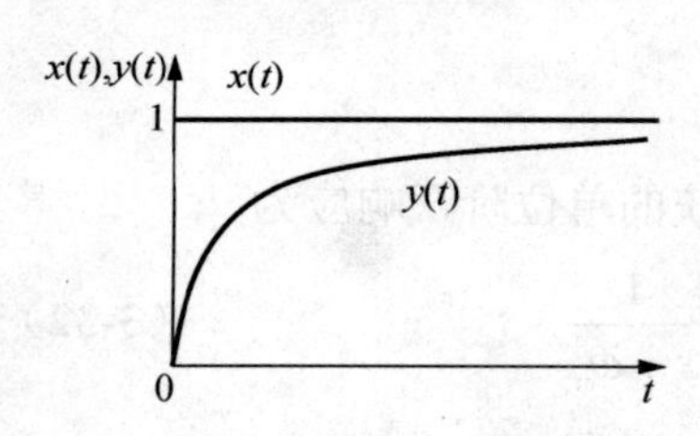

图 3.14　二阶过阻尼系统的过渡过程

当 $\xi\gg 1$ 时，闭环极点 s_1 比 s_2 距离虚轴远得多，因此，在式（3-35）中，包含 s_1 的指数项比包含 s_2 的指数项的衰减速度要快得多，因此包含 s_1 的指数项只在响应的开始的时候才会对整个输出产生影响，总的来说，s_1 对过渡过程的影响比 s_2 的影响要小得多。因此在求取输出信号的近似解时，可忽略 s_1 对系统输出的影响，将二阶系统瞬态响应近似为一阶系统处理，在这种情况下，近似一阶系统的数学模型为

$$\frac{Y(s)}{X(s)}=-\frac{s_2}{s-s_2}$$

考虑到输入信号 $X(s)=\frac{1}{s}$，因此

$$Y(s)=\frac{(\xi-\sqrt{\xi^2-1})\omega_n}{s+(\xi-\sqrt{\xi^2-1})\omega_n}\cdot\frac{1}{s}$$

对上式取拉氏反变换，得

$$y(t)=1-e^{-(\xi-\sqrt{\xi^2-1})\omega_n t}\quad(t\geqslant 0) \tag{3-36}$$

当 ξ>2 时，式（3-36）近似于二阶系统的过渡过程。

图 3.15 表示不同阻尼系数的二阶系统在单位阶跃信号作用下的过渡过程。当 ξ<0 时，系

统发散不稳定，不能应用于工程实际。当ξ=1 及ξ>1 时，二阶系统的过渡过程是单调上升的曲线，不具有振荡的特点，就过渡过程时间而言，以ξ=1 时的响应速度较快。在 0<ξ<1 的欠阻尼系统中，过渡过程出现超调，且阻尼比ξ越小，振荡程度越剧烈，当ξ=0 时，系统响应为振幅不衰减的等幅振荡；而ξ越小，二阶系统的过渡过程时间越短。在欠阻尼系统中，一般取ξ=0.4～0.8，比临界阻尼系统对应的过渡过程时间更短，而且只有一定程度的振荡。对于欠阻尼系统，若ξ一定，则振荡特性相同，不同的ω_n响应时间不同，ω_n越大，响应速度越快。由上述分析可知，决定二阶系统过渡过程特性的是暂态响应的部分，选择合理的过渡过程实际上是选择合理的瞬态响应，也就是选择合理的特征参数ξ和ω_n。

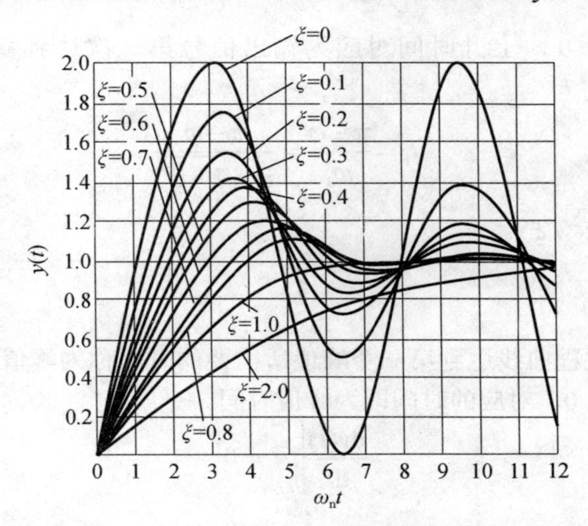

图 3.15　二阶系统在单位阶跃信号作用下的过渡过程

3.4　二阶系统的时域性能指标

通常对控制系统的性能分析，是通过系统对单位阶跃信号的响应特征来定义的。一般认为阶跃信号对于系统来说是最不利的输入情况，若系统在阶跃信号作用下能够满足要求，那么系统在其他形式输入信号作用下的性能也可满足要求。下面就来定义二阶系统单位阶跃响应的一些特征量，作为评价二阶系统的性能指标。

除了特别指出不能出现振荡的情况外，通常希望系统的过渡过程振荡特性适中且过渡过程时间比较短，即工作在ξ=0.4～0.8 的欠阻尼状态下。因此关于二阶系统响应的性能指标的定义和定量关系的确定除特殊说明外，都是针对二阶欠阻尼系统而言的。

系统在单位阶跃信号作用下的过渡过程与初始条件有关，为了便于比较分析各种系统的性能，通常假设系统的初始条件为 0。一般采用下面的性能指标评价欠阻尼系统的过渡过程的特性：上升时间 t_r、峰值时间 t_p、最大超调量σ_p、过渡过程时间 t_s、振荡次数 N。

1．上升时间 t_r

对于欠阻尼系统，过渡过程曲线从原始状态开始，第一次达到稳态值所需要的时间称为上升时间，对于过阻尼系统，一般定义为过渡过程曲线从稳态值的 10%上升到 90%所需要的时间为上升时间。

根据定义，当 $t=t_r$ 时，$y(t_r)=1$。根据式（3-31），得

$$y(t)=1-\frac{e^{-\xi\omega_n t}}{\sqrt{1-\xi^2}}\sin(\omega_d t_r+\varphi)=1$$

即

$$\frac{e^{-\xi\omega_n t}}{\sqrt{1-\xi^2}}\sin(\omega_d t_r+\varphi)=0$$

所以 $\sin(\omega_d t_r+\varphi)=0$，上升时间对应为输出信号第一次达到稳定值所需的时间，则 $\omega_d t_r+\varphi=\pi$，上升时间为

$$t_r=\frac{\pi-\varphi}{\omega_d}=\frac{\pi-\varphi}{\omega_n\sqrt{1-\xi^2}} \tag{3-37}$$

式中：$\varphi=\arctan(\sqrt{1-\xi^2}/\xi)$。

2. 峰值时间 t_p

欠阻尼系统过渡过程曲线达到第一个峰值所需要的时间称为峰值时间。将式（3-31）对时间求导数，令其等于 0，对应的时间即为峰值时间。令

$$\left.\frac{dy(t)}{dt}\right|_{t=t_p}=0$$

从而

$$\xi\omega_n e^{-\xi\omega_n t_p}\sin(\omega_d t_p+\varphi)-\omega_d e^{-\xi\omega_n t_p}\cos(\omega_d t_p+\varphi)=0$$

整理，得

$$\tan(\omega_d t_p+\varphi)=\frac{\sqrt{1-\xi^2}}{\xi}=\tan\varphi$$

因此，$\omega_d t_p=k\pi\ (k=0,1,2,\cdots)$。

由于峰值时间对应为 $y(t)$第一次达到最大值所需时间，因此取 $\omega_d t_p=\pi$，即

$$t_p=\frac{\pi}{\omega_d}=\frac{\pi}{\omega_n\sqrt{1-\xi^2}} \tag{3-38}$$

3. 最大超调量 σ_p

最大超调量 σ_p 是指过渡过程曲线的最大值 y_{max} 超出稳定值 $y(\infty)$ 的百分比。若输出响应单调变化，则系统无最大超调量。

过渡过程曲线的最大值 y_{max} 发生在峰值时间上，即 $t=t_p$，则 y_{max} 为

$$y(t_p)=1-e^{-\xi\omega_n t_p}\left(\cos\omega_d t_p+\frac{\xi}{\sqrt{1-\xi^2}}\sin\omega_d t_p\right)=1+e^{\frac{-\pi\xi}{\sqrt{1-\xi^2}}}$$

由于 $y(\infty)=1$，得

$$\sigma_{\mathrm{p}}=\frac{y\left(t_{\mathrm{p}}\right)-y(\infty)}{y(\infty)}\times 100\%=\mathrm{e}^{\frac{-\pi\xi}{\sqrt{1-\xi^{2}}}}\times 100\% \tag{3-39}$$

根据式（3-39）可见，最大超调量只与系统的阻尼比ξ有关，与无阻尼固有角频率ω_{n}无关，因此最大超调量直接说明了二阶系统的阻尼特性。当阻尼比ξ确定时，可确定对应的最大超调量σ_{p}；反之，给定了最大超调量σ_{p}的要求值，也可确定对应的阻尼比ξ的值。图 3.16 给出了最大超调量与阻尼比之间的关系曲线。阻尼比越大，最大超调量越小，反之亦然。为了获得良好的性能指标，工程实际中一般选择ξ=0.4～0.8，对应的最大超调量σ_{p}=25%～1.5%。若ξ<0.4，则系统响应严重超调，而ξ>0.8，系统的过渡过程时间又过长。当ω_{n}一定时，在设计二阶系统时，一般选择ξ=0.707，此时系统的调节时间最短，最大超调量σ_{p}=4%，对应的$\varphi=45°$。

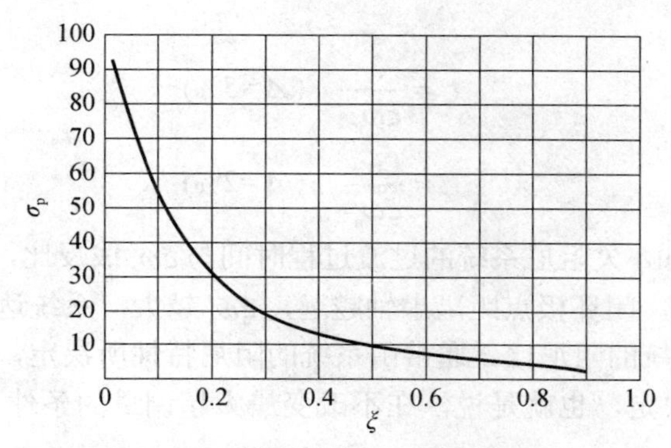

图 3.16　欠阻尼系统σ_{p}与ξ的关系曲线

4. 过渡过程时间 t_{s}

过渡过程时间 t_{s}是指当阶跃响应曲线衰减到并始终保持在终值的允许误差带内所需的最短时间；通常允许误差范围取 5%或 2%。调节时间反映了系统的惯性，即响应速度。

二阶欠阻尼系统的单位阶跃响应为一个振幅衰减的正弦振荡曲线。过渡过程曲线总是包含在一对包络线范围内，包络线为曲线$1\pm\dfrac{\mathrm{e}^{-\xi\omega_{\mathrm{n}}t}}{\sqrt{1-\xi^{2}}}$，是呈指数规律逐渐趋近于 1 的一对曲线，其变化速度取决于$\xi\omega_{\mathrm{n}}$的值，如图 3.17 所示。若$t>t_{\mathrm{s}}$时，包络线衰减到允许误差$\varDelta$范围内，那么过渡过程曲线也肯定在误差$\varDelta$范围内。

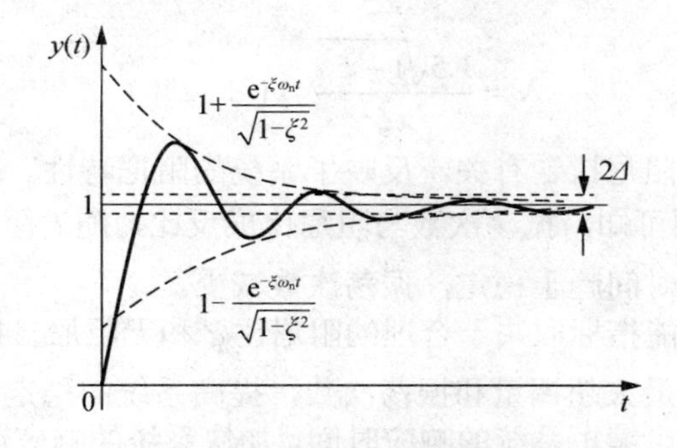

图 3.17　二阶欠阻尼系统的单位阶跃响应包络线

因此，当 $t>t_s$ 时，只要

$$\frac{e^{-\xi\omega_n t}}{\sqrt{1-\xi^2}} \leqslant \varDelta \quad (t \geqslant t_s)$$

则过渡过程曲线就限定在允许误差范围内。

过渡过程时间为

$$t_s \geqslant \frac{1}{\xi\omega_n}\left(\ln\frac{1}{\varDelta}+\ln\frac{1}{\sqrt{1-\xi^2}}\right) \tag{3-40}$$

当 $0<\xi<0.9$ 时，$\ln\frac{1}{\sqrt{1-\xi^2}}$ 的值较小可忽略，一般情况下，允许误差范围 $\varDelta=5\%$ 和 $\varDelta=2\%$，对应的过渡过程时间为

$$t_s=\frac{3}{\xi\omega_n} \quad (\varDelta=5\%) \tag{3-41}$$

$$t_s=\frac{4}{\xi\omega_n} \quad (\varDelta=2\%) \tag{3-42}$$

根据式（3-42）可知，欠阻尼系统的过渡过程时间与 $\xi\omega_n$ 成反比，即系统的调节时间由系统闭环极点的实部决定。闭环极点距离虚轴越远，$\xi\omega_n$ 越大，系统达到稳态值需要的时间越短。在系统设计时，系统的阻尼比 ξ 通常由系统的阻尼特性所决定，系统的过渡过程时间由无阻尼自振频率 ω_n 所决定。也就是说，在不改变最大超调量的条件下，通过改变 ω_n 的值可以改变过渡过程时间。

5. 振荡次数 N

振荡次数是在过渡过程时间内，过渡过程 $y(t)$ 穿越稳态值 $y(\infty)$ 次数的一半，即过渡过程时间内的振荡周期数。

由于二阶欠阻尼系统的振荡周期 $T_d=2\pi/\omega_d$，因此振荡次数为

$$N=\frac{t_s}{T_d}=\frac{t_s}{2\pi/\omega_d}$$

允许误差范围 $\varDelta=5\%$ 和 $\varDelta=2\%$ 时，对应的振荡次数分别是

$$N=\frac{2\sqrt{1-\xi^2}}{\pi\xi} \quad (\varDelta=5\%) \tag{3-43}$$

$$N=\frac{1.5\sqrt{1-\xi^2}}{\pi\xi} \quad (\varDelta=2\%) \tag{3-44}$$

振荡次数只跟系统的阻尼比 ξ 有关，反映了系统的阻尼特性。振荡次数与阻尼比的关系曲线如图 3.18 所示。由图可知，振荡次数与阻尼比成反比，随着阻尼比 ξ 的增大，系统振幅衰减越快，系统在较短的时间趋于稳定，振荡次数减少。

综上所述，系统的性能指标取决于合理的阻尼比 ξ 和无阻尼自振频率 ω_n。增大 ξ，可提高系统的阻尼特性，降低最大超调量和振荡次数，提高系统的稳定性，而会延长上升时间和过渡过程时间。增大 ω_n，可缩短系统的响应时间，加快系统的响应速度，减少过渡过程时间。

在系统设计时，通常提高系统的开环放大系数来增大 ω_n 。而一般系统的响应速度与阻尼特性之间存在一定的矛盾，因此必须综合考虑，根据系统需要选择合理的 ξ 和 ω_n 值。

【例 3-1】 已知二阶系统的方块图如图 3.19 所示，其中 $\xi=0.6$，$\omega_n=5\text{rad}\cdot\text{s}^{-1}$。当 $x(t)=1(t)$时，求过渡过程特征量：上升时间 t_r、峰值时间 t_p、过渡过程时间 t_s、最大超调量 σ_p、振荡次数 N。

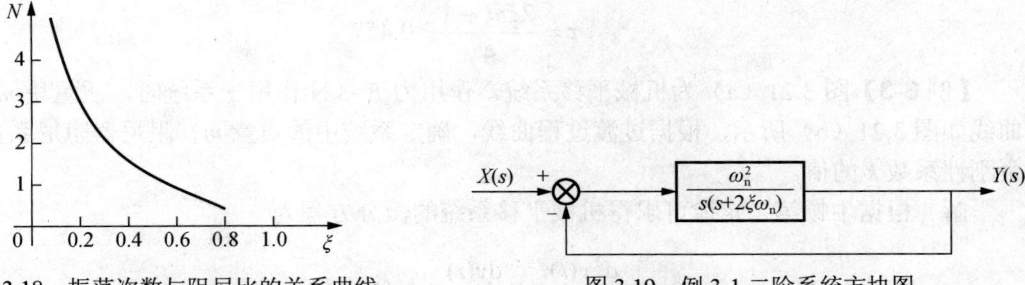

图 3.18　振荡次数与阻尼比的关系曲线　　图 3.19　例 3-1 二阶系统方块图

解　在单位阶跃信号作用下，二阶欠阻尼系统的各过渡过程指标分别如下：

上升时间为

$$t_r=\frac{\pi-\arctan\dfrac{\sqrt{1-\xi^2}}{\xi}}{\omega_n\sqrt{1-\xi^2}}\approx 0.55\text{ s}$$

峰值时间为

$$t_p=\frac{\pi}{\omega_n\sqrt{1-\xi^2}}\approx 0.79\text{ s}$$

最大超调量为

$$\sigma_p=e^{\frac{-\pi\xi}{\sqrt{1-\xi^2}}}\times 100\%\approx 9.50\%$$

过渡过程时间为

$$t_s=\frac{3}{\xi\omega_n}=1.00\text{ s}\quad(\Delta=5\%);\quad t_s=\frac{4}{\xi\omega_n}\approx 1.33\text{ s}\quad(\Delta=2\%)$$

振荡次数

$$N=\frac{2\sqrt{1-\xi^2}}{\pi\xi}\approx 0.8\quad(\Delta=5\%);\quad N=\frac{1.5\sqrt{1-\xi^2}}{\pi\xi}\approx 0.6\quad(\Delta=2\%)$$

其中，振荡次数 $N<1$，说明过渡过程只存在一次超调现象，过渡过程在一个有阻尼振荡周期内便可结束。

【例 3-2】 为了改善图示系统的暂态响应性能，满足单位阶跃输入下系统最大超调量 $\sigma_p\leqslant 5\%$ 的要求，加入微分负反馈 τs，如图 3.20 所示，求微分时间常数 τ。

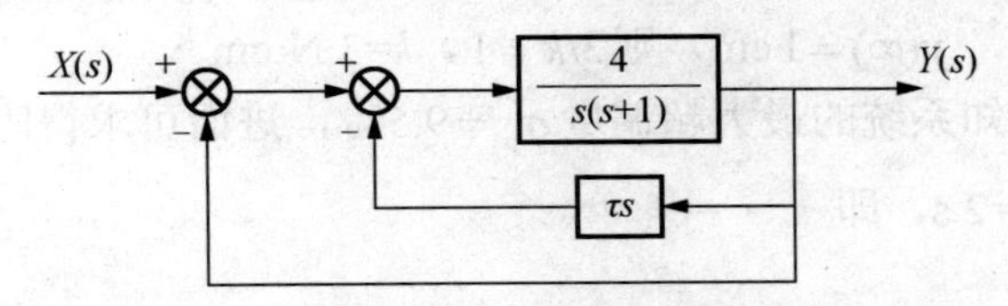

图 3.20　例 3-2 控制系统方块图

解 系统的闭环传递函数为

$$G(s)=\frac{4}{s^2+(1+4\tau)s+4}$$

为了使$\sigma_p \leqslant 5\%$，则对应的$\xi \geqslant 0.707$。由$2\xi\omega_n=1+4\tau$，$\omega_n^2=4$，可求得

$$\tau=\frac{2\xi\omega_n-1}{4} \geqslant 0.457$$

【例 3-3】图 3.21（a）为机械平移系统，作用力 F=3 N 作用于系统时，质量块 m 的运动曲线如图 3.21（b）所示，根据过渡过程曲线，确定系统中的质量 m、阻尼器阻尼系数 c、弹簧刚性系数 k 的值。

解 根据牛顿第二定律可求得机械平移系统的微分方程为

$$m\frac{\mathrm{d}^2 y(t)}{\mathrm{d}t^2}+c\frac{\mathrm{d}y(t)}{\mathrm{d}t}+ky(t)=F(t)$$

在零初始条件下，系统的传递函数为

$$G(s)=\frac{Y(s)}{F(s)}=\frac{1}{ms^2+cs+k}$$

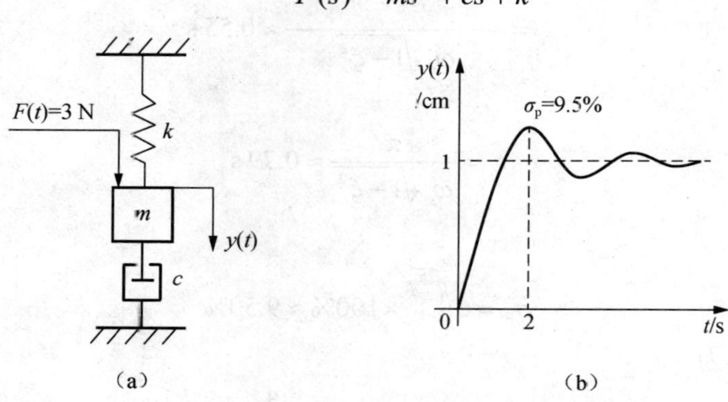

图 3.21 例 3-3 机械平移系统及过渡过程曲线

（a）机械平移系统；（b）系统过渡过程曲线

输入信号 F=3 N 作用系统时，系统的输出信号为

$$Y(s)=\frac{1}{ms^2+cs+k}\cdot\frac{3}{s}$$

利用终值定理可知

$$y(\infty)=\lim_{t\to\infty}y(t)=\lim_{s\to 0}sY(s)=\lim s\cdot\frac{1}{ms^2+cs+k}\cdot\frac{3}{s}=\frac{3}{k}$$

根据过渡过程曲线可见，$y(\infty)=1\ \text{cm}$，则$3/k=1$，k=3 N·cm^{-1}。

由过渡过程曲线可知系统的最大超调量$\sigma_p=9.5\%$，进而可求得阻尼比$\xi=0.6$。

又由于峰值时间 t_p=2 s，即

$$t_{\mathrm{p}} = \frac{\pi}{\omega_{\mathrm{n}}\sqrt{1-\xi^2}} = 2$$

则

$$\omega_{\mathrm{n}} = \frac{\pi}{2\sqrt{1-\xi^2}} = 1.96\ \mathrm{rad \cdot s^{-1}}$$

将 k=3 N·cm^{-1} 代回到 $Y(s)$，可得

$$Y(s) = \frac{1}{ms^2 + cs + 3} \cdot \frac{3}{s} = \frac{\frac{3}{m}}{s^2 + \frac{c}{m}s + \frac{3}{m}} \cdot \frac{1}{s}$$

则

$$\begin{cases} \omega_{\mathrm{n}}^2 = \dfrac{3}{m} \\ 2\xi\omega_{\mathrm{n}} = \dfrac{c}{m} \end{cases}$$

可求得 c≈1.8 N·s·cm^{-1}，m≈0.780 9 N·s^2·cm^{-1}。

3.5 高阶系统的时间响应

严格来说，控制工程中的大部分系统都属于高阶系统，用高阶微分方程表述的系统称为高阶系统。高阶系统的研究和分析是比较复杂的。在分析高阶系统时，通常需要对研究问题简化，重点关注对系统产生影响的主要因素，忽略对系统输出影响较小的因素。本节将引入高阶系统闭环主导极点的概念，在一定条件下将高阶系统简化为低阶系统的组合。

3.5.1 高阶系统的单位阶跃响应

高阶系统的闭环传递函数可表达为

$$G(s) = \frac{N(s)}{D(s)} = \frac{b_m s^m + b_{m-1}s^{m-1} + \cdots + b_1 s + b_0}{a_n s^n + a_{n-1}s^{n-1} + \cdots + a_1 s + a_0} \quad (m \leqslant n) \tag{3-45}$$

系统的特征方程为

$$D(s) = a_n s^n + a_{n-1}s^{n-1} + \cdots + a_1 s + a_0$$

特征方程共有 n 个特征根，假设其中实数根为 n_1 个，共轭复数根为 n_2 对，并且 $n=n_1+2n_2$。特征方程可分解为 n_1 个一次因式和 n_2 个二次因式乘积的形式。

一次因式形式为 $s - p_i (i = 1,2,\cdots,n_1)$；

二次因式形式为 $s^2 + 2\xi_k\omega_{\mathrm{n}k}s + \omega_{\mathrm{n}k}^2\ (k = 1,2,\cdots,n_2)$。

闭环系统共有 n_1 个实数极点 p_i 及 n_2 对共轭复数极点 $-\xi_k\omega_{\mathrm{n}k} \pm \mathrm{j}\omega_{\mathrm{n}k}\sqrt{1-\xi_k^2}$。

假定系统闭环传递函数有 m 个零点 Z_j（j=1,2,3,⋯,m）。为了便于分析高阶系统的特性，

将式（3-45）表达为零极点形式为

$$G(s)=\frac{N(s)}{D(s)}=K\frac{\prod_{j=1}^{m}(s-z_j)}{\prod_{i=1}^{n_1}(s-p_i)\prod_{k=1}^{n_2}\left(s^2+2\xi_k\omega_{nk}s+\omega_{nk}^2\right)} \tag{3-46}$$

在单位阶跃信号 $X(s)=1/s$ 的作用下，系统的输出为

$$Y(s)=K\frac{\prod_{j=1}^{m}(s-z_j)}{\prod_{i=1}^{n_1}(s-p_i)\prod_{k=1}^{n_2}\left(s^2+2\xi_k\omega_{nk}s+\omega_{nk}^2\right)}\cdot\frac{1}{s} \tag{3-47}$$

当 $0<\xi_k<1$ 时，对式（3-47）进行部分分式分解，可得

$$Y(s)=\frac{A_0}{s}+\sum_{i=1}^{n_1}\frac{A_i}{s-p_i}+\sum_{k=1}^{n_2}\frac{B_k s+C_k}{s^2+2\xi_k\omega_{nk}s+\omega_{nk}^2} \tag{3-48}$$

式中：A_0、A_i、B_k、C_k 为部分分式确定的常数。

在零初始条件下，对式（3-48）进行拉氏反变换，可得高阶系统的单位阶跃响应为

$$y(t)=A_0+\sum_{i=1}^{n_1}A_i\mathrm{e}^{p_i t}+\sum_{k=1}^{n_2}D_k\mathrm{e}^{-\xi_k\omega_{nk}t}\sin(\omega_{dk}t+\varphi_k) \tag{3-49}$$

式中：$D_k=\sqrt{B_k^2+\left(\frac{C_k-\xi_k\omega_{nk}B_k}{\omega_{dk}}\right)^2}$ $(k=1,2,\cdots,n_2)$；$\varphi_k=\arctan\frac{B_k\omega_{dk}}{C_k-\xi_k\omega_{nk}B_k}$；$\omega_{dk}=\omega_{nk}\sqrt{1-\xi_k^2}$。

式（3-49）表明，高阶系统对单位阶跃信号的过渡过程曲线包含稳态分量、指数函数分量和衰减正弦函数分量。因此，高阶系统可看作多个一阶环节和二阶环节叠加的结果。其中，一阶环节和二阶环节的响应特性取决于闭环极点和零点在[s]平面左半部分中的分布。据此，可得出如下结论：

（1）高阶系统的闭环极点全都具有负实部，即闭环极点全都位于[s]平面左半部分，则式（3-49）的一阶环节和二阶环节均为衰减特性，最终衰减为 0，那么高阶系统稳定，稳态输出为 A_0。各分量衰减的速度取决于极点距虚轴的距离，即 p_i、$\xi_k\omega_{nk}$ 的值的大小。距离虚轴较近的极点对应的过渡过程分量衰减的速度较慢，这些分量在决定过渡过程形式方面影响较大。而距离较远的极点衰减速度较快，对过渡过程的影响不大。

（2）高阶系统暂态响应的幅值 A_i、D_k，不仅与闭环极点有关，而且还与闭环零点有关。闭环极点决定了一阶环节的指数项和二阶环节的阻尼正弦的指数项。闭环零点与指数项无关，但却影响各暂态响应的幅值大小和符号，进而影响系统过渡过程曲线。极点距离原点越远，则对应的暂态响应分量的幅值越小，该分量对暂态响应的影响就越小；当极点与零点距离较近时，对应暂态响应分量的幅值也较小，则该极点和零点对系统的过渡过程的影响较小。系数大且衰减较慢的分量在暂态响应中起主导作用，系数小且衰减快的分量对暂态响应的影响较小。在分析高阶系统时，对暂态响应影响较小的分量可忽略不计，将高阶系统的响应近似为低阶系统的响应来分析。

【例 3-4】设三阶系统的闭环传递函数为

$$G(s)=\frac{2(s+2)}{s^3+3s^2+4s+2}$$

试确定其单位阶跃响应。

解　将 $G(s)$进行有理分式分解，得

$$G(s)=\frac{2(s+2)}{(s+1)(s^2+2s+2)}$$

因为输入信号 $X(s)=1/s$，所以

$$Y(s)=\frac{2(s+2)}{(s+1)(s^2+2s+2)}\cdot\frac{1}{s}$$

其部分分式为

$$Y(s)=\frac{A_0}{s}+\frac{A_1}{s+1}+\frac{A_{21}s+A_{22}}{s^2+2s+2}$$

求解得 $A_0=2$，$A_1=-2$，$A_{21}=0$，$A_{22}=-2$。

通过拉氏反变换可得

$$y(t)=2(1-\mathrm{e}^{-t}-\mathrm{e}^{-t}\sin t)$$

3.5.2　高阶系统的主导极点

在高阶系统中，对输出响应起主导作用的闭环极点称为闭环主导极点；反之，对输出响应起次要作用的闭环极点称为闭环非主导极点。闭环主导极点距离虚轴最近，周围没有其他极点和零点，其他极点到虚轴的距离比主导极点到虚轴的距离大 5 倍以上。

闭环主导极点对应的瞬态响应分量衰减缓慢且对应的幅值较大，因此闭环主导极点对高阶系统的时间响应起主导作用。而闭环非主导极点距离虚轴较远，其对应的瞬态分量衰减速度较快，对系统的时间响应影响较小。分析高阶系统的动态性能时，如果高阶系统具有主导极点，则可将其近似为具有一对共轭复数极点的二阶系统或者有一个实数主导极点的一阶系统。这样就可以将高阶系统近似为低阶系统分析，将复杂问题简单化。

高阶系统简化为低阶系统的步骤：先确定高阶系统的主导极点，将高阶系统的传递函数记作时间函数形式，再将小时间常数项略去。高阶系统简化将对系统响应影响较小的环节忽略掉，并可保证简化前后系统具有基本一致的动态性能和稳态性能。

假设高阶系统的闭环传递函数为

$$G(s)=\frac{\omega_{\mathrm{n}}^2}{\left(s^2+2\xi\omega_{\mathrm{n}}s+\omega_{\mathrm{n}}^2\right)\left(s+p_0\right)}\qquad(0<\xi<)$$

系统的极点为 $s_{1,2}=-\xi\omega_{\mathrm{n}}\pm\mathrm{j}\sqrt{1-\xi^2}$，$s_3=-p_0$，满足 $p_0>5\xi\omega_{\mathrm{n}}$，由此可见一阶环节的闭环极点远离虚轴，系统的闭环主导极点为 $s_{1,2}=-\xi\omega_{\mathrm{n}}\pm\mathrm{j}\sqrt{1-\xi^2}$，该三阶系统可简化为二阶系统，即

$$G(s)=\frac{\omega_{\mathrm{n}}^2}{p_0\left(s^2+2\xi\omega_{\mathrm{n}}s+\omega_{\mathrm{n}}^2\right)\left(\dfrac{1}{p_0}s+1\right)}\approx\frac{\omega_{\mathrm{n}}^2}{p_0\left(s^2+2\xi\omega_{\mathrm{n}}s+\omega_{\mathrm{n}}^2\right)}$$

假定单位阶跃信号为系统的输入信号，则简化前三阶系统的稳态值为

$$\lim_{t\to\infty} y(t) = \lim_{s\to 0} sY(s) = \lim_{s\to 0} s\cdot\frac{1}{s}\cdot\frac{\omega_n^2}{\left(s^2+2\xi\omega_n s+\omega_n^2\right)\left(s+p_0\right)} = \frac{1}{p_0}$$

简化后二阶系统的稳态值为

$$\lim_{t\to\infty} y(t) = \lim_{s\to 0} sY(s) = \lim_{s\to 0} s\cdot\frac{1}{s}\cdot\frac{\omega_n^2}{p_0\left(s^2+2\xi\omega_n s+\omega_n^2\right)} = \frac{1}{p_0}$$

由此可见，系统简化前后的稳态特性不变，并且稳态值相同。

控制系统设计时，希望具有较快的响应速度和一定的最大超调量，评价系统动态性能的主要指标是过渡过程时间 t_s 和最大超调量 σ_p 。根据二阶欠阻尼系统的极点与动态性能指标的关系，将对动态性能的设计要求转化为对闭环主导极点的要求。

（1）要求系统的稳定性，则所有的闭环极点具有负实部，即闭环极点全都位于[s]平面左半部分。

（2）要求系统的快速性，由于过渡过程时间 $t_s = \dfrac{3}{\xi\omega_n}$（$\varDelta = 5\%$），系统的响应速度与 $\xi\omega_n$ 的值成反比，而 $-\xi\omega_n$ 是闭环主导极点的实部，因此，闭环极点距离虚轴越近，则 $\xi\omega_n$ 的值就越小，对应的过渡过程时间就越长，响应速度就越慢。为保证响应的速度，闭环主导极点必须位于图 3.22（a）的垂直线的左侧，即应在图中画阴影线的区域内。

（3）要求系统阻尼性能适中，最大超调量 σ_p 合理。根据 $\sigma_p = e^{\frac{-\pi\xi}{\sqrt{1-\xi^2}}}\times 100\%$ ，将对最大超调量的要求转化为对闭环主导极点的要求。根据 $\cos\varphi = \xi$ ，可由 ξ 求出图中角度 φ 的值。闭环极点应在图 3.22（b）中画阴影线的区域内。

（4）根据系统过渡过程时间和最大超调量的要求，闭环主导极点应在图 3.22（c）中画阴影线的区域内。

（5）若有闭环零点靠近虚轴，并且闭环零点附近没有闭环极点，则系统的最大超调量 σ_p 过大，这时可适当减小角度 φ ，即增大阻尼比 ξ ，保证阻尼比满足设计的要求。

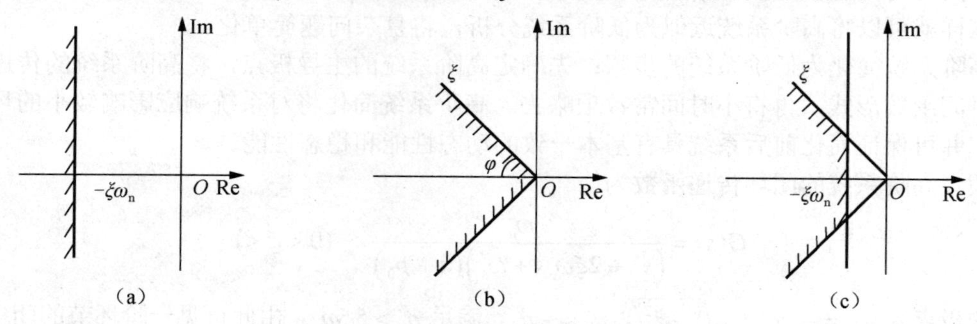

图 3.22　闭环主导极点的位置

3.6　线性系统的稳定性分析

稳定性是设计和分析控制系统首先要考虑的问题。系统在实际使用中，不可避免也会受到外界或内部的一些因素的干扰，如负载改变、能源波动、参数变化等，在干扰的作用下，系统的各个变量将会偏离原来的工作状态。干扰消失后，不稳定的系统不能重新恢复到原来的平衡状态上来，而是随时间的推移而发散。因此，不稳定的系统是无法正常工作的。系统能够实际应用的首要条件就是稳定，经典控制理论为判断线性定常系统的稳定性提供了多种方法。本节将讨论稳定性的定义，稳定的充要条件及判别稳定性的基本方法。

3.6.1　线性系统稳定性的定义和判定

为保证系统受到干扰作用后仍能恢复到稳定状态，需要研究系统稳定性的条件。下面以力学系统为例，说明平衡点和稳定的概念。

在力学系统中，当外部作用力的合力为 0 时，位置保持不变的点称为原始平衡点。图 3.23（a）表示钟摆，a 点为原始平衡位置，在外力的作用下，钟摆将从 a 点偏离到 b 点。外力卸载后，由于惯性作用钟摆在 b、c 两点之间摆动。但在空气阻力及重力作用下，钟摆将最终稳定在平衡点 a 位置，类似 a 点这样的平衡位置称为稳定平衡点。图 3.23（b）表示倒立摆，d 点为原始平衡点。外力作用在钟摆上，钟摆也将偏离平衡点 d，但外力卸载后，无论经过多长时间，钟摆不能重新回到 d 点，类似 d 点这样的平衡位置称为不稳定平衡点。图 3.23（c）表示的曲面中，对于小球来说，a、e 点为不稳定平衡点，而 c 点为稳定平衡点。但是 c 点的稳定是有附加条件的，也就是小球的起始偏差不超出 b、d 区域。在这个区域内，在干扰消失后，小球最终可以回到原始平衡点 c。一旦超过 a 点或 e 点，就不能保证小球的稳定点 c。这就说明平衡点 c 代表的是小偏差范围内的稳定特性，超过稳定区域，原来的平衡点将会变成不稳定点。

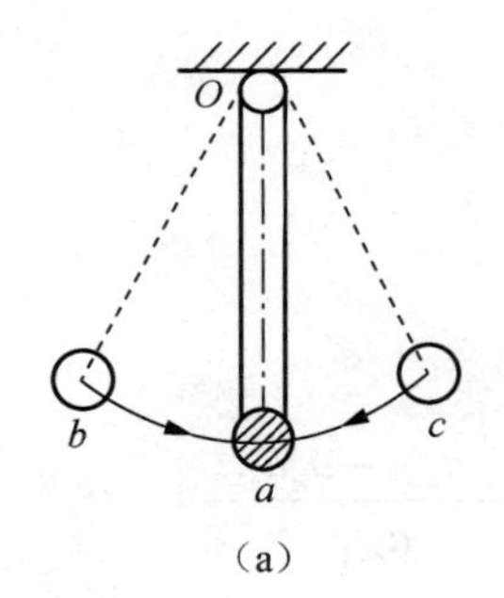

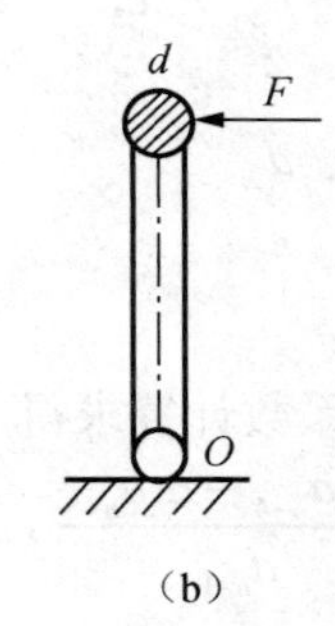

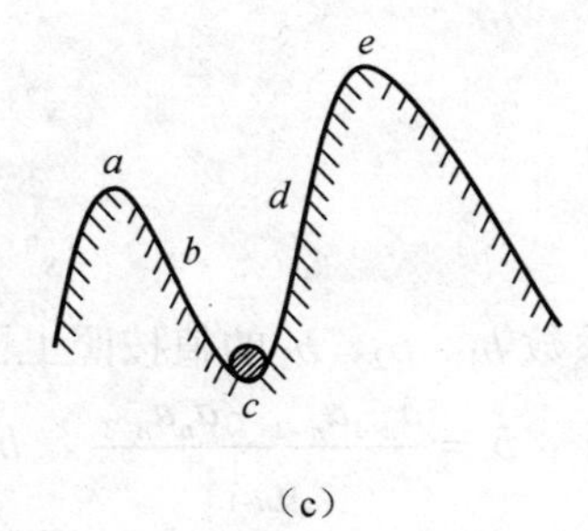

图 3.23　平衡位置点

根据以上例子，初步建立稳定性的概念。如果线性定常系统受到扰动的作用，偏离了原来的平衡状态，而当扰动消失后，系统又能够逐渐恢复到原来的平衡状态，则称该系统是渐进稳定的（简称为稳定）；否则，称该系统是不稳定的。

系统的稳定性反映在干扰消失后过渡过程的性质上。在干扰作用下，系统偏离平衡点产生的偏差称为系统的初始偏差。干扰消失后，系统通过自身调节可以重新回到初始平衡点，这就是稳定的系统。稳定性取决于系统的结构和参数，是系统的一种固有特性，与干扰信号无关。系统是否稳定决定于在瞬时干扰消失以后暂态分量的衰减与否。根据上一节的内容，暂态分量的变化过程与系统闭环极点在[s]平面的分布有关。若所有的闭环极点都分布在[s]平面的左侧，则系统的暂态分量呈衰减的变化趋势，系统稳定；若共轭极点分布在虚轴上，则系统的暂态分量做简谐振荡，系统临界稳定；若有闭环极点分布在[s]平面的右侧，则系统中有发散的分量，系统不稳定。

综上所述，线性定常系统稳定的充分必要条件是闭环系统特征方程的所有根都具有负实部，或者说闭环传递函数的所有极点均位于[s]平面左半部分。

3.6.2 线性系统的代数稳定性判据

根据线性定常系统稳定的充分必要条件，判断系统稳定性问题便是求解系统特征根的问题。可以通过直接求解特征根，验证特征根是否都具有负实部判断稳定性，但是当特征方程次数较高时，求解困难，就需要借助稳定性判据判断系统的稳定性。劳斯判据、赫尔维茨判据根据闭环特征方程各项的系数用代数的方法来判断闭环极点在[s]平面的分布，进而判断系统的稳定性，称为代数稳定性判据。

1. *劳斯稳定判据*

闭环控制系统的特征方程标准形式为

$$D(s)=a_n s^n+a_{n-1}s^{n-1}+a_{n-2}s^{n-2}+\cdots+a_1 s+a_0=0$$

根据特征方程的各项系数建立劳斯阵列，即

$$\begin{array}{llllll}
s^n & a_n & a_{n-2} & a_{n-4} & a_{n-6} & \cdots \\
s^{n-1} & a_{n-1} & a_{n-3} & a_{n-5} & a_{n-7} & \cdots \\
s^{n-2} & b_1 & b_2 & b_3 & b_4 & \cdots \\
s^{n-3} & c_1 & c_2 & c_3 & c_4 & \cdots \\
\vdots & \vdots & \vdots & \vdots & \vdots & \vdots \\
s^2 & d_1 & d_2 & & & \\
s^1 & e_1 & e_2 & & & \\
s^0 & f_1 & & & &
\end{array} \tag{3-50}$$

式中：系数 b_1、b_2、b_3 的值按照上面两行系数计算求得，即

$$b_1=\frac{a_{n-1}a_{n-2}-a_n a_{n-3}}{a_{n-1}},\quad b_2=\frac{a_{n-1}a_{n-4}-a_n a_{n-5}}{a_{n-1}},\quad b_3=\frac{a_{n-1}a_{n-6}-a_n a_{n-7}}{a_{n-1}},\quad \cdots$$

按照式(3-50)依次计算，直到其余的 b 值全部等于 0 为止，根据相同的方法计算 $c,\cdots,d,e,f$ 等各行的系数，即

$$c_1=\frac{b_1 a_{n-3}-b_2 a_{n-1}}{b_1},\quad c_2=\frac{b_1 a_{n-5}-b_3 a_{n-1}}{b_1},\quad c_3=\frac{b_1 a_{n-7}-b_4 a_{n-1}}{b_1},\quad \cdots$$

$$d_1=\frac{c_1 b_2-b_1 c_2}{c_1},\quad d_2=\frac{c_1 b_3-b_1 c_3}{c_1},\quad \cdots$$

将每一行的所有系数通过公式进行计算，直到计算到最后一行为止。最后一行仅第一列有值，劳斯阵列为倒三角形式。注意，在劳斯阵列中，为了简化数值计算，可用某一正整数去乘或除某一行，而不改变稳定性判据的结论。

系统稳定的必要条件：系统特征方程的各项系数都不等于 0，且各项系数具有相同的符号。

系统稳定的充分条件：劳斯阵列中第一列所有值均为正。

若劳斯阵列第一列元素出现小于 0 的数值，则系统不稳定，系统存在正实部的特征根，劳斯阵列中第一列各系数符号改变的次数就等于特征方程具有正实部特征根的个数，即闭环极点位于[s]平面右半部分的个数。

【例 3-5】已知系统的特征方程为$D(s)=2s^4+3s^3+s^2+s+2=0$，试用劳斯判据判断系统的稳定性。

解　根据给出的特征方程可以判断，方程的所有项系数均大于 0，且不缺项，满足稳定的必要条件。

根据特征方程的系数建立劳斯阵列

$$\begin{array}{llll} s^4 & 2 & 1 & 2 \\ s^3 & 3 & 1 & \\ s^2 & \dfrac{1}{3} & 2 & \\ s^1 & -17 & & \\ s^0 & 2 & & \end{array}$$

劳斯阵列第一列的系数不全是正数，说明特征方程有正实部的情况存在，第一列系数的符号变化了两次，说明有两个位于[s]平面右半部分的闭环极点，因此系统不稳定。

【例 3-6】已知系统的特征方程为$D(s)=s^3+2Ks^2+(K+1)s+12=0$，试确定系统稳定时参数$K$的取值范围。

解　为满足系统稳定性的必要条件，要求$\begin{cases} K>0 \\ K+1>0 \end{cases}$，即$K>0$。

系统的劳斯阵列为

$$\begin{array}{lll} s^3 & 1 & K+1 \\ s^2 & 2K & 12 \\ s^1 & \dfrac{2K(K+1)-12}{2K} & \\ s^0 & 12 & \end{array}$$

则$\begin{cases} 2K(K+1)-12>0 \\ K>0 \end{cases}$，因此，$K>2$。

综上所述，系统稳定时参数K的取值范围为$K>2$。

应用劳斯判据判断系统稳定性时，有时将会遇到下面的两种特殊情况，则需要在不影响判定结果的基础上，对劳斯阵列进行相应的数学处理。

（1）劳斯阵列某一行的第一个元素为 0，而该行的其他元素均不为 0，或者部分不为 0 的情况。

这种情况下可用一个很小的正数ε代替第一列等于 0 的元素，按照劳斯稳定判据的要求继续进行计算。

【例 3-7】已知系统的特征方程为$D(s)=s^4+2s^3+2s^2+4s+1=0$，试用劳斯判据判断系统的稳定性。

解 劳斯判据的必要条件满足。

系统的劳斯阵列为

$$\begin{array}{llll} s^4 & 1 & 2 & 1 \\ s^3 & 2 & 4 & \\ s^2 & 0 \to \varepsilon & 1 & \\ s^1 & \dfrac{4\varepsilon-2}{\varepsilon} \to -\infty & & \\ s^0 & 1 & & \end{array}$$

由劳斯阵列表可见，第一列元素的符号改变了两次，因此系统不稳定，说明特征方程具有两个正实部的特征根。

（2）劳斯阵列某一行的所有元素均为 0 的情况。

这种情况说明特征方程中有一些大小相等且对称于原点的特征根，即存在两个符号相反但绝对值相同的实根；或存在一对共轭虚根；或存在实部符号相反相同、虚部符号相同的一对共轭复数根；或上述情况都存在。

在劳斯阵列中出现这种情况，可利用全 0 行的上一行元素构建一个辅助方程，辅助方程的最高次数通常是偶数，表示特征根中出现数值相同但符号相反的根的个数。将辅助方程对 s 求导，得到一个新方程，用新方程的系数取代全 0 行的元素，继续进行运算，建立完整的劳斯阵列。数值相同但符号相反的特征根可通过辅助方程求得。

【例 3-8】已知系统的特征方程为 $D(s)=3s^3+s^2+3s+1=0$，试用劳斯判据判断系统的稳定性。

解 根据给出的特征方程可以判断，方程的所有项系数均大于 0，且不缺项，满足稳定的必要条件。

根据特征方程的系数建立劳斯阵列为

$$\begin{array}{lll} s^3 & 3 & 3 \\ s^2 & 1 & 1 \\ s^1 & 0 & 0 \\ s^0 & & \end{array}$$

根据劳斯阵列可以看到，出现了某行元素全都为 0 的情况，根据第二行的元素，建立辅助方程即 $s^2+1=0$。将辅助方程对 s 求导，得到新方程 $2s=0$，用新方程的系数代替第三行的元素 0，原来的劳斯阵列可变为

$$\begin{array}{lll} s^3 & 3 & 3 \\ s^2 & 1 & 1 \\ s^1 & 2 & \\ s^0 & 1 & \end{array}$$

由于劳斯阵列第一列元素的符号相同，则系统特征方程不具有正实部的根，根据辅助方程求得纯虚根为±j。

2. 赫尔维茨稳定判据

分析六阶以下系统的稳定性时，还可以应用赫尔维茨判据。将系统的特征方程写成如下标准形式：

$$D(s)=a_n s^n+a_{n-1}s^{n-1}+a_{n-2}s^{n-2}+\cdots+a_1 s+a_0=0$$

现以特征方程的各项系数 $a_i(i=1,2,\cdots,n)$组成行列式

$$\Delta_n=\begin{vmatrix} a_{n-1} & a_{n-3} & a_{n-5} & \cdots & 0 \\ a_n & a_{n-2} & a_{n-4} & \cdots & 0 \\ 0 & a_{n-1} & a_{n-3} & \cdots & 0 \\ 0 & a_n & a_{n-2} & \cdots & 0 \\ 0 & 0 & \vdots & & \vdots \\ 0 & \cdots & \cdots & a_1 & 0 \\ 0 & \cdots & \cdots & a_2 & a_0 \end{vmatrix}$$

及主对角线上的各子行列式

$$\Delta_1=a_{n-1}$$

$$\Delta_2=\begin{vmatrix} a_{n-1} & a_{n-3} \\ a_n & a_{n-2} \end{vmatrix}$$

$$\Delta_3=\begin{vmatrix} a_{n-1} & a_{n-3} & a_{n-5} \\ a_n & a_{n-2} & a_{n-4} \\ 0 & a_{n-1} & a_{n-3} \end{vmatrix}$$

$$\vdots$$

主行列式 Δ_n 按照以下规则建立：对角线上各元素为特征方程中自第二项开始的各项系数；第一行元素为第二项、第四项等偶数项的系数；第二行为第一项、第三项等奇数项的系数；第三、四行重复以上两行，向右移动一列，前一列用零代替；以下各行，以此类推。

赫尔维茨判据判断系统稳定的充分必要条件：在特征方程的各项系数 $a_i>0$ 的情况下，上述主行列式及其顺序子行列式 $\Delta_i\,(i=1,2,\cdots,n-1)$均大于 0。

赫尔维茨稳定判据虽然在形式上与劳斯判据不同，但实际结论是相同的。

【例 3-9】已知系统的特征方程为$D(s)=s^4+3s^3+2s^2+s+1=0$，试用赫尔维茨判据判断系统的稳定性。

解　根据特征方程可知各项系数为 $a_4=1$，$a_3=3$，$a_2=2$，$a_1=1$，$a_0=1$。根据特征方程的系数建立赫尔维茨行列式为

$$\Delta_4=\begin{vmatrix} 3 & 1 & 0 & 0 \\ 1 & 2 & 1 & 0 \\ 0 & 3 & 1 & 0 \\ 0 & 1 & 2 & 1 \end{vmatrix}$$

由此计算得

$$\Delta_1=3>0，\Delta_2=\begin{vmatrix}3 & 1\\1 & 2\end{vmatrix}>0，\Delta_3=\begin{vmatrix}3 & 1 & 0\\1 & 2 & 1\\0 & 3 & 1\end{vmatrix}<0$$

由于$\Delta_3<0$，不满足赫尔维茨稳定判据，因此系统不稳定。

当系统特征方程的阶次$n\leqslant 4$时，赫尔维茨判据可以做如下简化：

n=2 时，特征方程的各项系数为正；

n=3 时，特征方程的各项系数为正，且$a_1a_2-a_0a_3>0$；

n=4 时，特征方程的各项系数为正，且$a_1a_2a_3-a_1^2a_4-a_0a_3^2>0$。

但是当系统特征方程的阶次大于 3 时，赫尔维茨判据的计算量大，后来李纳德证明，当所有$\Delta_{2k+1}>0$时，系统是稳定的。也就是当所有奇次顺序的赫尔维茨行列式为正时，则所有偶次顺序的赫尔维茨行列式也必然为正，系统稳定；反之亦然。

【例 3-10】已知系统的方块图如图 3.24 所示，试用赫尔维茨判据确定参数K和T的范围，以保证系统稳定。

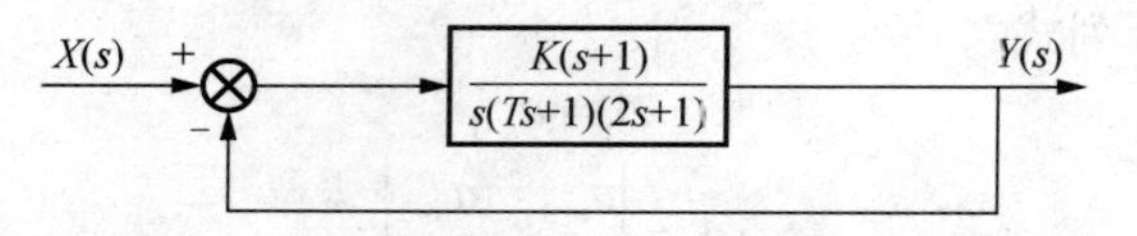

图 3.24　例 3-10 系统方块图

解　根据系统的方块图确定系统的特征方程为

$$D(s)=2Ts^3+(T+2)s^2+(K+1)s+K=0$$

根据赫尔维茨判据，有

$$\begin{cases}2T>0\\T+2>0\\K+1>0\\K>0\\(T+2)(K+1)-2TK>0\end{cases}$$

因此，系统稳定的条件是$K>1$且$0<T<\dfrac{2(K+1)}{K-1}$。

3.7　线性系统的误差

控制系统在输入信号的作用下，其输出信号分为暂态分量和稳态分量两个部分。对于稳定的系统，暂态分量随着时间增长而逐渐衰减，最终趋于 0。稳态分量体现了系统跟踪输入信号或抑制干扰信号的能力，但是由于系统自身结构特点、输入信号的类型和形式不同，控制系统的稳态分量与系统的输入信号不一定完全一致，因此会产生原理性的稳态误差。稳态误差是反映系统控制精度的指标，通常又称为稳态性能。在控制系统设计中，必须保证稳态误差在规定的容许范围内。例如，火炉炉温控制系统要求温度稳定在一定的允许范围内。又如，造纸厂卷纸的张力控制系统，要求纸张在缠绕过程中受到的张力保持在一定的范围内，否则张力过小，纸张缠绕不紧实；张力过大，纸张又会断裂。

本节主要介绍稳态误差的概念，同时确定稳态误差的计算方法，并讨论减少稳态误差的途径。

3.7.1　系统的误差和偏差

控制系统的方块图如图 3.25 所示。$x(t)$为参考输入信号，$f(t)$为干扰输入信号，$y(t)$是系统实际的输出量，$y_r(t)$是系统输出量 $y(t)$的期望值（图中未标出），$b(t)$是系统的反馈信号，$H(s)$是系统反馈通道传递函数。

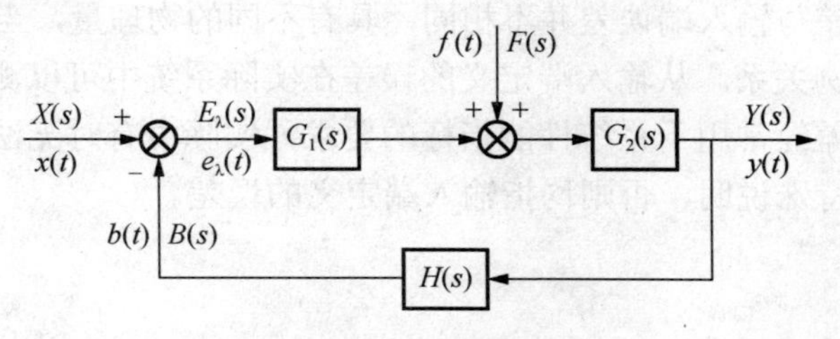

图 3.25　控制系统方块图

1. 误差的定义

系统的误差 $e(t)$为期望输出与实际输出的差值，即

误差值=期望值-实际值

（1）从输出端定义误差。一般指控制系统输出的期望值与实际值的差，即

$$e_{出}(t)=y_r(t)-y(t)$$
$$E_{出}(s)=Y_r(s)-Y(s) \tag{3-51}$$

（2）从输入端定义误差。一般指控制系统的参考输入信号与反馈信号的差值，为了区别输出端的误差，将输入端定义的误差称为偏差，即

$$e_{入}(t)=x(t)-b(t)$$
$$E_{入}(s)=X(s)-B(s) \tag{3-52}$$

系统的输入端误差是

$$\begin{aligned}E_{入}(s)&=X(s)-H(s)Y(s)\\&=X(s)-H(s)\frac{G(s)}{1+G(s)H(s)}X(s)\\&=\frac{1}{1+G(s)H(s)}X(s)\\&=\varphi_e(s)X(s)\end{aligned} \tag{3-53}$$

式中：$G(s)=G_1(s)G_2(s)$；$\varphi_e(s)=\dfrac{1}{1+G(s)H(s)}$为系统误差的传递函数。

$Y_r(s)$是系统期望的输出信号，对于反馈控制系统，当系统的偏差量$\varepsilon(s)=0$时，即系统的反馈信号与输入信号无偏差，输出信号为期望输出，即

$$X(s)-Y_r(s)H(s)=0$$

则

$$Y_r(s)=\frac{X(s)}{H(s)} \tag{3-54}$$

将式（3-54）代回到式（3-52），可得输出端误差为

$$E_{出}(s)=Y_r(s)-Y(s)=\frac{X(s)}{H(s)}-\frac{G(s)}{1+G(s)H(s)}X(s)=\frac{1}{1+G(s)H(s)}\cdot\frac{1}{H(s)}X(s)=\frac{1}{H(s)}E_{入}(s)$$

因此，系统输出端误差与输入端误差的关系为

$$E_{出}(s)=\frac{1}{H(s)}E_{入}(s) \tag{3-55}$$

系统的输出端误差与输入端误差并不相同，具有不同的物理量，当 $H(s)$为常数时，两个误差信号成简单的比例关系。从输入端定义的误差在实际系统中可以测量，具有物理意义。而从输出端定义的误差经常用于系统性能指标的要求，实际中有时无法测量，只具有数学意义，因此本章中除非特殊说明，否则均指输入端定义的误差。

2. 稳态误差

误差是时间函数，其时域表达式为

$$e(t)=L^{-1}\left[E(s)\right]=L^{-1}\left[\varphi_e(s)X(s)\right]$$

系统的误差包含暂态分量 $e_{st}(t)$和稳态分量 $e_{ss}(t)$两部分，即 $e(t)=e_{st}(t)+e_{ss}(t)$。暂态误差反映了系统的暂态性能，当时间趋于无穷时，暂态误差趋于 0，不影响稳定值。稳态误差是指在系统稳定后，期望输出值与实际输出值之间的差。稳态误差与系统的结构参数及输入信号有密切关系。

参考输入 $X(s)$和干扰输入 $F(s)$同时作用于系统，产生的误差值可通过叠加定理求得。

3.7.2 静态误差系数法求稳态误差

对于稳定的控制系统，可应用拉氏变换的终值定理求取当时间 $t\to\infty$时的稳态误差。根据稳态误差的计算式（3-53），有

$$E(s)=\frac{1}{1+G(s)H(s)}\cdot X(s)$$

由终值定理得稳态误差为

$$e_{ss}(t)=\lim_{t\to\infty}e(t)=\lim_{s\to 0}sE(s)=\lim_{s\to 0}s\cdot\frac{1}{1+G(s)H(s)}\cdot X(s) \tag{3-56}$$

由式（3-56）求解稳态误差的条件：$sE(s)$的极点均位于[s]平面左半部分（包括坐标原点）。由终值定理计算得到的稳态误差是在 $t\to\infty$时的值，并不能反映过渡过程结束后系统的误差随时间变化的规律，因此具有一定的局限性。

根据式（3-56）可知，稳态误差取决于开环传递函数 $G(s)H(s)$和输入信号 $X(s)$两个因素。现在讨论两个因素对参考输入信号的稳态误差的影响。

分子阶次为 m，分母阶次为 n 的开环传递函数可表示为

$$G(s)H(s)=\frac{K\prod_{j=1}^{m}(\tau_j s+1)}{s^v\prod_{i=1}^{n-v}(T_i s+1)} \tag{3-57}$$

式中：K 为开环增益；τ_j 和 T_i 为时间常数；v 是串联积分环节个数，称为系统的型别，或无差度。

根据开环传递函数中串联的积分环节个数 v 的不同，系统分类如下：

$v=0$，称为 0 型系统，或有差系统；

$v=1$，称为Ⅰ型系统，或一阶无差系统；

$v=2$，称为Ⅱ型系统，或二阶无差系统。

v 值越大，系统的稳定性越不好。当 $v>2$，除复合控制系统外，系统稳定很困难，因此除航天控制系统外，Ⅲ型及Ⅲ型以上的系统几乎不用，在此不再讨论。

令

$$G_0(s)H_0(s)=\frac{\prod_{j=1}^{m}(\tau_j s+1)}{\prod_{i=1}^{n-v}(T_i s+1)}$$

显然

$$\lim_{s\to 0}\left[G_0(s)H_0(s)\right]=1$$

系统的开环传递函数可表示为

$$G(s)H(s)=\frac{K}{s^v}G_0(s)H_0(s) \tag{3-58}$$

系统的稳态误差可表示为

$$e_{\text{ss}}(\infty)=\frac{\lim_{s\to 0}\left[s^{v+1}X(s)\right]}{K+\lim_{s\to 0}s^v} \tag{3-59}$$

根据式（3-59）可见，系统的型别、开环增益、输入信号的形式和幅值等因素都会影响稳态误差。下面分析不同型别的系统在不同输入信号作用下的稳态误差的计算。实际的输入信号多为阶跃信号、速度信号、加速度信号，或者是以上各种信号的组合，故只考虑系统分别在阶跃、速度、加速度等信号作用下的稳态误差计算问题。

1. 阶跃信号作用下的稳态误差

设系统的输入信号 $r(t)=R\cdot 1(t)$，其中，R 为阶跃信号的幅值。在随动系统中一般称阶跃信号为位置信号，系统在阶跃信号作用下的稳态误差为

$$e_{\text{ss}}(\infty)=\lim_{s\to 0}s\varphi_{\text{e}}(s)R(s)=\lim_{s\to 0}s\cdot\frac{1}{1+G(s)H(s)}\frac{R}{s}=\lim_{s\to 0}\frac{R}{1+\lim_{s\to 0}\left[G(s)H(s)\right]}=\frac{R}{1+K_{\text{p}}} \tag{3-60}$$

式中：

$$K_{\text{p}}=\lim_{s\to 0}G(s)H(s) \tag{3-61}$$

K_{p} 称为系统的静态位置误差系数。

对于 0 型系统，有

$$K_{\mathrm{p}}=\lim_{s\to 0}G(s)H(s)=\lim_{s\to 0}\frac{K}{s^{0}}G_{0}(s)H_{0}(s)=K$$

$$e_{\mathrm{ss}}(\infty)=\frac{R}{1+K}$$

对于Ⅰ型或高于Ⅰ型系统，有

$$K_{\mathrm{p}}=\lim_{s\to 0}G(s)H(s)=\lim_{s\to 0}\frac{K}{s^{\nu}}G_{0}(s)H_{0}(s)=\infty \quad (\nu\geqslant 1)$$

$$e_{\mathrm{ss}}(\infty)=\frac{R}{1+K_{\mathrm{P}}}=0$$

在阶跃信号作用下，0 型系统的稳态误差为非 0 的常数。要使系统在阶跃信号作用下稳态误差为 0，必须选用Ⅰ型或高于Ⅰ型的系统。通常把系统在阶跃信号作用下的误差称为静态误差。

2. 速度输入作用下的稳态误差

设系统的输入信号 $r(t)=R\cdot t$，其中，R 为速度信号的斜率，系统在速度信号作用下的稳态误差为

$$\begin{aligned}e_{\mathrm{ss}}(\infty)&=\lim_{s\to 0}s\varphi_{\mathrm{e}}(s)R(s)=\lim_{s\to 0}s\cdot\frac{1}{1+G(s)H(s)}\frac{R}{s^{2}}\\&=\frac{R}{\lim\limits_{s\to 0}s+\lim\limits_{s\to 0}\left[s\cdot G(s)H(s)\right]}\\&=\frac{R}{\lim\limits_{s\to 0}\left[s\cdot G(s)H(s)\right]}=\frac{R}{K_{\mathrm{v}}}\end{aligned}\tag{3-62}$$

式中：K_{v} 为系统的静态速度误差系数，有

$$K_{\mathrm{v}}=\lim_{s\to 0}s\cdot G(s)H(s)\tag{3-63}$$

对于 0 型系统，有

$$K_{\mathrm{v}}=\lim_{s\to 0}s\cdot G(s)H(s)=\lim_{s\to 0}s\cdot KG_{0}(s)H_{0}(s)=0$$

$$e_{\mathrm{ss}}(\infty)=\frac{R}{K_{\mathrm{v}}}=\infty$$

对于Ⅰ型系统，有

$$K_{\mathrm{v}}=\lim_{s\to 0}s\cdot G(s)H(s)=\lim_{s\to 0}s\cdot\frac{K}{s}G_{0}(s)H_{0}(s)=K$$

$$e_{\mathrm{ss}}(\infty)=\frac{R}{K_{\mathrm{v}}}=\frac{R}{K}$$

对于Ⅱ型或高于Ⅱ型系统，有

$$K_{\mathrm{v}}=\lim_{s\to 0}s\cdot G(s)H(s)=\lim_{s\to 0}s\cdot\frac{K}{s^{\nu}}G_{0}(s)H_{0}(s)=\infty \quad (\nu\geqslant 2)$$

$$e_{\mathrm{ss}}(\infty)=\frac{R}{K_{\mathrm{v}}}=0$$

以上分析说明 0 型系统的稳态误差无穷大，表示 0 型系统不能追踪速度信号；Ⅰ型系统

稳态输出时的速度与输入速度相同，但存在一个误差值，且误差值为常数；Ⅱ型或高于Ⅱ型系统在速度信号输入下，稳态误差为 0，则输出能准确追踪到速度输入信号，且没有误差。

3. 加速度输入作用下的稳态误差与静态加速度误差系数

设系统的输入信号 $r(t)=R\cdot\frac{t^2}{2}$，其中 R 为加速度信号的速度变化率，则系统在加速度信号作用下的稳态误差为

$$e_{ss}(\infty)=\lim_{s\to 0}s\varphi_e(s)R(s)=\lim_{s\to 0}s\cdot\frac{1}{1+G(s)H(s)}\frac{R}{s^3}=\frac{R}{\lim\limits_{s\to 0}s^2+\lim\limits_{s\to 0}\left[s^2\cdot G(s)H(s)\right]} \tag{3-64}$$

$$=\frac{R}{\lim\limits_{s\to 0}\left[s^2\cdot G(s)H(s)\right]}=\frac{R}{K_a}$$

式中：

$$K_a=\lim_{s\to 0}s^2\cdot G(s)H(s) \tag{3-65}$$

K_a 称为系统的静态加速度误差系数。

对于 0 型系统，有

$$K_a=\lim_{s\to 0}s^2\cdot G(s)H(s)=\lim_{s\to 0}s^2\cdot KG_0(s)H_0(s)=0$$

$$e_{ss}(\infty)=\frac{R}{K_a}=\infty$$

对于Ⅰ型系统，有

$$K_a=\lim_{s\to 0}s^2\cdot G(s)H(s)=\lim_{s\to 0}s^2\cdot\frac{K}{s}G_0(s)H_0(s)=0$$

$$e_{ss}(\infty)=\frac{R}{K_a}=\infty$$

对于Ⅱ型系统，有

$$K_a=\lim_{s\to 0}s^2\cdot G(s)H(s)=\lim_{s\to 0}s^2\cdot\frac{K}{s^2}G_0(s)H_0(s)=K$$

$$e_{ss}(\infty)=\frac{R}{K_a}=\frac{R}{K}$$

对于Ⅲ型或高于Ⅲ型系统，有

$$K_a=\lim_{s\to 0}s^2\cdot G(s)H(s)=\lim_{s\to 0}s^2\cdot\frac{K}{s^v}G_0(s)H_0(s)=\infty \quad (v\geqslant 3)$$

$$e_{ss}(\infty)=\frac{R}{K_a}=0$$

因此，0 型和Ⅰ型系统不能跟踪加速度输入信号；Ⅱ型系统稳态输出时的加速度与输入加速度相同，但存在一定的稳态位置误差；Ⅲ型或高于Ⅲ型系统，系统的输出能够准确追踪到加速度输入信号，且位置误差为 0。

静态误差系数 K_p、K_v、K_a 定量描述了系统跟踪不同形式输入信号的能力，它们是利用拉氏变换终值定理得出的。一旦确定了系统的输入信号、期望的输出值及容许的稳态位置误差

后，就可以根据稳态误差系数选择系统的型别和开环增益。

如果系统的输入信号是多种典型信号的组合，如

$$x(t) = R_0 \cdot 1(t) + R_1 \cdot t + R_2 \cdot \frac{1}{2} t^2$$

则根据线性叠加定理，需求出各个典型信号作用下的稳态误差，将各稳态误差分量叠加，得到 $e_{ss} = \dfrac{R_0}{1+K_p} + \dfrac{R_1}{K_v} + \dfrac{R_2}{K_a}$。显然，至少选用Ⅱ型系统，否则系统的稳态误差为无穷大。然而系统中的积分环节过多，虽会提高系统的控制精度，但系统的动态性能将会恶化，甚至系统变得不稳定。

反馈控制系统的型别、静态误差系数和输入信号形式之间的关系如表 3.2 所示。同一个系统，输入信号的形式不同，稳态误差也各不相同。根据表 3.2 可得到如下结论：增加系统的型别，将会提高系统的准确性，而增加开环传递函数中积分环节个数 v，虽然可以改善系统的稳态误差，但系统的稳定性将会变差。增大开环增益 K 也可以减小系统的稳态误差，但是也会降低系统的稳定性。因此，稳态误差和稳定性具有一定的矛盾，在设计时要全面考虑。

表 3.2　不同输入不同类型系统的稳态误差

系统型别	阶跃输入 $x(t)=R\cdot 1(t)$	速度输入 $x(t)=R\cdot t$	加速度输入 $x(t)=R\cdot t^2/2$
	位置误差 $e_{ss}(\infty)=\dfrac{R}{1+K_p}$	速度误差 $e_{ss}(\infty)=\dfrac{R}{K_v}$	加速度误差 $e_{ss}(\infty)=\dfrac{R}{K_a}$
0 型	$R/(1-K)$	∞	∞
Ⅰ型	0	R/K	∞
Ⅱ型	0	0	R/K
Ⅲ型	0	0	0

【例 3-11】单位负反馈系统的开环传递函数为$G(s)=\dfrac{2}{s(s+1)}$，试求各静态误差系数及输入信号 $x(t)=1+2t+0.5t^2$ 作用下的稳态误差 e_{ss}。

解　系统的开环传递函数为

$$G(s)H(s) = \frac{2}{s(s+1)} = 2 \cdot \frac{1}{s(1+s)}$$

开环增益 K=2，系统为Ⅰ型系统。

系统的闭环传递函数$\varphi(s)=\dfrac{2}{s^2+s+2}$为二阶系统，系统稳定。

静态位置误差系数为

$$K_p = \lim_{s\to 0} G(s)H(s) = \lim_{s\to 0} \frac{2}{s(s+1)} = \infty$$

静态速度误差系数为

$$K_{\rm v}=\lim_{s\to0}sG(s)H(s)=\lim_{s\to0}\frac{2s}{s(s+1)}=2$$

静态加速度误差系数为

$$K_{\rm a}=\lim_{s\to0}s^2G(s)H(s)=\lim_{s\to0}\frac{2s^2}{s(s+1)}=0$$

当 $x_1(t)=1(t)$时，$e_{ss1}=1/(1+K_p)=0$；

当 $x_2(t)=2t$ 时，$e_{ss2}=2/K_v=1$；

当 $x_3(t)=0.5t^2$ 时，$e_{ss3}=0.5/K_a=\infty$。

根据叠加定理可知，系统的稳态误差 $e_{ss}=e_{ss1}+e_{ss2}+e_{ss3}=\infty$。

【例 3-12】调速系统的方块图如图 3.26 所示，其中，$K_c=0.05\ \text{V}/(\text{r}\cdot\text{min}^{-1})$，输出信号为 $y(t)$（$\text{r}\cdot\text{min}^{-1}$），试求当 $x(t)=1$ V 时，系统输出端的稳态误差。

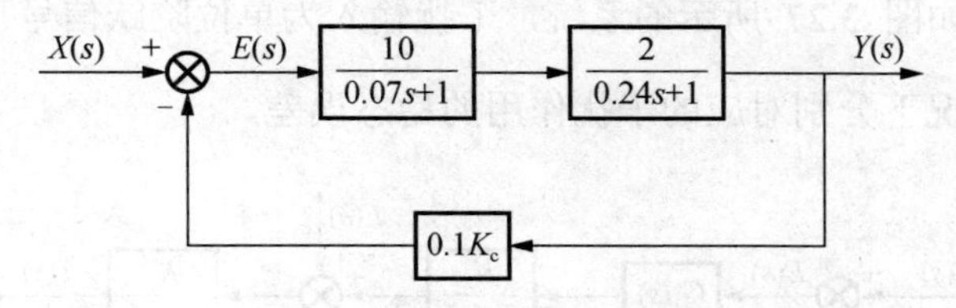

图 3.26　例 3-12 调速系统方块图

解　系统的开环传递函数为

$$G(s)H(s)=\frac{0.1}{(0.07s+1)(0.24s+1)}$$

根据开环传递函数可判断系统为 0 型系统，且

$$K_{\rm p}=\lim_{s\to0}G(s)H(s)=0.1$$

当 $x(t)=1$ 时，可判断输入信号为单位阶跃信号，系统输入端误差为

$$e_{\rm ss}(\infty)=\frac{1}{1+K_{\rm p}}=\frac{1}{1.1}\approx0.909\ \text{V}$$

系统反馈回路的传递函数为

$$H(s)=0.1K_c=0.005\ \text{V}/(\ \text{r}\cdot\text{min}^{-1})$$

则系统输出端的稳态误差为

$$e_{\text{ss出}}(\infty)=\frac{e_{\rm ss}(\infty)}{H(s)}=\frac{1}{1.1\times0.005}\approx181.8\quad\text{r}\cdot\text{min}^{-1}$$

3.7.3　干扰作用下的稳态误差

控制系统在工作过程中不可避免地存在干扰信号的作用。在控制系统受到扰动时，也会产生由干扰信号引起的稳态误差。系统在干扰作用下的稳态误差反映了系统抗干扰的能力。

图 3.25 所示为控制系统方块图。现讨论系统在干扰信号 $f(t)$作用下的稳态误差。按线性系统叠加定理，假定参考输入 $X(s)=0$，仅考虑干扰输入的作用。系统在干扰作用下的输出为

$$E_{\rm f}(s)=-\frac{G_2(s)H(s)}{1+G_1(s)G_2(s)H(s)}F(s)=\varphi_{EF}(s)F(s)\tag{3-66}$$

式中：$\varphi_{EF}(s)$ 为误差信号 $E(s)$对干扰输入 $F(s)$的传递函数。

当开环传递函数 $G(s)=G_1(s)\,G_2(s)\,H(s)>>1$ 时，式（3-66）可近似为

$$E_{\mathrm{f}}(s)=-\frac{F(s)}{G_1(s)}$$

假定 $G_1(s)=\dfrac{K_1(\tau_1 s+1)\cdots}{s^{\nu}(T_1 s+1)\cdots}$，则干扰作用下的稳态误差为

$$e_{\mathrm{ssf}}(\infty)=\lim_{s\to 0} sE_{\mathrm{f}}(s)=\lim_{s\to 0} s\frac{F(s)}{G_1(s)}=\lim_{s\to 0} s^{\nu+1}\frac{F(s)}{K_1} \tag{3-67}$$

根据式（3-67）可见，当开环传递函数 $G(s)\gg 1$ 时，干扰作用下的稳态误差不仅取决于干扰输入的形式，而且与干扰作用点前的传递函数 $G_1(s)$的积分环节次数 ν_1 和放大倍数 K_1 有关。

【例 3-13】对于如图 3.27 所示的系统，干扰输入为单位阶跃信号，求取当 $G_1(s)=K_1$ 和 $G_1(s)=K_1\left(1+\dfrac{1}{\tau s}\right)$ 情况下分别对应的干扰作用的稳态误差。

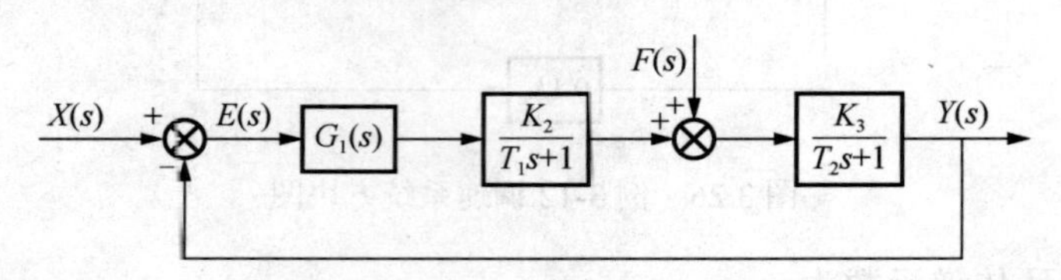

图 3.27　例 3-13 系统的方块图

解　根据系统的方块图，确定误差信号对干扰输入的闭环传递函数为

$$\frac{E(s)}{F(s)}=-\frac{\dfrac{K_3}{T_2 s+1}}{1+\dfrac{K_3}{T_2 s+1}\dfrac{K_2}{T_1 s+1}G_1(s)}$$

（1）当 $G_1(s)=K_1$，$F(s)=\dfrac{1}{s}$时，有

$$E_{\mathrm{f}}(s)=-\frac{\dfrac{K_3}{T_2 s+1}}{1+\dfrac{K_3}{T_2 s+1}\dfrac{K_2}{T_1 s+1}K_1}\cdot\frac{1}{s}$$

因此

$$e_{\mathrm{ssf}}(\infty)=\lim_{s\to 0} sE_{\mathrm{f}}(s)=-\lim_{s\to 0} s\frac{\dfrac{K_3}{T_2 s+1}}{1+\dfrac{K_3}{T_2 s+1}\dfrac{K_2}{T_1 s+1}K_1}\cdot\frac{1}{s}=-\frac{K_3}{1+K_1K_2K_3}$$

（2）当 $G_1(s)=K_1\left(1+\dfrac{1}{\tau s}\right)$，$F(s)=\dfrac{1}{s}$时，有

$$E_{\mathrm{f}}(s)=-\frac{\dfrac{K_3}{T_2 s+1}}{1+\dfrac{K_3}{T_2 s+1}\dfrac{K_2}{T_1 s+1}K_1\left(1+\dfrac{1}{\tau s}\right)}\cdot\frac{1}{s}$$

因此

$$e_{\mathrm{ssf}}(\infty)=\lim_{s\to 0}sE_{\mathrm{f}}(s)=-\lim_{s\to 0}s\frac{\dfrac{K_3}{T_2 s+1}}{1+\dfrac{K_3}{T_2 s+1}\dfrac{K_2}{T_1 s+1}K_1\left(1+\dfrac{1}{\tau s}\right)}\cdot\frac{1}{s}=0$$

根据例 3-13 可见，在干扰作用点前的传递函数中增加积分环节，将会降低干扰作用下的稳态误差。

【例 3-14】系统如图 3.28 所示，参考输入 $x(t)=t$，干扰输入 $f(t)=1$，$G_1(s)=\dfrac{5}{2s+1}$，$G_2(s)=\dfrac{2}{s}$，试计算系统的稳态误差。

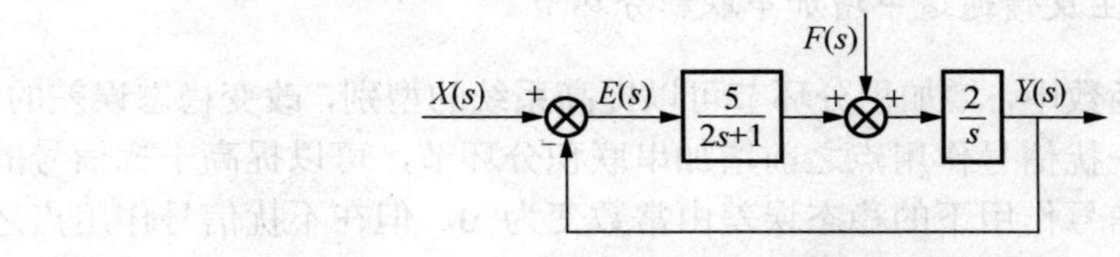

图 3.28　例 3-14 系统方块图

解　根据劳斯稳定判据确定系统是稳定的。

假定输入信号 $X(s)$产生的误差信号为$E_X(s)$，$X(s)=\dfrac{1}{s^2}$，则

$$E_X(s)=\frac{1}{1+G_1(s)G_2(s)H(s)}X(s)=\frac{1}{1+\dfrac{5}{2s+1}\cdot\dfrac{2}{s}}\cdot\frac{1}{s^2}=\frac{2s+1}{s(2s^2+s+10)}$$

参考输入作用下的误差为

$$e_{\mathrm{ssx}}(\infty)=\lim_{s\to 0}sE_X(s)=\lim_{s\to 0}s\cdot\frac{2s+1}{s(2s^2+s+10)}=0.1$$

假定干扰信号 $F(s)$产生的误差信号为$E_F(s)$，$F(s)=-\dfrac{1}{s}$，则

$$E_F(s)=-\frac{G_2(s)H(s)}{1+G_1(s)G_2(s)H(s)}F(s)=-\frac{\dfrac{2}{s}}{1+\dfrac{5}{2s+1}\cdot\dfrac{2}{s}}\cdot\left(-\frac{1}{s}\right)=\frac{2(2s+1)}{s(2s+1)+10}\cdot\frac{1}{s}$$

干扰输入作用下的误差为

$$e_{\mathrm{ssf}}(\infty)=\lim_{s\to 0}sE_F(s)=\lim_{s\to 0}s\cdot\frac{2(2s+1)}{s(2s+1)+10}\cdot\frac{1}{s}=0.2$$

$$e_{\mathrm{ss}}(t)=e_{\mathrm{ssx}}(t)+e_{\mathrm{ssf}}(t)=0.1+0.2=0.3$$

系统的总稳态误差等于参考输入和干扰输入分别产生的稳态误差的和。

3.7.4 减少或消除稳态误差的方法

为了减少或消除系统在参考输入和干扰信号作用下的稳态误差，可采用以下措施。

1. 增大开环增益或干扰作用点之前系统的前向通道增益

增大开环放大倍数可有效减小稳态误差。增大开环增益，可减小 0 型系统在阶跃信号作用下的位置误差，减小 I 型系统在速度信号作用下的速度误差，减小 II 型系统在加速度信号作用下的加速度误差。但是增大开环增益，只是减少输入信号作用下的稳态误差的数值，却不能改变稳态误差的性质。增大干扰作用点之前的增益，可减小系统对干扰信号的稳态误差；系统在干扰信号作用下的稳态误差与干扰作用点之后的系统的前向通道增益无关。

适当增加开环增益可以减少稳态误差，但也会影响系统的稳定性和动态性能，因此，必须在保证系统稳定和满足动态性能指标的前提下，采用增大开环增益的方法来减少系统的稳态误差。

2. 在系统前向通道或主反馈通道中增加串联积分环节

控制系统的开环传递函数中，增加积分环节可以提高系统的型别，改变稳态误差的性质，可有效减少稳态误差。在干扰信号作用点之前增加串联积分环节，可以提高干扰信号的稳态误差的型别，使阶跃干扰信号作用下的稳态误差由常数变为 0。但在不扰信号作用点之后增加积分环节，对干扰信号作用的稳态误差没有影响。

在系统中增加串联积分环节，会影响系统的稳定性和动态性能，因此在保证系统动态性能的前提下，可适当增加串联积分环节。

3. 复合控制

以上两种方法有一定的局限性，为了进一步减小系统稳态误差，可采用补偿的方法，即指作用在被控制对象上的控制信号中，除偏差信号外，另外引入补偿信号，以提高系统的控制精度。这种控制方法称为复合控制。复合控制系统是在系统的反馈控制的基础上加入前（顺）馈补偿环节，组成由前（顺）馈控制和反馈控制相结合的复合控制系统。只要复合控制中参数选择合理，就可以保证系统的稳定性，还可以减小甚至消除系统的稳态误差。复合控制包括按输入补偿和按干扰补偿两种情况。

（1）按参考输入补偿的复合控制。

图 3.29 是对参考输入进行补偿的系统方块图，图中 $G_r(s)$是前馈补偿环节，是对参考输入产生一个补偿信号。引入的补偿信号与偏差信号一起对系统产生复合控制作用。

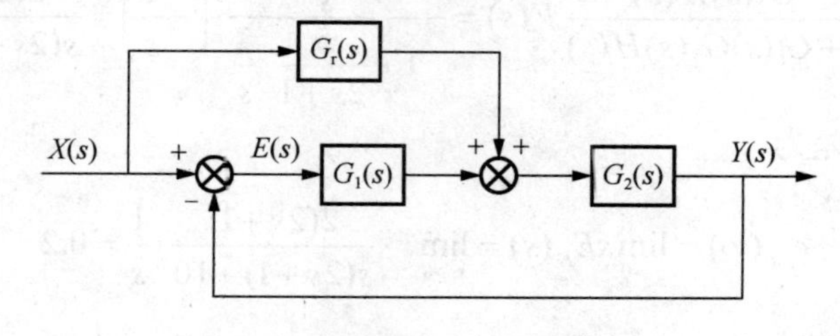

图 3.29 复合控制系统方块图（一）

根据图 3.29 可知，系统的输出为

$$Y(s)=\frac{[G_1(s)+G_r(s)]G_2(s)}{1+G_1(s)G_2(s)}X(s)=\frac{G_1(s)G_2(s)}{1+G_1(s)G_2(s)}X(s)+\frac{G_r(s)G_2(s)}{1+G_1(s)G_2(s)}X(s)$$

系统的误差为

$$E(s)=X(s)-Y(s)=\frac{1-G_r(s)G_2(s)}{1+G_1(s)G_2(s)}X(s)$$

令 $E(s)=0$，有

$$1-G_r(s)G_2(s)=0$$

因此

$$G_r(s)=\frac{1}{G_2(s)}$$

上式表明，当输入补偿环节的传递函数 $G_r(s)$为前向通道传递函数 $G_2(s)$的倒数时，系统的误差为 0，即对输入信号误差的全补偿，系统的输出量可无误差复现输入信号的变化规律。

前馈信号也可加到系统的输入端，如图 3.30 所示，此时误差为

$$E(s)=X(s)-Y(s)=\frac{1-G_r(s)G_1(s)G_2(s)}{1+G_1(s)G_2(s)}X(s)$$

因此全补偿条件为

$$G_r(s)=\frac{1}{G_1(s)G_2(s)}$$

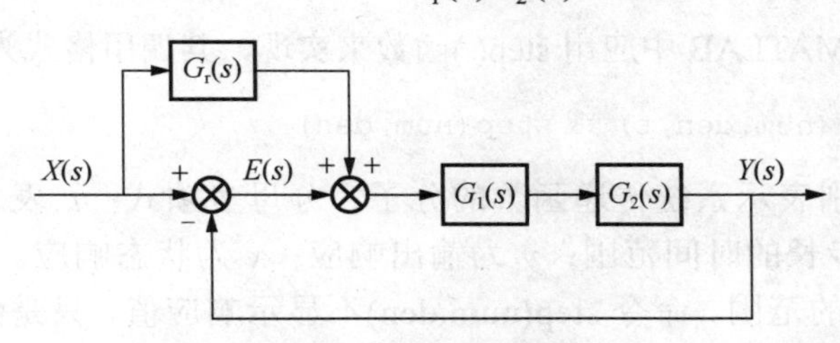

图 3.30　复合控制系统方块图（二）

根据前馈补偿环节的传递函数，在实现全补偿时，图 3.29 的结构对应的传递函数简单，但需要前馈补偿环节具有较大的输出功率，因此导致结构较复杂。若采用图 3.30 的结构，并采用部分补偿前馈环节，结构简单。

（2）按干扰补偿的复合控制。

如图 3.31 所示，为补偿干扰信号对系统产生的作用，引入了干扰的补偿信号 $G_f(s)$。

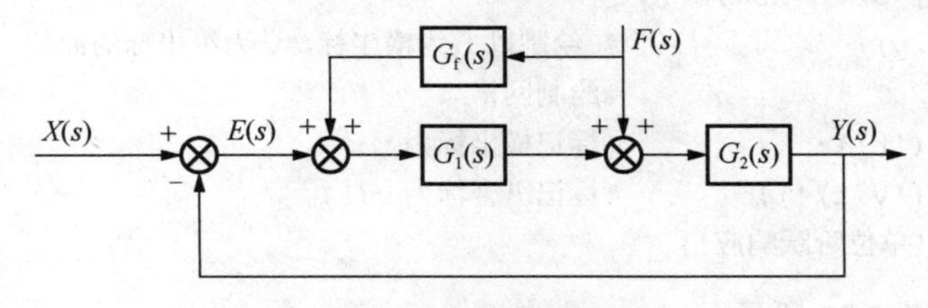

图 3.31　复合控制系统方块图（三）

令参考输入 $X(s)=0$，在干扰作用下系统的误差为

$$E_{\mathrm{f}}(s)=\frac{-G_2(s)-G_1(s)G_2(s)G_{\mathrm{f}}(s)}{1+G_1(s)G_2(s)}F(s)$$

令 $E_{\mathrm{f}}(s)=0$，则有 $1+G_1(s)G_{\mathrm{f}}(s)=0$，即

$$G_{\mathrm{f}}(s)=-\frac{1}{G_1(s)}$$

就可实现对干扰误差的全补偿。

根据上式可见，前馈控制方式不改变原来系统闭环传递函数的分母，即系统的特征方程不变，这样系统的稳定性不变。这是由于反馈环节处于原系统各回路之外，没有形成新的闭合回路。

3.8 用 MATLAB 进行系统时域分析

3.8.1 典型输入信号的 MATLAB 描述

系统的动态性能通常采用对典型输入的响应来描述，一般常见的典型信号分别是单位阶跃信号、单位脉冲信号、单位速度信号等。利用 MATLAB 可实现对典型信号的描述。

1. 单位阶跃信号

单位阶跃信号在 MATLAB 中应用 step( )函数来实现，其调用格式为

```
[y,x,t]=step(num,den,t) 或 step(num,den)
```

其中：num、den 分别表示系统传递函数的分子、分母多项式；t 表示时间向量，用语句 t=0:step:end 表示等步长的时间范围；y 为输出响应；x 为状态响应。若省略 t，则系统自动产生过渡过程时间的范围。命令 step(num,den)不显示响应值，只是绘制系统的阶跃响应曲线。

【例 3-15】 系统的传递函数为 $G(s)=\dfrac{1}{s^2+2s+4}$，$t\in[0,6]$，求取单位阶跃响应。

解 调用 MATLAB 命令

```
>>num=[1]; den=[1,2,4];
>>t=[0:0.1:6];                %确定单位阶跃响应的时间范围
>> [y,x,t]=step(num,den,t)
>> plot(t,y)                  % 绘制以 t 为横坐标，y 为纵坐标的曲线
>> grid;                      %绘制网格
>> xlabel('t');               %标记横坐标为 t
>> ylabel('y(t)');            %标记纵坐标为 y(t)
>> title('单位阶跃响应')
```

其响应结果如图 3.32 所示。

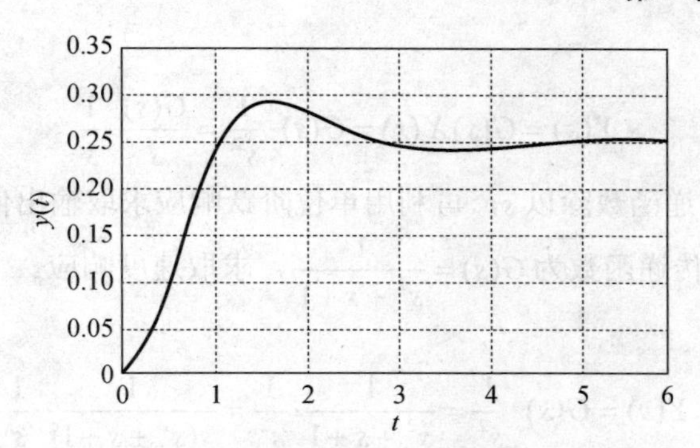

图 3.32　例 3-15 单位阶跃响应

2. 单位脉冲信号

单位脉冲信号在 MATLAB 中应用 impulse( )函数来实现，其调用格式为

```
[y,x,t]=impulse(num,den,t)或 impulse(num,den)
```

【例 3-16】系统的传递函数为 $G(s)=\dfrac{1}{s^2+2s+4}$，$t\in[0,6]$，求取单位脉冲响应。

解　调用 MATLAB 命令

```
>> num=[1]; den=[1,2,4];
>> t=[0:0.1:6];                    %确定单位脉冲响应的时间范围
>> [y,x,t]=impulse(num,den,t);
>> plot(t,y)                       % 绘制以 t 为横坐标，y 为纵坐标的曲线
>>grid;                            %绘制网格
>> xlabel('t');                    %标记横坐标为 t
>>ylabel('y(t)');                  %标记纵坐标为 y(t)
>>title('单位脉冲响应')
```

其响应结果如图 3.33 所示。

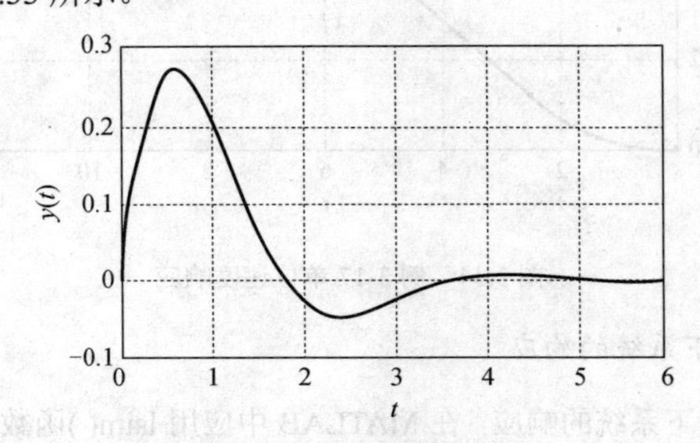

图 3.33　例 3-16 单位脉冲响应

3. 单位速度信号

MATLAB 中没有直接进行速度响应的命令，但是可以利用速度响应是单位阶跃响应的微分这一特点来表示。若系统的传递函数为 $G(s)$，输入信号为速度信号，即 $X(s)=1/s^2$，其速

度响应为

$$Y(s)=G(s)X(s)=G(s)\cdot\frac{1}{s^2}=\frac{G(s)}{s}\cdot\frac{1}{s}$$

速度响应可先用传递函数除以 s，再利用单位阶跃响应求取输出信号。

【例 3-17】系统的传递函数为 $G(s)=\dfrac{1}{s^2+s+1}$，求取速度响应。

解 速度响应为

$$Y(s)=G(s)\cdot\frac{1}{s^2}=\frac{1}{s^2+s+1}\cdot\frac{1}{s^2}=\frac{1}{s(s^2+s+1)}\cdot\frac{1}{s}$$

调用 MATLAB 命令

```
>>num=[1]; den=[1,1,1,0];
>>t=[0:0.1:12];                        %确定单位速度响应的时间范围
>> [y,x,t]=step(num,den,t);
>>plot(t,y)
>> grid;   xlabel('t');          ylabel('y(t)');
>>title('单位速度响应')
```

其响应结果如图 3.34 所示。

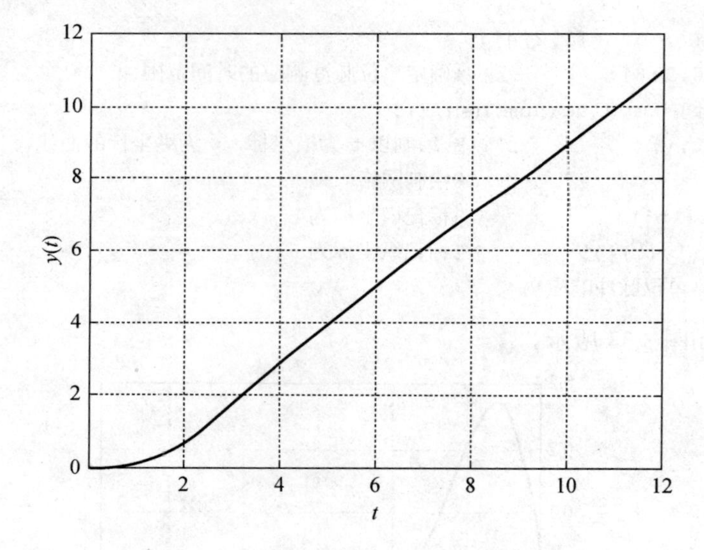

图 3.34　例 3-17 单位速度响应

4. 任意函数作用下系统的响应

求取任意函数作用下系统的响应，在 MATLAB 中应用 lsim( )函数来实现，其调用格式为

```
y=lsim(num,den,u,t)
```

其中：y 是系统的输出响应； u 向量表示系统输入信号在各个时刻的值；t 为响应时间。其中，输入向量与时间向量要相互对应。

【例 3-18】系统的传递函数为$G(s)=\dfrac{1}{s^2+s+1}$，求系统在输入信号 $x(t)=\sin t$ 作用下的响应曲线。

解 调用 MATLAB 命令

```
>>num=[1]; den=[1,1,1];
>>t=[0:0.1:10];                    %确定时间范围
>>u=sint;
>>y=lsim(num,den,u,t)
>>plot(t,y,t,u)
 >> grid;   xlabel('t');      ylabel('y(t)');
>>title('任意函数作用下系统的响应')
```

其响应结果如图 3.35 所示。

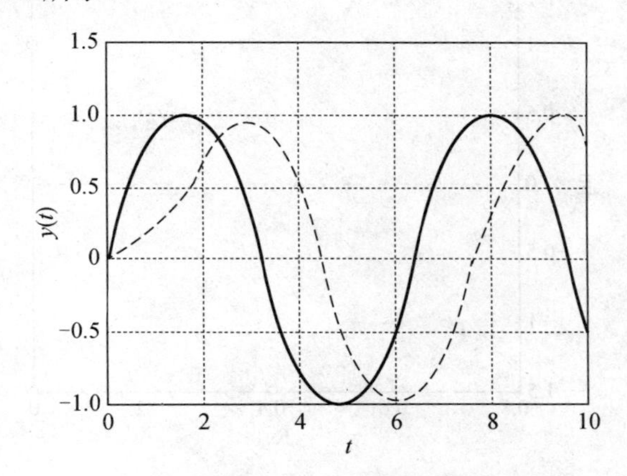

图 3.35 例 3-18 任意函数作用下系统的响应

3.8.2 利用 MATLAB 分析系统的稳定性

通过求取线性系统的特征根，根据特征根的实部是否全都小于 0 这一特性判断系统的稳定性。利用 MATLAB 分析系统的稳定性，可以下 3 种方式进行判断：直接用 tf2zp( )命令将传递函数表示为零极点增益的形式，根据极点的形式进行判断；用 roots( )命令求取传递函数的特征根，根据特征根的特点进行判断；利用 pzmap( )绘制系统的零极点图，根据极点在[s]平面的分布进行判断。MATLAB 的调用格式为

```
[z,p,k]=tf2zp(num,den)
roots(den)
pzmap(num,den)
```

其中，z 表示零点；p 表示极点；k 表示增益。

【例 3-19】系统的传递函数为$G(s)=\dfrac{s^2+1}{s^3+2s^2+3s+1}$，试判断系统的稳定性。

解 调用 MATLAB 命令

```
>>num=[1,0,1]; den=[1,2,3,1];
>>[z,p,k]=tf2zp(num,den)          %表示为系统的零极点形式
运行结果:
z=i     - i
p=-0.7849+1.3071i               -0.7849-1.3071i    -0.4302
k=1
>>r=roots(den)                    %求解特征方程 den 的特征根
运行结果:
r=-0.7849+1.3071i               -0.7849-1.3071i    -0.4302
>>pzmap(num,den)                  %绘制零极点图
```

零极点图如图 3.36 所示。

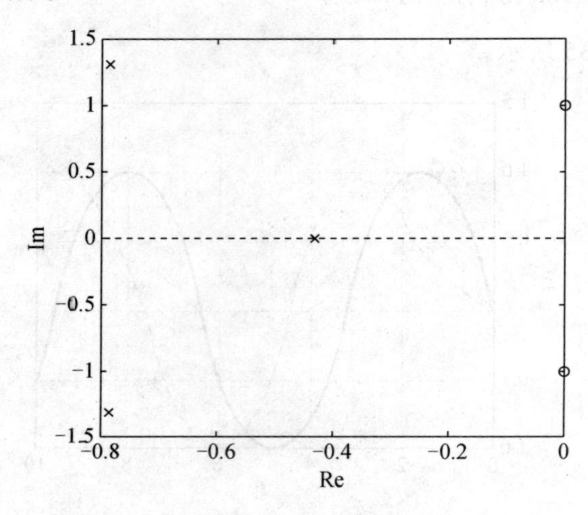

图 3.36　例 3-19 零极点图

通过以上 3 种方式都可以进行系统稳定性的判断。其判断的依据都是根据系统的特征根全部具有负实部，或者说系统的闭环极点是否全都位于[s]平面左半部分。

习　题

3-1　已知系统的初始条件为 0，其微分方程如下。

（1）$\dfrac{\mathrm{d}y(t)}{\mathrm{d}t}+2y(t)=x(t)$；　　（2）$\dfrac{\mathrm{d}^2y(t)}{\mathrm{d}t^2}+2\dfrac{\mathrm{d}y(t)}{\mathrm{d}t}+y(t)=x(t)$。

试求系统的单位阶跃响应 $y(t)$。

3-2　已知系统的单位脉冲响应，试求系统的闭环传递函数 $G(s)$。

（1）$y(t)=3\mathrm{e}^{-0.5t}$；　　（2）$y(t)=2(1-\mathrm{e}^{-t})$；　　（3）$y(t)=4+2\sin(t+45^\circ)$。

3-3　已知单位负反馈系统的开环传递函数为 $G(s)=\dfrac{1}{s^2+4s}$，试求单位阶跃响应的上升时

间 t_r、峰值时间 t_p、过渡过程时间 t_s、最大超调量 σ_p、振荡次数 N。

3-4　系统传递函数 $G(s)=\dfrac{9}{s^2+6s+9}$，试求系统的单位阶跃响应 $y(t)$。

3-5　系统的方块图如图题 3-5 所示，为改善系统的阻尼性能，加入了 τs 环节，若要求系统的阻尼比 $\xi=0.707$，τ 应取多大值？

3-6　已知二阶系统的单位阶跃响应为 $y(t)=10-12.5\mathrm{e}^{-1.2t}\sin(1.6t+53.1^\circ)$，试求系统的过渡过程时间 t_s 和最大超调量 σ_p。

3-7　已知二阶系统的单位阶跃响应为 $y(t)=1+0.1\mathrm{e}^{-10t}-0.5\mathrm{e}^{-2t}$，试确定系统的阻尼比 ξ 和无阻尼自振角频率 ω_n。

3-8　二阶系统的单位阶跃响应如图题 3-8 所示，试确定系统的闭环传递函数。

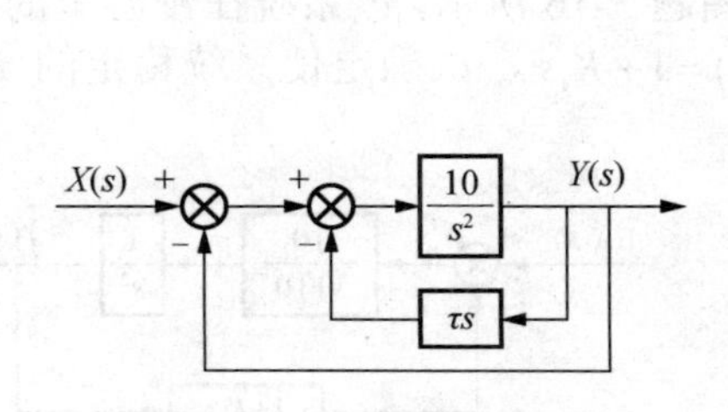

图题 3-5　系统方块图

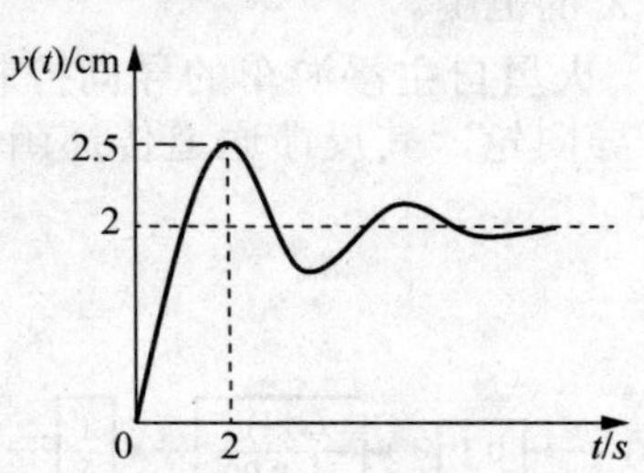

图题 3-8　系统的单位阶跃响应

3-9　图题 3-9 是简化的飞行控制系统结构图，试选择参数 K 和 K_t，使系统的 $\omega_n=5$，$\xi=0.6$。

3-10　控制系统如图题 3-10 所示，试确定参数 K_1 和 K_2，使系统的阶跃响应的峰值时间 $t_p=0.8$，最大超调量 $\sigma_p=10\%$。

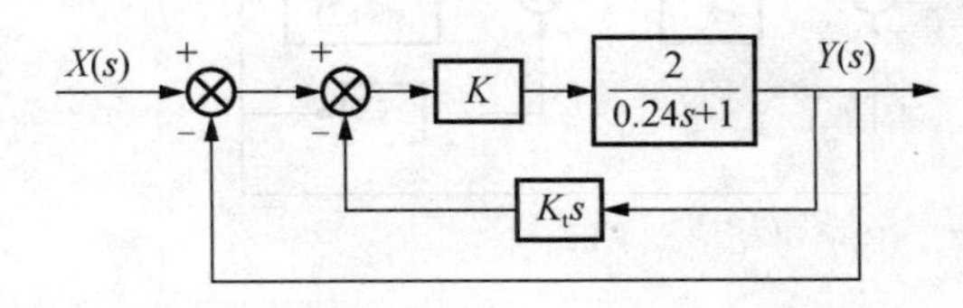

图题 3-9　飞行控制系统

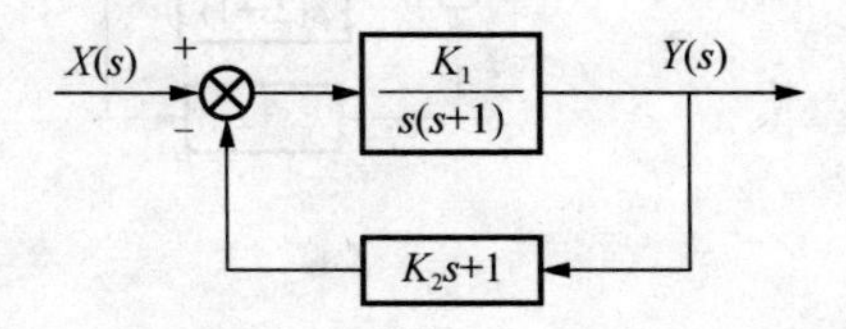

图题 3-10　系统方块图

3-11　三阶系统的闭环传递函数为

$$G(s)=\frac{10}{(s+5)(s+0.2+0.1\mathrm{j})(s+0.2-0.1\mathrm{j})}$$

试求：

（1）单位阶跃响应曲线；

（2）取闭环主导极点后，再求单位阶跃响应曲线；

（3）比较（1）、（2）两条曲线的性能指标。

3-12　已知系统的特征方程为

（1）$s^4+2s^3+3s^2+2s+1=0$；

（2）$s^5+2s^4+4s^3+2s^2+4s+5=0$；

（3）$s^6+2s^5+8s^4+12s^3+20s^2+26s+16=0$。

利用劳斯稳定判据和赫尔维茨稳定判据判断系统的稳定性。

3-13　已知单位负反馈系统的开环传递函数为

（1）$G(s)=\dfrac{s}{(s+1)(s+2)}$；　　（2）$G(s)=\dfrac{5}{s(s+2)(s+3)}$；

（3）$G(s)=\dfrac{2(s+1)}{s(s+5)(s+3)(s+8)}$；　　（4）$G(s)=\dfrac{s+1}{s^2(s^2+3s+3)}$。

试分析系统的稳定性。

3-14　图题 3-14 所示为潜艇潜水深度控制系统方块图，判断系统的稳定性。

3-15　已知单位负反馈系统的开环传递函数为$G(s)=\dfrac{K}{s(s+2)(s+3)}$，试确定系统稳定的开环增益 K 的范围。

3-16　火星自主漫游车的导向控制系统如图题 3-16 所示，该系统在漫游车的前后部都装有一个导向轮，其反馈通道传递函数为 $H(s)=1+K_t s$，试确定使系统稳定的 K_t 的值的范围。

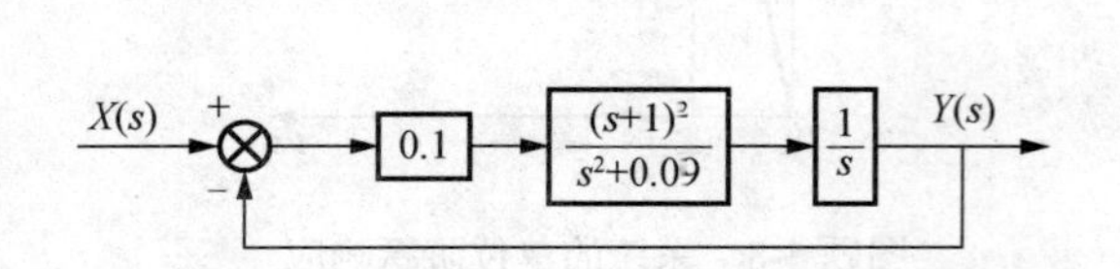

图题 3-14　潜艇潜水深度控制系统方块图

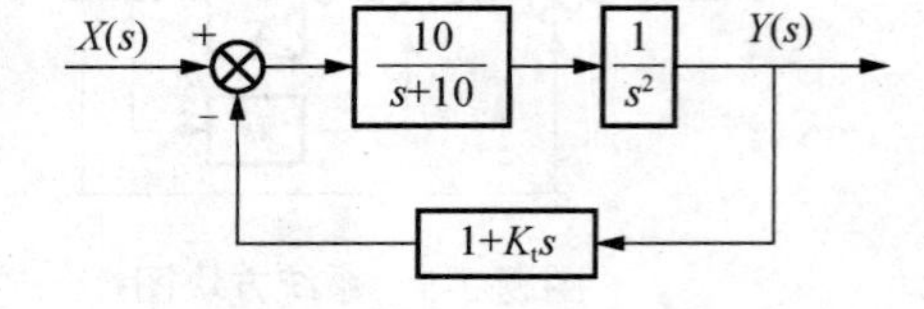

图题 3-16　火星漫游车导向控制系统

3-17　试分析图题 3-17 所示系统的稳定性。

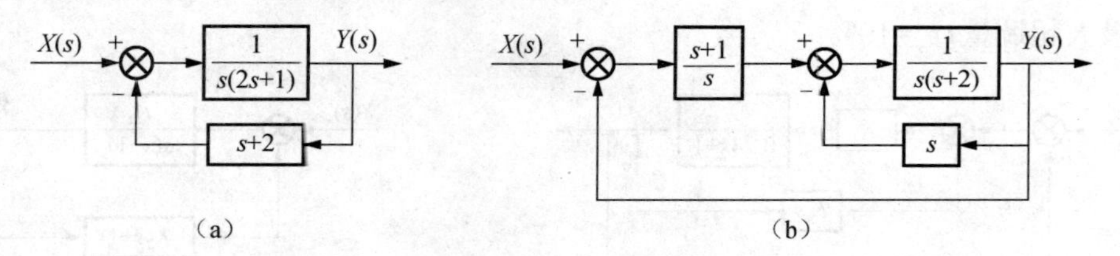

图题 3-17　控制系统方块图

3-18　已知单位负反馈系统的开环传递函数分别如下：

（1）$G(s)=\dfrac{3}{(s+1)(2s+1)}$；

（2）$G(s)=\dfrac{(s+2)}{s(s+1)(s^2+s+2)}$；

（3）$G(s)=\dfrac{4(s+1)}{s^2(s+0.5)}$。

试求参考输入分别为 $r(t)=1(t)$、t、t^2 时系统的稳态误差。

3-19　已知单位负反馈系统的开环传递函数分别为

（1）$G(s)=\dfrac{1}{(s+1)(s+2)}$；

（2）$G(s)=\dfrac{2(s+1)}{s(s^2+2s+2)}$；

（3）$G(s)=\dfrac{(s+1)(s+2)}{s^2(s^2+2s+5)}$。

试求位置误差系数 K_p、速度误差系数 K_v、加速度误差系数 K_a。

3-20　控制系统方块图如图题 3.20 所示，参考输入 $x(t)$ 和干扰输入 $f(t)$ 均为单位阶跃信号，试求系统的稳态误差。

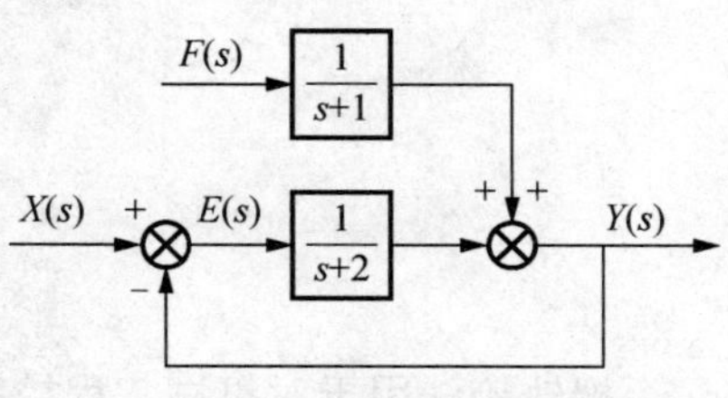

图题 3.20　控制系统方块图

3-21　已知单位负反馈系统的开环传递函数为 $G(s)=\dfrac{K}{s\left(s^2+2s+3\right)}$，试根据下列要求确定 K 的取值范围：

（1）闭环系统稳定；

（2）当输入信号 $x(t)=2t$ 时系统的稳态误差 $e_{ss}(t)\leqslant 0.5$。

3-22　如图题 3.22 所示的控制系统，要求：

（1）在参考输入 $x(t)$ 的作用下，过渡过程结束后，$y(t)$ 以 $2\ \text{rad}\cdot\text{s}^{-1}$ 变化，参考输入作用下的稳态误差 $e_{ssx}(t)=0.01\ \text{rad}$。

（2）当干扰输入 $f(t)=-1(t)$ 时，干扰输入作用下的稳态误差 $e_{ssf}(t)=0.1\ \text{rad}$。

试确定 K_1 和 K_2 的值，并说明 K_1 和 K_2 与系统稳态误差的关系。

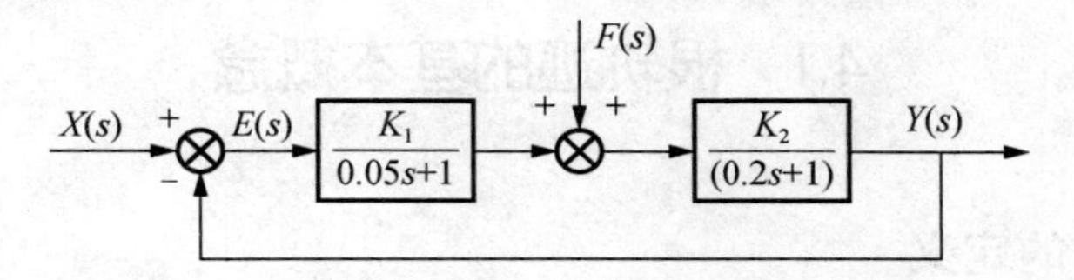

图题 3-22　控制系统方块图

3-23　图题 3.23 所示的控制系统，干扰输入 $f(t)=2\times 1(t)$，试求：

（1）系统在干扰作用下的输出和稳态误差；

（2）在干扰作用点之前的前向通道中加入积分环节 $1/s$，对结果有何影响？在干扰作用点之后的前向通道中加入积分环节 $1/s$，对结果又会有何影响？

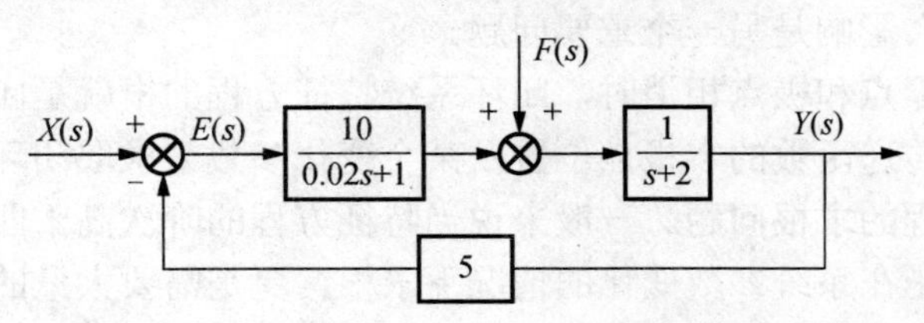

图题 3-23　控制系统方块图

第4章 控制系统的根轨迹法

根轨迹法用于对机械工程控制系统的分析和计算。本章介绍根轨迹的基本概念、绘制方法及根轨迹在分析系统中的应用。根轨迹是一种图解方法，是在已知控制系统开环零点和极点的基础上，研究某个或某些参数变化时系统闭环极点在复数平面的分布情况，根据系统闭环根轨迹图，分析系统稳定性及动态响应特性，为改善和设计系统提供依据，并根据对系统动态特性的要求确定可变参数，调整开环零点、极点的位置甚至改变它们的数目。因此，根轨迹法在控制系统的分析和设计中是很实用的方法。

4.1 根轨迹的基本概念

4.1.1 根轨迹的定义

所谓根轨迹，是开环系统某一参数（如开环增益 K_k）从零变到无穷时，闭环系统特征根在[s]平面上移动所画出的轨迹。

在时域分析中已经看到，闭环系统的性能与闭环极点的位置紧密相关。因此，确定系统的闭环极点在[s]平面的分布，特别是从已知的开环极点与开环零点确定相应的闭环极点的分布，是进行闭环系统性能分析需要解决的首要问题。其次，研究参数变化对系统的闭环极点在[s]平面上的位置分布影响是另一个重要问题。

当闭环系统没有零点和极点相消时，闭环系统特征方程的根就是闭环传递函数的极点。这样，从已知的开环传递函数的零极点位置及某个变化参数来求取闭环极点的分布，实际上就是解决闭环特征方程的求根问题。一般来说当特征方程的阶次高于四阶时，特征方程求根过程非常复杂，尤其是在系统参数变化的情况下求根，更是需要大量的运算，而且不易直接看出参数变化对系统闭环极点分布的影响。由此可见，直接求解特征方程的方法用于系统分析是很不方便的。1948 年，W.R.Evans 在《控制系统的图解分析》一文中提出了根轨迹法，当开环增益或其他参数改变时，其全部数值对应的闭环极点都可在根轨迹图上简便确定。因为系统的稳定性由系统闭环极点唯一确定，系统的稳态性能和动态性能又与闭环零极点在[s]平面上的位置密切相关，所以根轨迹图不仅可以直接给出闭环系统时间响应的全部信息，而且还可以指明开环零、极点应该怎么变化才能满足给定的闭环系统的指标要求。这种图解分析法在分析与设计反馈系统等方面都具有重要意义，并在控制工程中获得广泛的应用。

【例 4-1】系统如图 4.1 所示，系统的开环传递函数为$G(s)=\dfrac{K_k}{s(0.5s+1)}$，$K_k$为系统的开环增益，试绘制闭环系统的根轨迹图。

解　系统的闭环传递函数为

$$G(s)=\frac{K_k}{0.5s^2+s+K_k}$$

则系统的特征方程为

$$0.5s^2+s+K_k=0$$

开环增益K_k的变化对给定系统极点分布的影响分以下 4 种情形加以讨论：

（1）当$K_k=0$时，系统的闭环极点与开环极点完全相同，即$s_{1,2}=0,-2$。

（2）当$K_k=0.5$时，系统的闭环极点为相等的实数根，即$s_{1,2}=-1$。

（3）当$K_k=1$时，系统的闭环极点为一对共扼复数根，即$s_{1,2}=-1\pm \mathrm{j}$。

（4）当$K_k=\infty$时，系统的闭环极点为一对共轭复数根，即$s_{1,2}=-1\pm \mathrm{j}\infty$。

若系统的开环增益K_k从零变化到无穷大，用解析的方法求出相应的闭环极点的数值，将其绘制在[s]平面上，用箭头表示K_k增大的方向，得出系统的根轨迹，如图 4.2 所示，该图给出了系统稳定性和动态响应的信息。

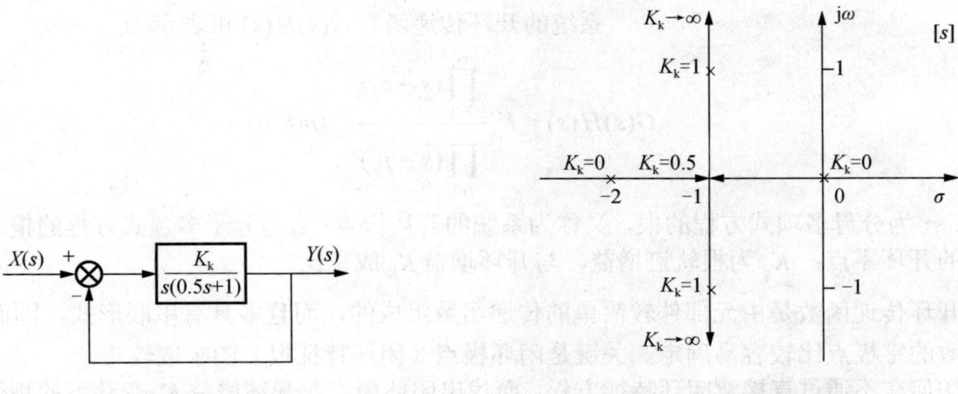

图 4.1　控制系统方块图　　　　图 4.2　系统根轨迹图

4.1.2　根轨迹与系统的性能

绘制出系统的根轨迹图后就可以分析系统的各种性能，以图 4.1 所示系统为例：

(1) 稳定性。若系统的开环增益$K_k>0$，系统始终稳定。因为在K_k由 0 变化成无穷大时，两条轨迹线一直在[s]平面的左侧变化。当特征根位于虚轴上，则K_k值变化将导致特征根有可能越过虚轴进入[s]平面右半部分，此时根轨迹与虚轴的交点处的K_k值，就是临界开环根轨迹增益。

（2）稳态性能。由图 4.2 可知，开环系统在坐标原点有一个极点，所以系统为 I 型系统，因此，由根轨迹上的K_k值可算出静态速度误差系数。如果给定系统的稳态误差要求，则由根轨迹图可以确定闭环极点位置的容许范围。一般情况下，根轨迹图上标注出来的参数是根轨迹增益，而不是开环增益，但根轨迹增益和开环增益之间仅差一个比例常数。

（3）动态性能由图 4.2 可知，当$0<K_k<0.5$时，系统特征根为两个互不相等的实数根，所有闭环极点位于负实轴上，系统为过阻尼系统，单位阶跃响应为非周期过程；当$K_k=0.5$时，闭环系统两个实数极点重合，系统为临界阻尼系统，单位阶跃响应为非周期过程，但响应速度加快；当$K_k \geqslant 1$时，闭环极点为共轭复数极点，系统处于欠阻尼状态，单位阶跃响应为衰减振荡过程，且最大超调量随K_k值的增大而加大。

上述分析表明，根轨迹与系统性能之间存在着密切的关系。对于高阶系统，希望用简便的图解法，根据已知的开环零极点分布迅速画出闭环极点的根轨迹。

4.1.3 根轨迹方程

如图 4.2 所示根轨迹是通过直接求解系统的特征方程，并根据参数K_k取不同的值，解方程得到特征根而绘制成的。这种绘制虽然简单，但对于高阶系统是不适宜的。下面介绍绘制反馈系统根轨迹的一般方法（W.R.Evans 法）。

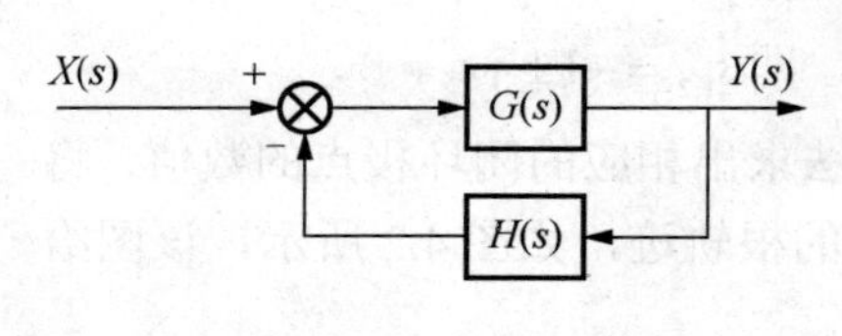

图 4.3 闭环控制系统

已知控制系统如图 4.3 所示。其闭环传递函数为

$$\Phi(s)=\frac{G(s)}{1+G(s)H(s)}$$

系统的开环传递函数$G(s)H(s)$可表示为

$$G(s)H(s)=K_g\frac{\prod_{j=1}^{m}(s-z_j)}{\prod_{i=1}^{n}(s-p_i)} \quad (m \leqslant n) \tag{4-1}$$

式中：p_i为分母多项式方程的根，又称为系统的开环极点；z_j为分子多项式方程的根，又称为系统的开环零点；K_g为根轨迹增益，与开环增益K_k成正比。

开环传递函数是由元部件较简单的传递函数组成的，而且多具有串联形式，因而开环传递函数的零极点比较容易确定。关键是闭环极点（闭环特征根）的求取较难。

如何在不通过直接解闭环特征方程，而找出闭环极点在开环增益K_k变动下的规律性，画出系统的根轨迹呢？

设系统的闭环特征方程为$1+G(s)H(s)=0$，即

$$G(s)H(s)=-1$$

则取其模值得

$$|G(s)H(s)|=\frac{K_k\prod_{j=1}^{m}\left|(s-z_j)\right|}{\prod_{i=1}^{n}\left|(s-p_i)\right|}=1 \tag{4-2}$$

式（4-2）为幅值方程。

系统相角为

$$\angle G(s)H(s)=\sum_{j=1}^{m}\angle\left(s-z_j\right)-\sum_{i=1}^{n}\angle\left(s-p_i\right)=(2k+1)\pi \quad (k=0,\pm1,\pm2,\cdots) \tag{4-3}$$

式（4-3）为相位方程。

以上就是所谓的根轨迹方程，从这两个方程可以看出，幅值方程和根轨迹增益K_g有关，而相位方程和增益K_g无关。因此满足相位方程s值代入幅值方程中，总能求得一个对应的K_g值，即s值如果满足相位方程，也一定满足幅值方程。所以，相位方程是决定闭环根轨迹的充分必要条件，而幅值方程主要用来确定根轨迹上各点对应的根轨迹增益K_g值。

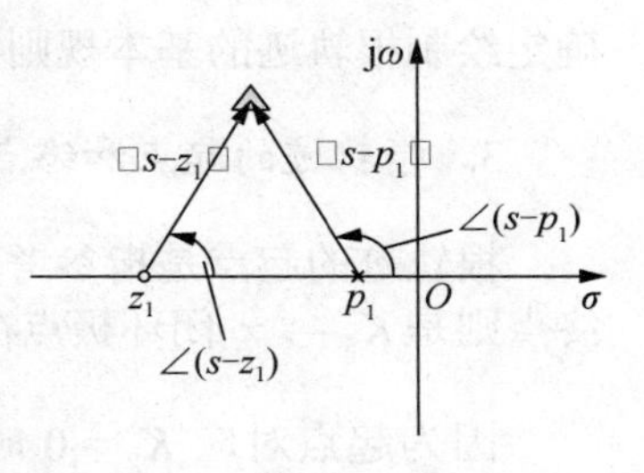

图 4.4　系统的零极点分布

系统的零极点分布如图 4.4 所示。

设：$z_1, z_2, \cdots, z_m$为系统开环零点和闭环零点，以“。”表示；$p_1, p_2, \cdots, p_n$为系统开环极点，以“×”表示；$s_1, s_2, \cdots, s_m$为系统闭环零点，以“△”表示；K_k为系统开环增益；K_g为系统开环根轨迹增益。

注意：

测量相角时，规定以逆时针方向为正，即矢量与正实轴的夹角。

绘制根轨迹时，应令[s]平面实轴与虚轴比例尺相同，只有这样才能正确反映[s]平面上坐标位置与相角的关系。

在本章常用的是开环根轨迹增益K_g，而工程实际中常用的是开环增益K_k。一定要注意两者的定量比例关系。

4.2　绘制根轨迹的基本规则与方法

一般的根轨迹是比较复杂的曲线，准确绘制这种曲线有很多困难。绘制控制系统根轨迹的基本规则与方法如下。

4.2.1　绘制根轨迹的基本规则

根据相位方程和幅值方程能找出控制系统根轨迹的一些基本特性。将这些特性归纳为若干绘图规则，应用绘图规则可快速且较准确地绘制出系统的根轨迹，特别是对于高阶系统，其优越性更加明显。绘图规则是各种绘制根轨迹方法的重要依据，基本规则如下。

1. 根轨迹的分支数

由系统的特征方程及开环传递函数的标准形式，可知负反馈系统的特征方程等价于

$$\left(s-p_1\right)\left(s-p_2\right)\cdots\left(s-p_n\right)+\left(s-z_1\right)\left(s-z_2\right)\cdots\left(s-z_m\right)=0 \tag{4-4}$$

因为$n \geqslant m$，所以式（4-4）是n阶方程。由高等数学知n阶方程有n个根，即一根对应一个根轨迹，因此根轨迹的分支数有n条。于是得到绘制根轨迹的基本规则 1：根轨迹在[s]

平面上的分支数等于控制系统方程的阶数 n。换句话说，根轨迹的分支数与闭环极点的数目相同。

2. 根轨迹的连续性与对称性

从高等数学中的定理可以说明根轨迹的连续性。闭环极点若为实数，则必位于实轴上；闭环极点若为复数，则一定是共轭成对出现。所以，根轨迹必对称于实轴。根据以上分析可确定绘制根轨迹的基本规则 2：根轨迹是连续且对称于实轴的曲线。

3. 根轨迹的起点和终点

根轨迹的起点是指参考变量 $K_g = 0$ 的闭环极点在[s]平面上的分布位置而言，而根轨迹的终点则是 $K_g \to \infty$ 闭环极点在[s]平面的分布位置。

因为起点对应 $K_g = 0$ 时，由式（4-4）得 $\prod_{j=1}^{n}\left(s-p_j\right)=0$，因此，根轨迹的起点为开环极点。

又因为终点对应 $K_g \to \infty$ 时，用 $K_g\prod_{j=1}^{n}\left(s-p_j\right)$ 去除式（4-2）的两端，得

$$\frac{1}{K_g}+\frac{\prod_{i=1}^{m}\left(s-z_i\right)}{\prod_{j=1}^{n}\left(s-p_j\right)}=0$$

当 $K_g \to \infty$ 时，两边取极限得

$$\prod_{j=1}^{m}\left(s-z_i\right)=0$$

亦即 $s_i = z_i, i = 1,2,\cdots,m$。因此，根轨迹的终点为开环零点。

因此，得绘制根轨迹的基本规则 3：起始于开环极点，终止于开环零点。如果开环极点数目 m 小于开环极点数目 n，则有 $n-m$ 条根轨迹终止于[s]平面上的无穷远处。

【例 4-2】设某负反馈系统的开环传递函数为

$$G(s)H(s)=\frac{K_g}{s(s+1)(s+2)}$$

试确定系统根轨迹图的起点终点及分支情况。

解　$n=3$，系统的开环极点分别是 $p_1=0,\ \ p_2=-1,\ \ p_3=-2$。

$m=0$，没有有限开环零点。

$n-m=3$，有 3 个开环极点位于[s]平面的无穷远处。

有 3 条根轨迹分别起始于[s]平面上的点(0, j0)、(−1, j0)、(−2, j0)，并随参数变量 $K_g \to \infty$，3 条根轨迹都趋向于[s]平面上的无穷远处。

4. 根轨迹的渐近线

当时 $K_g \to \infty$，有 $n-m$ 条根轨迹趋向于[s]平面的无穷远处，这 $n-m$ 条根轨迹随 $K_g \to \infty$

在[s]平面上趋向无穷远的方位由渐近线方程来确定。

由式（4-3）及式（4-4）求得

$$\frac{(s-z_1)(s-z_2)\cdots(s-z_m)}{(s-p_1)(s-p_2)\cdots(s-p_n)} \overset{\text{def}}{=} \frac{s^m+b_{m-1}s^{m-1}+\cdots+b_0}{s^n+a_{n-1}s^{n-1}+\cdots+a_0} = -\frac{1}{K_g} \tag{4-5}$$

式中：$b_{m-1}=-\sum_{i=1}^{m} z_i,\cdots,b_0=\prod_{i=1}^{m}(-z_i)$；$a_{n-1}=-\sum_{j=1}^{n} p_i,\cdots,a_0=\prod_{j=1}^{n}(-p_i)$。

当$K_g \to \infty$时，由于$m<n$，所以满足式（4-5）的复变量$s\to\infty$。因为需要研究$K_g\to\infty$，亦即$s\to\infty$的情况，因而在式（4-5）中复取变量 s 阶次较高的几项足够。于是，式（4-5）得到的近似式为

$$s^{m-n}+(b_{m-1}-a_{n-1})s^{m-n-1} \approx -\frac{1}{K_g} \quad (K_g\to\infty, s\to\infty) \tag{4-6}$$

将式（4-6）等号两边开（$m-n$）次方，有

$$s\left(1+\frac{b_{m-1}-a_{n-1}}{s}\right)^{\frac{1}{m-n}} = \left(-\frac{1}{K_g}\right)^{\frac{1}{m-n}} \quad (K_g\to\infty, s\to\infty) \tag{4-7}$$

式（4-7）等号左边开方项按二项式定理展开，并略去变量 $1/s$ 二次以上高次项，依次得到

$$s\left(1+\frac{1}{m-n}\frac{b_{m-1}-a_{n-1}}{s}\right) = \left(-\frac{1}{K_g}\right)^{\frac{1}{m-n}} \quad (K_g\to\infty, s\to\infty)$$

$$s+\frac{b_{m-1}-a_{n-1}}{m-n} = \left(-\frac{1}{K_g}\right)^{\frac{1}{m-n}} \quad (K_g\to\infty, s\to\infty)$$

$$S=\frac{b_{m-1}-a_{n-1}}{m-n}+K_g^{\frac{1}{m-n}}(-1)^{\frac{1}{m-n}} \quad (K_g\to\infty, s\to\infty)$$

考虑到$e^{j(2l+1)\pi}=-1(l=0,1,2,\cdots)$，上式可写成

$$S=\frac{b_{m-1}-a_{n-1}}{n-m}+K_g^{\frac{1}{n-m}}e^{\frac{j(2l+1)\pi}{n-m}} \quad (K_g\to\infty, s\to\infty; l=0,1,2,\cdots,m-n-1)$$

由式（4-7），得

$$s=\frac{\sum_{j=1}^{n}p_i-\sum_{i=1}^{m}z_i}{n-m}+K_g^{\frac{1}{n-m}}e^{\frac{j(2l+1)\pi}{n-m}} \quad (K_g\to\infty, s\to\infty; l=0,1,2,\cdots,m-n-1) \tag{4-8}$$

式（4-8）所示便是根轨迹方程在$K_g\to\infty$情况下的解。式（4-8）表明，当$K_g\to\infty$时，对于$m<n$的系统，$m-n$闭环极点在[s]平面的坐标可通过两个向量之和来确定。其中一个是位于实数轴上的常数向量

$$\sigma_a=\frac{\sum_{j=1}^{n}p_i-\sum_{i=1}^{m}z_i}{n-m} \tag{4-9}$$

另一个是复向量$\frac{1}{K_g^{n-m}}\cdot e^{\frac{j(2l+1)\pi}{n-m}}$ $(l=0,1,2,\cdots,n-m-1)$中的一个，如图 4.5 所示向量$\overrightarrow{AO'}$。

此处，复向量$\frac{1}{K_{\mathrm{g}}^{n-m}}\cdot \mathrm{e}^{\frac{\mathrm{j}(2l+1)\pi}{n-m}}$具有相同的模$\frac{1}{K_{\mathrm{g}}^{n-m}}$，该模随$K_{\mathrm{g}}\to\infty$将变为无穷大；这些复向量与实轴正方向的夹角分别为$\pi/(n-m),\cdots,[2(n-m)-1]\pi/(n-m)$。给定$n$与$m$后，这些复向量在$[s]$平面的方位是确定的，并同时与实轴相交于一点，交点的坐标为$(\sigma_{\mathrm{a}},\mathrm{j}0)$。因为只有当$k\to\infty$，亦即$K_{\mathrm{g}}\to\infty$时，式（4-7）才成立，所以图4.5所示位于无穷远处的点便是$K_g\to\infty$时$(n-m)$个闭环极点中的一个。所以由点$(\sigma_{\mathrm{a}},\mathrm{j}0)$始发的复向量$\frac{1}{K_{\mathrm{g}}{}^{n-m}}\cdot \mathrm{e}^{\frac{\mathrm{j}(2l+1)\pi}{n-m}}$可视为$n-m$个闭环极点趋向无穷时的渐近线，也就是$K_{\mathrm{g}}\to\infty$时$n-m$条根轨迹的渐近线。

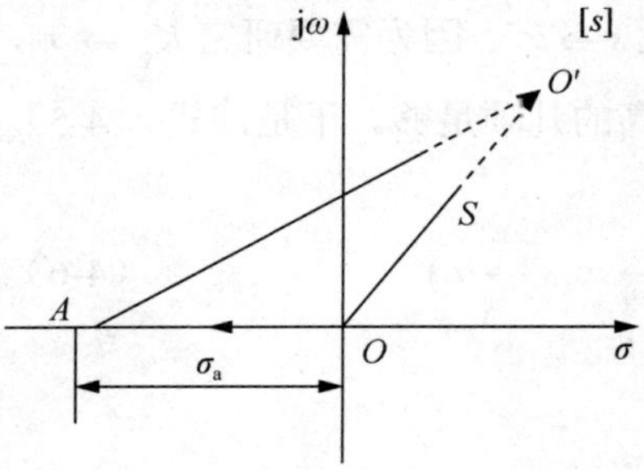

图4.5　求根轨迹的渐近线图

因此得绘制根轨迹的基本规则4：若系统的开环零点数目m少于其闭环极点数n，则当参数变量$K_{\mathrm{g}}\to\infty$时，根轨迹共有$(n-m)$条渐近线。这些渐近线在实轴上共交于一点，且渐近线与实轴方向的夹角分别是$G(-\mathrm{j}\omega)$，其中$\varphi=\angle G(\mathrm{j}\omega)$。交点坐标为

$$\left(\frac{\sum_{j=1}^{n}p_i-\sum_{i=1}^{m}z_i}{n-m},\mathrm{j}0\right)$$

【例4-3】试确定例4-2所示系统根轨迹的渐近线。

解　$n=3$，系统的开环极点为$\mathrm{j}0.5\omega+1$。

$\omega_2=2$，所以该系统的根轨迹共有3条渐近线，它们与实轴共交于一点，其坐标为

$$\sigma_{\mathrm{a}}=\frac{p_1+p_2+p_3}{n-m}=\frac{0+(-1)+(-2)}{3-0}=-1$$

渐近线与实轴方向夹角分别为

$$\frac{x}{n-m}=\frac{180^\circ}{3-0}=60^\circ\quad(l=0)$$

$$\frac{2\pi}{n-m}=\frac{540^\circ}{3-0}=180^\circ\quad(l=1)$$

$$\frac{5\pi}{n-m}=\frac{900^\circ}{3-0}=-60^\circ\quad(l=2)$$

上面求得的给定系统根轨迹的3条渐近线在$G_{\mathrm{K}}(\mathrm{j}\omega)$平面上的位置如图4.6所示。

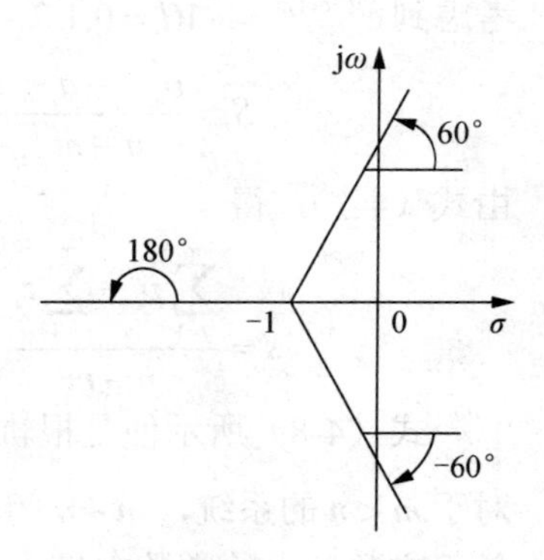

图4.6　例4-3图

5. 实轴上的根轨迹

若实轴上某线段的右侧，开环零极点数目之和为奇数，则该线段一定为根轨迹段。

因为开环共轭复数零极点向量对称于实轴，其相位等值反号，在相位方程中将相互抵消。这样，在相位方程中剩余的仅是位于实轴上的开环零极点向量。在实轴的根轨迹上取一点s_1，位于点s_1左边的开环零极点的向量相位为0，位于点s_1右边的开环零极点构成相位

π。根据相位方程，只有实轴上的根轨迹区段右侧的开环零极点数之和为奇数，才能满足相位方程。

6. 出射角与入射角

根轨迹离开开环复极点的切线方向与实轴正方向的夹角，称为出射角，用 θ_{p_l} 表示，如图 4.7（a）所示。根轨迹进入复零点的切线方向于实轴正方向的夹角，称为入射角，用 θ_{z_l} 表示，如图 4.7（b）所示。

图 4.7　根轨迹的出射角和入射角

下面以图 4.7（a）为例，计算开环复极点 p_l 处根轨迹的出射角。为此，首先在无限靠近开环复极点 p_l 的根轨迹上去一点 A。然后绘制根轨迹的相角条件，对根轨迹上的点 A 可写出

$$\sum_{i=1}^{m}\angle\left(p_l-z_i\right)-\sum_{j=1,\,j\neq l}^{n}\angle\left(p_l-p_j\right)-\angle\left(p_l-A\right)=180^\circ+k360^\circ\quad(k=0,\pm1,\pm2,\cdots)$$

由于 A 点无限靠近开环复极点 p_l，因此 $\theta_{p_l}=\angle\left(p_l-A\right)$，由此可求得出射角

$$\theta_{p_l}=-\left(180^\circ+k360^\circ\right)+\sum_{i=1}^{m}\angle\left(p_l-z_i\right)-\sum_{j=1,\,j\neq l}^{n}\angle\left(p_l-p_j\right)\quad(k=0,\pm1,\pm2,\cdots)\qquad(4\text{-}10)$$

同理，可写出计算根轨迹入射角的一般表达式为

$$\theta_{z_l}=180^\circ+k360^\circ+\sum_{j=1}^{n}\angle\left(z_l-p_j\right)-\sum_{i=1,\,i\neq l}^{m}\angle\left(z_l-z_i\right)\quad(k=0,\pm1,\pm2,\cdots)\qquad(4\text{-}11)$$

综上所述可得绘制根轨迹的基本规则 6：始于开环复极点处的根轨迹的出射角按式(4-10)计算；而止于开环复零点处的根轨迹的入射角按式（4-11）计算。

【例 4-4】设负反馈系统的开环传递函数无 $G(s)=\dfrac{K_{\mathrm{g}}(s+1.5)}{s(s^2+2s+2)}$，试计算根轨迹在开环复极点处的出射角。

解　开环极点：$p_1=-1+\mathrm{j},\quad p_2=-1-\mathrm{j},\quad p_3=0$。

开环零点：$z_1=-1.5$。

开环极点的出射角为

$$\begin{aligned}\theta_{p_1}&=-180^\circ+\angle\left(p_1-z_1\right)+\angle\left(p_1-p_2\right)+\angle\left(p_1-p_3\right)\\&=-180^\circ+63.5^\circ-90^\circ-135^\circ=-360^\circ+18.5^\circ\end{aligned}$$

因为开环复极点 p_2 与开环复极点 p_1 共轭，所以出射角 θ_{p_2} 应与 θ_{p_1} 绝对值相等，符号相反，即 $\theta_{p_2}=-18.5^\circ$。

7. 根轨迹于虚轴的交点

若根轨迹于虚轴，则其表明闭环系统特征方程含纯虚根 $s=\pm j\omega$，即此时系统处于临界稳定状态。因此，将 $s=\pm j\omega$ 代入特征方程 $1+G(s)H(s)=0$ 中，得

$$1+G(j\omega)H(j\omega)=0$$

由上式写出实部方程与虚部方程为

$$\begin{cases}\mathrm{Re}\left[1+G(j\omega)H(j\omega)\right]=0\\ \mathrm{Im}\left[1+G(j\omega)H(j\omega)\right]=0\end{cases} \tag{4-12}$$

这样，便可由方程组（4-12）解出根轨迹与虚轴分交点坐标 ω（临界稳定的角频率）值以及与交点相对应的参变量 K_g 的临界 K_{gc}。由此可见，根轨迹与虚轴的交点坐标 ω 及与交点对应的参变量 K_g 的临界值 K_{gc} 为方程组（4-12）的实数解。

【例 4-5】试计算例 4-2 所示系统的根轨迹与虚轴的交点坐标及参变量的临界值 K_{gc}。

解 将 $s=j\omega$ 代入给定系统的根轨迹方程

$$s(s+1)(s+2)+K_g=0$$

求得

$$-j\omega^3-3\omega^2+j2\omega+K_g=0$$

由上式写出实部方程与虚部方程为

$$-3\omega^2+K_g=0$$

$$-\omega^3+2\omega=0$$

由虚部方程解出给定系统的根轨迹与虚轴的交点坐标为 $\omega_1=0, \omega_{2,3}=\pm\sqrt{2}\ \mathrm{rad\cdot s^{-1}}$，代入实部方程，参变量 K_g 的临界值 $K_{gc}=6$。这说明当参变量 $K_g>6$ 时，给定的系统将会变得不稳定。

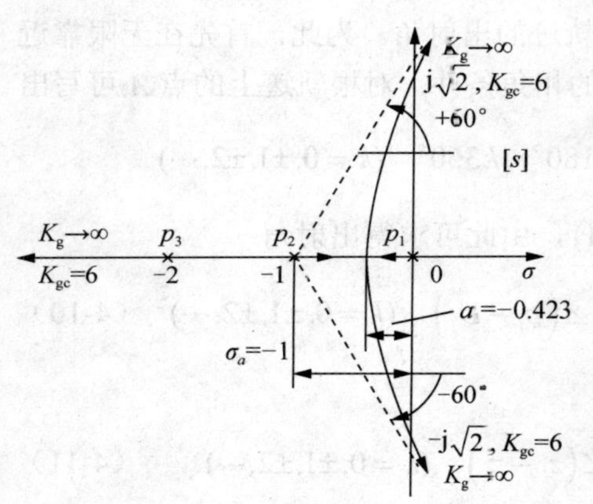

图 4.8 例 4-2 反馈控制系统的根轨迹

例 4-2 所示系统的完整根轨迹如图 4.8 所示。从图 4.8 可见根轨迹的 3 个分支当参变量 $K_g=0$ 时，即从 3 个开环极点 $p_1=0,\ p_2=-1,\ p_3=-2$ 出发，首先沿实轴，最终随 $K_g\to\infty$ 分别趋向于实轴正交方向成 $\pm60°$ 及 $180°$ 的 3 条渐进线伸向无穷远处。其中两个分支点在点 $(-0.423, j0)$ 处离开实轴走向复平面坐半部的第一，二象限，并在 $K_g>K_{gc}=6$ 时过虚轴而进入[s]平面的右半部分，从而形成 3 个闭环极点中的两个具有正实部的分布格局，致使此时的给定系统变为不稳定。

4.2.2 绘制根轨迹的方法

（1）根据给定控制系统的特征方程，按照基本规则可求出系统的等效开环传递函数 $G_k(s)$ 并将其写成零点极点的规范形式，如式（4-1）所示，以此作为绘制根轨迹的依据。

（2）找出[s]平面上所有满足相位方程（4-3）的点，将它们连接起来即为系统的根轨迹；根据需要，可用幅值方程（4-2），确定根轨迹上某些点的开环根轨迹增益值。

（3）绘制根轨迹的方法一般有解析法、计算机绘制法和试探法。解析法计算量较大，计算机绘制有通用程序包可供使用，试探法（试凑法）是手工绘制的常用方法。

4.2.3　绘制 0° 根轨迹的基本规则

0° 根轨迹需按相位方程（4-3）绘制。因此它与绘制 180° 根轨迹不同之处主要在和相角条件有关的一些基本规则上。具体来说，这些基本规则 4、5、6、7 上两者有所不同，需做如下修改。

绘制 0° 根轨迹的基本规则 4：若系统的开环零点数目 m 小于其开环极点数目 n，则当参变量 $K_{\mathrm{g}} \to \infty$ 时，根轨迹共有 $(n-m)$ 条渐近线。这些渐近线在实轴上共交于一点，其坐标是 $(\sigma_{\mathrm{a}}, \mathrm{j}0)$，其中

$$\sigma_{\mathrm{a}} = \frac{\sum_{j=1}^{n} p_i - \sum_{i=1}^{m} z_i}{n-m}$$

且各条渐近线与实轴正方向的夹角是

$$\frac{2l\pi}{n-m} \quad (l = 0,1,2,\cdots,n-m-1) \tag{4-13}$$

绘制 0° 根轨迹的基本规则 5：在实轴上任取一点，若在其右侧的开环实极点与开环实零点的总数为偶数，则该点的线段必属于实轴上的根轨迹。

绘制 0° 根轨迹的基本规则 6：始于开环复极点的根轨迹的出射角按式（4-14）计算；而止于开环复零点的根轨迹的入射角按式（4-15）计算。两式分别为

$$\theta_{p_l} = 0° + K_{\mathrm{g}} 360° + \sum_{i=1}^{m} \angle\left(p_l - z_i\right) - \sum_{j=1}^{l-1} \angle\left(p_l - p_j\right) - \sum_{j=l+1}^{n} \angle\left(p_l - p_j\right) \tag{4-14}$$

$$\theta_{z_l} = 0° + K_{\mathrm{g}} 360° + \sum_{j=1}^{n} \angle\left(z_l - p_j\right) - \sum_{i=1}^{l-1} \angle\left(z_l - z_i\right) - \sum_{i=l+1}^{m} \angle\left(z_l - z_i\right) \tag{4-15}$$

绘制 0° 根轨迹的基本规则 7：根轨迹与虚轴的交点 ω 及与交点相对的参变量 K_{g} 的临界 K_{gc} 为下列方程组的实数解。

$$\begin{cases} \mathrm{Re}[1 + G(\mathrm{j}\omega)H(\mathrm{j}\omega)] = 0 \\ \mathrm{Im}[1 + G(\mathrm{j}\omega)H(\mathrm{j}\omega)] = 0 \end{cases} \tag{4-16}$$

除上列共 4 项基本规则需做必要的修改之外，其余如基本规则 1、2、3 对于绘制 0° 根轨迹依然适用。

【例 4-8】已知某反馈系统的开环传递环数为

$$G(s)H(s) = \frac{K_{\mathrm{g}}}{(s+1)(s-1)(s+4)^2}$$

试绘制该系统根轨迹。

解　系统的特征方程为

$$1 - G(s)H(s) = 0$$

给定系统的根轨迹方程为

$$G(s)H(s) = +1$$

因此需按 0° 根轨迹的基本规则来绘制给定系统的根轨迹图。

（1）$n=4, p_1=-1, p_2=-1, p_3=p_4=-4, m=0$。

（2）由于 $n-m$，所以当 $K_g\to\infty$ 时，4 个分支伸向[s]平面的无穷远处。

系统根轨迹的渐近线共有 4 条，渐近线与实轴交于一点，该交点坐标为

$$\sigma_a=\frac{p_1+p_2+p_3+p_4}{n-m}=\frac{-1+1+(-4)+(-4)}{4}=-2$$

它们与实轴正方向夹角分别为

$$\varphi_1=\frac{0}{4}\pi=0^\circ \quad (l=0)$$

$$\varphi_2=\frac{2}{4}\pi=90^\circ \quad (l=1)$$

$$\varphi_3=\frac{4}{4}\pi=180^\circ \quad (l=2)$$

$$\varphi_4=\frac{6}{4}\pi=270^\circ \quad (l=3)$$

（3）由于该系统的根轨迹属于 0° 根轨迹，所以实轴上的三段 $(-\infty,-4], [-4,-1], [1,+\infty)$ 都属于实轴上的根轨迹。

（4）根轨迹与实轴的交点（分离点）的坐标可按下式计算，即

$$\frac{\mathrm{d}}{\mathrm{d}s}\left[\frac{\prod\limits_{j=1}^{n}\left(s-p_j\right)}{\prod\limits_{i=1}^{m}\left(s-z_i\right)}\right]_{s=\alpha}=0$$

整理得到

$$4\alpha^4+24\alpha^2+30\alpha-8=0$$

求解三次方程根的试凑法，最后得分离点坐标为(-2.225, j0)。

（5）因给定系统不存在开环复极点或开环复零点，故不用求出入射角或出射角。

（6）该系统根轨迹与虚轴不存在交点，但是也可以根据本规则试求之。

将 $s=\mathrm{j}\omega$ 代入系统的特征方程

$$s^4+8s^3+15s^2-8s-16-K_g=0$$

得到

$$\omega^4+8\mathrm{j}\omega^3+15\omega^2-8\mathrm{j}\omega-16-K_g=0$$

进而得相应的实部方程、虚部方程分别为

$$\omega^4+15\omega^2-16-K_g=0$$

$$-\mathrm{j}8\omega^3-\mathrm{j}8\omega=0$$

解虚部方程得 $\omega_{1,2}=\pm\mathrm{j}$（不符合题意，舍去），$\omega_3=0$。将 $\omega=0$ 代入实部方程得 $K_{g3}=-16$。

因根轨迹图表示的参变量 K_g 的取值范围是 $[0,+\infty)$，故 $K_{g3}=-16$ 不符合题意。因此根轨迹与虚轴无交点。

至此，即可绘制出该正负反馈系统的根轨迹的大致性质，如图 4.9 所示。

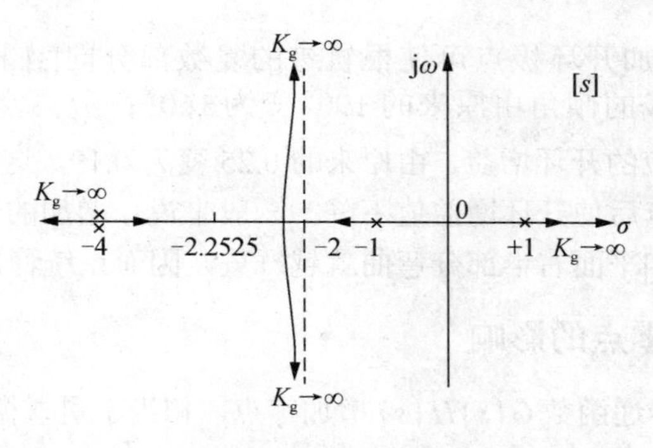

图 4.9　0° 根轨迹

4.3　根轨迹应用

根轨迹在系统分析中的应用是多方面的，例如，在参数已知的情况下求系统的特性；分析参数变化对系统特性的影响；对于高阶系统，运用主导极点概念，快速估计系统的基本特性等。

系统的暂态特性取决于闭环零极点的分布，因而与根轨迹的形状密切相关。而根轨迹的形状又取决于开环零极点的分布。那么开环零极点对根轨迹形状的影响如何，这是单变量系统根轨迹的一个基本问题。知道了闭环极点及闭环零点，就可以对系统的动态性能进行定性分析和定量计算。

4.3.1　增加开环极点的影响

一般增加位于[s]平面左半部分的开环极点，将使根轨迹向[s]平面右半部分移动，系统的稳定性能降低。例如，设系统的开环传递函数为

$$G_k(s)=\frac{K_g}{s(s+a_1)}\quad (a_1>0) \tag{4-17}$$

则可绘制系统的根轨迹，如图 4.10 所示。若增加一个开环极点 $p_3=a_2$，这时的开环传递函数为

$$G_{k1}(s)=\frac{K_{g1}}{s(s+a_1)(s+a_2)}\quad (a_2>0) \tag{4-18}$$

可绘制系统的根轨迹，如图 4.10 所示。

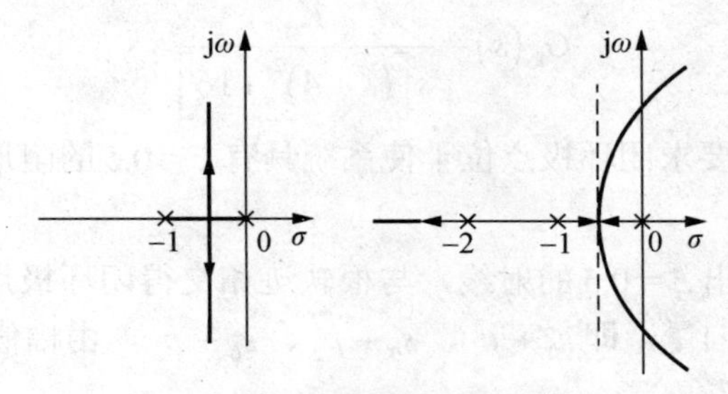

图 4.10　增加开环极点对根轨迹的影响

由图 4.9 可见，增加开环极点可使根轨迹的复数部分向[s]平面右半部分弯曲。若取 $a_1=1$，$a_2=2$，则渐近线的倾角由原来的±90°变为±60°；分离点由原来的–0.5 向右移至–0.422；与分离点相对应的开环增益，由原来的 0.25 变为 0.19。这意味着，对于具有同样的振荡倾向，增加开环极点后使开环增益值下降。一般来说，增加的开环极点越靠近虚轴，其影响越大，使根轨迹向[s]平面右半部分弯曲就越严重，因而系统稳定性能的降低便越明显。

4.3.2 增加开环零点的影响

一般来说，对开环传递函数 $G(s)H(s)$ 增加零点，相当于引入微分作用，使根轨迹向 [s]平面左半部分移动，将提高系统的稳定性。例如，图 4.11（a）所示的是式（4-18）增加一个零点 $z=-2$ 的根轨迹（并设 $a_1=1$），轨迹向[s]平面左半平面移动，且成为一个圆，提高控制系统的稳定性。图 4.11（b）所示是式（4-18）增加一对共轭复数零点的根轨迹。

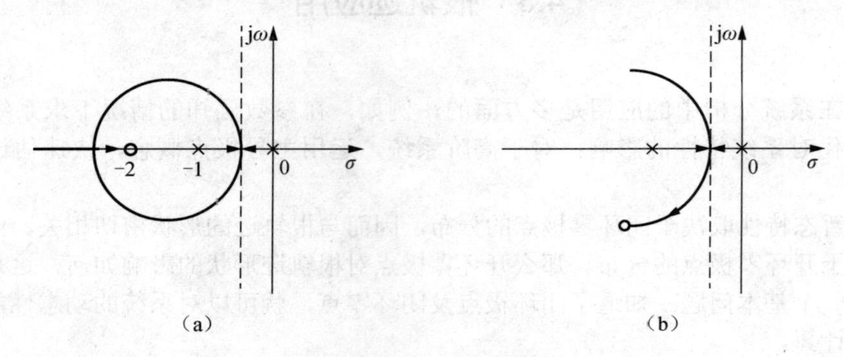

图 4.11　增加开环零点对根轨迹的影响

4.3.3 利用根轨迹确定系统参数

首先讨论当闭环特征根已经选定在根轨迹的某特定位置时如何确定应取的参数值。由根轨迹的幅值条件可知，所有在根轨迹上的点必须满足

$$\frac{K_g\prod_{i=1}^{m}|s-z_i|}{\prod_{j=1}^{n}|s-p_j|}=1 \tag{4-19}$$

因此，根据要求的闭环极点 $s=s_0$，可以求得应取的 K_g 值。

【例 4-9】设开环传递函数为

$$G_k(s)=\frac{K_g}{s\left[(s+4)^2+16\right]}$$

它的轨迹如图 4.11 所示，要求闭环极点位于使系统具有 $\xi=0.5$ 的阻尼比的位置，那么增益 K_g 应为多大？

解　在图 4.12 中画出 $\xi=0.5$ 的射线，与根轨迹相交得闭环极点得要求位置 s_0。再画出 $G_k(s)$ 的极点到 s_0 的 3 个向量，即 s_0+p_1、s_0+p_2、s_0+p_3，由幅值条件

$$\left|G_{\mathrm{k}}(s_0)\right|=\left|\frac{K_{\mathrm{g}}}{s_0(s_0+p_2)(s_0p_3)}\right|=1$$

得

$$K_{\mathrm{g}}=|s_0||s_0+p_2||s_0+p_3|$$

由向量长度$|s_0|=3.95$，$|s_0+p_2|=2.1$，$|s_0+p_3|=7.7$，可得

$$K_{\mathrm{g}}=4.0\times2.1\times7.7\approx65$$

换句话说，如果K_{g}的值为 65，则$1+G_{\mathrm{k}}(s)$的一个根将位于s_0，另一个根当然是和s_0共轭的。第 3 个根在何处呢？由根轨迹知道，第 3 条根轨迹在负实轴上。在一般情况下，可以取一试探点，计算相应的K_{g}值，然后修正试探点直到找出和$K_{\mathrm{g}}=65$相应的点为止。

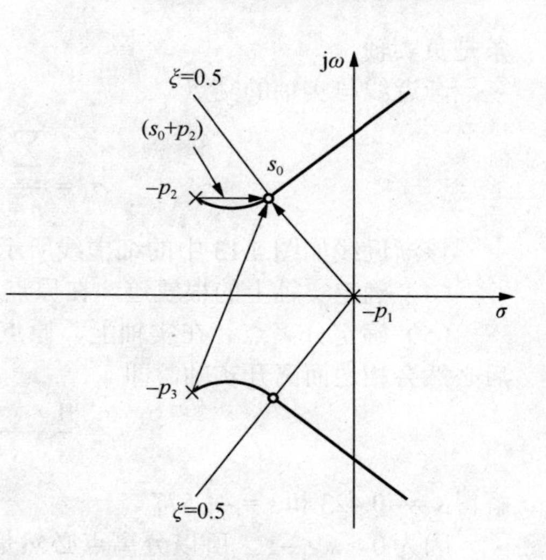

图 4.12　根轨迹增益的确定

具有上述开环传递函数的系统，因为有一积分环节，因此是 I 型系统，在跟踪速度输入时的稳态误差取决于速度增益K_{v}，本例中，

$$K_{\mathrm{v}}=\lim sG_{\mathrm{k}}(s)=\lim_{s\to0}s\frac{K_{\mathrm{g}}}{[(s+4)^2+16]}=\frac{K_{\mathrm{g}}}{32}$$

当$K_{\mathrm{g}}=65$时，$K_{\mathrm{v}}=65/32\approx2$。如果上述闭环系统响应和稳态可以满足要求，则靠以上调整参数K_{g}的办法就够了。如果单靠调整K_{g}还不能满足系统的各种特性指标，则需要在原有传递函数的基础上附加新的零极点。

【例 4-10】已知开环传递函数为

$$G(s)H(s)=\frac{2K_{\mathrm{g}}}{s(s+1)(s+2)}$$

试绘制其根轨迹，并确定使闭环系统的一对共轭复数主导极点的阻尼比ξ等于 0.5 的K_{g}值。

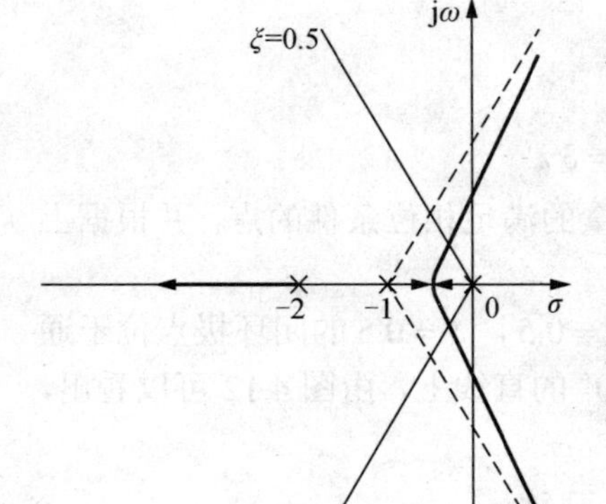

图 4.13　根轨迹图

解　对于上述给定系统，其辐角条件为

$$\angle\left(G(s)H(s)\right)=\pm(2k+1)\pi\quad(k=1,2,\cdots)$$

绘制根轨迹的典型步骤如下。

（1）开环极点为 0,−1, −2，如图 4.13 所示。它们是根轨迹各分支上的起点。由于开环无零点，故根轨迹各分支都将趋向无穷。

（2）一共有 3 个分支。且根轨迹是对称实轴的。

（3）定根轨迹的渐近线。3 根分支的渐近线方向，即

$$\varphi_{\mathrm{a}}=\frac{(2k+1)\pi}{n-m}=\frac{\pm(2k+1)\pi}{3}\quad(k=1,2,\cdots)$$

因为当k值变化时，相位值是重复出现的，所以渐近线不同的相位只有60°、-60°和180°。因此，该系统有 3 条渐近线，其中，相位等于180°的那

条是负实轴。

渐近线与实轴的交点

$$\sigma_a = \frac{\sum_{i=1}^{n} p_i}{n-m} - \frac{\sum_{i=1}^{m} z_i}{n-m} = \frac{-2-1}{3} = -1$$

该渐近线如图 4.13 中的细虚线所示。

（4）确定实轴上的根轨迹。在原点与 −1 点间，以及 −2 点的左边都有根轨迹。

（5）确定分离点。在实轴上，原点与 −1 点间的根轨迹分支是从原点和 −1 点出发的，最后必然会相遇而离开实轴，即

$$\frac{1}{s} + \frac{1}{s-(-1)} + \frac{1}{s-(-2)} = 0$$

解得 $s=-0.423$ 和 $s=-1.577$。

因为 $0>s>-1$，所以分离点必然是 $s=-0.423$（由于在 −1 和 −2 间实轴上没有根轨迹，故 $s=-1.577$ 显然不是要求的分离点）。

（6）确定根轨迹与虚轴的交点。应用劳斯稳定判据，可以确定这些交点。因为所讨论的系统特征方程式为

$$s^3 + 3s^2 + 2s + 2K_g = 0$$

所以其劳斯阵列为

$$\begin{array}{lll} s^3 & 1 & 2 \\ s^2 & 3 & 2K_g \\ s^1 & \dfrac{6-2K_g}{3} & \\ s^0 & 2K_g & \end{array}$$

使第一列中 s^1 项等于 0，则求得 K_g 值为 $K_g=3$。解由 s^2 行得到的辅助方程为

$$3s^2 + 2K_g = 3s^2 + 6 = 0$$

可求得根轨迹与虚轴的交点为

$$s = \pm \mathrm{j}\sqrt{2}$$

虚轴上交点的频率为 $\omega = \pm\sqrt{2}$，与交点相应的增益值为 $K_g=3$。

（7）在 $\mathrm{j}\omega$ 轴与原点附近通过选取实验点，找出足够数量的满足相位条件的点，并根据上面所得结果，画出完整的根轨迹图，如图 4.13 所示。

（8）确定一对共轭复数闭环主导极点，使它的阻尼比 $\xi=0.5$。$\xi=0.5$ 的闭环极点位于通过原点，且与负实轴夹角为 $\beta=\pm\arccos\xi=\pm\arccos 0.5=\pm 60^\circ$ 的直线上，由图 4.12 可以看出，当 $\xi=0.5$ 时，这一对闭环主导极点为

$$s_1 = -0.33 + \mathrm{j}0.58, \quad s_2 = -0.33 - \mathrm{j}0.58$$

与这对极点相对应的 K_g 值可根据幅值条件求得，即

$$2K_g = \left|s(s+1)(s+2)\right|_{s=-0.33+\mathrm{j}0.58} \approx 1.06$$

所以

$$K_g = 0.53$$

利用这一 K_g 值，可求得第 3 个极点为 $s=-2.33$ 。

这里应该注意的是，当 $K_g=3$ 时，闭环主导极点位于虚轴上 $s=\pm j\sqrt{2}$ 处。在这个 K_g 值时，系统将呈现等幅振荡。当 $K_g>3$ 时，闭环主导极点位于[s]平面右半部分，因而将构成不稳定的系统。

最后还指出一点，如有必要，可以应用幅值条件在根轨迹上标出增益，这时只要在根轨迹上选择一点，并测量出 3 个复数量 s 、$s+1$ 和 $s+2$ 的幅值大小，然后使它们相乘，由其乘积就可以求出该点上的增益 K_g 值，即

$$|s|\cdot|s+1|\cdot|s+2|=2K_g$$

$$K_g=\frac{|s|\cdot|s+1|\cdot|s+2|}{2}$$

4.3.4　用根轨迹分析系统的动态性能

在时域分析法中已知闭环系统极点和零点的分布对系统瞬态响应特性的影响。这里将介绍用根轨迹法来分析系统的动态性能。根轨迹法和时域分析法不同之处是它可以看出开环系统的增益 K_g 变化时，系统的动态性能如何变化。现以图 4.13 为例，当 $K_g=3$ 时，闭环系统有一对极点位于虚轴上，系统处于稳定极限。当 $K_g>3$ 时，则有一对极点将进入[s]平面右半部分，系统是不稳定的。当 $K_g\leqslant 3$ 时，系统的 3 个极点都位于[s]平面左半部分，应用闭环主导极点概念可知系统响应是具有衰减振荡特性的。当 $K_g=0.2$ 时，两极点重合在实轴 $s=-0.423$ 上，当 $K_g\leqslant 0.2$ 时，系统的 3 个极点都位于负实轴上，因而可知系统响应是具有非周期特性的。如 K_g 再小，有一极点将从该点向原点靠拢。如果闭环最小的极点 $|s|$ 值越大，则系统的反应就越快。

利用根轨迹分析系统特性时，常常可以从系统的主导极点情况入手。以图 4.13 为例，已知 $K_g=1$，这时一对复数极点为 $-0.25\pm j0.875$ ，而另一个极点为 -2.5 。这时，由于这两个极点到虚轴之间距离相差 $2.5/0.25=10$ 倍，则完全可以忽略极点 -2.5 的影响。于是量得复数极点的 $\omega_n=0.9$ ， $\xi\omega_n=0.25$ ，故阻尼比 $\xi=0.25/0.9\approx 0.28$ 。再求出系统在单位阶跃作用下瞬态响应曲线的最大超调量 $M_p=40\%$，调整时间 $t_s=\dfrac{3}{\xi\omega_n}=\dfrac{3}{0.25}=12(s)$ 。

【例 4-11】已知系统如图 4.14 所示。画出其根轨迹，并求出当闭环共轭复数极点呈现阻尼比 $\xi=0.707$ 时，系统的单位阶跃响应。

解　系统的开环传递函数为

$$G_k(s)=\frac{K_k(0.5s+1)}{s(0.25s+1)(0.5s+1)}=\frac{K_g(s+2)}{s(s+2)(s+4)}$$

根轨迹起始于 0，-2 ，-4 ，终止于 -2 和无穷远处。

根轨迹的渐近线 $\sigma_a=-2$ ，$\varphi_a=90°$ ，$270°$ ，3 根轨迹线的分离点 $d=-2$ 。

系统的根轨迹如图 4.15 所示。

$\xi=0.707$ 的等阻尼比线交根轨迹于点 A ，求得此时闭环共轭复数极点为 $-s_{1,2}=-2\pm j2$ 。相应的 $K_g=8$， $K_k=2$ 。

系统的闭环传递函数为

$$G(s)=\frac{\dfrac{2}{s(0.25s+1)(0.5s+1)}}{1+\dfrac{2(0.5s+1)}{s(0.25s+1)(0.5s+1)}}=\frac{16}{(s+2)(s+\mathrm{j}2)(s+2-\mathrm{j}2)}$$

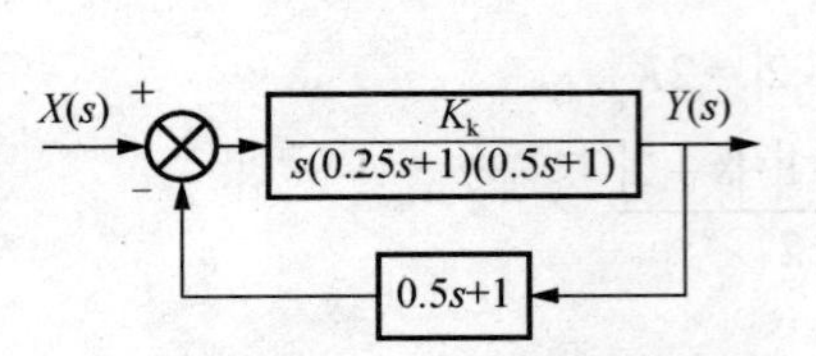

图 4.14　例 4-11 系统方块图

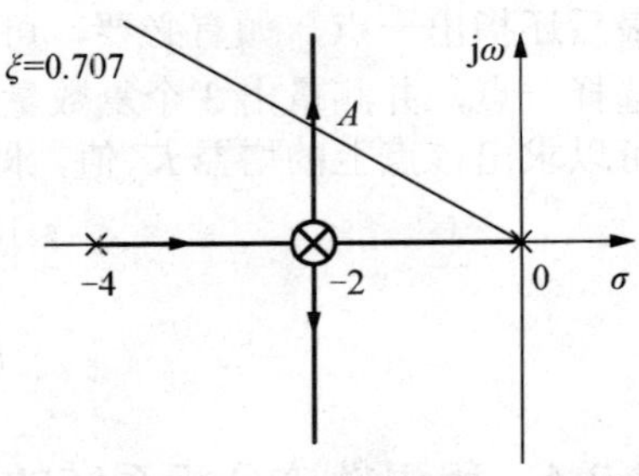

图 4.15　例 4-11 的根轨迹图

单位阶跃响应的拉氏变换为

$$Y(s)=G(s)X(s)=\frac{1}{s}-\frac{2}{s+2}+\frac{s}{s^2+4s+8}$$

相应的单位阶跃响应为

$$y(t)=1(t)-2\mathrm{e}^{-2t}-\sqrt{2}\mathrm{e}^{-2t}\sin(2t-45^\circ)$$

4.4　利用 MATLAB 语言绘制系统的根轨迹

（1）MATLAB 语言绘制系统的根轨迹的命令：rlocus。

功能：求系统根轨迹。

格式：rlocus(num,den)。

（2）说明：rlocus 函数可以计算出单输入单输出系统的根轨迹，根轨迹可用于研究增益对系统极点分布的影响，从而提供系统时域和频域响应的分析。

【例 4-11】对于一单位反馈系统，其开环系统传递函数为

$$G(s)=\frac{K(s+3)}{s(s+2)(s^2+s+2)}$$

绘制闭环系统的根轨迹。

解　可直接利用 rlocus 函数绘制根轨迹，如图 4.16 所示。

MATLAB 程序为

```
num=[1,2];
den1=[1,2,0];
den2=[1,1,2];
den=conv(den1,den2)
rlocus(num,den)
v=[-10 10 -10 10];
axis(v)
grid
```

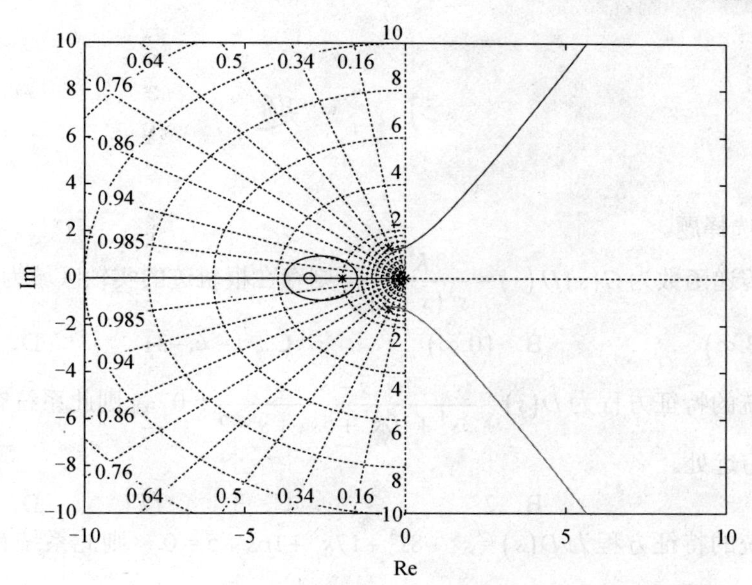

图 4.16　例 4-11 的根轨迹

【例 4-12】已知开环传递函数 $H(s)G(s)=\dfrac{K}{s^4+16s^3+36s^2+80s}$，绘制闭环系统的根轨迹。

解　MATLAB 程序为

```
den=[1 16 36 80 0]
num=[1]
rlocus(num,den)
```

根轨迹如图 4.17 所示。

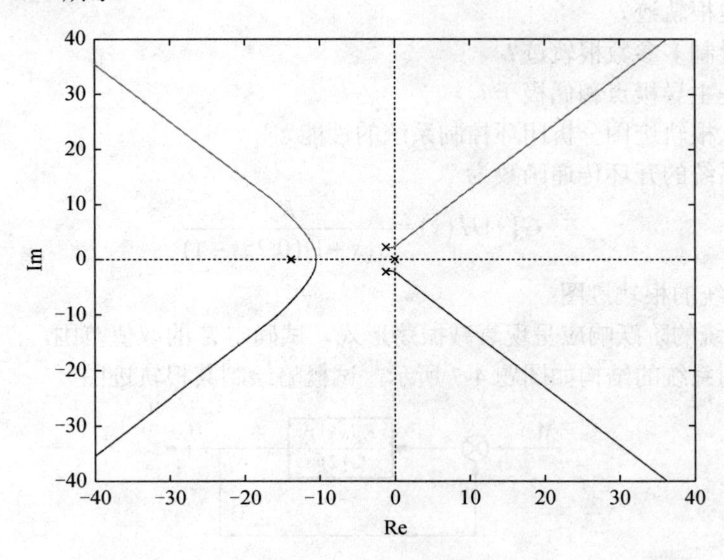

图 4.17　例 4-12 的根轨迹

习　题

4-1　单项选择题。

（1）开环传递函数为$G(s)H(s)=\dfrac{K}{s^3(s+3)}$，则存在根轨迹的实轴区域为（　　）。

A．$(-3,\infty)$　　B．$(0,\infty)$　　C．$(-\infty,-3)$　　D．$(-3,0)$

（2）设系统的特征方程为$D(s)=\dfrac{s+3}{3s^4+10s^3+5s^2+s+2}=0$，则此系统有（　　）条根轨迹趋向于无穷远处。

A．1　　B．2　　C．3　　D．4

（3）设系统的特征方程为$D(s)=s^4+8s^3+17s^2+16s+5=0$，则此系统有（　　）条根轨迹。

A．1　　B．2　　C．3　　D．4

（4）确定根轨迹大致走向，一般需要用（　　）条件就够了。

A．特征方程　　B．辐角条件

C．幅值条件　　D．幅值条件+辐角条件

（5）系统的开环传递函数为$\dfrac{K}{s(s+1)(s+2)}$，则实轴上的根轨迹为（　　）。

A．$(-2,-1)$和$(0,\infty)$　　B．$(-\infty,-2)$和$(-1,0)$

C．$(0,1)$和$(2,\infty)$　　D．$(-\infty,0)$和$(1,2)$

4-2　什么是根轨迹？

4-3　如何绘制多参数根轨迹？

4-4　什么是主导极点和偶极子？

4-5　如何从根轨迹图分析闭环控制系统的性能？

4-6　已知系统的开环传递函数为

$$G(s)H(s)=\frac{K}{s(s+1)(0.25s+1)}$$

（1）绘制系统的根轨迹图；

（2）为使系统的阶跃响应呈现衰减振荡形式，试确定K的取值范围。

4-7　设控制系统的结构如图题4-7所示，试概略绘制其根轨迹图。

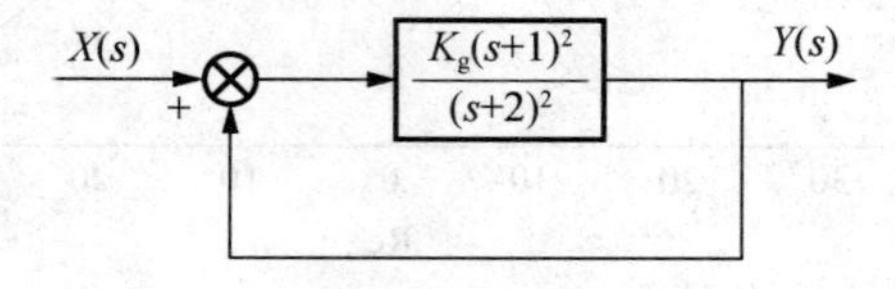

图题4-7　控制系统结构

4-8　设单位反馈系统的开环传递函数为

$$G(s)=\frac{K_{g}(s+2)}{s(s+1)}$$

试绘制其闭环系统根轨迹图，并从数学上证明：复数根轨迹部分是以$(-2,\mathrm{j}0)$为圆心，以$\sqrt{2}$为半径的圆。

4-9　设一单位负反馈系统的开环传递函数为

$$G(s)=\frac{K(s+1)}{s(s+2)(s+3)}$$

试使用 MATLAB 绘制该系统的根轨迹。

4-10　试画出对应反馈控制系统具有以下前向和反馈传递函数的根轨迹图。

$$G(s)=\frac{K(s+0.1)}{s^{2}(s+0.01)}，\ H(s)=1+0.6s$$

4-11　画出下列开环传递函数的零极点图，并指出它们的根轨迹增益是什么？开环增益是什么？

（1）$G_{k}(s)=\dfrac{K_{g}(2s+1)}{s(4s+1)(s+3)}$；　（2）$G_{k}(s)=\dfrac{K_{g}(s^{2}+2s+1)}{s(4s+1)(s^{2}+2s+3)}$；

（3）$G_{k}(s)=\dfrac{K_{g}}{s(4s+1)(2s+1)}$；　（4）$G_{k}(s)=\dfrac{K_{g}(2s+1)}{(4s+1)(s+3)(s^{3}+2s^{2}+1)}$。

4-12　已知反馈系统的开环传递函数

$$G(s)H(s)=\frac{K_{g}}{s(s+4)(s^{2}+4s+20)}$$

试绘制闭环系统的概略根轨迹。

4-13　设某单位反馈系统的开环传递函数为

$$G(s)=\frac{K_{g}}{s(0.01s+1)(0.02s+1)}$$

（1）绘制闭环系统的根轨迹；

（2）确定使系统临界稳定的开环增益K_{gc}；

（3）确定使系统临界阻尼比相应的开环增益K_{gc}。

4-14　单位反馈控制系统的开环传递函数为

$$G_{k}(s)=\frac{0.5(s+b)}{s^{2}(s+1)}$$

式中：b的变化范围为$[0,+\infty]$。试绘制闭环系统的根轨迹。

4-15　已知反馈系统的开环传递函数为

$$G(s)H(s)=\frac{K(0.25s+1)}{s(0.5s+1)}$$

试用根轨迹法确定系统无超调响应时的开环增益K。

第 5 章

线性系统的频域分析

第 3 章介绍了控制系统的时域分析法，系统的动态性能用时间响应来描述最为直观，但对于较复杂的系统来说，时域分析法较为烦琐且求解困难。频域分析法是分析控制系统性能的另一种方法，不必实际求解微分方程的根就能预示系统的性能，还能方便地指出应如何调整系统来满足系统的性能。频域分析法是分析系统传递函数的稳态正弦响应，它借助于作图法就能指出系统究竟应该如何改进。频域分析法利于系统设计，可以预估影响系统性能的频率范围。根据系统的频率性能间接地揭示系统的动态特性和稳态特性，可以简单迅速地判断某些环节或参数对系统性能的影响，指出系统改进的方向。频域分析法还有一个优点是可以由实验确定响应，其效果和解析法一样。这对于难以建立动态微分方程的系统很有用处。

5.1 频率特性

5.1.1 频率特性的相关概念

设线性定常系统的传递函数为$G(s)$，输入、输出信号分别为$x(t)$和$y(t)$，输入、输出信号的拉氏变换为$X(s)$和$Y(s)$。设系统是稳定的，系统的传递函数为

$$G(s)=\frac{Y(s)}{X(s)}$$

传递函数$G(s)$在一般情况下可写成如下形式：

$$G(s)=\frac{N(s)}{D(s)}=\frac{N(s)}{(s-s_1)(s-s_2)\cdots(s-s_n)}$$

式中：$D(s)=a_n s^n+a_{n-1}s^{n-1}+\cdots+a_1 s+a_0=(s-s_1)(s-s_2)\cdots(s-s_n)$

$$N(s)=b_m s^m+b_{m-1}s^{m-1}+\cdots+b_1 s+b_0$$

对于稳定系统来说，极点$s_1, s_2, \cdots, s_n$都具有负实部。

系统输出信号的拉氏变换为

$$Y(s)=\frac{N(s)}{(s-s_1)(s-s_2)\cdots(s-s_n)}X(s)$$

设输入信号为正弦信号，即

$$x(t)=X\sin\omega t$$

其拉氏变换为

$$X(s)=\frac{X\omega}{s^2+\omega^2}=\frac{X\omega}{(s+\mathrm{j}\omega)(s-\mathrm{j}\omega)}$$

则

$$Y(s)=\frac{N(s)}{(s-s_1)(s-s_2)\cdots(s-s_n)}\cdot\frac{X\omega}{(s+\mathrm{j}\omega)(s-\mathrm{j}\omega)}$$

$$Y(s)=\frac{a_1}{s-s_1}+\frac{a_2}{s-s_2}+\cdots+\frac{a_n}{s-s_n}+\frac{b_1}{s+\mathrm{j}\omega}+\frac{b_2}{s-\mathrm{j}\omega}$$

式中：$a_1, a_2, \cdots, a_n$ 及 b_1、b_2 都是待定系数。

在零初始条件下，对上式进行拉氏反变换，得到线性系统对正弦输入信号 $X\sin\omega t$ 的响应为

$$y(t)=a_1\mathrm{e}^{s_1t}+a_2\mathrm{e}^{s_2t}+\cdots+a_n\mathrm{e}^{s_nt}+b_1\mathrm{e}^{-\mathrm{j}\omega t}+b_2\mathrm{e}^{\mathrm{j}\omega t}$$

对于稳定的系统，其闭环极点都具有负实部，当 $t\to\infty$ 时，系统输出的暂态分量衰减为 0。因此，不管系统属于哪种形式，其对正弦信号的稳态响应 $y_{\mathrm{ss}}(t)$ 为

$$y_{\mathrm{ss}}(t)=b_1\mathrm{e}^{-\mathrm{j}\omega t}+b_2\mathrm{e}^{\mathrm{j}\omega t}$$

用留数定理求待定系数 b_1、b_2，即

$$b_1=\mathrm{Res}\left[Y(s),-\mathrm{j}\omega\right]=\lim_{s\to -\mathrm{j}\omega}\left[Y(s)\left(s+\mathrm{j}\omega\right)\right]=-\frac{X}{2\mathrm{j}}G(-\mathrm{j}\omega)$$

同理，可求出

$$b_2=\frac{X}{2\mathrm{j}}G(\mathrm{j}\omega)$$

由于 $G(\mathrm{j}\omega)$ 和 $G(-\mathrm{j}\omega)$ 为复数，可用各自的模及辐角表示为

$$G(\mathrm{j}\omega)=\left|G(\mathrm{j}\omega)\right|\mathrm{e}^{\mathrm{j}\angle G(\mathrm{j}\omega)}$$

$$G(-\mathrm{j}\omega)=\left|G(-\mathrm{j}\omega)\right|\mathrm{e}^{\mathrm{j}\angle G(-\mathrm{j}\omega)}$$

$G(\mathrm{j}\omega)$ 和 $G(-\mathrm{j}\omega)$ 是一对共轭复数，其模相等、辐角相反，所以有

$$G(-\mathrm{j}\omega)=\left|G(\mathrm{j}\omega)\right|\mathrm{e}^{-\mathrm{j}\angle G(\mathrm{j}\omega)}$$

则

$$b_1=-\frac{X}{2\mathrm{j}}\left|G(\mathrm{j}\omega)\right|\mathrm{e}^{-\mathrm{j}\angle G(\mathrm{j}\omega)}$$

$$b_2=\frac{X}{2\mathrm{j}}\left|G(\mathrm{j}\omega)\right|\mathrm{e}^{\mathrm{j}\angle G(\mathrm{j}\omega)}$$

因此

$$y_{\mathrm{ss}}(t)=b_1\mathrm{e}^{-\mathrm{j}\omega t}+b_2\mathrm{e}^{\mathrm{j}\omega t}$$

可以写为

$$\begin{aligned}y_{\mathrm{ss}}(t)&=-\frac{X}{2\mathrm{j}}\left|G(\mathrm{j}\omega)\right|\mathrm{e}^{-\mathrm{j}\angle G(\mathrm{j}\omega)}\mathrm{e}^{-\mathrm{j}\omega t}+\frac{X}{2\mathrm{j}}\left|G(\mathrm{j}\omega)\right|\mathrm{e}^{\mathrm{j}\angle G(\mathrm{j}\omega)}\mathrm{e}^{\mathrm{j}\omega t}\\&=\frac{X}{2\mathrm{j}}\left|G(\mathrm{j}\omega)\right|\left\{\mathrm{e}^{\mathrm{j}[\omega t+\angle G(\mathrm{j}\omega)]}-\mathrm{e}^{-\mathrm{j}[\omega t+\angle G(\mathrm{j}\omega)]}\right\}\\&=X\left|G(\mathrm{j}\omega)\right|\sin\left[\omega t+\angle G(\mathrm{j}\omega)\right]\end{aligned}$$

令 $Y = X\left|G(\mathrm{j}\omega)\right|$，$\varphi = \angle G(\mathrm{j}\omega)$，则上式可写为

$$y_{\mathrm{ss}}(t) = Y\sin\left(\omega t + \varphi\right) \tag{5-1}$$

式中：$Y = X\left|G(\mathrm{j}\omega)\right|$ 为稳态响应 $y_{\mathrm{ss}}(t)$ 的幅值；$\varphi = \angle G(\mathrm{j}\omega)$ 为稳态响应 $y_{\mathrm{ss}}(t)$ 相对于正弦输入 $x(t)$ 的相移。

比较 $x(t)$ 和 $y_{\mathrm{ss}}(t)$ 可以发现稳态响应的频率与输入信号相同，但其幅值及相位与输入信号不同。

综上所述，定义系统的频率特性如下：

（1）稳态响应的幅值 $Y = X\left|G(\mathrm{j}\omega)\right|$ 与输入信号的幅值 X 之比

$$\left|G(\mathrm{j}\omega)\right| = \frac{Y}{X}$$

称为系统的幅频特性。

（2）稳态响应 $y_{\mathrm{ss}}(t)$ 相对于输入信号 $x(t)$ 的相移

$$\varphi = \angle G(\mathrm{j}\omega)$$

称为系统的相频特性，$\varphi < 0$ 称为相位滞后，$\varphi > 0$ 称为相位超前。

（3）在线性定常系统中，当给系统或元件输入正弦信号 $x(t)$，当频率由 0 变化到∞时，其稳态响应的复数形式与输入信号的复数形式之比称为频率特性，记为

$$G\left(\mathrm{j}\omega\right) = \left|G(\mathrm{j}\omega)\right|\mathrm{e}^{\mathrm{j}\angle G(\mathrm{j}\omega)} \tag{5-2}$$

（4）系统的频率特性还可表示为

$$G\left(\mathrm{j}\omega\right) = \left|G(\mathrm{j}\omega)\right|\cos\angle G(\mathrm{j}\omega) + \mathrm{j}\left|G(\mathrm{j}\omega)\right|\sin\angle G(\mathrm{j}\omega)$$

定义 $u\left(w\right) = \left|G(\mathrm{j}\omega)\right|\cos\angle G(\mathrm{j}\omega)$ 为系统的实频特性，$v\left(w\right) = \left|G(\mathrm{j}\omega)\right|\sin\angle G(\mathrm{j}\omega)$ 为系统的虚频特性。系统相频特性与实频特性、虚频特性之间的关系如图 5.1 所示，用公式表示为

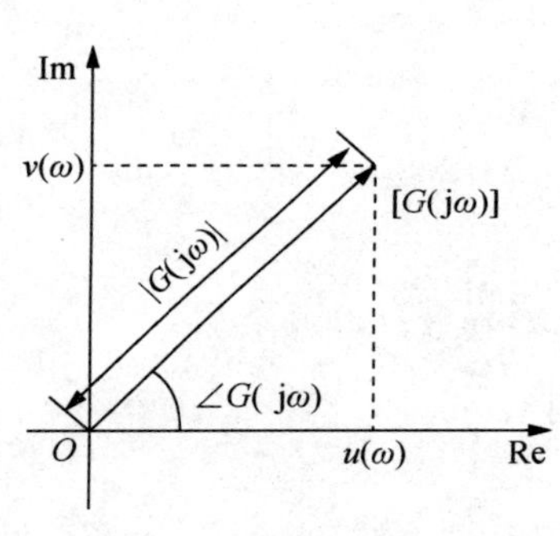

图 5.1　系统频率特性

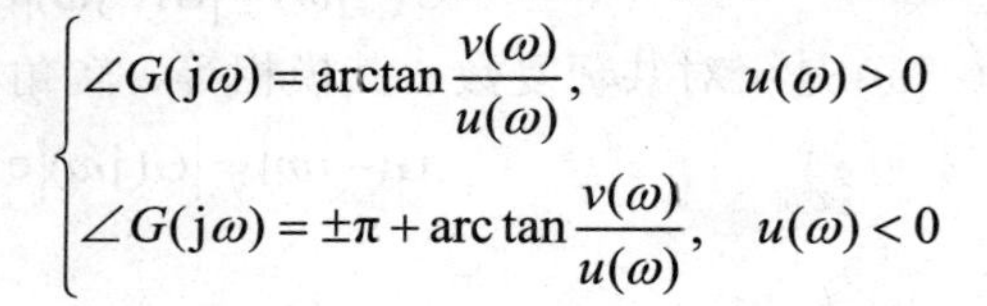

$$\begin{cases} \angle G(\mathrm{j}\omega) = \arctan\dfrac{v(\omega)}{u(\omega)}, & u(\omega) > 0 \\ \angle G(\mathrm{j}\omega) = \pm\pi + \arctan\dfrac{v(\omega)}{u(\omega)}, & u(\omega) < 0 \end{cases}$$

5.1.2　频率特性的求法

1. 解析法

解析法有两种，一是根据定义求取，二是从系统的传递函数求取。

（1）根据定义求频率特性。已知系统的微分方程，把正弦函数代入输入信号，求出其稳态解，取输出稳态分量与输入正弦信号的复数比即可得到系统频率特性。

（2）从传递函数求频率特性。把系统传递函数 $G(s)$ 表达式中的 s 用 $\mathrm{j}\omega$ 代替，$G(s)$ 中的 s 为复数，且 $s = \sigma + \mathrm{j}\omega$。若 $\sigma = 0$，则 $s = \mathrm{j}\omega$，故频率特性是传递函数的一种特殊形式。

2. 实验法

给线性定常系统输入正弦信号，不断改变输入信号的角频率，得到一系列输出的稳态幅

值和相角。将稳态幅值与输入正弦信号的幅值相比得到系统的幅频特性，将输出的相角与输入正弦信号的相位相减，得到系统的相频特性。幅频特性和相频特性合在一起即为系统或元件的频率特性。

【例 5-1】求微分方程 $T\dfrac{\mathrm{d}y(t)}{\mathrm{d}t}+y(t)=r(t)$ 表示的线性定常系统的频率特性。

解　（1）从微分方程求传递函数。

$$G(s)=\frac{Y(s)}{R(s)}=\frac{1}{Ts+1}$$

（2）从传递函数求频率特性。

令 $s=\mathrm{j}\omega$，则

$$G(\mathrm{j}\omega)=\frac{1}{1+\mathrm{j}\omega T}=\frac{1-\mathrm{j}\omega T}{(1+\mathrm{j}\omega T)(1-\mathrm{j}T\omega)}=\frac{1}{1+(T\omega)^2}-\mathrm{j}\frac{T\omega}{1+(T\omega)^2} \tag{5-3}$$

实频特性为

$$u(\omega)=\frac{1}{1+(T\omega)^2} \tag{5-4}$$

虚频特性为

$$v(\omega)=\frac{-T\omega}{1+(T\omega)^2} \tag{5-5}$$

幅频特性为

$$|G(\mathrm{j}\omega)|=\frac{1}{|1+\mathrm{j}T\omega|}=\frac{1}{\sqrt{1+(T\omega)^2}} \tag{5-6}$$

相频特性为

$$\angle G(\omega)=\arctan\frac{v(\omega)}{u(\omega)}=-\arctan(T\omega) \tag{5-7}$$

5.1.3　频率特性的物理意义

（1）频率特性是系统对不同频率正弦信号的一种稳态响应。

频率特性是在系统稳定的前提下求得的，对于不稳定系统则无法直接观察到这种稳态响应。从理论上讲，系统动态过程的稳态分量总可以分离出来，而且其规律并不依赖于系统的稳定性。因此，仍可以用频率特性来分析研究系统，包括它的稳定性、动态性能、稳态性能等。

（2）频率特性是输出与输入的稳态复数之比。$G(\mathrm{j}\omega)$随频率而变化，是因为系统中含有储能元件，如弹簧、电容、电感等。$G(\mathrm{j}\omega)$只取决于系统的结构本身，与外界因素无关。

（3）对于非周期信号，可借助于傅里叶展开。

5.1.4　频率特性的图示方法

用图形能直观地表示频率特性 $G(\mathrm{j}\omega)$的幅值与相位随频率 ω 变化的情况。频率特性可以用以下 3 种常用的图示法来表达。

（1）幅相频率特性曲线，即奈奎斯特（Nyquist）图，简称奈氏图。Nyquist 图是在一张极坐标图（夏数平面）上表示当频率 ω 从 $0\to\infty$ 变化时，系统频率特性的矢量端点的轨迹曲线。

（2）对数频率特性曲线，即伯德（Bode）图。Bode 图是在两张图上分别表示对数幅频特性和相频特性随频率 ω 的变化规律。

（3）对数幅相频率特性曲线，即尼克尔斯（Nichocls）图，一般用于闭环系统频率特性的分析。

5.2 系统的开环幅相频率特性曲线（Nyquist 图）

5.2.1 Nyquist 图的基本概念

在复平面上，当 ω 由 $0\to\infty$ 变化时，系统的开环频率特性 $G(\mathrm{j}\omega)H(\mathrm{j}\omega)$ 矢量端点的轨迹称为幅相频率特性图，即 Nyquist 图，通常又称为极坐标图。

Nyquist 图的优点是可以在一张图上描绘出整个频域的频率特性，可以比较容易地对系统进行定性分析。但缺点是不能明显地表示出开环传递函数中每个环节对系统的影响和作用。

5.2.2 典型环节的 Nyquist 图

系统的开环传递函数 $G(s)H(s)$ 一般具有如下的形式：

$$G(s)H(s)=\frac{K\prod_{j=1}^{m}\left(\tau_j s+1\right)}{s^{\nu}\prod_{i=1}^{n-\nu}\left(T_i s+1\right)} \tag{5-8}$$

式（5-8）表示开环系统由具有不同传递函数的环节串联而成。这些环节称为典型环节，主要包括比例环节、积分环节、微分环节、惯性环节、振荡环节等。

要用频率法研究系统或部件的运动特性，首先要作出系统或部件的频率特性图。显然，熟悉各典型环节的作图及其图形特点无疑是很重要的。下面分别说明典型环节的 Nyquist 图的绘制方法及其特点。

1. 比例环节

比例环节的传递函数为 $G(s)=K$，把传递函数中的 s 用 $\mathrm{j}\omega$ 代替（解析法）得其频率特性为

$$G(\mathrm{j}\omega)=K \tag{5-9}$$

则幅频特性为

$$\left|G(\mathrm{j}\omega)\right|=K \tag{5-10}$$

相频特性为

$$\angle G(\mathrm{j}\omega)=0^{\circ} \tag{5-11}$$

可见，比例环节的幅频特性与相频特性都是与角频率 ω 无关的常量，其 Nyquist 图如图 5.2 所示。

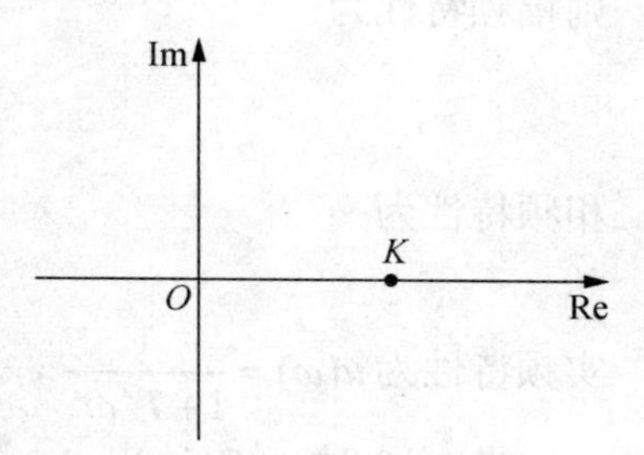

图 5.2　比例环节的 Nyquist 图

2. 积分环节和微分环节

积分环节的传递函数为$G(s)=\dfrac{1}{s}$，把传递函数中的 s 用 $\mathrm{j}\omega$ 代替（解析法）得其频率特性为

$$G(\mathrm{j}\omega)=\frac{1}{\mathrm{j}\omega}=\frac{1}{\omega}\mathrm{e}^{-\mathrm{j}\frac{\pi}{2}} \tag{5-12}$$

则幅频特性为

$$|G(\mathrm{j}\omega)|=\frac{1}{\omega} \tag{5-13}$$

相频特性为

$$\angle G(\mathrm{j}\omega)=-\frac{\pi}{2}=-90^\circ \tag{5-14}$$

可见，对于积分环节，当频率 ω 由 $0\to\infty$时，其幅值由$\infty\to0$；其相频特性与频率取值无关，等于常值-90°。因此，其 Nyquist 图为负虚轴，如图 5.3（a）所示。

微分环节的传递函数为$G(s)=s$，把传递函数中的 s 用 $\mathrm{j}\omega$ 代替（解析法）得频率特性为

$$G(\mathrm{j}\omega)=\mathrm{j}\omega=\omega\mathrm{e}^{-\mathrm{j}\frac{\pi}{2}} \tag{5-15}$$

则幅频特性为

$$|G(\mathrm{j}\omega)|=\omega \tag{5-16}$$

相频特性为

$$\angle G(\mathrm{j}\omega)=\frac{\pi}{2}=90^\circ \tag{5-17}$$

可见，对于微分环节，当频率 ω 由 $0\to\infty$时，其幅值由 $0\to\infty$；其相频特性与频率取值无关，等于常值 90°。因此，其 Nyquist 图为正虚轴，如图 5.3（b）所示。

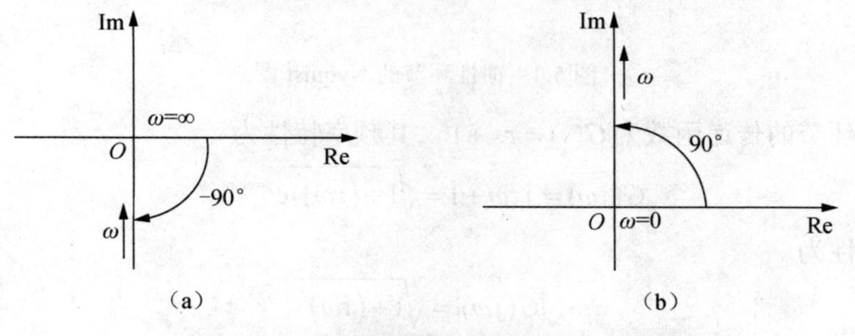

图 5.3　积分环节和微分环节的 Nyquist 图

3. 惯性环节和一阶微分环节

惯性环节的传递函数为$G(s)=\dfrac{1}{Ts+1}$，其频率特性为

$$G(\mathrm{j}\omega)=\frac{1}{\mathrm{j}T\omega+1}=\frac{1}{1+T^2\omega^2}-\mathrm{j}\frac{T\omega}{1+T^2\omega^2} \tag{5-18}$$

则幅频特性为

$$|G(\mathrm{j}\omega)|=\frac{1}{\sqrt{1+T^2\omega^2}} \tag{5-19}$$

相频特性为

$$\angle G(\mathrm{j}\omega)=-\arctan(T\omega) \tag{5-20}$$

实频特性为$u(\omega)=\dfrac{1}{1+T^2\omega^2}$，虚频特性为$v(\omega)=\dfrac{-T\omega}{1+T^2\omega^2}$。由此有

当 $\omega=0$ 时，$|G(\mathrm{j}\omega)|=1$，$\angle G(\mathrm{j}\omega)=0^\circ$；

当 $\omega=1/T$ 时，$|G(\mathrm{j}\omega)|=1/\sqrt{2}$，$\angle G(\mathrm{j}\omega)=-45^\circ$；

当 $\omega=\infty$时，$|G(\mathrm{j}\omega)|=0$，$\angle G(\mathrm{j}\omega)=-90^\circ$。

可以证明，对于惯性环节，当 ω 由 0→∞时，其 Nyquist 图为图 5.4 所示的一个半圆，圆心为(0.5, j0)，半径为 0.5。从图可以看出，惯性环节频率特性的幅值随着频率 ω 的增大而减小，因而具有低通滤波的性能。它存在相位滞后且滞后相位随频率的增大而增大，最大相位滞后为 90°。

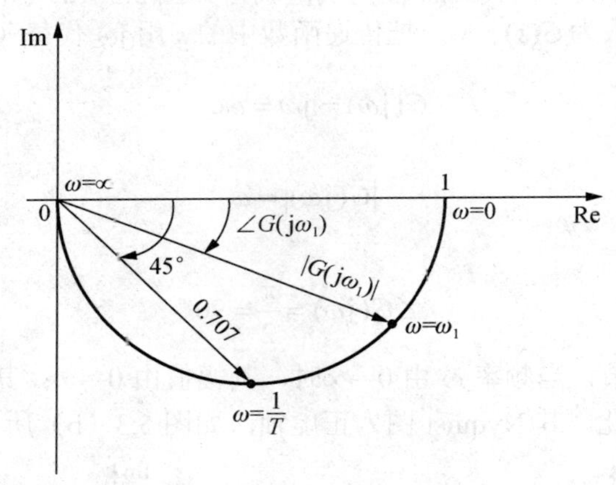

图 5.4 惯性环节的 Nyquist 图

一阶微分环节的传递函数为$G(s)=\tau s+1$，其频率特性为

$$G(\mathrm{j}\omega)=\mathrm{j}\tau\omega+1=\sqrt{1+(\tau\omega)^2}\,\mathrm{e}^{\mathrm{j}\arctan(\tau\omega)} \tag{5-21}$$

则幅频特性为

$$|G(\mathrm{j}\omega)|=\sqrt{1+(\tau\omega)^2} \tag{5-22}$$

相频特性为

$$\angle G(\mathrm{j}\omega)=\arctan(\tau\omega) \tag{5-23}$$

可见，当 ω 由 0→∞时，一阶微分环节的幅频特性由 1→∞，相频特性由 0°→90°。一阶微分环节的 Nyquist 图如图 5.5 所示。

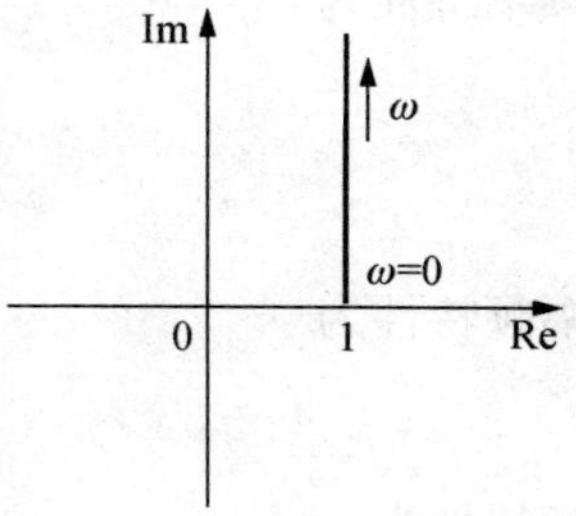

Im

ω

ω=0

0 1 Re

图 5.5 一阶微分环节的 Nyquist 图

4. 振荡环节和二阶微分环节

振荡环节的传递函数为

$$G(s)=\frac{\omega_n^2}{s^2+2\xi\omega_n s+\omega_n^2} \quad (0<\xi<1)$$
$$=\frac{1}{T^2s^2+2\xi Ts+1}$$

式中：T 为振荡环节的时间常数；ξ 为振荡环节的阻尼比。

频率特性为

$$G(\mathrm{j}\omega)=\frac{1}{T^2(\mathrm{j}\omega)^2+2\xi T\mathrm{j}\omega+1}=\frac{1}{1-T^2\omega^2+\mathrm{j}2T\xi\omega}$$
$$=\frac{1-T^2\omega^2}{\left(1-T^2\omega^2\right)^2+\left(2\xi T\omega\right)^2}-\mathrm{j}\frac{2\xi T\omega}{\left(1-T^2\omega^2\right)^2+\left(2\xi T\omega\right)^2} \tag{5-24}$$
$$=\frac{1}{\sqrt{\left(1-T^2\omega^2\right)^2+\left(2\xi T\omega\right)^2}}\mathrm{e}^{-\mathrm{j}\arctan\frac{2\xi T\omega}{1-T^2\omega^2}}$$

则幅频特性为

$$\left|G(\mathrm{j}\omega)\right|=\frac{1}{\sqrt{\left(1-T^2\omega^2\right)^2+\left(2\xi T\omega\right)^2}} \tag{5-25}$$

相频特性为

$$\angle G(\mathrm{j}\omega)=-\arctan\frac{2\xi T\omega}{1-T^2\omega^2} \tag{5-26}$$

可见，当 ω 由 $0\to\infty$时，振荡环节的幅频特性由 $1\to0$；相频特性由 $0°\to-180°$。因此，振荡环节频率特性的高频部分与负实轴相切，其 Nyquist 图如图 5.6 所示。

对图 5.6 解释如下：①Nyquist 图的准确形式与阻尼比 ξ 有关，但是无论对欠阻尼（$\xi<1$）系统还是对过阻尼 $(\xi>1)$ 系统，其图形大致相同；②在 $\omega=\omega_n$ 时，其幅值为 $\left|G(\mathrm{j}\omega)\right|=\frac{1}{2\xi}$，相角为 $\angle G(\mathrm{j}\omega)=-90°$，所以振荡环节的幅相频率特性轨迹与虚轴的交点处的频率就是无阻尼自振角频率 ω_n；③在 Nyquist 图上，距原点最远的点对应于谐振频率 w_r，这时，$\left|G(\mathrm{j}\omega)\right|$ 的峰值 M_r 可用谐振频率 ω_r 处向量的模求得。换言之，已知振荡环节的 Nyquist 图，怎样来确定谐振频率 ω_r 和谐振峰值 M_r 呢？用圆规作已知 Nyquist 图的外切圆，得到的切点为谐振频率 ω_r，该点到坐标原点的距离为谐振峰值 M_r；④对于过阻尼的情况，即 $\xi>1$ 时，振荡环节的 Nyquist 图近似为半圆。这是由于过阻尼一个根比另一个根大很多；对于 ξ 足够大，以致大的一个根对系统所引起的影响足够小，此时系统与一阶系统类似，其 Nyquist 图接近半圆。

二阶比例微分环节的传递函数为

$$G(s)=\tau^2s^2+2\xi\tau s+1$$

其频率特性为

$$G(\mathrm{j}\omega)=1-\tau^2\omega^2+\mathrm{j}2\xi\tau\omega$$
$$=\sqrt{\left(1-\tau^2\omega^2\right)^2+\left(2\xi\tau\omega\right)^2}\,\mathrm{e}^{\mathrm{j}\arctan\frac{2\xi\tau\omega}{1-\tau^2\omega^2}} \tag{5-27}$$

则幅频特性为

$$\left|G(\mathrm{j}\omega)\right|=\sqrt{\left(1-\tau^2\omega^2\right)^2+\left(2\xi\tau\omega\right)^2} \tag{5-28}$$

相频特性为

$$\angle G(\mathrm{j}\omega)=\arctan\frac{2\xi\tau\omega}{1-\tau^2\omega^2} \tag{5-29}$$

可见，当ω由0→∞时，二阶微分环节的幅频特性由1→∞；相频特性由0°→180°。因此，其Nyquist图如图5.7所示。

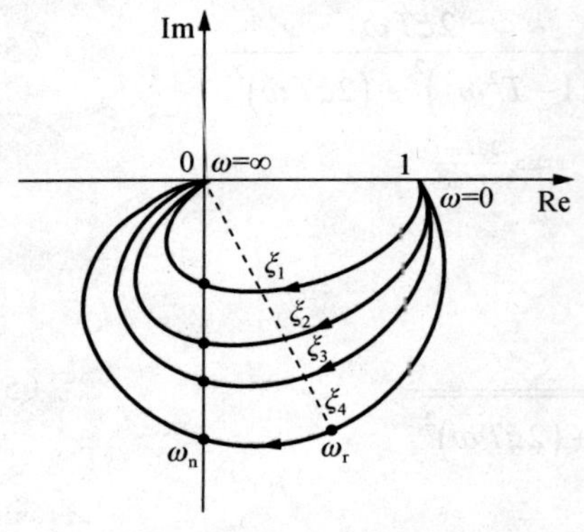

图5.6　振荡环节的Nyquist图

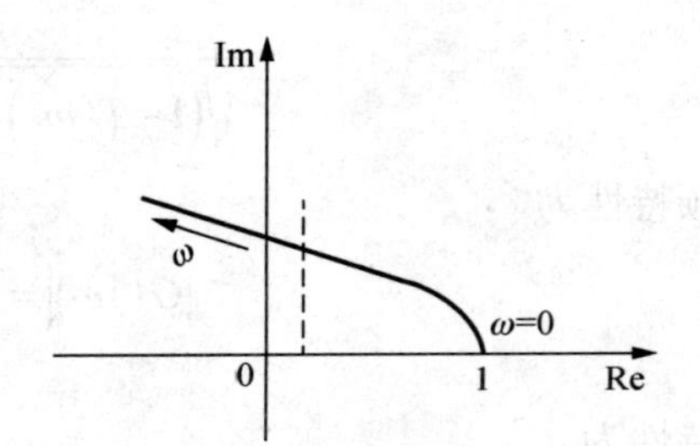

图5.7　二阶微分环节的Nyquist图

5. 不稳定环节

不稳定环节的传递函数为

$$G(s)=\frac{1}{Ts-1}$$

式中：T为不稳定环节的时间常数。

频率特性为

$$G(\mathrm{j}\omega)=\frac{1}{\mathrm{j}T\omega-1}=\frac{-1-\mathrm{j}T\omega}{1+T^2\omega^2}=\frac{1}{\sqrt{1+T^2\omega^2}}\mathrm{e}^{\mathrm{j}[-180^\circ+\arctan(T\omega)]} \tag{5-30}$$

则幅频特性为

$$\left|G(\mathrm{j}\omega)\right|=\frac{1}{\sqrt{1+T^2\omega^2}} \tag{5-31}$$

相频特性为

$$\angle G(\mathrm{j}\omega)=-180^\circ+\arctan(T\omega) \tag{5-32}$$

可见，当ω由0→∞时，不稳定环节与惯性环节具有相似的幅频特性，相频特性由−180°→−90°，其Nyquist图如图5.8所示。

6. 滞后环节

滞后环节的传递函数为$G(s)=\mathrm{e}^{-\tau s}$，其频率特性为

$$G(\mathrm{j}\omega)=\mathrm{e}^{-\mathrm{j}\tau\omega} \tag{5-33}$$

幅频特性为

$$\left|G(\mathrm{j}\omega)\right|=1 \tag{5-34}$$

相频特性为

$$\angle G(\mathrm{j}\omega)=-\tau\omega \tag{5-35}$$

可见，当ω由0→∞时，滞后环节的幅频特性恒等于 1，为一个以坐标原点为中心，以1为半径的圆，其 Nyquist 图如图 5.9 所示。

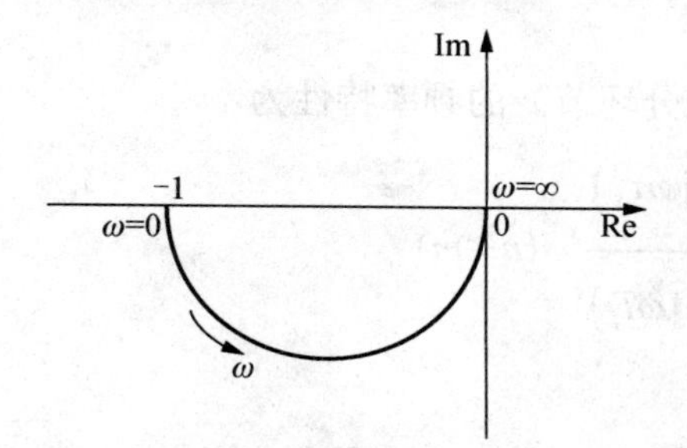

图 5.8　不稳定环节的 Nyquist 图

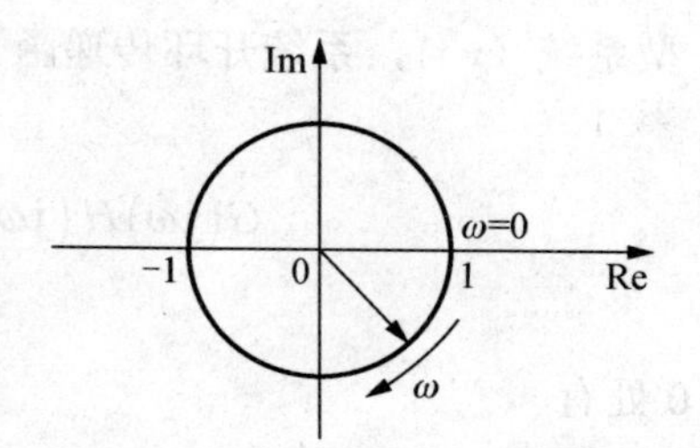

图 5.9　滞后环节的 Nyquist 图

5.2.3　开环系统的 Nyquist 图

按照系统开环传递函数中包含积分环节的个数v，可以把系统分为 0 型系统、Ⅰ型系统、Ⅱ型系统等。设v型系统的开环频率特性为

$$G(\mathrm{j}\omega)H(\mathrm{j}\omega)=\frac{K\prod_{j=1}^{m}\left(1+\mathrm{j}\omega\tau_j\right)}{(\mathrm{j}\omega)^v\prod_{i=1}^{n-v}\left(1+\mathrm{j}\omega T_i\right)}$$

$$=\frac{b_m(\mathrm{j}\omega)^m+b_{m-1}(\mathrm{j}\omega)^{m-1}+\cdots+b_1(\mathrm{j}\omega)+b_0}{a_n(\mathrm{j}\omega)^n+a_{n-1}(\mathrm{j}\omega)^{n-1}+\cdots+a_1(\mathrm{j}\omega)+a_0}\quad(n\geqslant m)$$

1. 0 型系统的开环 Nyquist 图

0 型系统（v=0，系统开环传递函数中没有积分环节）的频率特性为

$$G(\mathrm{j}\omega)\left(H(\mathrm{j}\omega)\right)=\frac{K\prod_{j=1}^{m}\left(1+\mathrm{j}\omega\tau_j\right)}{\prod_{i=1}^{n}\left(1+\mathrm{j}\omega T_i\right)}\quad(n\geqslant m)$$

在$\omega=0$处有

$$\lim_{\omega\to 0}G(\mathrm{j}\omega)H(\mathrm{j}\omega)=\lim_{\omega\to 0}\frac{K(1+\mathrm{j}\omega\tau_1)(1+\mathrm{j}\omega\tau_2)\cdots}{(1+\mathrm{j}\omega T_1)(1+\mathrm{j}\omega T_2)\cdots}=K\mathrm{e}^{\mathrm{j}0}$$

在$\omega\to\infty$处有

$$\lim_{\omega\to\infty}G(\mathrm{j}\omega)H(\mathrm{j}\omega)=\frac{K\prod_{j=1}^{m}\tau_j}{\prod_{i=1}^{n}T_i}(\mathrm{j}\omega)^{m-n}=0\mathrm{e}^{-\mathrm{j}(n-m)\frac{\pi}{2}}$$

可见，0 型系统的 Nyquist 图的起始点（对应于$\omega=0$，即低频时）是在正实轴上的有限值 $p=K$ 处；Nyquist 图的终止点（对应于$\omega\to\infty$，即高频时）是幅值在原点处，并且曲线与某坐标轴相切处。

2. Ⅰ型系统的开环 Nyquist 图

Ⅰ型系统（$v=1$，系统开环传递函数中有 1 个积分环节）的频率特性为

$$G(\mathrm{j}\omega)H(\mathrm{j}\omega)=\frac{K\prod_{j=1}^{m}(1+\mathrm{j}\omega\tau_j)}{\mathrm{j}\omega\prod_{i=1}^{n}(1+\mathrm{j}\omega T_i)}\quad(n\geqslant m)$$

在$\omega=0$处有

$$\lim_{\omega\to 0}G(\mathrm{j}\omega)H(\mathrm{j}\omega)=\lim_{\omega\to 0}\frac{K(1+\mathrm{j}\omega\tau_1)(1+\mathrm{j}\omega\tau_2)\cdots}{j\omega(1+\mathrm{j}\omega T_1)(1+\mathrm{j}\omega T_2)\cdots}=\lim_{\omega\to 0}\frac{K}{\omega}\mathrm{K}\mathrm{e}^{-\mathrm{j}\frac{\pi}{2}}$$

在$\omega\to\infty$处有

$$\lim_{\omega\to\infty}G(\mathrm{j}\omega)H(\mathrm{j}\omega)=\lim_{\omega\to\infty}\frac{K\prod_{j=1}^{m}\tau_j}{\prod_{i=1}^{n-1}T_i}(\mathrm{j}\omega)^{m-n}=0\mathrm{e}^{-\mathrm{j}(n-m)\frac{\pi}{2}}$$

可见，Ⅰ型系统的 Nyquist 图的起始点（对应于$\omega=0$，即低频时）是在无穷远处，Nyquist 图的渐近线是平行负虚轴的直线；Nyquist 图的终点（对应于$\omega\to\infty$，即高频时）是幅值为 0 处，Nyquist 图以角度为$-(n-m)\frac{\pi}{2}$收敛于原点，并且曲线与某坐标轴相切处。

3. Ⅱ型系统的开环 Nyquist 图

Ⅱ型系统（$v=2$，系统开环传递函数中有 2 个积分环节）的频率特性为

$$G(\mathrm{j}\omega)H(\mathrm{j}\omega)=\frac{K\prod_{j=1}^{m}(1+\mathrm{j}\omega\tau_j)}{(\mathrm{j}\omega)^2\prod_{i=1}^{n-2}(1+\mathrm{j}\omega T_i)}\quad(n\geqslant m)$$

在$\omega=0$处，有

$$\lim_{\omega\to 0}G(\mathrm{j}\omega)H(\mathrm{j}\omega)=\lim_{\omega\to 0}\frac{K(1+\mathrm{j}\omega\tau_1)(1+\mathrm{j}\omega\tau_2)\cdots}{(\mathrm{j}\omega)^2(1+\mathrm{j}\omega T_1)(1+\mathrm{j}\omega T_2)\cdots}=\lim_{\omega\to 0}\frac{K}{\omega^2}K\mathrm{e}^{-\mathrm{j}\pi}$$

在 $\omega \to \infty$ 处有

$$\lim_{\omega\to\infty} G(\mathrm{j}\omega)H(jw) = \lim_{\omega\to\infty} \frac{K\prod_{j=1}^{m}\tau_j}{\prod_{i=1}^{n-2}T_i}(\mathrm{j}\omega)^{m-n} = 0\mathrm{e}^{-\mathrm{j}(n-m)\frac{\pi}{2}}$$

可见，Ⅱ型系统的 Nyquist 图的起始点（对应于 $\omega=0$，即低频时）的幅值为无穷大、相角为-180°，Nyquist 图的渐近线是平行于负实轴的直线。Nyquist 图的终点（对应于 $\omega\to\infty$，即高频时）处幅值为 0，且曲线相切于某坐标轴。

图 5.10（a）所示为 0 型、Ⅰ型、Ⅱ型低频段 Nyquist 图的大致形状。可以看出，如果分母多项式的阶次高于分子多项式的阶次，那么 $G(\mathrm{j}\omega)H(\mathrm{j}\omega)$ 的轨迹将以顺时针方向收敛于原点。在 $\omega\to\infty$ 处，其相轨迹与某坐标轴相切，如图 5.10（b）所示。

当 $G(\mathrm{j}\omega)H(\mathrm{j}\omega)$ 的分母多项式阶次与分子多项式阶次相同时，其 Nyquist 图起于实轴上某一有限远点，止于实轴上有限远点。

注意，任何复杂的 Nyquist 图形状都是由分子动态特性决定的，即由传递函数中分子的时间常数决定的。在分析控制系统时，在感兴趣的频率范围内，必须精确地确定 $G(\mathrm{j}\omega)H(\mathrm{j}\omega)$ 的 Nyquist 图。

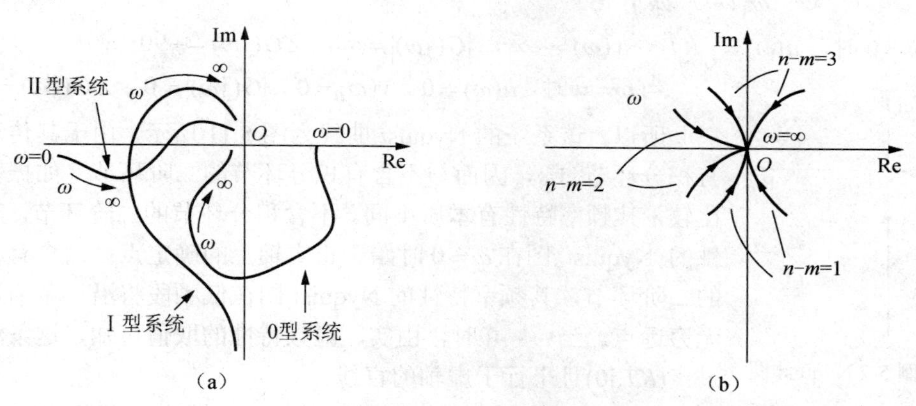

图 5.10　Nyquist 图的低、高频段的大致形状

（a）低频段；（b）高频段

5.2.4　Nyquist 图的画法

绘制准确的 Nyquist 图是比较麻烦的，一般可以借助计算机以一定的频率间隔逐点计算 $G(\mathrm{j}\omega)$ 的实部与虚部或幅值与相位，并描绘在 Nyquist 图中。一般情况下，可绘制概略的 Nyquist 曲线。但 Nyquist 的概略曲线应保持其准确曲线的重要特征，并且在要研究的点附近有足够的准确性。

绘制 Nyquist 曲线的概略图的一般步骤如下：

（1）由 $G(\mathrm{j}\omega)$ 求出其实频特性 $\mathrm{Re}[G(\mathrm{j}\omega)]$、虚频特性 $\mathrm{Im}[G(\mathrm{j}\omega)]$、幅频特性 $|G(\mathrm{j}\omega)|$、相频特性 $\angle G(\mathrm{j}\omega)$ 的表达式；

（2）求出若干特征点，如起点（$\omega=0$）、终点（$\omega=\infty$）、与实轴的交点（虚部 $\mathrm{Im}[G(\mathrm{j}\omega)]=0$）、与虚轴的交点（实部 $\mathrm{Re}[G(\mathrm{j}\omega)]=0$）等，并标注在 Nyquist 图上；

（3）补充必要的几点，根据幅频特性$|G(\mathrm{j}\omega)|$、虚频特性$\angle G(\mathrm{j}\omega)$、实频特性$\mathrm{Re}[G(\mathrm{j}\omega)]$、虚频特性$\mathrm{Im}[G(\mathrm{j}\omega)]$的变化趋势及$G(\mathrm{j}\omega)$所处的象限，作出 Nyquist 曲线的大致形状。存在渐近线，则找出渐近线，绘出 Nyquist 图。如果需要另半部分，可利用镜像原理，作出ω由 0→∞ 的 Nyquist 图。

【例 5-2】已知系统的传递函数为$G(s)=\dfrac{K}{s(Ts+1)}$，试绘制其 Nyquist 曲线。

解 系统的频率特性为

$$G(\mathrm{j}\omega)=\frac{K}{\mathrm{j}\omega(1+\mathrm{j}T\omega)}=K\cdot\frac{1}{\mathrm{j}\omega}\cdot\frac{1}{1+\mathrm{j}T\omega}$$

$$=\frac{-KT}{1+T^2\omega^2}-\mathrm{j}\frac{K}{\omega\left(1+T^2\omega^2\right)}$$

由上式可知，系统是由比例环节、积分环节和惯性环节串联而成的。其幅频特性为$|G(\mathrm{j}\omega)|=\dfrac{K}{\omega\sqrt{1+T^2\omega^2}}$，相频特性为$\angle G(\mathrm{j}\omega)=-90^\circ-\arctan(T\omega)$，实频特性为$u(\omega)=\dfrac{-KT}{1+T^2\omega^2}$，虚频特性为$v(\omega)=-\dfrac{K}{\omega\left(1+T^2\omega^2\right)}$。由此有

当$\omega=0$时，$u(\omega)=-KT$，$v(\omega)=-\infty$，$|G(\mathrm{j}\omega)|=\infty$，$\angle G(\mathrm{j}\omega)=-90^\circ$；

当$\omega=\infty$时，$u(\omega)=0$，$v(\omega)=0$，$|G(\mathrm{j}\omega)|=0$，$\angle G(\mathrm{j}\omega)=-180^\circ$。

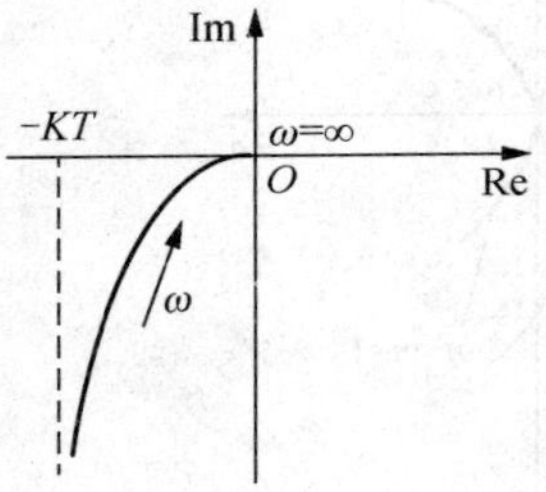

图 5.11 例 5-2 Nyquist 图

所以，该系统的 Nyquist 曲线为图 5.11 所示。由于其传递函数含有积分环节 $1/s$，因而与不含有积分环节的二阶环节（如振荡环节）比较，其频率特性有本质不同。不含积分环节的二阶环节，其频率特性的 Nyquist 图在$\omega=0$时始于正实轴上的确定点；而含有积分环节的二阶环节，其频率特性的 Nyquist 图在低频段将沿一条渐近线趋于无穷远点。当$\omega\to 0$时，由实、虚频特性的取值可知，这条渐近线是过点$(KT,\mathrm{j}0)$且平行于虚轴的直线。

5.3 系统的对数频率特性图（Bode 图）

5.3.1 Bode 图基本概念

频率特性的对数坐标图又称 Bode 图。Bode 图由对数幅频特性图和对数相频特性图两张图组成，分别表示幅频特性和相频特性。对数坐标图的横坐标表示频率ω，按对数分度，单位是s^{-1}或$\mathrm{rad\cdot s^{-1}}$，如图 5.12 所示。由图可知，若在横坐标上任意取两点，使其满足$\dfrac{\omega_2}{\omega_1}=10$，则两点的距离为$\lg\dfrac{\omega_2}{\omega_1}=1$。因此，不论起点如何，只要频率变化 10 倍，在横坐标上线段长度均等于一个单位。即频率ω从任一数值ω_1增加（或减小）到$\omega_2=10\omega_1$（$\omega_2=\omega_1/10$）时的频

带宽度在对数坐标上为一个单位，将该频带宽度称为 10 倍频程，用“dec”表示。注意，为了方便，横坐标虽然是对数分度，但是习惯上其刻度值不标 $\lg\omega$，而是标 ω 值。

对数幅频特性的纵坐标表示 $G(\mathrm{j}\omega)$ 的幅值取以 10 为底的对数，再放大 20 倍，即 $20\lg|G(\mathrm{j}\omega)|$，单位是分贝（dB），按线性分度。当 $|G(\mathrm{j}\omega)|=1$ 时，其分贝值为 0，即 0 dB 表示输出幅值等于输入幅值。对数相频特性图的纵坐标表示 $G(\mathrm{j}\omega)$ 的相位，单位是度（°），也按线性分度。因此，Bode 图画在半对数坐标纸上，频率采用对数分度，而幅值或相位采用线性分度。

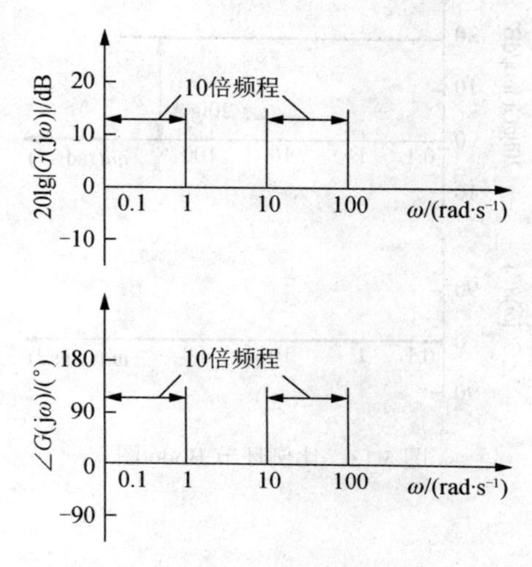

图 5.12　Bode 图坐标系

用 Bode 图表示频率特性有如下优点。

（1）可将串联环节幅值的相乘、相除，转化为幅值的相加、相减，可以简化计算与作图过程；

（2）可用近似方法作图。先分段用直线作出对数幅频特性的渐近线，再用修正曲线对渐近线进行修正，就可得到较准确的对数幅频特性图，给作图带来很大方便。

（3）可分别作出各个环节的 Bode 图，然后用叠加方法得出系统的 Bode 图，并由此可以看出各个环节对系统总特性的影响。

（4）由于横坐标采用对数分度，所以能把较宽频率范围的图形紧凑的表示出来。可以展宽视野，便于研究细微部分。也能画出系统的低频、中频、高频特性，便于统筹全局。在分析和研究系统时，其低频特性很重要，而横轴采用对数分度对于突出频率特性的低频段很方便。在应用时，横坐标的起点可根据实际所需的最低频率来决定。

（5）若将频率响应数据绘制在对数坐标图上，那么用实验方法来确定传递函数是很简单的。

5.3.2　典型环节的 Bode 图

1. 比例环节

比例环节的传递函数为 $G(s)=K$，其特点是输出能够无滞后、无失真地复现输入信号。其频率特性为

$$G(\mathrm{j}\omega)=K$$

对数幅频特性和相频特性分别为

$$\begin{cases}20\lg|G(\mathrm{j}\omega)| = 20\lg K \\ \angle G(\mathrm{j}\omega) = 0^\circ\end{cases} \tag{5-36}$$

可见，比例环节的对数幅频特性曲线是一条高度为 20lg$K$ 的水平直线；其对数相频特性曲线是与 0° 重合的一条直线，如图 5.13 所示（图中 K=10）。当 K 值改变时，只是对数幅频特性曲线上下移动，而对数相频特性不变。

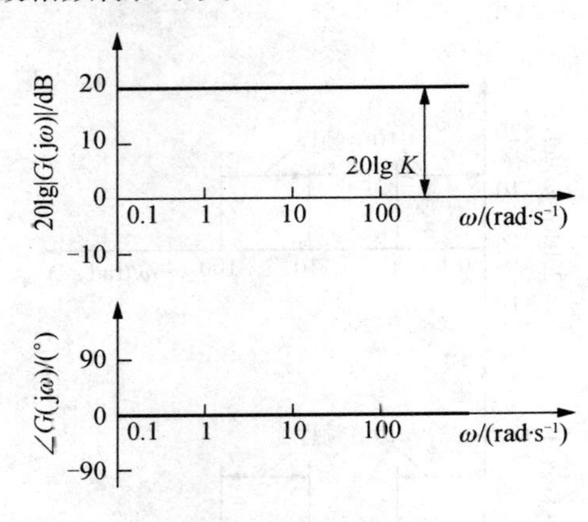

图 5.13　比例环节 Bode 图

2. 积分环节

积分环节的传递函数为 $G(s)=\dfrac{1}{s}$，其频率特性为 $G(\mathrm{j}\omega)=\dfrac{1}{\mathrm{j}\omega}=\dfrac{1}{\omega}\mathrm{e}^{-\mathrm{j}\frac{\pi}{2}}$，其对数幅频特性和相频特性为

$$\begin{cases}20\lg|G(\mathrm{j}\omega)| = 20\lg\dfrac{1}{\omega} = -20\lg\omega \\ \angle G(\mathrm{j}\omega) = -90^\circ\end{cases} \tag{5-37}$$

可见，每当频率增大为 10 倍时，对数幅频特性就减小 20 dB，因此积分环节的对数幅频特性曲线在整个频率范围内是一条斜率为−20 dB/dec 的直线。当 $\omega=1$ 时，$20\lg|G(\mathrm{j}\omega)|=0$，即在此频率时，积分环节的对数幅频特性曲线与 0 dB 线相交，如图 5.14 所示。积分环节的对数相频特性曲线在整个频率范围内为一条平行于横坐标轴的直线，其纵坐标为−90°。

3. 微分环节

微分环节的传递函数为 $G(s)=s$，其频率特性为 $G(\mathrm{j}\omega)=\mathrm{j}\omega=\omega\mathrm{e}^{\mathrm{j}\frac{\pi}{2}}$，其对数幅频特性和相频特性为

$$\begin{cases}20\lg|G(\mathrm{j}\omega)| = 20\lg\omega \\ \angle G(\mathrm{j}\omega) = 90^\circ\end{cases} \tag{5-38}$$

可见，每当频率增大为 10 倍时，对数幅频特性就增加 20 dB，因此微分环节的对数幅频特性曲线在整个频率范围内是一条斜率为 20 dB/dec 的直线。当 $\omega=1$ 时，$20\lg|G(\mathrm{j}\omega)|=0$，

即在此频率时，积分环节的对数幅频特性曲线与 0 dB 线相交，如图 5.15 所示。微分环节的对数相频特性曲线在整个频率范围内为一条平行于横坐标轴的直线，其纵坐标为 90°。

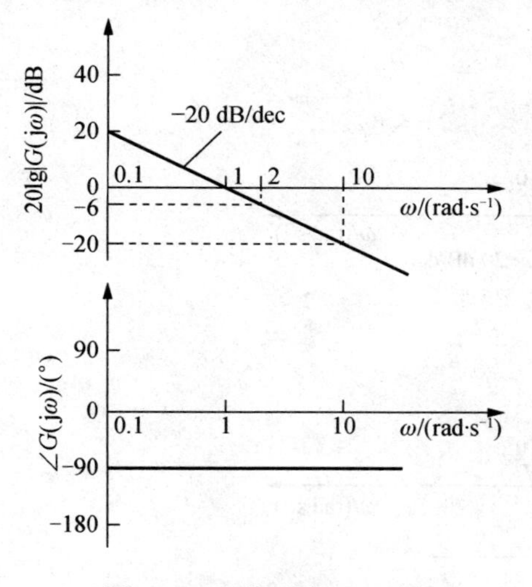

图 5.14　积分环节 Bode 图

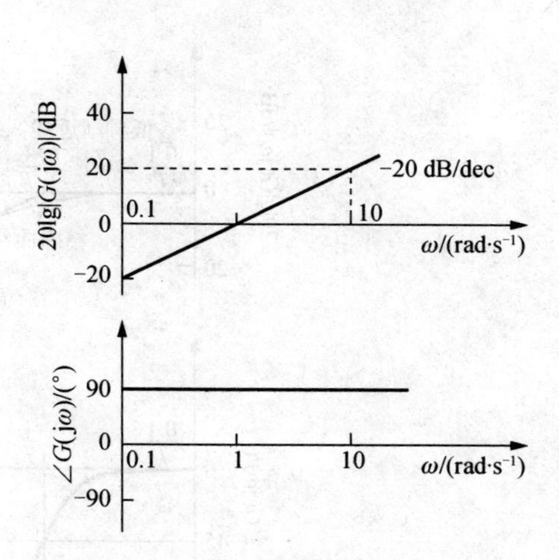

图 5.15　积分环节 Bode 图

4. 惯性环节

惯性环节的传递函数为 $G(s)=\dfrac{1}{Ts+1}$，其频率特性为

$$G(\omega)=\frac{1}{1+\mathrm{j}T\omega}=\frac{1}{\sqrt{1+(T\omega)^2}}\mathrm{e}^{-\mathrm{j}\arctan^{-1}T\omega}$$

其对数幅频特性和相频特性为

$$\begin{cases}20\lg\left|G(\mathrm{j}\omega)\right|=20\lg\dfrac{1}{\sqrt{1+(T\omega)^2}}=-20\lg\sqrt{1+(T\omega)^2} & \text{(a)}\\ \angle G(\mathrm{j}\omega)=-\arctan T\omega & \text{(b)}\end{cases}\tag{5-39}$$

对于对数幅频特性 $20\lg\left|G(\mathrm{j}\omega)\right|=-20\lg\sqrt{1+(T\omega)^2}$，当 $\omega\ll 1/T$，即 $T\omega\ll 1$ 时，$(T\omega)^2$ 与 1 相比很小，可以忽略不计。所以有

$$20\lg\left|G(\mathrm{j}\omega)\right|\approx 20\lg 1=0\,\mathrm{dB}\tag{5-40}$$

可以看出惯性环节的对数幅频特性在低频（$\omega\ll 1/T$）时可以近似为 0 dB 线，它止于点 (1/*T*, 0)。0 dB 水平线称为低频渐近线。

当 $\omega\gg 1/T$，即 $T\omega\gg 1$ 时，1 与 $(T\omega)^2$ 相比很小，可以忽略不计，所以有

$$20\lg\left|G(\mathrm{j}\omega)\right|\approx -20\lg\sqrt{(T\omega)^2}=-20\lg(T\omega)=-20\lg T-20\lg\omega\tag{5-41}$$

当 $w=1/T$ 时，$20\lg\left|G(\mathrm{j}\omega)\right|=0\,\mathrm{dB}$。所以惯性环节的对数幅频特性在高频（$\omega\gg 1/T$）时可以近似为一条直线，它始于点 $(1/T,0)$，斜率为−20 dB/dec，此线称为高频渐近线。低频渐近线和高频渐近线的交点为 $\omega=1/T$ 处，称为交接频率或转折频率，记为 ω_{T}。

图 5.16 为惯性环节的 Bode 图，可以看出，惯性环节有低通滤波器的特性。当输入频率 $\omega > \omega_T$ 时，其输出很快衰减，即滤掉输入信号的高频部分。在低频段，输出能较准确地反映输入。

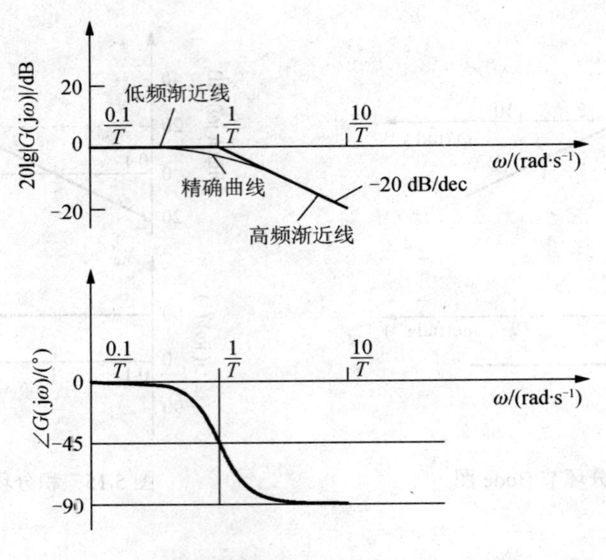

图 5.16　惯性环节 Bode 图

渐近线与精确的对数幅频特性曲线之间存在误差 $e(\omega)$，在低频段，误差是式（5-39（a））减去式（5-40），即

$$e(\omega) = -20\lg\sqrt{1+(T\omega)^2} \tag{5-42}$$

在高频段，误差为式（5-39（a））减去式（5-41），即

$$e(\omega) = -20\lg\sqrt{1+(T\omega)^2} + 20\lg(T\omega) \tag{5-43}$$

根据式（5-42）和式（5-43）作出不同频率的误差修正曲线，如图 5.17 所示。由图 5.17 可知，最大误差发生在转折频率为 $\omega = \dfrac{1}{T}$ 处，其误差为

$$e(\omega) = -20\lg\sqrt{1+(T\omega)^2} = -20\lg\sqrt{2}\ \text{dB} \approx -3.01\ \text{dB}$$

或

$$e(\omega) = -20\lg\sqrt{1+(T\omega)^2} - 20\lg(T\omega) = -20\lg\sqrt{2}\ \text{dB} \approx -3.01\ \text{dB}$$

在 $\omega = 2/T$ 时，代入式（5-42），得 $e(\omega) \approx -0.97\ \text{dB}$，$\omega = 0.5/T$ 时，代入式（5-42），得 $e(\omega) \approx -0.97\ \text{dB}$；在 $\omega = 10/T$ 或 $\omega = 0.1/T$ 时分别代入式（5-43）和式（5-42）得 $e(\omega) \approx -0.04\ \text{dB}$，接近于 0 dB。据此可在 $0.1/T$～$10/T$ 的频率范围内对渐近线进行修正。

由惯性环节的相频特性 $\angle G(\mathrm{j}\omega) = -\arctan T\omega$，有

当 $\omega = 0$ 时，$\angle G(\mathrm{j}\omega) = 0°$；

当 $\omega = 1/T$ 时，$\angle G(\mathrm{j}\omega) = -45°$；

当 $\omega = \infty$ 时，$\angle G(\mathrm{j}\omega) = -90°$。

由图 5.17 可知，对数相频特性对称于点 $(1/T,-45°)$，而且在 $\omega \leqslant 0.1/T$ 时，$\angle G(\mathrm{j}\omega) \to 0°$；在 $\omega \geqslant 10/T$ 时，$\angle G(\mathrm{j}\omega) \to -90°$。

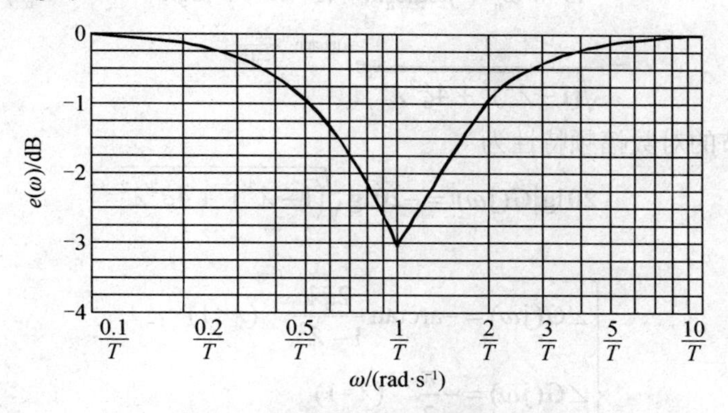

图 5.17　惯性环节误差修正曲线

5. 一阶微分环节

一阶微分环节的传递函数为 $G(s)=Ts+1$，与惯性环节传递函数互为倒数。其频率特性为 $G(\mathrm{j}\omega)=\mathrm{j}T\omega+1=\sqrt{1+T^2\omega^2}\,\mathrm{e}^{\mathrm{j}\arctan T\omega}$，对数幅频特性和相频特性为

$$\begin{cases}20\lg\left|G(\mathrm{j}\omega)\right|=20\lg\sqrt{1+T^2\omega^2}\\ \angle G(\mathrm{j}\omega)=\arctan^{-1}T\omega\end{cases} \tag{5-44}$$

显然，一阶微分环节与惯性环节相比，其对数幅频特性和相频特性都仅差一个符号。所以一阶微分环节的对数频率特性与惯性环节的对数频率特性沿 ω 轴的变化曲线，如图 5.18 所示。

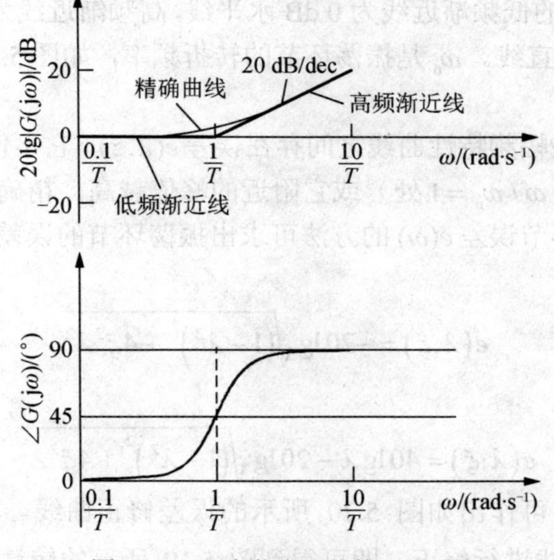

图 5.18　一阶微分环节的 Bode 图

6. 振荡环节

振荡环节的传递函数为 $G(s)=\dfrac{\omega_{\mathrm{n}}^2}{s^2+2\xi\omega_{\mathrm{n}}s+\omega_{\mathrm{n}}^2}(0<\xi<1)$，其频率特性为

$$G(\mathrm{j}\omega)=\frac{\omega_{\mathrm{n}}^2}{-\omega^2+\omega_{\mathrm{n}}^2+j2\xi\omega_{\mathrm{n}}\omega}=\frac{1}{(1-\lambda^2)+\mathrm{j}2\xi\lambda}\quad\left(\lambda=\frac{\omega}{\omega_{\mathrm{n}}}\right)$$

$$=\frac{1}{\sqrt{(1-\lambda^2)^2+4\xi^2\lambda^2}}\mathrm{e}^{-\mathrm{j}\arctan^{-1}\frac{2\xi\lambda}{1-\lambda^2}}$$

于是振荡环节的对数幅频特性为

$$20\lg|G(\mathrm{j}\omega)|=-20\lg\sqrt{\left(1-\lambda^2\right)^2+4\xi^2\lambda^2}\tag{5-45}$$

相频特性为

$$\begin{cases}\angle G(\mathrm{j}\omega)=-\arctan\dfrac{2\xi\lambda}{1-\lambda^2} & (\lambda<1)\\ \angle G(\mathrm{j}\omega)=-\dfrac{\pi}{2} & (\lambda=1)\\ \angle G(\mathrm{j}\omega)=-\pi+\left(-\arctan\dfrac{2\xi\lambda}{1-\lambda^2}\right) & (\lambda>1)\end{cases}\tag{5-46}$$

对于对数幅频特性，当$\omega\ll\omega_{\mathrm{n}}\,(\lambda\approx 0)$时，有

$$20\lg|G(\mathrm{j}\omega)|\approx 0\,\mathrm{dB}$$

即低频渐近线是 0 dB 线。

当$\omega\gg\omega_{\mathrm{n}}\,(\lambda\gg 1)$时，忽略 1 与$4\xi^2\lambda^2$，得

$$20\lg|G(\mathrm{j}\omega)|\approx-20\lg\lambda=-40\lg\omega+40\lg\omega_{\mathrm{n}}$$

即高频渐近线为一直线，当横坐标用$\lambda=\omega/\omega_{\mathrm{n}}$表示时，该直线始于点(1,0)，斜率为−40 dB/dec。

由上可知，振荡环节的低频渐近线为 0 dB 水平线，高频渐近线为始于点(1,0)（即在$\omega=\omega_{\mathrm{n}}$处）斜率为−40 dB/dec 的直线。$\omega_{\mathrm{n}}$是振荡环节的转折频率，如图 5.19 所示。图中横坐标实际上是$\lg\omega/\omega_{\mathrm{n}}$或$\lg\lambda$。

渐近线与精确的对数幅频特性曲线之间存在误差$e(\lambda,\xi)$，它不仅与λ有关，而且也与ξ有关。ξ越小，ω_{n}（即$\lambda=\omega/\omega_{\mathrm{n}}=1$处）或它附近的峰值越高，精确曲线与渐近线之间的误差就越大。用类似求惯性环节误差$e(\omega)$的方法可求出振荡环节的误差$e(\lambda,\xi)$：

当$\lambda\leqslant 1$时，有

$$e(\lambda,\xi)=-20\lg\sqrt{\left(1-\lambda^2\right)^2+4\xi^2\lambda^2}$$

当$\lambda\geqslant 1$时，有

$$e(\lambda,\xi)=40\lg\lambda-20\lg\sqrt{\left(1-\lambda^2\right)^2+4\xi^2\lambda^2}$$

根据不同的λ和ξ值可作出如图 5.20 所示的误差修正曲线。根据此修正曲线，一般在$0.1\lambda\sim10\lambda$范围内对渐近线进行修正，即可得到图 5.19 所示的较精确的对数幅频特性曲线。当$0<\xi<0.707$时，在对数幅频特性上出现峰值，该峰值称为谐振峰值，记为M_{r}。该点所对应的频率称为谐振频率，记为ω_{r}。根据求极值的条件得

$$\omega_{\mathrm{r}}=\frac{1}{T}\sqrt{1-2\xi^2}=\omega_{\mathrm{n}}\sqrt{1-2\xi^2}\tag{5-47}$$

相应的谐振峰值为

$$M_r = \left|G(j\omega_r)\right| = \frac{1}{2\xi\sqrt{1-\xi^2}} \tag{5-48}$$

由此可看出 ξ 越小，M_r 就越大，$\xi \to 0$ 时，$M_r \to \infty$。

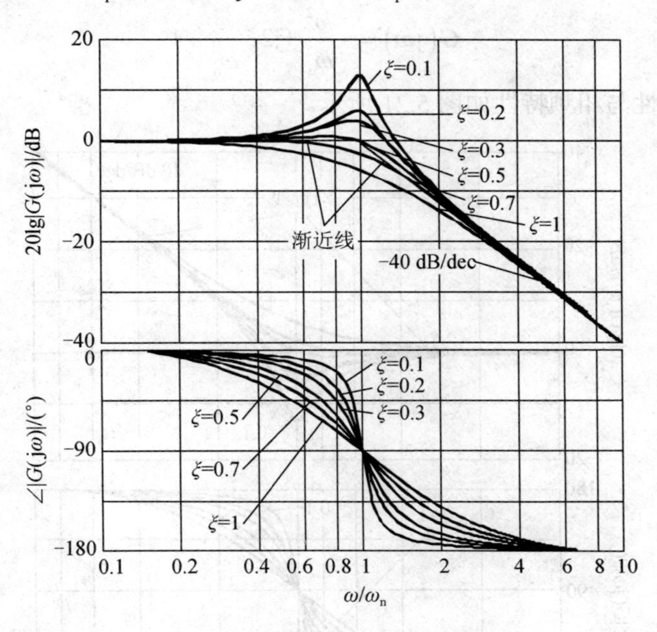

图 5.19　振荡环节的 Bode 图

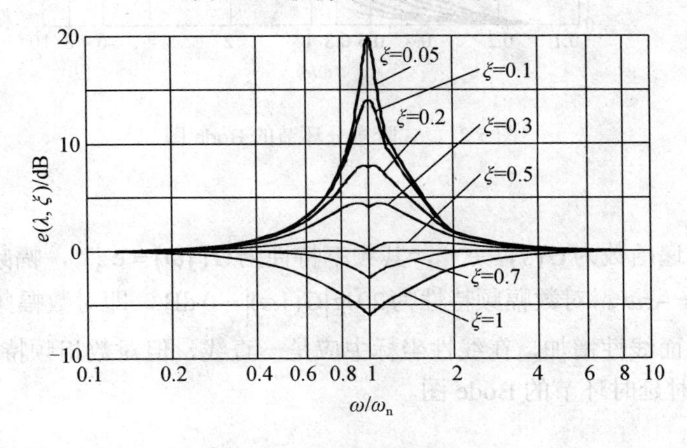

图 5.20　振荡环节的误差修正曲线

由振荡环节的相频特性 $\angle G(j\omega) = -\arctan\dfrac{2\xi\lambda}{1-\lambda^2}$，有

当 $\omega = 0$，且 $\lambda = 0$ 时，$\angle G(j\omega) = 0°$；

当 $\omega = \omega_n$，且 $\lambda = 1$ 时，$\angle G(j\omega) = -90°$；

当 $\omega = \infty$，且 $\lambda = \infty$ 时，$\angle G(j\omega) = -180°$。

由图 5.19 可知，振荡环节的对数相频特性曲线对称于 $(1, -90°)$。

7. 二阶微分环节

二阶微分环节的传递函数为$G(s)=\frac{s^2}{\omega_n^2}+\frac{2\xi}{\omega_n}s+1$，其频率特性为

$$G(j\omega)=-\frac{\omega^2}{\omega_n^2}+j2\xi\frac{\omega}{\omega_n}+1 \tag{5-49}$$

其对数幅频特性与相频特性如图 5.21 所示。

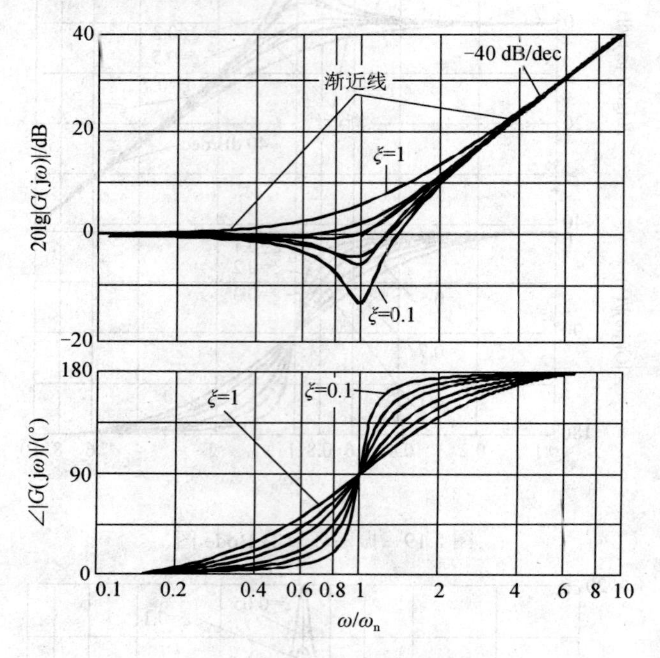

图 5.21　二阶微分环节的 Bode 图

8. 延时环节

延时环节的传递函数为$G(s)=e^{-\tau s}$，其频率特性为$G(j\omega)=e^{-j\tau\omega}$，幅频特性$|G(j\omega)|=1$，相频特性$\angle G(j\omega)=-\tau\omega$。对数幅频特性为$20\lg|G(j\omega)|=0\ \text{dB}$，即对数幅频特性为 0 dB 线。相频特性随$\omega$增大而线性增加，在线性坐标中应是一直线，但对数相频特性是一曲线，如图 5.22 所示为$\tau=10$时延时环节的 Bode 图。

9. 不稳定环节

不稳定环节的传递函数为$G(s)=\frac{1}{Ts-1}$，其频率特性为$G(j\omega)=\frac{1}{jT\omega-1}$。幅频特性为$\frac{1}{\sqrt{1+T^2\omega^2}}$，与惯性环节$G(s)=\frac{1}{Ts+1}$的幅频特性相同。因此，其对数幅频特性与惯性环节的对数幅频特性相同。

其相频特性为$\angle G(j\omega)=-180^\circ+\arctan T\omega$，有

当 $\omega=0$ 时，$\angle G(\mathrm{j}\omega)=-180^\circ$；
当 $\omega=1/T$ 时，$\angle G(\mathrm{j}\omega)=-135^\circ$；
当 $\omega=\infty$ 时，$\angle G(\mathrm{j}\omega)=-90^\circ$。

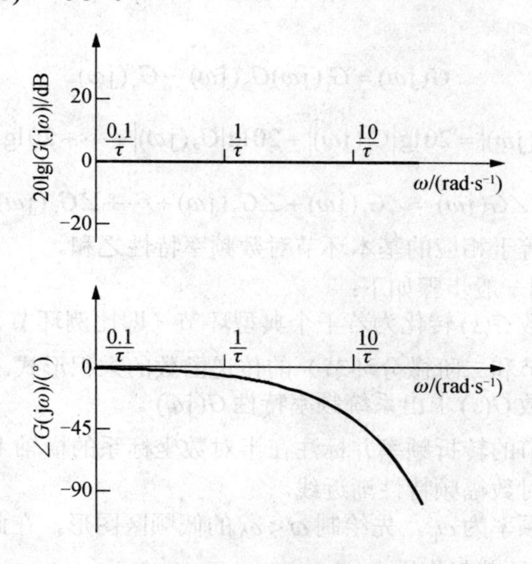

图 5.22　延时环节的 Bode 图

由图 5.23 可知，对数相频特性对称于点 $(1/T,-135^\circ)$，而且在 $\omega\leqslant0.1/T$ 时，$\angle G(\mathrm{j}\omega)\to-180^\circ$；在 $\omega\geqslant10/T$ 时，$\angle G(\mathrm{j}\omega)\to-90^\circ$。

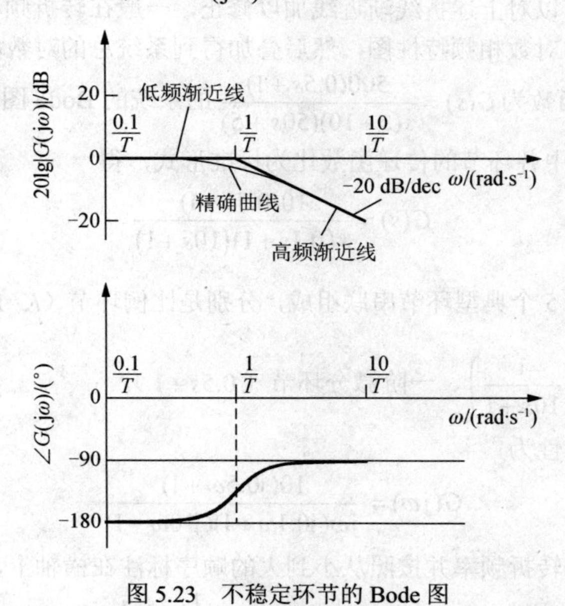

图 5.23　不稳定环节的 Bode 图

5.3.3　系统 Bode 图绘制

熟悉了典型环节的 Bode 图后，就能很容易绘制系统的 Bode 图，尤其是按渐近线绘制系统 Bode 图是很方便的。

设系统的开环传递函数为

$$G(s)=G_1(s)G_2(s)\cdots G_n(s)$$

则开环频率特性为

$$G(\mathrm{j}\omega)=G_1(\mathrm{j}\omega)G_2(\mathrm{j}\omega)\cdots G_n(\mathrm{j}\omega)$$

$$20\lg|G(\mathrm{j}\omega)|=20\lg|G_1(\mathrm{j}\omega)|+20\lg|G_2(\mathrm{j}\omega)|+\cdots+20\lg|G_n(\mathrm{j}\omega)|$$

$$\angle G(\mathrm{j}\omega)=\angle G_1(\mathrm{j}\omega)+\angle G_2(\mathrm{j}\omega)+\cdots+\angle G_n(\mathrm{j}\omega)$$

开环对数频率特性等于相应的基本环节对数频率特性之和。

绘制系统的 Bode 图一般步骤如下：

（1）将系统传递函数 $G(s)$ 转化为若干个典型环节（即比例环节、积分环节、惯性环节、一阶微分环节、振荡环节和二阶微分环节）的传递函数的乘积形式。

（2）由系统传递函数 $G(s)$ 求出系统频率特性 $G(\mathrm{j}\omega)$。

（3）确定各典型环节的转折频率并标注在半对数坐标系的横轴上。

（4）作出各环节的对数幅频特性渐近线。

（5）设最低的转折频率为 ω_1，先绘制 $\omega<\omega_1$ 的低频区图形，在此频段范围内，只有积分（或纯微分）环节和比例环节起作用。

（6）按由低频到高频的顺序将已画好的直线或折线图形延长。每到一个转折频率，折线发生转折，直线的斜率就要加上对应的典型环节的斜率。在每条折线上要注明斜率。

（7）如有必要，可以对上述折线渐近线加以修正，一般在转折频率处进行修正。

（8）作出各环节的对数相频特性图，然后叠加得到系统总的对数相频特性。

【例 5-3】 作传递函数为 $G(s)=\dfrac{500(0.5s+1)}{s(s+10)(50s+5)}$ 的系统的 Bode 图。

解 （1）将 $G(s)$ 中各环节的传递函数化为标准形式，得

$$G(s)=\frac{10(0.5s+1)}{s(0.1s+1)(10s+1)}$$

此式表明，系统由 5 个典型环节串联组成，分别是比例环节（K=10）、积分环节$\left(\dfrac{1}{s}\right)$、两个惯性环节$\left(\dfrac{1}{0.1s+1}\text{和}\dfrac{1}{10s+1}\right)$、一阶微分环节（$0.5s+1$）。

（2）系统的频率特性为

$$G(\mathrm{j}\omega)=\frac{10(\mathrm{j}0.5\omega+1)}{\mathrm{j}\omega(\mathrm{j}0.1\omega+1)(\mathrm{j}10\omega+1)}$$

（3）求出各环节的转折频率并按照从小到大的顺序标注在横轴上，如图 5.24 所示。

对于惯性环节 $\dfrac{1}{\mathrm{j}10\omega+1}$，其转折频率为 $\omega_1=\dfrac{1}{T}=\dfrac{1}{10}=0.1$。

对于一阶微分环节 $\mathrm{j}0.5\omega+1$，其转折频率为 $\omega_2=\dfrac{1}{\tau}=\dfrac{1}{0.5}=2$。

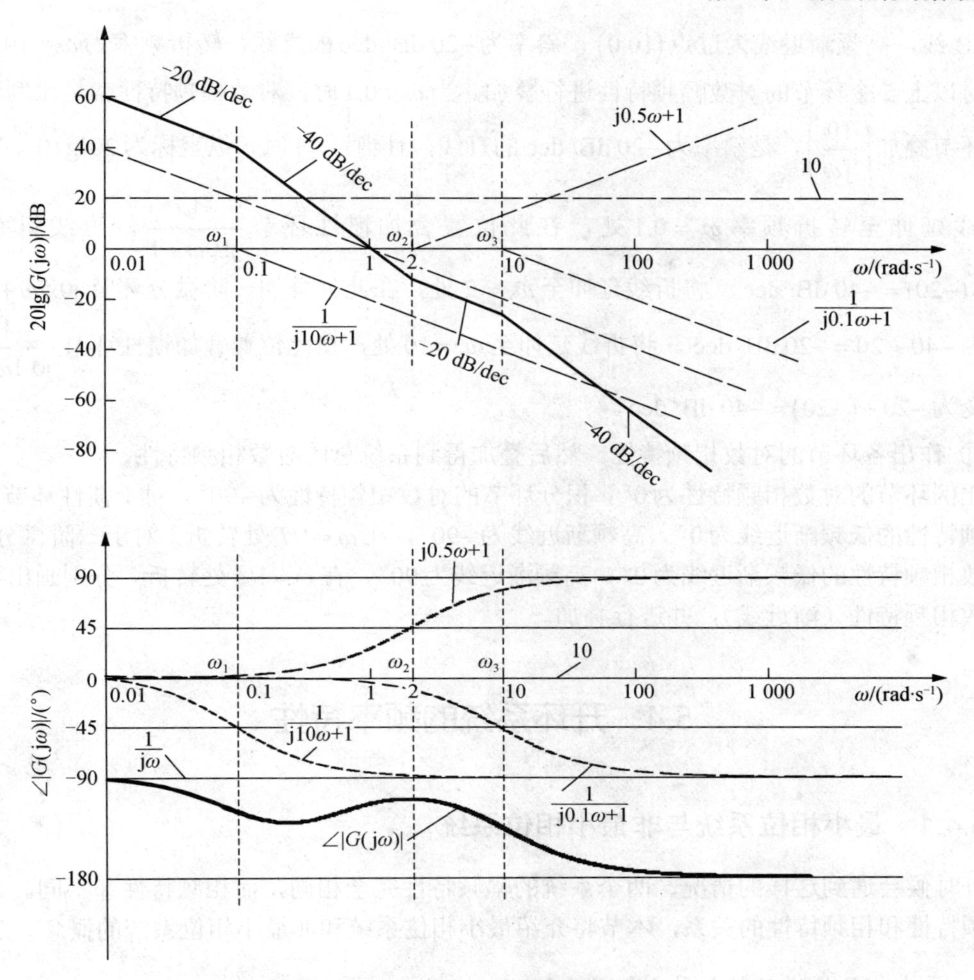

图 5.24　例 5-3 系统的 Bode 图

对于惯性环节 $\dfrac{1}{\mathrm{j}0.1\omega+1}$，其转折频率为 $\omega_3=\dfrac{1}{T}=\dfrac{1}{0.1}=10$。

（4）作出各环节的对数幅频特性渐近线。

①比例环节 K=10 的对数幅频特性为 $20\lg 10=20\ \mathrm{dB}$，是平行于横轴的直线。

②积分环节 $\dfrac{1}{\mathrm{j}\omega}$ 的对数幅频特性为 $20\lg|G(\mathrm{j}\omega)|=-20\lg\omega$，是过点 (1,0)，斜率为 $-20\ \mathrm{dB/dec}$ 的直线。

③ 惯性环节 $\dfrac{1}{\mathrm{j}10\omega+1}$ 的对数幅频特性为 $20\lg|G(\mathrm{j}\omega)|=-20\lg\sqrt{(10\omega)^2+1}$，其低频渐近线为 0 dB 线，高频渐近线为过点 (0.1,0)，斜率为 $-20\ \mathrm{dB/dec}$ 的直线，转折频率为 $\omega=0.1$。

④ 一阶微分环节 $\mathrm{j}0.5\omega+1$ 的对数幅频特性为 $20\lg|G(\mathrm{j}\omega)|=20\lg\sqrt{(0.5\omega)^2+1}$，其低频渐近线为 0 dB 线，高频渐近线为过点 (2,0)，斜率为 $20\ \mathrm{dB/dec}$ 的直线，转折频率为 $\omega=2$。

⑤ 惯性环节 $\dfrac{1}{\mathrm{j}0.1\omega+1}$ 的对数幅频特性为 $20\lg|G(\mathrm{j}\omega)|=-20\lg\sqrt{(0.1\omega)^2+1}$，其低频渐近线

为 0 dB 线，高频渐近线为过点$(10,0)$，斜率为-20 dB/ dec 的直线，转折频率为$\omega=10$。

对以上 5 个环节的对数幅频特性进行叠加。当$\omega<0.1$时，对数幅频特性就是比例环节和积分环节叠加$\left(\dfrac{10}{\mathrm{j}\omega}\right)$，是斜率为$-20$ dB/ dec 的直线，且当$\omega=1$时，纵坐标为$20\lg 10=20$ dB。将直线延伸至转折频率$\omega_1=0.1$处，在此位置叠加惯性环节$\dfrac{1}{\mathrm{j}10\omega+1}$，直线斜率变为$-20+(-20)=-40$ dB/ dec。将折线延伸至$\omega_2=2$处，在此处叠加一阶微分环节$\mathrm{j}0.5\omega+1$，斜率变为$-40+20=-20$ dB/ dec。将折线延伸至$\omega_3=10$处，在此位置叠加惯性环节$\dfrac{1}{\mathrm{j}0.1\omega+1}$，斜率变为$-20+(-20)=-40$ dB/ dec。

⑥ 作出各环节的对数相频特性，然后叠加得到系统总的对数相频特性。

比例环节的对数相频特性为0°，积分环节的对数相频特性为$-90°$。对于惯性环节，其对数相频特性的低频渐近线为0°，高频渐近线为$-90°$，在$\omega=1/T$处转折。对于一阶微分环节，其对数相频特性的低频渐近线为0°，高频渐近线为90°，在$\omega=1/\tau$处转折。分别画出各环节的对数相频特性（渐近线），并进行叠加。

5.4 开环系统的频率特性

5.4.1 最小相位系统与非最小相位系统

有时候会遇到这样的情况，两个系统的幅频特性完全相同，而相频特性却不同。为了说明幅频特性和相频特性的关系，本节将介绍最小相位系统和非最小相位系统的概念。

1. 最小相位传递函数与最小相位系统

在复平面[s]平面右半部分没有极点和零点的传递函数称为最小相位传递函数，反之，在复平面[s]平面右半部分有极点和（或）零点的传递函数称为非最小相位传递函数。具有最小相位传递函数的系统称为最小相位系统，具有非最小相位传递函数的系统称为非最小相位系统。

设最小相位系统和非最小相位系统的传递函数分别为$G_1(s)=\dfrac{\tau s+1}{Ts+1}$和$G_2(s)=\dfrac{-\tau s+1}{Ts+1}$，其中$(0<\tau<T)$，显然，$G_1(s)$的零点为$z=-1/\tau$，极点为$p=-1/T$，如图 5.25（a）所示。$G_2(s)$的零点为$z=1/\tau$，极点为$p=-1/T$，如图 5.25（b）所示。根据最小相位系统的定义，具有$G_1(s)$的系统是最小相位系统，而具有$G_2(s)$的系统是非最小相位系统。

对于稳定系统而言，根据最小相位传递函数的定义可推知，最小相位系统的相位变化范围最小。这是因为

$$G(\mathrm{j}\omega)=\frac{K(1+\mathrm{j}\tau_1\omega)(1+\mathrm{j}\tau_2\omega)\cdots(1+\mathrm{j}\tau_m\omega)}{(1+\mathrm{j}T_1\omega)(1+\mathrm{j}T_2\omega)\cdots(1+\mathrm{j}T_n\omega)}\quad(n\geqslant m)\tag{5-50}$$

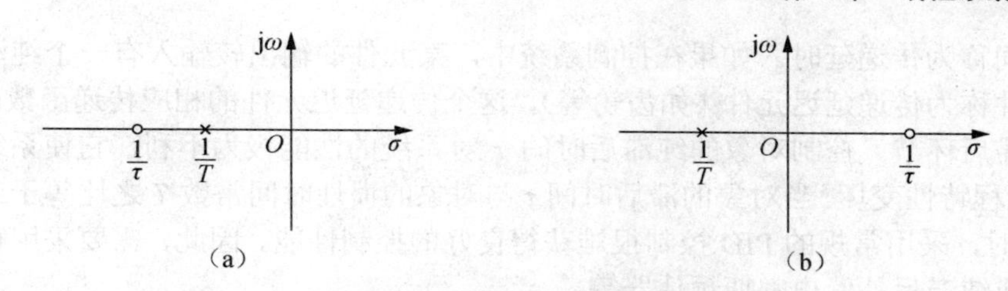

图 5.25　最小相位系统和非最小相位系统的零极点分布图

（a）最小相位；（b）非最小相位

对于稳定系统，$T_1, T_2, \cdots, T_n$ 均为正值，$\tau_1, \tau_2, \cdots, \tau_m$ 可正可负，而最小相位系统的 $\tau_1, \tau_2, \cdots, \tau_m$ 均为正值，从而有

$$\angle G(\mathrm{j}\omega) = \sum_{i=1}^{m} \arctan \tau_i \omega - \sum_{j=1}^{n} \arctan T_j \omega \tag{5-51}$$

非最小相位系统，如有 q 个零点在[s]平面右半部分，则有

$$\angle G(\mathrm{j}\omega) = \sum_{i=q+1}^{m} \arctan \tau_i w - \sum_{k=1}^{q} \arctan \tau_k \omega - \sum_{j=1}^{n} \arctan T_j \omega \tag{5-52}$$

比较式（5-51）和式（5-52）可知，稳定系统中最小相位系统的相位变化最小。

系统 $G_1(s) = \dfrac{\tau s + 1}{Ts + 1}$ 和 $G_2(s) = \dfrac{-\tau s + 1}{Ts + 1}$ $(0 < \tau < T)$ 具有相同的幅频特性，而它们的对数相频特性如图 5.26 所示（当 $\tau = 1$，$T = 10$ 时），证明了最小相位系统的相位变化最小的结论。这一结论可以用来判断稳定系统是否为最小相位系统。

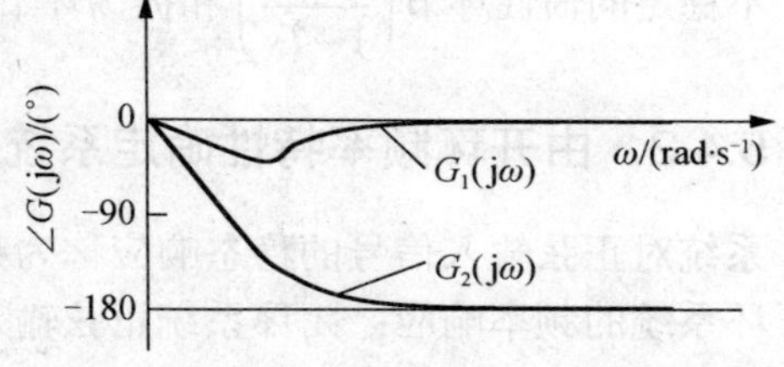

图 5.26　最小相位系统和非最小相位系统的相频特性

最小相位系统 $G_1(s) = \dfrac{\tau s + 1}{Ts + 1}$ 的相角变化范围不超过 90°，而非最小相位系统 $G_2(s) = \dfrac{-\tau s + 1}{Ts + 1}$ 的相角变化范围是 180°，即随 ω 从 0→∞，相角由 0°→−180°。

对于一个最小相位系统而言，在 $\omega \to \infty$ 时相角变为 $-90°(n-m)$。对于非最小相位系统而言，在 $\omega \to \infty$ 时的相角不等于 $-90°(n-m)$。两者之中的任一系统，其对数幅频特性曲线在 $\omega \to \infty$ 时的斜率都等于 $-20(n-m)$dB/dec。所以为了确定是不是最小相位系统，既需要检查对数幅值曲线高频渐进线的斜率，也需要检查在 $\omega \to \infty$ 时的相角。如果 $\omega \to \infty$ 时，对数幅频特性曲线的斜率为 $-20(n-m)$dB/dec 和在 $\omega \to \infty$ 时的相角等于 $-90°(n-m)$，那么该系统就是最小相位系统；否则，为非最小相位系统。

2. 产生非最小相位的一些环节

非最小相位情况可由两种不同的状况产生。一种为系统内包含一个或多个非最小相位的元件，这是比较简单的情况；而另一种可能发生在小回路是不稳定的情况下。

（1）延时环节。

含有传递延迟元件的系统是典型的非最小相位系统，而传递延迟的本身又是一个非常广泛的现象。在生产过程中，大多数工业对象其输出端与输入端有不同程度的纯滞后时间，这个纯滞后时间称为传递延时。如果在控制系统中，某元件的输出较输入有一个纯滞后时间，那么这个元件称为传递延迟元件（如齿轮等），这个传递延迟元件的相应传递函数，称为传递延迟环节或滞后环节。控制对象的纯滞后时间 τ 对系统的性能极为不利，它使系统的稳定性降低，过渡过程特性变坏。当对象的滞后时间 τ 与对象的惯性时间常数 T 之比等于或大于 0.5，即 $\tau/T \geqslant 0.5$ 时，采用常规的 PID 控制很难获得良好的控制性能。因此，需要采用特殊的算法如大林算法或纯滞后补偿史密斯预估器等。

延时环节，即滞后环节的传递函数为 $G(s)=\mathrm{e}^{-\tau s}$，展开成幂级数得

$$G(s)=\mathrm{e}^{-\tau s}=1-\tau s+\frac{1}{2}\tau^2 s^2-\frac{1}{3}\tau^3 s^3+\cdots \tag{5-53}$$

因为式（5-53）中有的项的系数为负，故可分解为

$$(s+a)(s-b)(s+c)\cdots \tag{5-54}$$

式中：$a,b,c,\cdots$ 均为正值。

若延时环节串联在系统中，则传递函数分子等于 0 构成的方程有正根，表示延时环节使系统有零点位于[s]平面右半部分，也就是使系统成为非最小相位系统。

（2）不稳定的导前环节和二阶微分环节。

不稳定的导前环节 $(1-Ts)$ 和不稳定的二阶微分环节 $\left(1-2\xi\tau s+\tau^2 s^2\right)$ 均有零点位于[s]平面右半部分。

（3）不稳定的惯性环节和振荡环节。

不稳定的惯性环节 $\left(\dfrac{1}{1-Ts}\right)$ 和振荡环节 $\left(\dfrac{\omega_{\mathrm{n}}^2}{s^2-2\xi Ts+T^2 s^2}\right)$ 均有零点位于[s]平面右半部分。

5.4.2 由开环频率特性确定系统的数学模型

系统对正弦输入信号的稳态响应称为频率响应。开环系统对正弦输入信号的稳态响应称为开环系统的频率响应；闭环系统正弦输入的稳态响应称为闭环系统的频率响应。由系统或元部件的传递函数可以求取系统或元部件的频率特性。工程上常用的对数频率特性可使幅值的乘、除运算转化为幅值的加、减运算，且典型环节的对数幅频特性用渐近线来表示非常方便。相频特性曲线具有奇对称性质，再考虑到曲线的平移和互为镜像的特点，相频特性图也容易绘制。这样，知道了传递函数可以非常方便地求取频率特性，反过来根据频率特性也可以求取传递函数，即可找到系统或元部件的数学模型。这是因为频率特性本身就是特定情况下的传递函数，二者本质上是一致的。而对于最小相位系统，由于在其幅频特性与相频特性之间存在唯一的对应关系，所以最小相位系统的传递函数由幅频特性或相频特性二者之一便可确定。一般来说，根据对数频率特性的幅频特性来确定最小相位系统的传递函数是非常方便的。而对于非最小相位系统，由于其幅频特性与相频特性之间的关系是非唯一的，所以必须由二者一起来确定传递函数。

【例 5-4】已知最小相位开环系统的幅频特性如图 5.27 所示。图中的虚线为修正后的精确特性。试根据该幅频特性确定系统的开环传递函数。

解 （1）从图中可见，在频率 $\omega=1$ 之前的频段上，幅频特性的斜率恒为−20 dB/dec，这是积分环节幅频特性的特征。积分环节在 $\omega=1$ 处的对数幅值为 20 dB，由此可确定开环

增益 k_v，即

$$20\lg\left|\frac{k_v}{j\omega}\right|_{\omega=1} = 20\lg k_v = 20\text{ dB}$$

计算得 k_v=10。

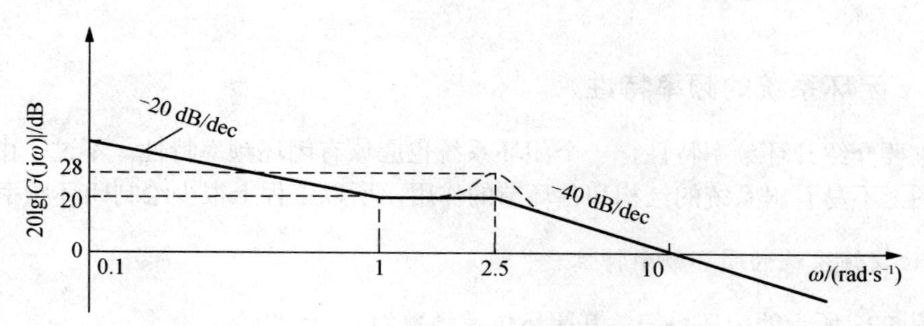

图 5.27 例 5-4 最小相位系统的对数幅频特性

（2）在 ω=1～2.5 频段上，幅频特性的斜率由原来的−20 dB/dec 变为 0 dB/dec，这意味着 $\omega\geqslant1$ 时，幅频特性的增量为 20 dB/dec，从而说明该系统的传递函数包含以 ω=1 为转折频率的一阶微分环节（s+1）。

（3）根据具有斜率为 0 dB/dec 的平行线延续到 ω=2.5，此后在 ω=2.5～∞频段上的幅频特性的斜率一直是−40 dB/dec；再考虑到 ω=2.5 处经修正给出的精确特性，可见这部分特性代表的是转折频率为 2.5 rad/s 的振荡环节

$$\frac{1}{\left(\frac{1}{2.5}\right)^2\cdot s^2+2\cdot\xi\cdot\frac{1}{2.5}\cdot s+1}$$

其阻尼比满足

$$\frac{Y(s)}{X(s)}=\frac{1}{T^2s^2+2\xi s+1}$$

即

$$\left|\frac{Y(j\omega)}{X(j\omega)}\right|=\frac{1}{\sqrt{(1-T^2\omega^2)^2+(2\xi T\omega)^2}}$$

在 $\omega=\dfrac{1}{T}$ 处的幅频特性的值为

$$\left|\frac{Y\left(j\frac{1}{T}\right)}{X\left(j\frac{1}{T}\right)}\right|=\frac{1}{2\xi}$$

两边取常用对数，得

$$20\lg|Y(j\omega)|_{\omega=\frac{1}{T}}-20\lg|X(j\omega)|_{\omega=\frac{1}{T}}=20\lg\frac{1}{2\xi}$$

由 ω=2.5 处的纵坐标值得 $(28-20)\text{ dB}=8\text{ dB}=20\lg\dfrac{1}{2\xi}$，解得 $\xi=0.2$。

（4）通过上面的分析，可得出给定最小相位系统的开环传递函数为

$$G(s)=\frac{10(s+1)}{s\left[\left(\frac{1}{2.5}\right)^2 s^2+2\times 0.2\times\left(\frac{1}{2.5}\right)s+1\right]}=\frac{10(s+1)}{s(0.16s^2+0.16s+1)}$$

5.4.3 闭环系统的频率特性

前面主要介绍开环频率特性，一个闭环系统也应该有闭环频率特性。不过，由于从闭环频率特性图上不易看出系统的结构和各环节的作用，所以工程上很少绘制闭环频率特性图。

1. 单位反馈系统的闭环频率特性

对于图 5.28 所示的闭环系统，其闭环传递函数为

$$\Phi(s)=\frac{Y(s)}{X(s)}=\frac{G(s)}{1+G(s)}$$

其频率特性为

$$\Phi(\mathrm{j}\omega)=\frac{Y(\mathrm{j}\omega)}{X(\mathrm{j}\omega)}=\frac{G(\mathrm{j}\omega)}{1+G(\mathrm{j}\omega)} \tag{5-55}$$

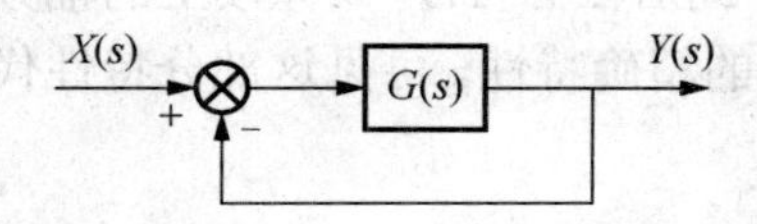

图 5.28　由开环频率特性确定闭环频率特性

利用式（5-55）逐点描出闭环频率特性图的方法太麻烦。工程上通常利用开环频率特性图绘制闭环频率特性图。而常用的方法，首先是绘制对应的单位反馈系统的闭环频率特性图，然后再绘制非单位反馈系统的频率特性图。

根据开环 Nyquist 图绘制单位负反馈系统的闭环频率特性图时，利用等幅值轨迹（即等 M 圆图）和等相角轨迹（即等 N 圆图）是很方便的。

2. 等 M 圆图（等幅值轨迹）

单位负反馈系统的开环频率特性为

$$G(\mathrm{j}\omega)=U+\mathrm{j}V$$

式中：U 与 V 分别是 $G(\mathrm{j}\omega)$ 的实部与虚部，都是实数。

则单位负反馈系统的闭环频率特性为

$$\Phi(\mathrm{j}\omega)=\frac{G(\mathrm{j}\omega)}{1+G(\mathrm{j}\omega)}=\frac{U+\mathrm{j}V}{1+U+\mathrm{j}V} \tag{5-56}$$

闭环频率特性幅值 M 为

$$M^2=\frac{U^2+V^2}{(1+U)^2+V^2} \tag{5-57}$$

如果 M=1，则式（5-57）可写成

$$2U+1=0 \tag{5-58}$$

这是一条通过点 $(-0.5,\mathrm{j}0)$ 且平行于 V 轴（即虚轴）的直线。

如果 $M\neq 1$，那么式（5-57）可写成

$$\left(U+\frac{M^2}{M^2-1}\right)^2+V^2=\left(\frac{M}{M^2-1}\right)^2 \tag{5-59}$$

式（5-59）就是圆心为$\left(-\frac{M^2}{M^2-1}, \mathrm{j}0\right)$、半径为$\left|\frac{M}{M^2-1}\right|$的圆方程。

在 $G(\mathrm{j}\omega)$ 平面上，等 M 轨迹是一簇圆。对于给定的 M 值，很容易算出它的圆心和半径。例如，若 M=1.3，则圆心坐标 $U=\frac{-1.3^2}{1.3^2-1}=-2.45$，$V=0$，即圆心为$(-2.45, \mathrm{j}0)$半径为$\frac{M}{M^2-1}=\frac{1.3}{1.69-1}=1.88$。这样，给出不同的 M 值，便可得到如图 5.29 所示的一簇圆。

由图可见，当 M>1 时，等 M 圆位于 M=1 的直线的左边，圆心位于实轴上点(−1, j0)的左边，随着 M 值的增大等 M 圆越来越小，最后收敛到点(−1, j0)。当 M<1 时，等 M 圆位于 M=1 的直线的右边，随着 M 值的减小，M 圆的半径也越来越小，最后收敛到原点。

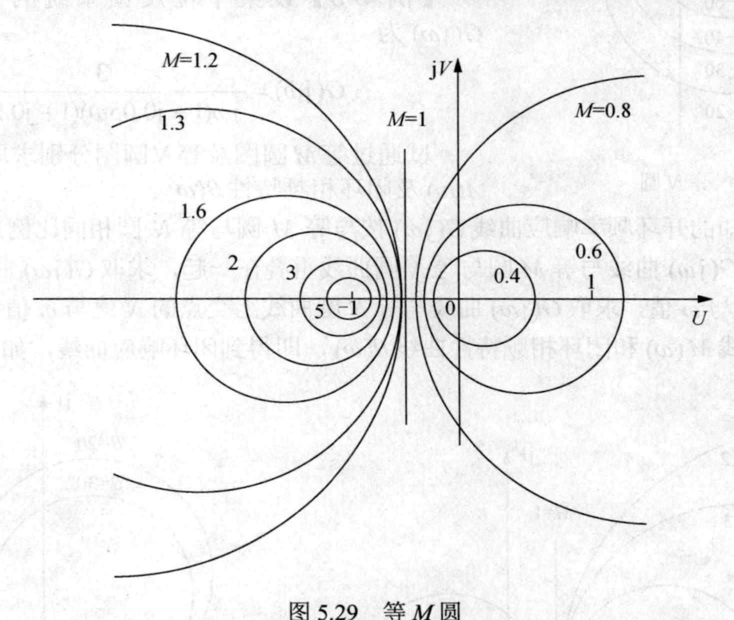

图 5.29　等 M 圆

通过等 M 圆确定单位反馈系统的闭环特性时，需将其开环频率响应曲线 $G(\mathrm{j}\omega)$按与 M 圆相同的比例尺绘制在透明纸上，然后将 $G(\mathrm{j}\omega)$曲线与 M 圆曲线重叠在一起，求取 $G(\mathrm{j}\omega)$曲线与等 M 圆曲线上交点的 M 值与 ω 值。这样，就得到 $M(\omega)$，即闭环幅频特性曲线。

3. 等 N 圆（等相角轨迹）

由式（5-56）可得闭环频率特性的相角为

$$\theta=\arctan\frac{V}{U}-\arctan\frac{V}{1+U} \tag{5-60}$$

令 $\tan\theta=N$，则由式（5-60）得出

$$\left(U+\frac{1}{2}\right)^2+\left(V-\frac{1}{2N}\right)^2=\frac{1}{4}+\left(\frac{1}{2N}\right)^2 \tag{5-61}$$

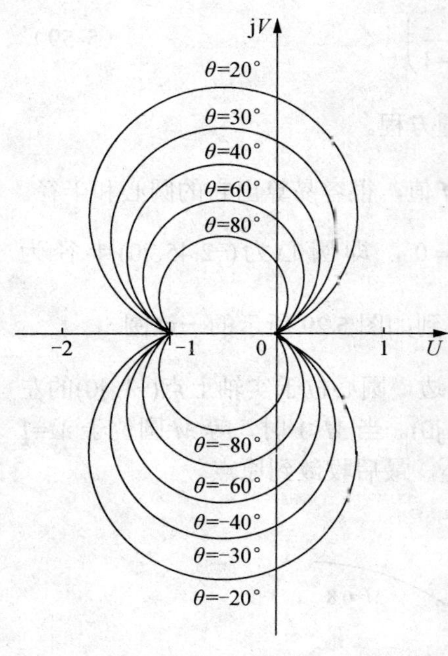

图 5.30　等 N 圆

当 N 为常数时，式（5-6）为一个圆的方程，圆心位于 $\left(U_0=-\dfrac{1}{2},V_0=\dfrac{1}{2N}\right)$，半径为 $r_0=\sqrt{\dfrac{1}{4}+\left(\dfrac{1}{2N}\right)^2}$，给出不同的 N 值，可以画出一簇等 N 圆，如图 5.30 所示。由于不管 N 值的大小如何，每个圆都是通过原点和(−1, j0)点。等 N 轨迹不是一个完整的圆，而是一段圆弧。等 N 圆是多值的，因为 $\tan(\theta\pm K\cdot180^\circ)=\tan\theta\,(K=1,2,\cdots)$。等 N 圆图的用法同等 M 圆图一样，把绘有等 N 圆的透明纸覆盖在相同比例绘制的 $G(\mathrm{j}\omega)$ 的 Nyquist 图上，按照 $G(\mathrm{j}\omega)$ 曲线与等 N 圆的交点处的 θ 值和 ω 值绘制闭环系统相频特性曲线。

【例 5-5】设某单位反馈系统的开环频率响应 $G(\mathrm{j}\omega)$ 为

$$G(\mathrm{j}\omega)=\frac{3}{\mathrm{j}\omega(1+\mathrm{j}0.05\omega)(1+\mathrm{j}0.2\omega)}$$

试通过等 M 圆图及等 N 圆图分别求取闭环幅频特性 $A(\omega)$ 及闭环相频特性 $\theta(\omega)$。

解　需将已知的开环频率响应曲线 $G(\mathrm{j}\omega)$ 按与等 M 圆与等 N 圆相同比例尺绘制在透明纸上，然后分别将 $G(\mathrm{j}\omega)$ 曲线与等 M 圆与等 N 圆曲线重叠在一起，求取 $G(\mathrm{j}\omega)$ 曲线与等 M 圆曲线上交点的 M 值与 ω 值，求取 $G(\mathrm{j}\omega)$ 曲线与等 N 圆曲线上交点的 N 值与 ω 值。这样，就得到闭环幅频特性曲线 $M(\omega)$ 和闭环相频特性曲线 $\theta(\omega)$，即得到闭环响应曲线，如图 5.31 所示。

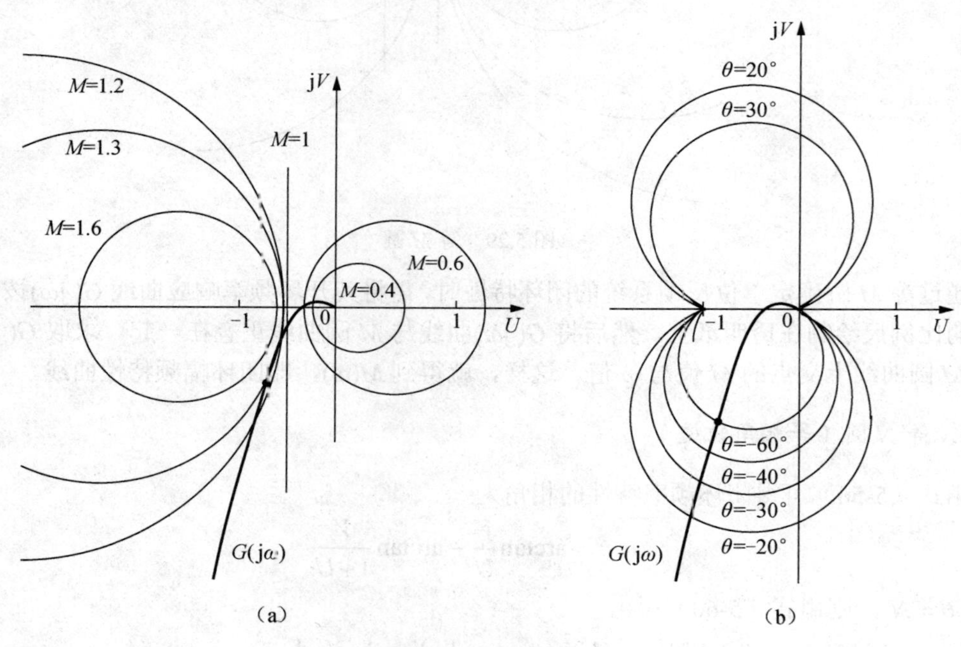

图 5.31　例 5-5 闭环频率特性图

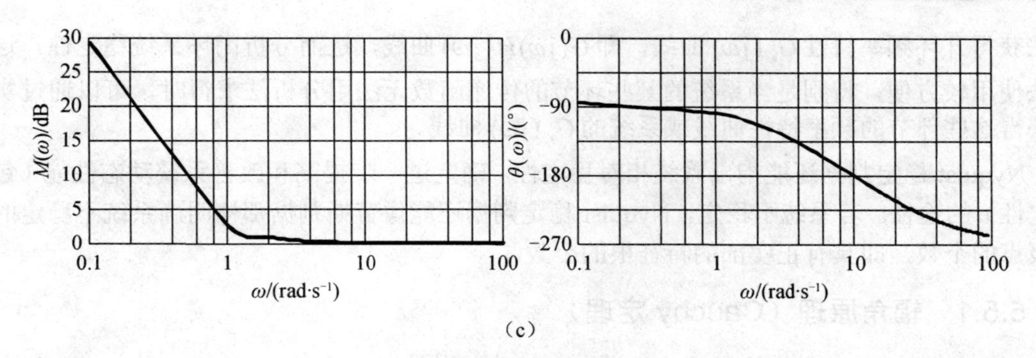

图 5.31　例 5-5 闭环频率特性图（续）

由于绘制开环频率特性比较简单，因此，往往希望根据系统的开环对数频率特性去求闭环频率特性。Nichocls 把等 M 圆图与等 N 圆图移植到对数幅相图上，构成所谓的 Nichocls 曲线。

4. 非单位反馈系统的闭环传递函数

对于图 5.32 所示的非单位反馈系统，其闭环频率特性为

$$\Phi(\mathrm{j}\omega)=\frac{1}{H(\mathrm{j}\omega)}\frac{G(\mathrm{j}\omega)H(\mathrm{j}\omega)}{1+G(\mathrm{j}\omega)H(\mathrm{j}\omega)}$$

可以先求出开环传递函数为 $G(\mathrm{j}\omega)H(\mathrm{j}\omega)$ 的单位反馈系统的闭环频率特性 $\frac{G(\mathrm{j}\omega)H(\mathrm{j}\omega)}{1+G(\mathrm{j}\omega)H(\mathrm{j}\omega)}$，把它绘制在 Bode 图上，再与 $H(\mathrm{j}\omega)$ 的 Bode 图相减，就得到闭环频率特性的 Bode 图。

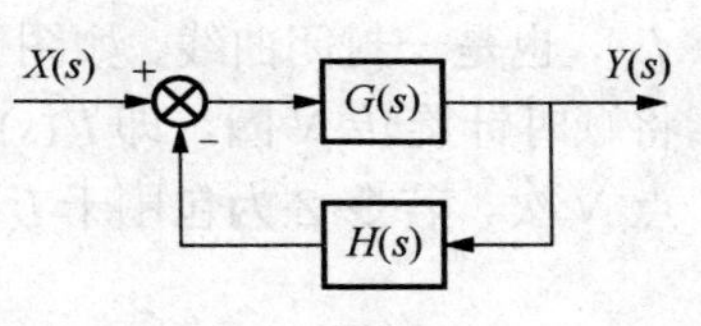

图 5.32　闭环系统方块图

5.5　Nyquist 稳定判据

第 3 章已经指出，闭环控制系统稳定的充分必要条件是特征方程的所有根都具有负实部，即闭环极点都位于[s]平面左半平面。

前面介绍了两种判断系统稳定性的代数判据，即劳斯判据和赫尔维茨判据。它们是根据特征方程根和系数的关系判断系统的稳定性。根轨迹法是根据特征方程的根随系统参量变化的轨迹来判断系统的稳定性。

本节介绍另一种重要并且使用的方法——Nyquist 稳定判据。它是由 H.Nyquist 于 1932 年提出来的稳定判据，在 1940 年以后得到了广泛的应用。Nyquist 稳定判据所提出的判别闭环系统稳定性的充分必要条件仍然是以特征方程 $1+G(s)H(s)=0$ 的根全部具有负实部为基础的，但它将函数 $1+G(s)H(s)$ 与开环频率特性 $G_k(\mathrm{j}\omega)$，即 $G(\mathrm{j}\omega)H(\mathrm{j}\omega)$ 联系起来，从而将系统特性由复数域引入频域来分析。具体地说，它是通过 $G_k(\mathrm{j}\omega)$ 的 Nyquist 图，利用图解法判明闭环系统的稳定性，可以说是一种几何判据。

应用 Nyquist 稳定判据不需要求取闭环系统的特征根，而是先应用分析法或频率特性实

验法获得开环频率特性 $G_K(j\omega)$ 曲线，即 $G(j\omega)H(j\omega)$ 曲线，进而分析闭环系统稳定性。这种方法使用较方便，特别是当系统的某些环节的传递函数无法用分析法求得时，可以通过实验法获得这些环节的频率特性曲线或系统的 $G_K(j\omega)$ 曲线。

Nyquist 稳定判据还能指出系统相对稳定性，确定进一步提高和改善系统动态性能（包括稳定性）的途径。若系统不稳定，Nyquist 稳定判据还能像劳斯判据那样明确系统不稳定的闭环极点的个数，即具有正实部的特征根的个数。

5.5.1 辐角原理（Cauchy 定理）

复变函数中的辐角原理是 Nyquist 稳定判据的数学基础。设有一个复变函数为

$$F(s)=\frac{K(s-z_1)(s-z_2)\cdots(s-z_m)}{(s-p_1)(s-p_2)\cdots(s-p_n)} \tag{5-62}$$

式中：s 为复变量，用复平面[s]上的 $s=\sigma+j\omega$ 表示；复变函数 $F(s)$ 用复平面[$F(s)$]（以下简称[F]平面）上的 $F(s)=u+jv$ 表示。

设 $F(s)$ 是[s]平面上（除有限奇点外）的单值解析函数。并设[s]平面上解析点 s 映射到[F]平面上点为 $F(s)$，或为从原点指向此映射点的向量 $F(s)$。若在[s]平面上任意选定一封闭曲线 L_s，只要此曲线不经过 $F(s)$ 的任何零点与极点，则在[F]平面上必有一对应的映射曲线 L_F，也是一封闭曲线，如图 5.33 所示。当解析点 s 按顺时针方向沿 L_s 移动一圈时，向量 $F(s)$ 将顺时针旋转 N 圈，即 $F(s)$ 以原点为中心顺时针旋转 N 圈，这就等于曲线 L_F 顺时针包围原点 N 次。若令 Z 为包围于 L_s 内的 $F(s)$ 的零点数，P 为包围于 L_s 内的 $F(s)$ 的极点数，则

$$N=Z-P \tag{5-63}$$

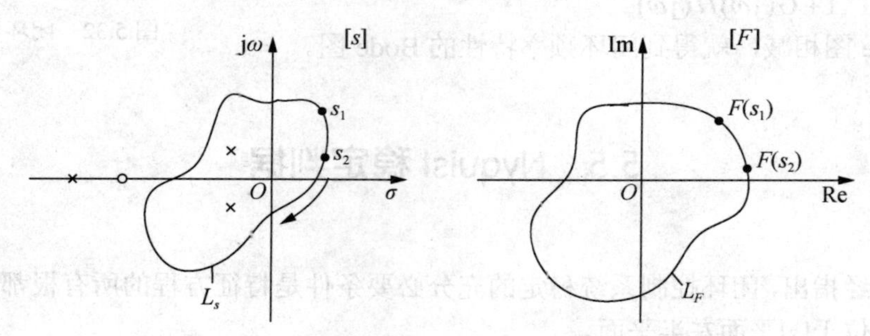

图 5.33 辐角原理

现对辐角原理做如下简要说明。

由式（5-62）可知向量 $F(s)$ 的相位为

$$\angle F(s)=\sum_{i=1}^{m}\angle(s-z_i)-\sum_{j=1}^{n}\angle(s-p_j) \tag{5-64}$$

假设 L_s 内只包围了 $F(s)$ 的一个零点 z_i，其他零极点均位于 L_s 之外，当 s 沿 L_s 顺时针移动一圈时，向量 $(s-z_i)$ 的相位变化 -2π，而其他各向量的相位变化为 0。即向量 $F(s)$ 的相位变化为 -2π，或者说 $F(s)$ 在平面上沿 L_F 绕原点顺时针旋转了一圈，如图 5.34 所示。

若[s]平面上的封闭曲线 L_s 包围着 $F(s)$ 的 Z 个零点，则在[F]平面上的映射曲线 L_F 将绕原点顺时针旋转 Z 圈。同理可推知，若[s]平面上的封闭曲线 L_s 包围着 $F(s)$ 的 P 个极点，则在[F]

平面上的映射曲线 L_F 将绕原点逆时针旋转 P 圈。若 L_s 包围着 $F(s)$ 的 Z 个零点和 P 个极点，则在[F]平面上的映射曲线 L_F 将绕原点顺时针旋转 $N=Z-P$ 圈。

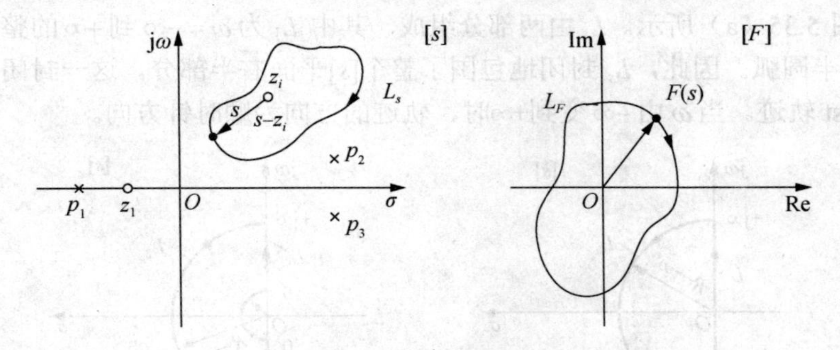

图 5.34　辐角与零极点关系

5.5.2　Nyquist 稳定判据

典型闭环系统的如图 5.32 所示，设其开环传递函数为

$$G_k(s)=G(s)H(s)=\frac{K(s-z_1)(s-z_2)\cdots(s-z_m)}{(s-p_1)(s-p_2)\cdots(s-p_n)}\quad(n\geqslant m)\tag{5-65}$$

系统的闭环传递函数为

$$G_b(s)=\frac{G(s)}{1+G(s)H(s)}\tag{5-66}$$

其特征方程为 $1+G(s)H(s)=0$，令

$$F(s)=1+G(s)H(s)\tag{5-67}$$

故有

$$\begin{aligned}F(s)&=\frac{(s-p_1)(s-p_2)\cdots(s-p_n)+K(s-z_1)(s-z_2)\cdots(s-z_m)}{(s-p_1)(s-p_2)\cdots(s-p_n)}\\&=\frac{(s-s_1)(s-s_2)\cdots(s-s_{n'})}{(s-p_1)(s-p_2)\cdots(s-p_n)}\quad(n\geqslant n')\end{aligned}\tag{5-68}$$

由此可知，$F(s)$ 的零点 $s_1,s_2,\cdots,s_{n'}$ 即为系统闭环传递函数 $G_b(s)$ 的极点，亦即系统特征方程的根；$F(s)$ 的极点 $p_1,p_2,\cdots,p_n$ 为系统开环传递函数 $G_k(s)$ 的极点。上述各函数零点与极点之间的对应关系可表示如下：

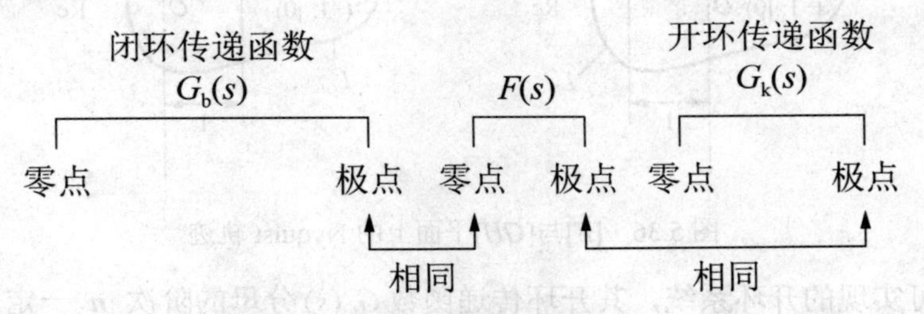

线性定常系统稳定的充分必要条件是，其闭环系统的特征方程 $1+G(s)H(s)=0$ 的全部根都具有负实部，即 $G_b(s)$ 在[s]平面右半部分没有极点，亦即 $F(s)$ 在[s]平面右半部分没有零点。

由此，应用辐角原理，可导出 Nyquist 稳定判据。

为研究 $F(s)$有无零点位于[s]平面右半部分，可选择一条包围整个[s]平面右半部分的封闭曲线 L_s，如图 5.35（a）所示。L_s 由两部分组成，其中 L_1 为 $\omega=-\infty$ 到 $+\infty$ 的整个虚轴，L_2 为半径 $R\to\infty$的半圆弧。因此，L_s 封闭地包围了整个[s]平面右半部分。这一封闭曲线即为[s]平面上的 Nyquist 轨迹。当 ω 由 $-\infty$ 变到$+\infty$时，轨迹的方向为顺时针方向。

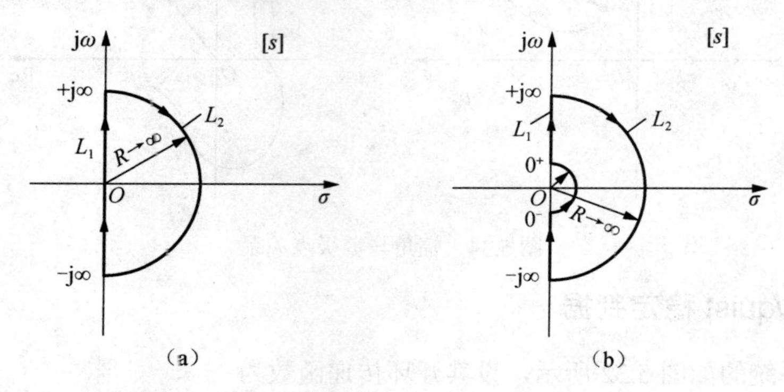

图 5.35　[s]平面上的 Nyquist 轨迹

由于在应用辐角原理时，L_s不能通过 $F(s)$函数的任何极点，所以 $F(s)=1+G(s)H(s)$ 当函数 $F(s)$有若干个极点处于[s]平面虚轴或原点处时，L_s 应以这些点为圆心，半径为无穷小的圆弧，按逆时针方向绕过这些点，如图 5.35（b）所示。由于绕过这些点的圆弧的半径为无穷小，因此，可以认为 L_s 曲线仍然包围了整个[s]平面右半部分。

设在[s]平面右半部分有 Z 个零点和 P 个极点，由辐角原理，当 s 沿[s]平面上的 Nyquist 轨迹移动一圈时，在[F]平面上的映射曲线 L_F 将顺时针包围原点 $N=Z-P$ 圈。

根据 $F(s)=1+G(s)H(s)$，可得 $G(s)H(s)=F(s)-1$。可见 $[G(s)H(s)]$（以下简称[GH]平面）平面是将[F]平面的虚轴向右平移一个单位所构成的复平面。[F]平面的坐标原点就是[GH]平面上的点 $(-1, \mathrm{j}0)$，$F(s)$的映射曲线 L_F 包围原点的圈数就等于 $G(s)H(s)$ 的映射曲线 L_{GH} 包围点 $(-1, \mathrm{j}0)$ 的圈数，如图 5.36 所示。

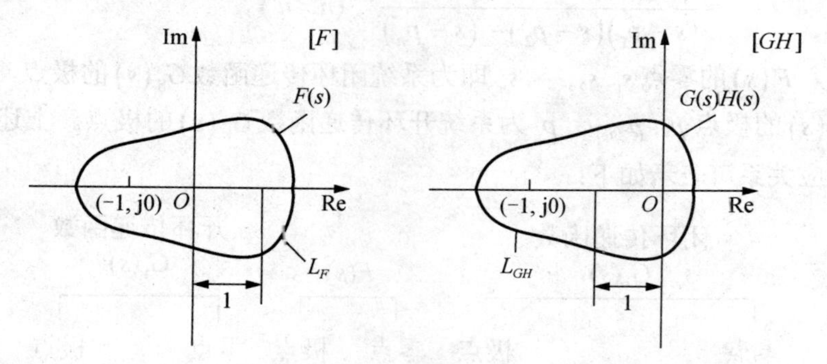

图 5.36　[F]与[GH]平面上的 Nyquist 轨迹

任何一个可实现的开环系统，其开环传递函数 $G_{\mathrm{k}}(s)$ 分母的阶次 n 一定大于分子的阶次 m，即 $n\geqslant m$，故有

$$\lim_{s\to\infty}\left|G(s)H(s)\right|=\begin{cases}0, & n>m\\ \text{常量}, & n=m\end{cases}$$

所以，[s]平面上半径为∞的半圆弧映射到[GH]平面上成为原点或实轴上的一点。

由于 L_s 为[s]平面上的整个虚轴再加上半径为∞的半圆弧，而[s]平面上半径为∞的半圆弧映射到[GH]平面上只是一个点，它对于 $G(s)H(s)$ 的映射曲线 L_{GH} 对某点的包围情况无影响，所以 $G(s)H(s)$ 的绕行情况只需考虑[s]平面的 $\mathrm{j}\omega$ 映射到[GH]平面上的 Nyquist 轨迹 $G(\mathrm{j}\omega)H(\mathrm{j}\omega)$ 即可。

由于闭环系统稳定的充要条件是 $F(s)$ 在[s]平面上右半部分无零点，即 $Z=0$。因此，如果的 Nyquist 轨迹逆时针包围点(−1, j0)的圈数 N 等于 $G(s)H(s)$ 在[s]平面右半部分的极点数 P 时，由 $N=-P$，由 $N=Z-P$，知 $Z=0$，故闭环系统稳定。

综上所述，可将 Nyquist 稳定判据表述如下：当 ω 由−∞变到+∞时，若[GH]平面上的开环频率特性 $G(\mathrm{j}\omega)H(\mathrm{j}\omega)$ 逆时针方向包围点(−1, j0) P 圈，则闭环系统稳定。P 为 $G(s)H(s)$ 在[s]平面右半部分的极点数。

对于开环稳定的系统，若 $P=0$，此时闭环系统稳定的充要条件是系统的开环频率特性 $G(\mathrm{j}\omega)H(\mathrm{j}\omega)$ 不包围点(−1, j0)。

绘制映射曲线 L_{GH} 的方法是，令 $s=\mathrm{j}\omega$ 代入，$G(s)H(s)$ 得到开环频率特性曲线 $G(\mathrm{j}\omega)H(\mathrm{j}\omega)$ 上的点，用平滑曲线连接这些点，即可得到映射曲线。[s]平面上半径为∞的半圆弧映射到[GH]平面上成为原点或实轴上的一点，因此只要绘制出 ω 由−∞变到+∞的开环频率特性曲线，就构成了完整的映射曲线 L_{GH}。

【例 5-6】图 5.37 为 $P=0$ 的系统开环 Nyquist 图，图 5.37（a）中 Nyquist 轨迹不包围点(−1, j0)，故相应的闭环系统稳定。而图 5.37（b）中 Nyquist 轨迹不包围点(−1, j0)，故相应的闭环系统不稳定，也就是开环稳定而闭环不稳定。

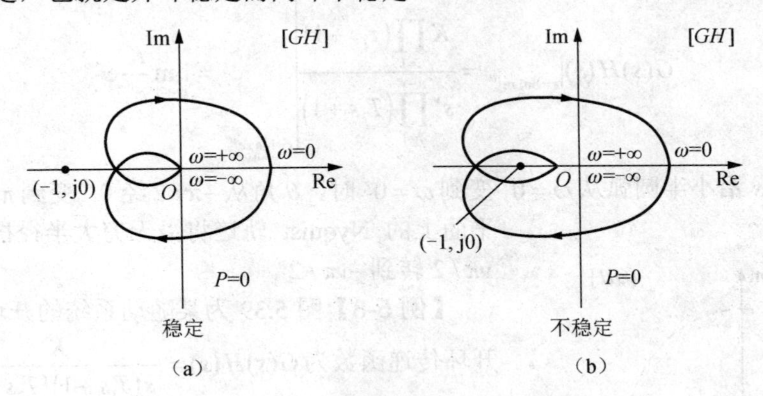

图 5.37　例 5-6 系统的开环 Nyquist 轨迹

【例 5-7】图 5.38 为某系统的开环 Nyquist 图，其开环传递函数为

$$G(s)H(s)=\frac{K\left(T_\mathrm{a}s+1\right)\left(T_\mathrm{b}s+1\right)}{\left(T_1^2s^2+2\xi T_1s+1\right)\left(T_2s-1\right)\left(T_3s+1\right)}$$

试判别闭环系统的稳定性。

解 因为 $G(s)H(s)$在[s]平面右半部分有一个极点，为 $s=1/T_2$，所以 $P=1$，且开环不稳定。

当 ω 由$-\infty$变到$+\infty$时，开环 Nyquist 轨迹逆时针方向包围点(−1, j0)一圈，所以闭环系统稳定。这就是所谓开环不稳定而闭环稳定。开环不稳定是指开环传递函数在[s]平面右半部分有极点。显然，此时的开环系统是非最小相位系统。

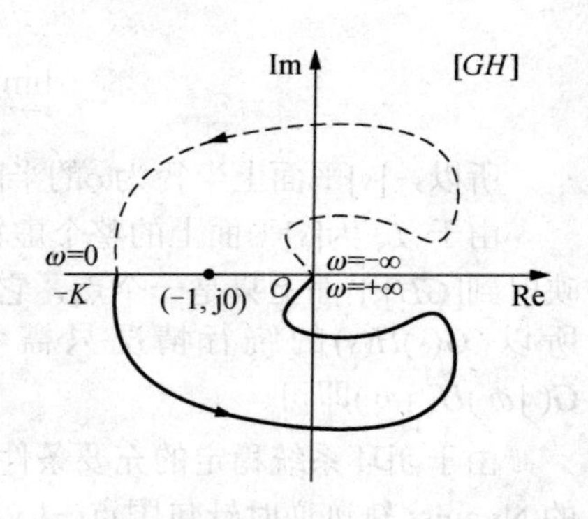

图 5.38 例 5-7 系统的开环 Nyquist 轨迹

5.5.3 原点处有开环极点时的 Nyquist 判据

当系统中串联有积分环节时，开环传递函数 $G_k(s)$有位于[s]平面坐标原点处的极点。如前所述，应用 Nyquist 判据时，[s]平面上的 Nyquist 轨迹 L_s 不能经过 $G_k(s)$的极点，故应以半径为无穷小的圆弧逆时针绕过开环极点所在的原点，如图 5.35（b）所示。这时开环传递函数在[s]平面右半部分上的极点数已不再包含原点处的极点。

设开环传递函数为

$$G(s)H(s)=\frac{K\prod_{i=1}^{m}(\tau_i s+1)}{s^{v}\prod_{j=1}^{n-v}(T_j s+1)}$$

式中：v 为系统中串联积分环节的个数。

当 s 沿无穷小半圆弧逆时针方向移动时，有 $s=\lim_{r\to 0} r\mathrm{e}^{\mathrm{j}\theta}$，映射到[GH]平面上的 Nyquist 轨迹为

$$G(s)H(s)\Big|_{s=\lim_{r\to 0} r\mathrm{e}^{\mathrm{j}\theta}}=\left.\frac{K\prod_{i=1}^{m}(\tau_i s+1)}{s^{v}\prod_{j=1}^{n-v}(T_j s+1)}\right|_{s=\lim_{r\to 0} r\mathrm{e}^{\mathrm{j}\theta}}=\lim_{r\to 0}\frac{K}{r^{v}}\mathrm{e}^{\mathrm{j}v\theta}$$

因此，当 s 沿小半圆弧从 $\omega=0^-$ 变到 $\omega=0^+$ 时，θ 角从 $-\pi/2$ 经 0° 变到 $\pi/2$，这时[GH]平面上的 Nyquist 轨迹将沿无穷大半径按顺时针方向从 $v\pi/2$ 转到 $-v\pi/2$。

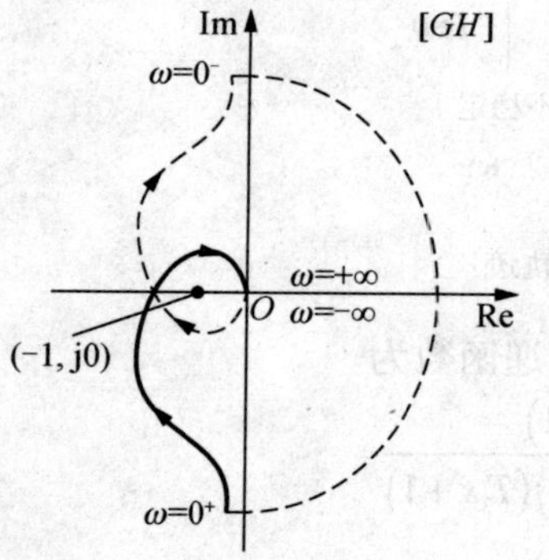

图 5.39 例 5-8 系统的开环 Nyquist 轨迹

【例 5-8】图 5.39 为某随动系统的开环 Nyquist 图，开环传递函数为$G(s)H(s)=\dfrac{K}{s(T_1 s+1)(T_2 s+1)}$，试判别闭环系统的稳定性。

解 在[s]平面上，当 ω 由$-\infty$变到$+\infty$，经过原点 $\omega=0$ 时，由于 $G(s)H(s)$的分母中含有一个积分环节，所以映射到[GH]平面就是以∞为半径、顺时针从 $\pi/2$ 经 0° 变到 $-\pi/2$ 的圆弧。当 K 取值大，ω 由$-\infty$变到$+\infty$时，开环 Nyquist 轨迹顺时针方向包围点(−1, j0)两圈。由于开环传递函数 $G(s)H(s)$在[s]平面右半部分没有极点，即 $P=0$，所

以闭环系统不稳定。

综上所述，用 Nyquist 判据判别系统稳定性时可能发生的情况如下：

① $G(\mathrm{j}\omega)H(\mathrm{j}\omega)$曲线不包围点(−1, j0)。若 P=0 则闭环系统稳定；否则，闭环系统不稳定。

② $G(\mathrm{j}\omega)H(\mathrm{j}\omega)$曲线逆时针包围点(−1, j0)$N$ 次。若 P=N 则闭环系统稳定；否则，闭环系统不稳定。

③ $G(\mathrm{j}\omega)H(\mathrm{j}\omega)$曲线顺时针包围点(−1, j0)，闭环系统不稳定。

5.5.4　Nyquist 判据应用举例

【例 5-9】 设系统的开环传递函数为$G(s)H(s)=\dfrac{K}{(T_1s+1)(T_2s+1)}$，试用 Nyquist 稳定判据判别闭环系统的稳定性（K 与 T_i 均为正值）。

解　系统的开环频率特性为

$$G(\mathrm{j}\omega)=\frac{K}{(\mathrm{j}T_1\omega+1)(\mathrm{j}T_2\omega+1)}$$

当 $\omega=0$ 时，$|G(\mathrm{j}\omega)H(\mathrm{j}\omega)|=K$，$\angle G(\mathrm{j}\omega)H(\mathrm{j}\omega)=0°$；

当 $\omega=\infty$时，$|G(\mathrm{j}\omega)H(\mathrm{j}\omega)|=0$，$\angle G(\mathrm{j}\omega)H(\mathrm{j}\omega)=-180°$。

其开环 Nyquist 图为图 5.40。由于 $G(s)H(s)$在[s]平面右半部分没有极点，所以 P=0，且 $G(\mathrm{j}\omega)H(\mathrm{j}\omega)$不包围点(−1, j0)，因此，不论 K 取任何正值，系统总是稳定性。

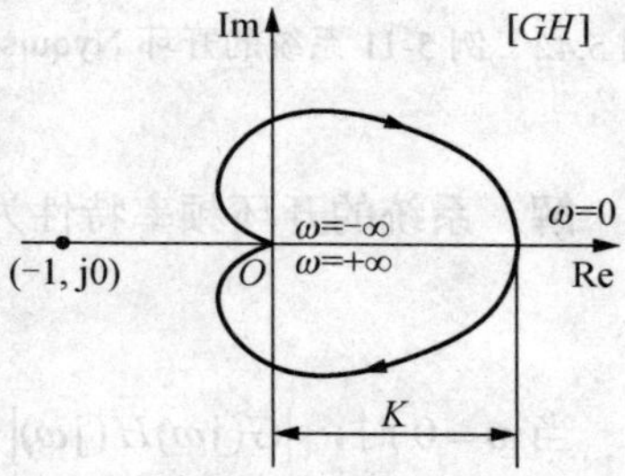

图 5.40　例 5-9 系统的开环 Nyquist 轨迹

【例 5-10】 设系统的开环传递函数为$G(s)H(s)=\dfrac{K(T_4s+1)(T_5s+1)}{(T_1s+1)(T_2s+1)(T_3s+1)}$，试用 Nyquist 稳定判据判别闭环系统的稳定性（K 与 T_i 均为正值）。

解　系统的开环频率特性为

$$G(\mathrm{j}\omega)H(\mathrm{j}\omega)=\frac{K(\mathrm{j}T_4\omega+1)(\mathrm{j}T_5\omega+1)}{(\mathrm{j}T_1\omega+1)(\mathrm{j}T_2\omega+1)(\mathrm{j}T_3\omega+1)}$$

当 $\omega=0$ 时，$|G(\mathrm{j}\omega)H(\mathrm{j}\omega)|=K$，$\angle G(\mathrm{j}\omega)H(\mathrm{j}\omega)=0°$；

当 $\omega=\infty$时，$|G(\mathrm{j}\omega)H(\mathrm{j}\omega)|=0$，$\angle G(\mathrm{j}\omega)H(\mathrm{j}\omega)=-90°$。

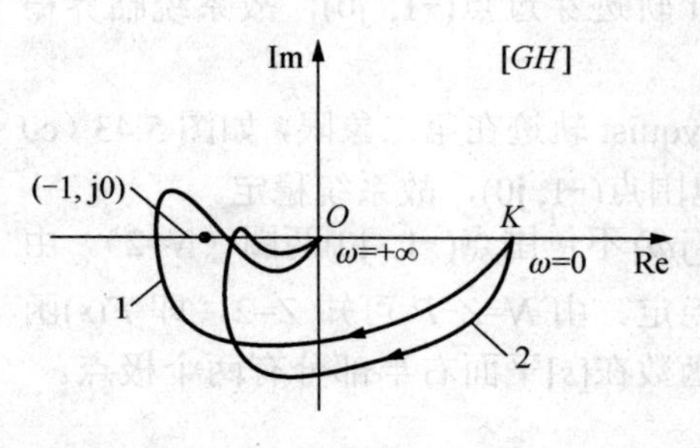

图 5.41　例 5-10 系统的开环 Nyquist 轨迹

其开环 Nyquist 图为图 5.41。由于 $G(s)H(s)$在[s]平面右半部分没有极点，所以 P=0。若 $G(\mathrm{j}\omega)H(\mathrm{j}\omega)$如图中曲线 1 所示，包围点(−1, j0)，则系统不稳定。现减小 K 值，使$|G(\mathrm{j}\omega)H(\mathrm{j}\omega)|$减小，曲线 1 有可能因$|G(\mathrm{j}\omega)H(\mathrm{j}\omega)|$减小，相位不变，而不包围点(−1, j0)，因而系统趋于稳定。若 K 不变，亦可增加导前环节的时间常数 T_4、T_5，使相位减小，曲线 1 变成曲线 2。由于曲线 2 不包围点(−1, j0)，故系统稳定。且

$G(j\omega)H(j\omega)$ 不包围点(−1, j0)，因此，不论 K 取任何正值，系统总是稳定性。

【例 5-11】设系统的开环传递函数为 $G(s)H(s)=\dfrac{K}{s(Ts+1)}$，试用 Nyquist 稳定判据判别闭环系统的稳定性（K 与 T 均为正值）。

解 系统的开环频率特性为

$$G(j\omega)H(j\omega)=\frac{K}{j\omega(jT\omega+1)}$$

当 $\omega=0$ 时，$|G(j\omega)H(j\omega)|=\infty$，$\angle G(j\omega)H(j\omega)=-90°$；

当 $\omega=\infty$ 时，$|G(j\omega)H(j\omega)|=0°$。

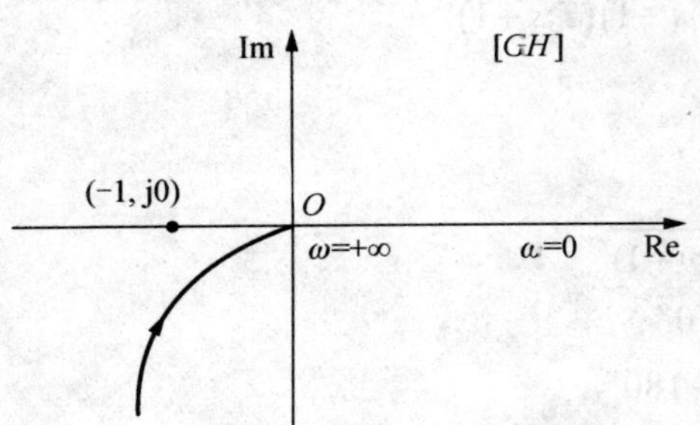

图 5.42 例 5-11 系统的开环 Nyquist 轨迹

其开环 Nyquist 图为图 5.42。由于 P=0。且 $G(j\omega)H(j\omega)$ 不包围点(−1, j0)，故系统不稳定。

其实由 $G(s)H(s)$ 可以看出，因为有一个积分环节，开环 Nyquist 轨迹在时开始于−90°，又因为系统为二阶系统，相位最多至−180°。所以闭环系统一定是稳定的。

【例 5-12】设系统的开环传递函数为 $G(s)H(s)=\dfrac{K(T_2s+1)}{s^2(T_1s+1)}$，试用 Nyquist 稳定判据判别闭环系统的稳定性（K 与 T 均为正值）。

解 系统的开环频率特性为

$$G(j\omega)H(j\omega)=\frac{K(jT_2\omega+1)}{-\omega^2(jT_1\omega+1)}$$

当 $\omega=0$ 时，$|G(j\omega)H(j\omega)|=\infty$，$\angle G(j\omega)H(j\omega)=-180°$；

当 $\omega=\infty$ 时，$|G(j\omega)H(j\omega)|=0$，$\angle G(j\omega)H(j\omega)=-180°$。

对任意的 ω 有

$$\angle G(j\omega)H(j\omega)=-180°-\arctan T_1\omega+\arctan T_2\omega$$

（1）$T_1<T_2$ 时，当 ω 为正值时，由上式可知 $\angle G(j\omega)H(j\omega)>-180°$，开环 Nyquist 轨迹在第三象限，如图 5.43（a）所示。当 ω 由−∞变到+∞时，开环 Nyquist 轨迹不包围点(−1, j0)，故系统稳定。

（2）$T_1=T_2$ 时，如图 5.43（b）所示，开环 Nyquist 轨迹穿过点(−1, j0)，故系统临界稳定。

（3）$T_1<T_2$ 时，当 w 为正值时，由上式可知，开环 Nyquist 轨迹在第二象限，如图 5.43（c）所示。当 ω 由−∞变到+∞时，开环 Nyquist 轨迹顺时针包围点(−1, j0)，故系统稳定。

其开环 Nyquist 图为图 5.43。由于 P=0 且 $G(j\omega)H(j\omega)$ 不包围点(−1, j0)两圈（N=2）。由于在[s]平面右半部分没有极点，即 P=0，所以系统不稳定。由 N=Z−P 可知 Z=2，即 $F(s)$ 函数在[s]平面右半部分有两个零点，也即系统闭环传递函数在[s]平面右半部分有两个极点。

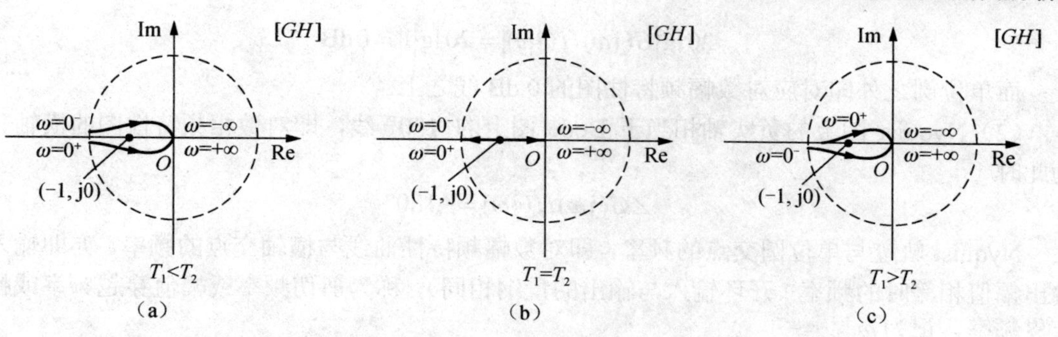

图 5.43　例 5-12 系统的开环 Nyquist 轨迹

5.6　Bode 稳定判据

Nyquist 稳定判据是利用开环频率特性的 Nyquist 图来判定闭环系统的稳定性。如果将开环 Nyquist 图改画为开环对数坐标图，即 Bode 图，同样可以利用它来判定系统的稳定性。这种方法称为对数频率特性判据或 Bode 稳定判据，它实质上是 Nyquist 稳定判据的引申。

5.6.1　Nyquist 图与 Bode 图的对应关系

如图 5.44 所示，系统开环频率特性的 Nyquist 图和 Bode 图的对应关系如下：

（1）Nyquist 图上的单位圆对应 Bode 图上的 0 dB 线，即对应对数幅频特性图的横轴，因为此时

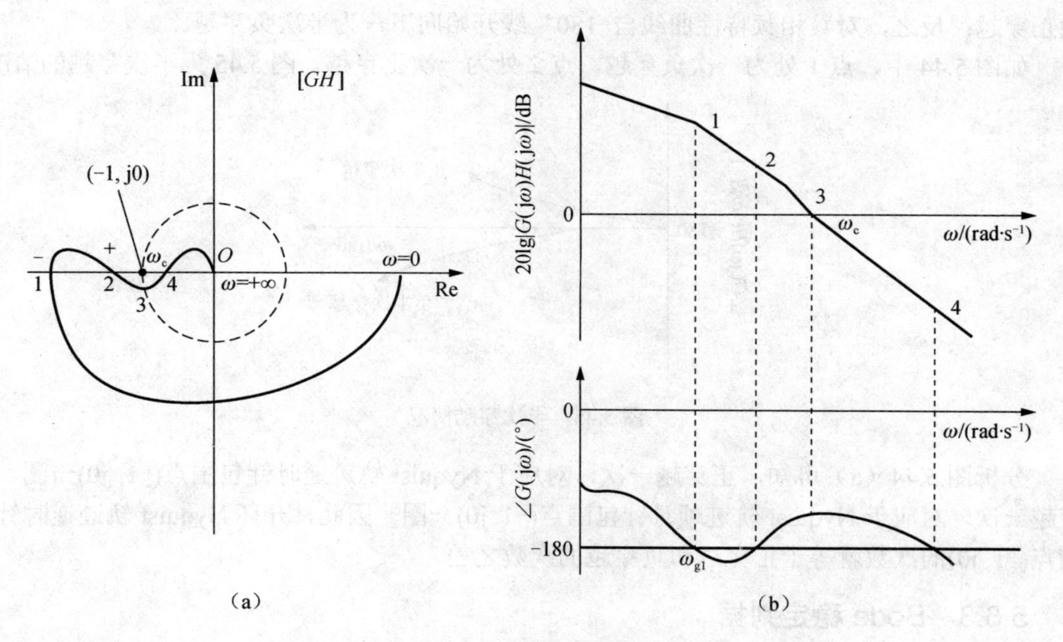

图 5.44　Nyquist 图与对应的 Bode 图

$$20\lg\left|G(\mathrm{j}\omega)H(\mathrm{j}\omega)\right| = 20\lg|1| = 0\,\mathrm{dB}$$

而单位圆之外即对应对数幅频特性图的 0 dB 线之上。

（2）Nyquist 图上的负实轴相当于 Bode 图上的−180° 线，即对数相频特性图的横轴。因为此时

$$\angle G(\mathrm{j}\omega)H(\mathrm{j}\omega) = -180^\circ$$

Nyquist 轨迹与单位圆交点的频率，即对数幅频特性曲线与横轴交点的频率，亦即输入与输出幅值相等时的频率（开环输入与输出的量纲相同），称为剪切频率或幅值穿越频率或幅值交界频率，记为 ω_c。

Nyquist 轨迹与负实轴交点的频率，亦即对数相频特性曲线与−180° 线交点的频率，称为相位穿越频率或相位交界频率，记为 ω_g。

5.6.2 穿越的概念

开环 Nyquist 轨迹在点(−1, j0)以左穿过负实轴称为“穿越”。若沿频率 ω 增加的方向，开环 Nyquist 轨迹自上而下（相位增大）穿过点(−1, j0)以左的负实轴称为正穿越；反之，沿频率 ω 增加的方向，开环 Nyquist 轨迹自下而上（相位减小）穿过点(−1, j0)以左的负实轴称为负穿越。沿频率 ω 增大的方向开环 Nyquist 轨迹自点(−1, j0)以左的负实轴开始向下称为半次正穿越；反之，沿频率 ω 增大的方向开环 Nyquist 轨迹自点(−1, j0)以左的负实轴开始向上称为半次负穿越。

对应于 Bode 图上，在开环对数幅频特性为正值的频率范围内，沿频率 ω 增大的方向，对数相频特性曲线自下而上穿过−180° 线称为正穿越；反之，沿频率 ω 增大的方向，对数相频特性曲线自上而下穿过−180° 线称为负穿越。若对数相频特性曲线自−180° 开始向上，为半次正穿越；反之，对数相频特性曲线自−180° 线开始向下，为半次负穿越。

如图 5.44 中，点 1 处为一次负穿越，点 2 处为一次正穿越。图 5.45 为半次穿越的情况。

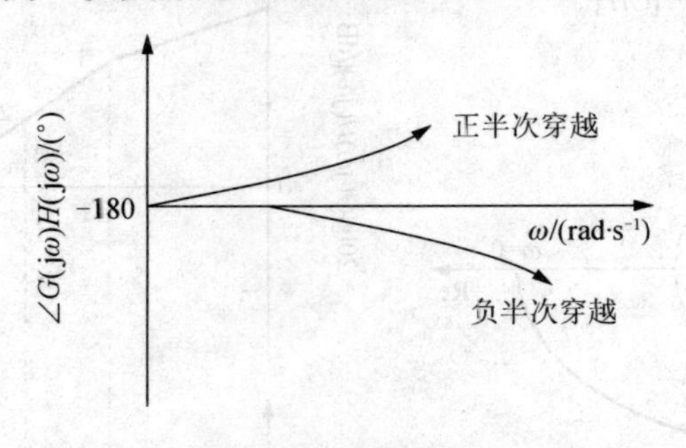

图 5.45 半次穿越情况

分析图 5.44（a）可知，正穿越一次，对应于 Nyquist 轨迹逆时针包围点(−1, j0)一圈，负穿越一次，对应于 Nyquist 轨迹顺时针包围点(−1, j0)一圈。因此，开环 Nyquist 轨迹逆时针包围点(−1, j0)的次数就等于正穿越和负穿越的次数之差。

5.6.3 Bode 稳定判据

根据 Nyquist 判据和 Nyquist 图与 Bode 图的对应关系，可把 Bode 稳定判据描述如下：

闭环系统稳定的充分必要条件是，在 Bode 图上，当 ω 由 0 变化到+∞时，在开环对数幅频特性为正值的频率范围内，开环对数相频特性对−180° 线正穿越与负穿越次数之差为 $P/2$ 时，闭环系统稳定；否则不稳定。其中 P 为系统开环传递函数在[s]平面右半部分的极点数。

如图 5.44（b）所示，在 $0\sim w_c$ 范围内，对数相频特性负穿越和正穿越−180° 线各一次，故正负穿越次数之差为 0，那么在 P=0 时系统稳定。此系统实际上为一个条件稳定系统。

当开环系统为最小相位系统时，P=0。则，若开环对数幅频特性与 0 dB 线的交点频率 ω_c 小于其对数相频特性与−180° 线的交点频率 ω_g，即 $\omega_c<\omega_g$，则系统稳定；若 $\omega_c>\omega_g$，则系统不稳定；若 $\omega_c=\omega_g$，则系统临界稳定。换言之，若开环对数幅频特性达到 0 dB 时，即与 0 dB 线交于点(ω_c, 0)时，其对数相频特性还在−180° 线以上，即相位不足−180°，则闭环系统稳定；若开环对数相频特性达到−180° 时，其对数相频特性还在 0 dB 线以上，即幅值大于 1，则闭环系统不稳定。此即为开环最小相位系统的闭环系统稳定的充分必要条件。

若开环对数幅频特性对横轴有多个剪切频率，如图 5.46 所示，则取剪切频率最大的 ω_{c3} 来判别稳定性。因为若用 ω_{c3} 判别系统是稳定的，则用 ω_{c2} 和 ω_{c1} 判别系统必然也是稳定的。

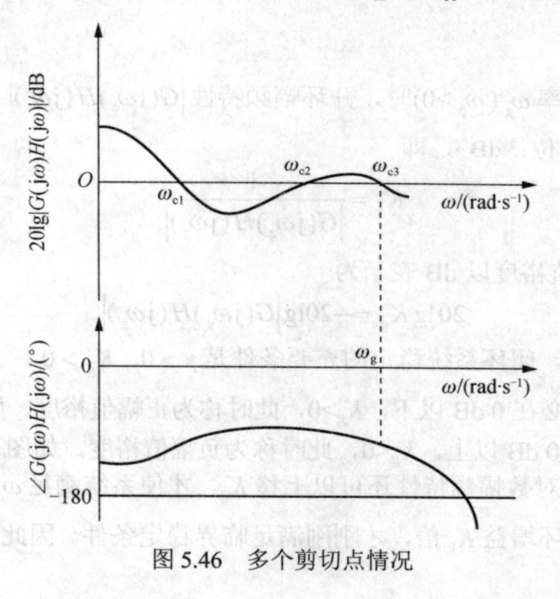

图 5.46　多个剪切点情况

5.7　控制系统的相对稳定性

从 Nyquist 稳定判据可推知，若系统开环传递函数在[s]平面右半部分的极点数 P=0，则闭环系统稳定，且当开环 Nyquist 轨迹离点(−1, j0)越远，则闭环系统的稳定性越高；开环 Nyquist 轨迹离点(−1, j0)越近，则其闭环系统的稳定性越低。这便是通常所说的系统的相对稳定性，它通过 $G_K(\mathrm{j}\omega)$对点(−1, j0)的靠近程度来表达，其定量表示为相位裕度 γ 和幅值裕度 K，如图 5.47 所示。

1. 相位裕度

在 ω 为剪切频率（ω_c>0）时，相频特性 $\angle G(\mathrm{j}\omega)H(\mathrm{j}\omega)$ 距−180° 线的相位差值 γ 称为相

位裕度。图 5.47（c）所示系统不仅稳定，而且有相当的稳定性储备，它可以在频率 ω_c 下允许相位再增加 γ 才达到 $\omega_g=\omega_c$ 的临界稳定条件。因此，相位裕度 γ 有时又叫相位稳定性储备。

对于稳定系统，γ 必在 Bode 图横轴以上，这时称为正相位裕度，即有正的稳定性储备，如图 5.47（c）所示；对于不稳定系统，γ 必在 Bode 图横轴之下，这时称为负相位裕度，即有负的稳定性储备，如图 5.47（d）所示。

相应地，在 Nyquist 图中，图 5.47（a）、（b）所示，γ 即为 Nyquist 轨迹与单位圆的交点 A 对负实轴的相位差值，它表示在幅值比为 1 的频率 ω_c 时，有

$$\gamma=180^\circ+\angle G_K(j\omega_c)$$

式中：$G(j\omega_c)$ 的相位 $\angle G_K(j\omega_c)$ 一般为负值。

对于稳定系统，γ 必在 Nyquist 图负实轴以下，如图 5.47（a）所示；对于不稳定系统，γ 必在 Nyquist 图负实轴以上，如图 5.47（b）所示。例如，当 $\angle G_K(j\omega_c)=-150^\circ$ 时，$\gamma=180^\circ-150^\circ=30^\circ$，相位裕度为正。又如当 $\angle G_K(j\omega_c)=-210^\circ$ 时，$\gamma=180^\circ-210^\circ=-30^\circ$，相位裕度为负。

2. 幅值裕度

当 ω 为相位交界频率 ω_g（$\omega_g>0$)时，开环幅频特性 $|G(j\omega_c)H(j\omega_c)|$ 的倒数称为控制系统的幅值裕度，记作 K_g（单位：dB），即

$$K_g=\frac{1}{|G(j\omega_g)H(j\omega_g)|}$$

在 Bode 图上，幅值裕度以 dB 表示为

$$20\lg K_g=-20\lg|G(j\omega_g)H(j\omega_g)|$$

对于最小相位系统，闭环系统稳定的充要条件是 $\gamma>0$，$K_g>0$。

对于稳定系统，K_g 必在 0 dB 以下，$K_g>0$，此时称为正幅值裕度，如图 5.47（c）所示；对于不稳定系统，K_g 必在 0 dB 以上，$K_g<0$，此时称为负幅值裕度，如图 5.47（d）所示。

在图 5.47（c）中，对数幅频特性还可以上移 K_g，才使系统满足 $\omega_c=\omega_g$ 的临界稳定条件，亦即只有增加系统的开环增益 K_g 倍，才刚刚满足临界稳定条件。因此，幅值裕度有时又称为增益裕度。

在 Nyquist 图上，由于

$$|G(j\omega_g)H(j\omega_g)|=\frac{1}{K_g}$$

所以 Nyquist 轨迹与负实轴的交点到原点的距离即为 $1/K_g$，它代表在 ω_g 频率下开环频率特性的模。显然对于稳定系统，$1/K_g<1$，如图 5.47（a）所示；对于不稳定系统，$1/K_g>1$，如图 5.47（b）所示。

综上所述，对于在[s]平面右半部分没有极点的开环系统（P=0）来说，$G(j\omega)H(j\omega)$ 具有正幅值裕度与正相位裕度时，其闭环系统是稳定的；$G(j\omega)H(j\omega)$ 具有负幅值裕度与负相位裕度时，其闭环系统是不稳定的。

可见，利用 Nyquist 图或 Bode 图所计算出的 γ 和 K_g 相同。

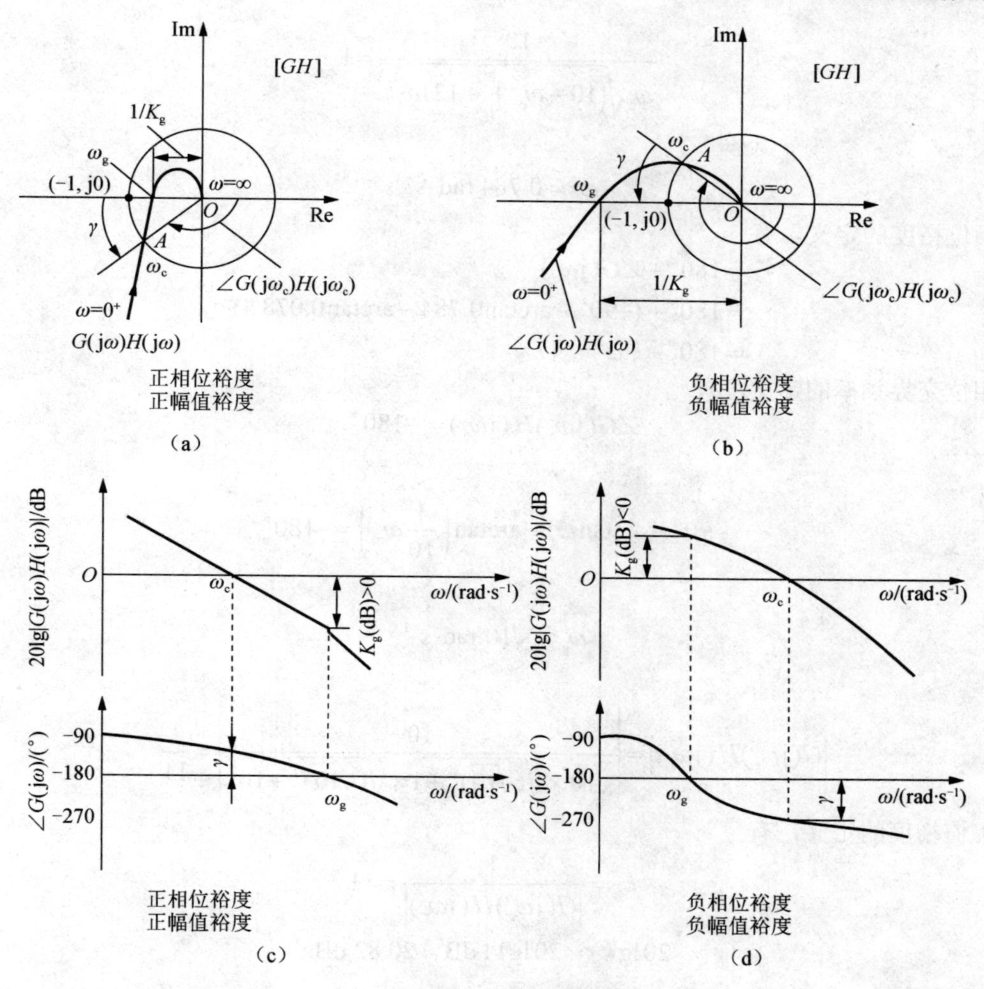

图 5.47　相位裕度 γ 和幅值裕度 K_g

3. 系统的相对稳定性分析举例

【例 5-13】设单位负反馈系统的开环传递函数为 $G(s)=\dfrac{10}{s(s+1)(s+10)}$，试求系统的幅值裕度和相位裕度。

解　由已知开环传递函数，求得开环频率响应为

$$G(\mathrm{j}\omega)=\frac{10}{\mathrm{j}\omega(\mathrm{j}\omega+1)(\mathrm{j}\omega+10)}$$

可求得开环幅频特性为

$$\left|G(\mathrm{j}\omega)\right|=\frac{10}{\omega\sqrt{(10-\omega^2)^2+121\omega^2}}$$

根据剪切频率定义，有

$$\frac{10}{\omega_c\sqrt{\left(10-\omega_c^{2}\right)^2+121\omega_c^{2}}}=1$$

解得

$$\omega_c=0.784\ \mathrm{rad\cdot s^{-1}}$$

根据相位裕度的定义，有

$$\begin{aligned}\gamma&=180^\circ+\angle G(\mathrm{j}\omega_c)\\&=180^\circ+(-90^\circ-\arctan 0.784-\arctan 0.078\,4)\\&=180^\circ-133^\circ=47^\circ\end{aligned}$$

根据相位交界频率的定义，有

$$\angle G(\mathrm{j}\omega_g)H(\mathrm{j}\omega_g)=-180^\circ$$

得

$$-90^\circ-\arctan\omega_g-\arctan\left(\frac{1}{10}\omega_g\right)=-180^\circ$$

即

$$\omega_g=\sqrt{10}\ \mathrm{rad\cdot s^{-1}}$$

则

$$\left|G(\mathrm{j}\omega_g)H(\mathrm{j}\omega_g)\right|=\left|\frac{10}{\sqrt{10}\times\sqrt{(\sqrt{10})^2+1}\times\sqrt{(\sqrt{10})^2+10^2}}\right|=\frac{1}{11}$$

根据幅值裕度的定义，有

$$k_g=\frac{1}{\left|G(\mathrm{j}\omega_g)H(\mathrm{j}\omega_g)\right|}=11$$

$$20\lg k_g=20\lg 11\ \mathrm{dB}\approx 20.82\ \mathrm{dB}$$

【例 5-14】设二阶系统的开环传递函数为$G(s)H(s)=\dfrac{\omega_n^{2}}{s(s+2\xi\omega_n)}$，试求其相位裕度$\gamma$与阻尼比$\xi$的关系式。

解 由给定的开环传递函数$G(s)H(s)$，可求得二阶系统的开环频率响应为

$$G(\mathrm{j}\omega)H(\mathrm{j}\omega)=\frac{\omega_n^{2}}{\mathrm{j}\omega(\mathrm{j}\omega+2\xi\omega_n)}$$

可分别求得开环幅频特性及相频特性为

$$\left|G(\mathrm{j}\omega)H(\mathrm{j}\omega)\right|=\frac{\omega_n^{2}}{\omega\sqrt{\omega^2+(2\xi\omega_n)^2}}$$

$$\angle G(\mathrm{j}\omega)H(\mathrm{j}\omega)=-90^\circ-\arctan\frac{\omega}{2\xi\omega_n}$$

根据剪切频率定义，有

$$\frac{\omega_n^{2}}{\omega_c\sqrt{\omega_c^{2}+\left(2\xi\omega_n\right)^2}}=1$$

解出

$$\omega_c=\omega_n\sqrt{\sqrt{1+4\xi^2}-2\xi^2}$$

则

$$\angle G(j\omega_c)H(j\omega_c)=-90^\circ-\arctan\frac{\sqrt{\sqrt{1+4\xi^2}-2\xi^2}}{2\xi}$$

根据相位裕度的定义，得

$$\begin{aligned}\gamma&=180^\circ+\angle G(j\omega_c)H(j\omega_c)\\&=90^\circ-\arctan\frac{\sqrt{\sqrt{1+4\xi^2}-2\xi^2}}{2\xi}\\&=\arctan\frac{2\xi}{\sqrt{\sqrt{1+4\xi^2}-2\xi^2}}\end{aligned}$$

5.8　频域指标与时域指标之间的关系

第 3 章介绍的时域分析的 5 个性能指标在当前的系统分析和设计中占有越来越重要的位置。而在最初的系统设计中，频域法应用得非常广泛。因此，需要进一步探讨频域指标与时域指标间的关系。

5.8.1　闭环幅频特性与时域稳态误差之间的关系

控制系统的频域响应容易得到，那么如何根据频率响应找到时域响应呢？因为一般控制系统的设计给出的都是时域指标。在理论上，可通过傅氏变换得到，即

$$y(t)=\frac{1}{2\pi}\int_{-\infty}^{+\infty}Y(j\omega)e^{j\tau\omega}d\omega$$

在一般情况下，这种变换很繁杂。工程上通常希望把描述频域响应的一些特征量和时域响应的一些特征量联系起来，从而找到频域性能指标和时域性能指标的关系，这无疑给分析与设计控制系统带来了方便。

1．闭环幅频特性的特征值

如前文所述，可以通过一定方法（如等 M 圆法）找到闭环幅值 M 和角频率 ω 的函数关系。横坐标频率 ω 采用对数分度，纵坐标闭环幅值 $A(\omega)$采用线性分度，在这样的坐标平面上找出对应的点，用圆滑曲线连接起来，即得到闭环幅频特性，如图 5.48 所示。它的特征值有 5 个：

$A(0)$：闭环幅频特性的零频值，即 $A(0)=A(\omega)\big|_{\omega=0}=\left|\frac{Y(j\omega)}{X(j\omega)}\right|_{\omega=0}$；

ω_M：由给定精度决定的频率值，或由输入信号带宽决定的频率值；

M_r：相对谐振峰值，定义式为 $M_r=\frac{A_{max}}{A(0)}$；

ω_r：谐振频率，即相对闭环幅频特性峰值 A_{max} 的角频率；

ω_b：截止频率，即 $\frac{1}{\sqrt{2}}A(0)$ 对应的频率值。通常定义 $0\sim\omega_b$ 为控制系统的带宽或通频带。

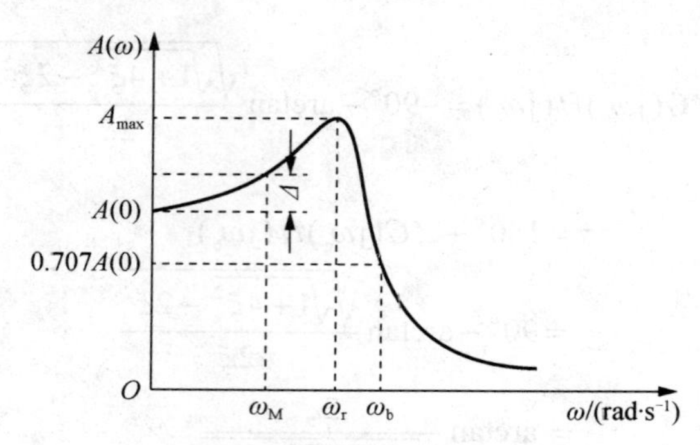

图 5.48　典型闭环频率特性

2. $A(0)$与 v 之间的关系

设控制系统的闭环传递函数为

$$Y(s)=\frac{G(s)}{1+G(s)H(s)}X(s)$$

式中：$Y(s)$为闭环控制系统输出信号的拉氏变换；$X(s)$为闭环控制系统输入信号的拉氏变换；$G(s)=\frac{kG_1(s)}{s^v}$ 为闭环控制系统前向通道的传递函数，其中，k 为前向通道的增益，v 为前向通道含有的串联积分环节数目，并且定义 $G_1(s)|_{s=0}=1$； $H(s)=k_nH_1(s)$ 为反馈通道的传递函数，其中，k_n 为反馈通道的增益，并且定义 $H_1(s)|_{s=0}=1$。

将 $s=\mathrm{j}\omega$ 代入 $\frac{Y(s)}{X(s)}=\frac{G(s)}{1+G(s)H(s)}$，得闭环幅频特性为

$$A(\omega)=\left|\frac{G(\mathrm{j}\omega)}{1+G(\mathrm{j}\omega)H(\mathrm{j}\omega)}\right|=\left|\frac{k\frac{1}{(\mathrm{j}\omega)^v}G_1(\mathrm{j}\omega)}{1+\frac{k}{(\mathrm{j}\omega)^v}G_1(\mathrm{j}\omega)k_nH_1(\mathrm{j}\omega)}\right|=\frac{kG_1(\mathrm{j}\omega)}{(\mathrm{j}\omega)^v+kk_nG_1(\mathrm{j}\omega)H_1(\mathrm{j}\omega)}$$

则

$$A(0)=\frac{1}{k_n}\quad(v\geqslant 1)$$

$$A(0)=\frac{k}{1+kk_n}\quad(v=0)$$

若 $H(s)=1$，则有

$$A(0)=1\quad(v\geqslant 1)\tag{5-69}$$

$$A(0)=\frac{k}{1+k}\quad(v=0)\tag{5-70}$$

式（5-70）表明，0 型单位反馈系统的闭环幅频特性的零频值随开环增益 k 的增大而接近 1。又由于单位反馈系统的误差系数 $k_p=1-A(0)$，$A(0)$越接近 1，0 型单位反馈系统响应单位阶跃

信号的稳态误差便越小。式（5-69）表明，若给定单位反馈系统的闭环幅频特性零频值等于 1，则可断定该系统的型别为 I 型以上。因此，$A(0)$可作为衡量控制系统响应单位阶跃控制信号的稳态准确度的频域指标。

3. 复现带宽与系统响应控制信号准确度间的关系

设控制系统输入信号 $x(t)$的频谱 $X(\mathrm{j}\omega)$ 具有图 5.49（b）所示的特性，即

$$|X(\mathrm{j}\omega)|=0 \quad (\omega \geqslant \omega_{\mathrm{H}})$$

$$\frac{Y(\mathrm{j}\omega)}{X(\mathrm{j}\omega)}=1-V_1(\mathrm{j}\omega) \quad (\omega<\omega_{\mathrm{H}})$$

式中：$|\varDelta_1(\mathrm{j}\omega)| \leqslant \varDelta$，如图 5.49（a）所示，其中，$\varDelta$ 代表系统的控制精度，也即允许的静态误差。

基于上述假设，单位反馈系统复现输入信号 $x(t)$的误差信号 $e(t)$为

$$\begin{aligned} e(t) &= x(t)-y(t) \\ &= \frac{1}{2\pi}\int_{-\infty}^{+\infty} E(\mathrm{j}\omega)\mathrm{e}^{\mathrm{j}\omega t}\mathrm{d}\omega \\ &= \frac{1}{2\pi}\int_{-\infty}^{+\infty}\left[X(\mathrm{j}\omega)-\left(X(\mathrm{j}\omega)-X(\mathrm{j}\omega)\varDelta_1(\mathrm{j}\omega)\right)\right]\mathrm{e}^{\mathrm{j}\omega t}\mathrm{d}\omega \\ &= \frac{1}{2\pi}\int_{-\omega_{\mathrm{H}}}^{+\omega_{\mathrm{H}}} X(\mathrm{j}\omega)\varDelta_1(\mathrm{j}\omega)\mathrm{e}^{\mathrm{j}\omega t}\mathrm{d}\omega \\ &\leqslant \frac{V}{2p}\int_{-\omega_{\mathrm{H}}}^{+\omega_{\mathrm{H}}} X(\mathrm{j}\omega)\mathrm{e}^{\mathrm{j}\omega t}\mathrm{d}\omega = \Delta x(t) \end{aligned} \tag{5-71}$$

式（5-71）说明，在单位反馈系统中，对具有图 5.49（b）所示频谱的低频输入信号 $x(t)$的复现误差 $e(t)$近似与 $x(t)$成正比。根据输入信号的带宽 0～ω_{H}，确定系统的角频率 ω_{M}，若 ω_{M} 在闭环幅频特性上求得的 $\varDelta$ 值越小，则由式（5-71）知 $\varDelta \cdot x(t)$ 越小，$e(t)$越小，说明单位反馈系统复现低频输入信号的准确度越高；反过来说，根据允许的静态误差 $\varDelta$ 在闭环幅频特性上确定 ω_{M}。若 ω_{M} 越大，则意味着单位反馈系统以规定的准确度复现输入信号的带宽越宽。从而使作为频域指标的复现带宽与作为时域指标的复现准确度联系起来，并基于这种联系可根据任意形式的输入信号频谱对控制系统的复现特性进行研究。

这样，以闭环幅频特性为桥梁，将频域指标的零频值及复现带宽与时域指标的稳态误差及静态指标联系起来。

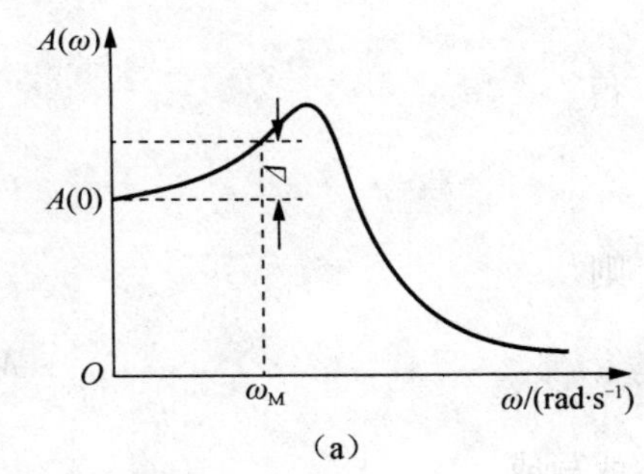

（a）

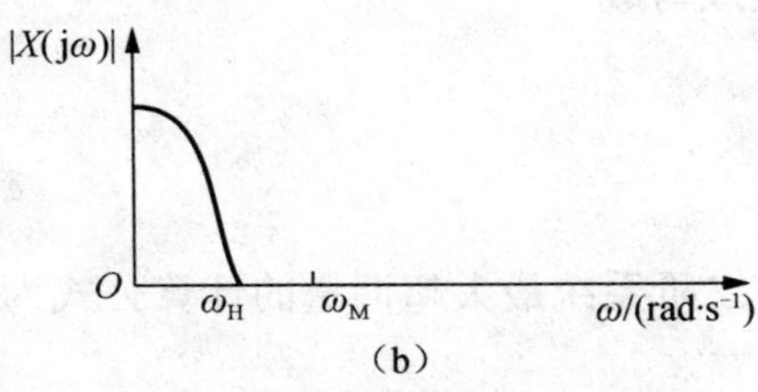

（b）

图 5.49　复现带宽与浮现准确度

（a）复现程度谱线；（b）输入信号频谱图

5.8.2　频域动态性能指标与时域动态指标的关系

1. 相对谐振峰值 M_{r} 与时域振荡指标的关系

二阶系统闭环传递函数的标准式为

$$F(s)=\frac{Y(s)}{X(s)}=\frac{\omega_n^2}{s^2+2\xi\omega_n s+\omega_n^2}$$

其闭环频率特性为

$$\Phi(j\omega)=\frac{\omega_n^2}{(j\omega)^2+2\xi\omega_n j\omega+\omega_n^2}=\frac{1}{1-\left(\frac{\omega}{\omega_n}\right)^2+j2\xi\frac{\omega}{\omega_n}}=M(\omega)e^{j\theta(\omega)}$$

式中：

$$M(\omega)=\frac{1}{\sqrt{\left(1-\left(\frac{\omega}{\omega_n}\right)^2\right)^2+\left(2\xi\frac{\omega}{\omega_n}\right)^2}} \tag{5-72}$$

$$\theta(\omega)=-\arctan\frac{2\xi\frac{\omega}{\omega_n}}{1-\left(\frac{\omega}{\omega_n}\right)^2} \tag{5-73}$$

如果 $M(\omega)$ 在某一频率下存在极大值 M_r，则 M_r 称为闭环谐振峰值，而 ω_r 称为闭环谐振频率。

由

$$\left.\frac{dM(\omega)}{d\omega}\right|_{\omega=\omega_r}=0$$

得

$$\omega_r=\omega_n\sqrt{1-2\xi^2}\quad\left(\xi\leqslant\frac{1}{\sqrt{2}}\right) \tag{5-74}$$

则

$$M_r=\frac{1}{2\xi\sqrt{1-\xi^2}}\quad\left(\xi\leqslant\frac{1}{\sqrt{2}}\right) \tag{5-75}$$

或写成

$$\xi=\sqrt{\frac{1-\sqrt{1-\frac{1}{M_r^2}}}{2}}\quad(M_r\geqslant1) \tag{5-76}$$

二阶系统最大超调量的计算公式为

$$\sigma_p=e^{-\frac{\xi\pi}{\sqrt{1-\xi^2}}}\times100\%$$

将式（5-76）代入上式，得

$$\sigma_p=\exp\left(-\pi\sqrt{\frac{M_r-\sqrt{M_r^2-1}}{M_r+\sqrt{M_r^2-1}}}\right)\times100\%=\exp\left(-\pi\sqrt{\frac{1-\sqrt{1-\frac{1}{M_r^2}}}{1+\sqrt{1-\frac{1}{M_r^2}}}}\right)\times100\%\quad(M_r\geqslant1)$$

上式以曲线表示，如图 5.50 所示。

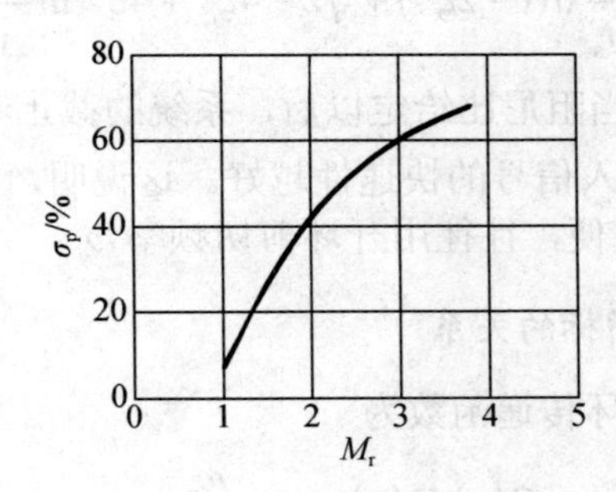

图 5.50　二阶系统 $\sigma_p - M_r$

由图 5.50 可以看出，对于二阶系统来说，$M_r = 1.2 \sim 1.5$ 对应 $\sigma_p = 20\% \sim 30\%$。在这种情况下，二阶系统具有满意的时域指标；然而，当 $M_r > 2$ 时，此时对应的最大超调量可高达 40%以上。

2. 谐振频率及系统带宽与时域指标间的关系

对于二阶系统来说，谐振频率 ω_r 与无阻尼自振频率 ω_n 及阻尼比 ξ 的关系为

$$\omega_r = \omega_n \sqrt{1-2\xi^2}$$

若 $\varDelta = 0.05$，$0 < \xi < 0.9$，则

$$t_s = \frac{3}{\xi\omega_n} = \frac{3\sqrt{1-2\xi^2}}{\xi\omega_r}$$

或

$$\omega_r = \frac{3\sqrt{1-2\xi^2}}{\xi t_s}$$

任意 $\varDelta$ 的情况下

$$\omega_r = \frac{1}{\xi t_s}\sqrt{1-2\xi^2}\ \ln\frac{1}{\varDelta\sqrt{1-\xi^2}} \tag{5-77}$$

对于典型二阶系统，由截止频率定义可得

$$\left|\frac{{\omega_n}^2}{(j\omega)^2 + 2\xi\omega_n(j\omega) + {\omega_n}^2}\right|_{\omega=\omega_b} \approx 0.707$$

解得

$$\omega_b = \omega_n\sqrt{(1-2\xi^2) + \sqrt{2-4\xi^2+4\xi^4}}$$

若 $\varDelta = 0.05$，$0 < \xi < 0.9$，则 $\omega_n = \dfrac{3}{\xi t_s}$，代入上式得

$$\omega_b = \frac{3}{\xi t_s}\sqrt{(1-2\xi^2) + \sqrt{2-4\xi^2+4\xi^4}}$$

在任意情况下为

$$\omega_b = \frac{1}{\xi t_s}\sqrt{(1-2\xi^2)+\sqrt{2-4\xi^2+4\xi^4}}\ \ln\frac{1}{\Delta\sqrt{1-\xi^2}} \tag{5-78}$$

从式（5-78）可以看出，当阻尼比给定以后，系统的截止频率与 t_s 成反比关系，或者说，控制系统的带宽越宽则复现输入信号的快速性越好。这说明，带宽表征了控制系统的反应速度。实际设计时，用 ω_b 不太方便，往往用开环剪切频率 ω_c。

3. 开环剪切频率与时域指标的关系

典型二阶系统所对应的开环传递函数为

$$G(s)H(s)=\frac{\omega_n{}^2}{s(s+2\xi\omega_n)}$$

则由剪切频率定义得

$$\left|\frac{\omega_n{}^2}{(j\omega_c)^2+2\xi\omega_n(j\omega_c)}\right|=1$$

解得

$$\omega_c=\frac{3}{\xi t_s}\sqrt{\sqrt{1+4\xi^4}-2\xi^2}\quad(\Delta\leqslant 0.05)$$

一般情况为

$$\omega_c=\frac{1}{\xi t_s}\sqrt{\sqrt{1+4\xi^4}-2\xi^2}\cdot\ln\frac{1}{\Delta\sqrt{1-\xi^2}} \tag{5-79}$$

或写为

$$t_s=\frac{1}{\xi\omega_c}\sqrt{\sqrt{1+4\xi^4}-2\xi^2}\cdot\ln\frac{1}{\Delta\sqrt{1-\xi^2}} \tag{5-80}$$

由系统带宽和时域指标的关系可得

$$t_s=\frac{1}{\xi\omega_b}\sqrt{(1-2\xi^2)+\sqrt{2-4\xi^2+4\xi^4}}\cdot\ln\frac{1}{\Delta\sqrt{1-\xi^2}} \tag{5-81}$$

从而有

$$\frac{1}{\xi\omega_c}\sqrt{\sqrt{1+4\xi^4}-2\xi^2}=\frac{1}{\xi\omega_b}\sqrt{(1-2\xi^2)+\sqrt{2-4\xi^2+4\xi^4}}$$

得

$$\omega_c=\frac{\sqrt{\sqrt{1+4\xi^4}-2\xi^2}}{\sqrt{(1-2\xi^2)+\sqrt{2-4\xi^2+4\xi^4}}}\omega_b \tag{5-82}$$

式（5-82）把闭环带宽 ω_b 和开环剪切频率 ω_c 联系在一起，如 $\xi=0.4$，$\omega_b=1.55\omega_c$，$\xi=0.707$，$\omega_b=1.6\omega_c$。

由上面分析可知，在闭环频率特性上，ω_b 反映了实际系统的快速性，ω_c 与 ω_b 又有上述关系，所以在开环对数频率特性上可用 ω_c 反映系统的快速性。

在这里需要指出的是，在一般情况下，为提高控制系统的快速性，要求系统有较宽的带宽，但从抑制噪声的角度来看，系统的带宽又不宜过宽。在设计中，应根据系统的实际情况，对这两个矛盾方面折中考虑。

5.9　用 MATLAB 语言计算频率特性

可以用 MATLAB 语言计算系统的频率特性。

5.9.1　Nyquist 图

求连续系统的 Nyquist 图的程序为

```
num = [bm  bm-1  …  b0];
den = [an  an-1  …  a0];
nyquist(num,den)
```

MATLAB 提供了函数 nyquist( )来绘制系统的 Nyquist 图。此 Nyquist 图为 ω 从 $-\infty$ 到 $+\infty$ 变化的闭合曲线，它是 ω 由 $-\infty \to 0$ 及 ω 由 $0 \to +\infty$ 的两部分构成的。

```
[re,im,w] = nyquist(num,den,w)
[re,im,w] = nyquist(sys,w)
nyquist(num,den,w)
nyquist(sys,w)
```

【例 5-15】 绘制二阶系统 $G(s)=\dfrac{2s^2+5s+1}{s^2+2s+3}$ 的 Nyquist 图。

解　MATLAB 程序为

```
num = [2,5,1];
den = [1,2,3];
nyquist(num,den)
grid
```

程序执行结果如图 5.51 所示。

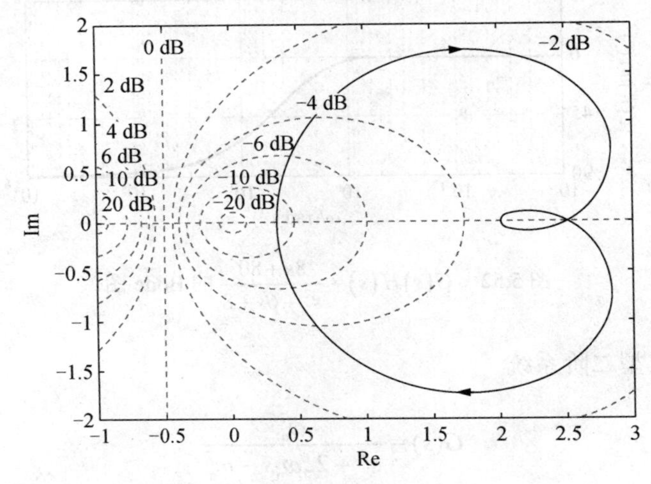

图 5.51　二阶系统 Nyquist 图

5.9.2 Bode 图

连续系统的 Bode 图的求法程序为

```
num = [bm bm-1 … b0];
den = [an  an-1  …  a0];
bode(num,den)
```

【例 5-16】试绘制开环系统$G(s)H(s)=\dfrac{10\left(\dfrac{s}{10}+1\right)}{\left(\dfrac{s}{2}+1\right)\left(\dfrac{s}{4}+1\right)}$的 Bode 图。

解　MATLAB 程序为

```
num = [8 80];
den = [1  6  8];
bode(num,den)
```

如果希望从 0.01～1 000 rad·s^{-1} 画 Bode 图，可输入下列命令：

```
w = logspace(-2,3,100);
bode(num,den,w)
```

该命令在 0.01 rad·s^{-1} 和 1 000 rad·s^{-1} 之间产生 100 个在对数刻度上等距离的点。结果如图 5.52 所示。

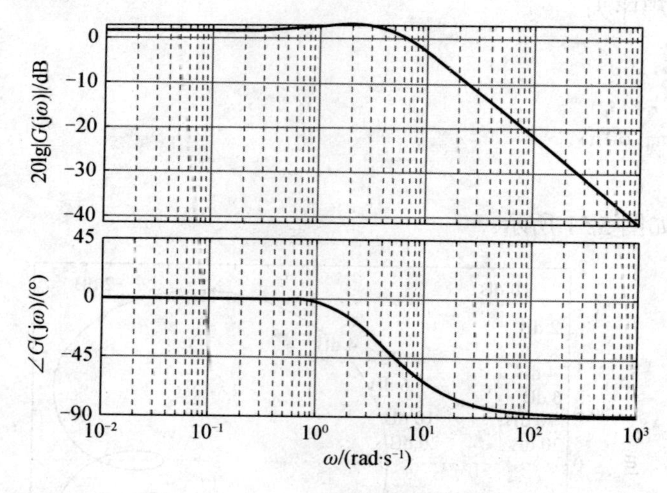

图 5.52　$G(s)H(s)=\dfrac{8s+80}{s^2+6s+8}$ 的 Bode 图

【例 5-17】求典型二阶系统

$$G(s)=\frac{\omega_n^2}{s^2+2\xi\omega_n s+\omega_n^2}$$

试绘制出当 $\omega_n = 6$，ξ 分别为0.1,0.2,⋯,1.0时的Bode图。

解　MATLAB程序为

```
wn=6;
kosi = [0.1:0.1:1.0];
w = logspace(-1,1,100);
figure(1)
num = [wn.^2];
for kos = kosi
    den[1 2*kos*wn wn.^2];
    [mag,pha,wl] = bode(num,den,w);
    subplot(2,1,1); hold on
    semilogx(wl,mag);
    subplot(2,1,2);hold on
    semilogx(wl,pha);
    end
    subplot(2,1,1); grid on
    title(`Bode Plot`);
    xlabel(`Frequency(rad/sec)`);
    ylabel(`Gain dB`);
    subplot(2,1,2); grid on
    xlabel(`Ferquency(rad/sec)`);
    ylabel(`Phase deg`);
    hold off
```

结果如图5.53所示。

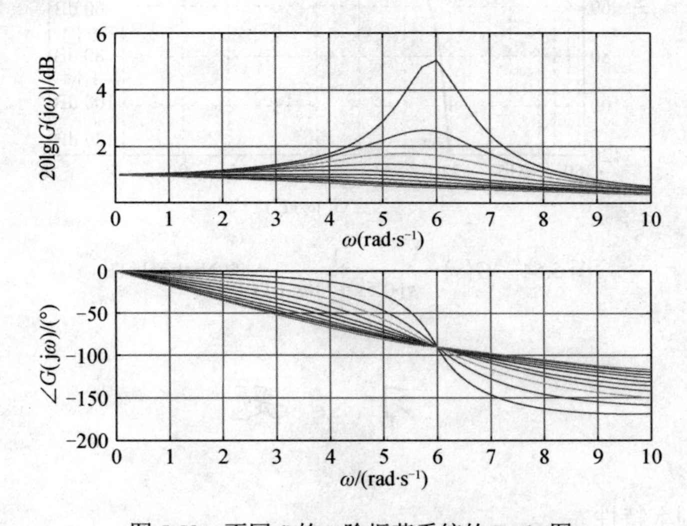

图5.53　不同 ξ 的二阶振荡系统的Bode图

5.9.3 Nichocls 图

求连续系统的 Nichocls 图的程序为

```
num = [b_m b_m-1 … b_0];
den = [a_n a_n-1 … a_0];
nichols(num,den)
```

【例 5-18】 求 $G(s)=\dfrac{1}{s(0.5s+1)(s+1)}$ 的 Nichocls 图。

解 $G(s)=\dfrac{1}{s(0.5s+1)(s+1)}=\dfrac{1}{0.5s^3+1.5s^2+s}$，然后按参数输入，程序如下：

```
num = [1];
den = [0.5  1.5  1  0];
nichols(num,den)
grid
```

结果如图 5.54 所示。

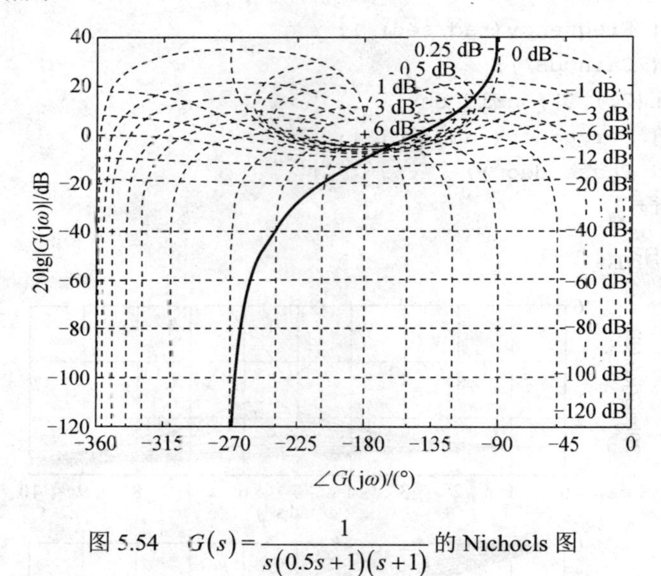

图 5.54 $G(s)=\dfrac{1}{s(0.5s+1)(s+1)}$ 的 Nichocls 图

习　　题

5-1　什么是频率特性？

5-2　已知系统的单位阶跃响应为 $x_0(t)=1-1.8e^{-4t}+0.8e^{-9t}\ (t\geqslant 0)$，试求系统的幅频特性与相频特性。

5-3　已知系统输入为不同频率 ω 的正弦信号 $A\sin\omega t$，其稳态输出响应为 $B\sin(\omega t+\varphi)$，

求该系统的频率特性。

5-4　已知系统传递函数如下，试求其频率特性 $G(\mathrm{j}\omega)$ 、幅频特性 $|G(\mathrm{j}\omega)|$ 、相频特性 $\angle G(\mathrm{j}\omega)$ 、实频特性 $u(\omega)$ 、虚频特性 $v(\omega)$ 。

（1）$G(s)=\dfrac{k}{Ts+1}$；　（2）$G(s)=\dfrac{k}{(T_1s+1)(T_2s+1)}$；　（3）$G(s)=\dfrac{k(\tau s+1)}{(T_1s+1)(T_2s+1)}$。

5-5　设系统传递函数为 $G(s)=\dfrac{k}{\tau s+1}$，式中，时间常数 τ=0.5，比例系数 $k=10$，求在频率为 $f=1\,\mathrm{Hz}$ 、幅值为 R=10 的正弦输入信号作用下，系统稳态输出 $c_\omega(t)$ 的幅值与相位。

5-6　试绘制具有下列传递函数的各系统的 Nyquist 图。

（1）$G(s)=\dfrac{1}{0.01s+1}$；　（2）$G(s)=\dfrac{1}{(s+1)(0.1s+1)}$；　（3）$G(s)=\dfrac{50(0.5s+1)}{(s+1)(0.1s+1)}$；

（4）$G(s)=\dfrac{1}{s(0.1s+1)}$；（5）$G(s)=\dfrac{1}{s(s+1)(0.1s+1)}$；　（6）$G(s)=\dfrac{1}{0.01s^2+0.1s+1}$。

5-7　试绘制具有下列传递函数的各系统的 Bode 图。

（1）$G(s)=\dfrac{2.5s(s+10)}{s^2(0.1s+1)}$；　（2）$G(s)=\dfrac{10(0.02s+1)}{s(s+1)(0.1s+1)}$；

（3）$G(s)=\dfrac{50s^2}{(s+1)(0.1s+1)}$；　（4）$G(s)=\dfrac{1}{s(0.1s+1)}$；

（5）$G(s)=\dfrac{1}{s(s+1)(0.1s+1)}$；　（6）$G(s)=\dfrac{20s(s+5)(s+40)}{s(s+0.1)(s+20)}$。

5-8　试求具有下列传递函数的各系统的幅值裕度和相位裕度。

（1）$G(s)=\dfrac{10}{s(s+1)(s+10)}$；　（2）$G(s)=\dfrac{0.8(50s+1)}{s(500s+1)(5s+1)(s+1)}$；

（3）$G(s)=\dfrac{10}{s(s+1)(0.2s+1)}$。

5-9　试根据下列开环频率特性分析相应系统的稳定性。

（1）$G(\mathrm{j}\omega)H(\mathrm{j}\omega)=\dfrac{10}{(1+\mathrm{j}\omega)(1+\mathrm{j}2\omega)(1+\mathrm{j}3\omega)}$；

（2）$G(\mathrm{j}\omega)H(\mathrm{j}\omega)=\dfrac{10}{\mathrm{j}\omega(1+\mathrm{j}\omega)(1+\mathrm{j}10\omega)}$；

（3）$G(\mathrm{j}\omega)H(\mathrm{j}\omega)=\dfrac{10}{(\mathrm{j}\omega)^2(1+\mathrm{j}0.1\omega)(1+\mathrm{j}0.2\omega)}$；

（4）$G(\mathrm{j}\omega)H(\mathrm{j}\omega)=\dfrac{2}{(\mathrm{j}\omega)^2(1+\mathrm{j}0.1\omega)(1+\mathrm{j}0.2\omega)}$。

第6章

线性系统的综合与校正

系统的综合和校正是根据具体生产过程的工艺要求设计控制系统，使其性能指标满足生产需要。在闭环反馈控制系统的分析和设计中，首先应该明确定义系统性能的衡量方式及定量的性能指标。在明确了系统设计要求的基础上，就可以通过调节系统的参数来获得预期的性能，当通过调整参数仍无法满足要求时，必须重新考察系统的结构组成并进行必要的修改，即可以在原有系统中增添一些装置、元件或机构，改变原有系统的特性，综合出一个满足给定各项性能指标的系统，称为校正。对于相同的校正要求可采用不同的校正方法，设计出不同的控制系统。

本章主要研究线性定常控制系统的校正方法，首先明确评价系统性能的常用指标，以及目前工程实践中常用的串联校正、反馈校正，着重介绍串联校正的相位超前校正、相位滞后校正和相位滞后-超前校正网络的特性及设计方法。

6.1　系统的性能指标及校正的基本概念

控制系统的校正设计中，除了已知系统固有部分的特性与参数外，还需要确定系统应满足的全部性能指标。性能指标通常是由使用单位或被控对象的设计制造单位提出的，应符合实际系统的需要与可能。例如，数控机床进给系统的主要性能指标包括死区、最大超调量、稳态误差、带宽等。一般来说，性能指标不应比完成给定任务所需要的指标更高。如果几个性能指标的要求发生冲突，如减小系统的稳态误差必然会降低系统的相对稳定性，设计时可优先考虑主要性能指标，或者采取折中方案部分满足各个指标。若系统的首要设计要求是具备较高的稳态工作精度，则对系统的动态性能不必提出过高要求。实际系统具备的各种性能指标会受到组成元部件的固有误差、非线性特性、能源的功率及机械强度等各种实际物理条件的制约。如果要求控制系统具备较快的响应速度，则应考虑系统能够提供的最大速度和加速度及系统容许的强度极限。除了一般性指标外，具体系统往往还有一些特殊要求，如低速平稳性、变载荷的适应性等，也必须在系统设计时分别加以考虑。

6.1.1　系统的性能指标

控制系统的性能指标既可以用时域性能指标来表示，也可以用频域性能指标来表示，前几章已进行了详细介绍，本章不再重复。

在控制系统设计中，采用的设计方法一般依据性能指标的形式而定。如果性能指标以时域形式给出，一般采用根轨迹法校正；如果性能指标以系统的频域形式给出，一般采用频率法校正。目前，工程实际多习惯采用频率法，可通过近似公式进行两种指标的互换。

1. 时域性能指标

系统的时域性能指标主要包括瞬态性能指标和稳态性能指标。常用的瞬态性能指标包括上升时间 t_r、峰值时间 t_p、最大超调量 σ_p 、过渡过程时间 t_s 等，具体见 3.4 节二阶系统的时域性能指标。系统的稳态性能是指系统稳定后，实际输出值与设定输出值之间的偏差，多采用稳态误差 $e_{ss}(t)$来衡量，系统在阶跃、速度、加速度等信号作用下的稳态误差分别为静态位置误差系数 K_p、静态速度误差系数 K_v、静态加速度误差系数 K_a，具体见 3.7 节线性系统的误差。

2. 频域性能指标

常用的开环频域性能指标有剪切频率 ω_c、相位裕度 γ、幅值裕度 K_g，具体见 5.7 节控制系统的相对稳定性。常用的闭环频域性能指标有谐振频率 ω_r 及谐振峰值 M_r、截止频率 ω_b 及截止带宽 0～ω_b 等，具体见 5.8 节频域指标与时域指标之间的关系。

系统校正后应既能精确跟踪输入信号，又能抑制噪声扰动信号。一个控制效果良好的系统，其相角裕度通常在 45° 左右。相角裕度过低，会导致系统的动态性能较差，且对参数变化的适应能力较弱；相角裕度过高，则对整个系统及其组成部件要求较高，不符合经济性要求，并且由于稳定程度过好，将导致系统动态过程缓慢。系统具有 45° 左右的相角裕度，其开环对数幅频特性的剪切频率 ω_c 选择直接决定了系统的动态响应速度，一般要求剪切频率 ω_c 在中频区，穿越 ω_c 的幅频特性曲线斜率应为-20 dB/dec，一般最大不超过-30 dB/dec，并具有一定长度，以保证在系统参数变化时引起相角裕度的变化不大。在控制系统实际运行中，输入信号一般是低频信号，而噪声信号则一般是高频信号，这就要求系统幅频特性迅速衰减，以削弱噪声对系统的影响，而在低频区有大斜率部分能够提高系统的稳定性。

闭环控制系统的带宽是衡量系统对输入信号复现能力的参数。合理选择控制系统的带宽在系统设计中是一个很重要的问题；带宽大，则系统对于输入信号的跟踪能力比较强，但抑制高频干扰的能力较弱。

6.1.2　常用的校正方式

在控制系统设计中，若通过调整系统参数不能使其达到预期的性能指标，则需要对控制系统结构进行修改和调整，称为校正。在原有的反馈系统结构中加入一个新的元件来弥补原有性能的不足，可以是电路、机械装置、液压装置或气动装置，这个新加入的元件或装置，称为校正装置。在实际中最常用的校正装置为电气和电路网络，因此校正装置又被称为校正网络。

1. 校正方式

按照校正装置在控制系统中的位置，校正方式可分为串联校正、反馈校正、前馈校正和复合校正。在控制系统设计中，常用的校正方式为串联校正和反馈校正，校正装置在系统中的位置如图 6.1 所示，串联校正装置串联在系统的前向通道中；反馈校正装置配置在系统的内反馈通道上。

一般来说，串联校正设计比反馈校正设计简单，也比较容易对信号进行各种必要形式的变换。根据串联校正环节对频率特性的影响，又分为相位超前校正、相位滞后校正和相位滞后-超前校正。

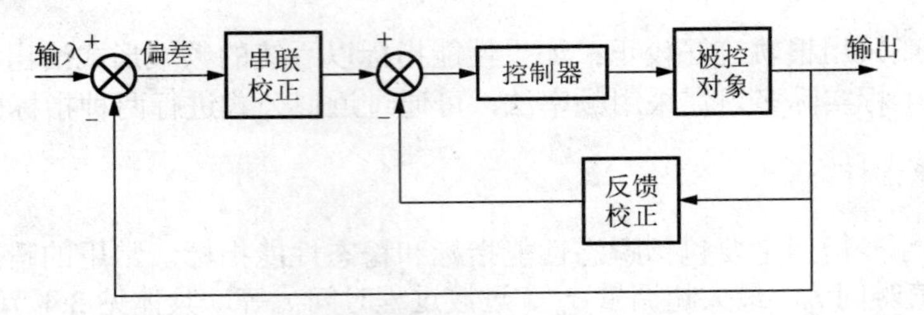

图 6.1　串联校正和反馈校正

前馈校正装置位于系统主反馈回路之外，分为按输入补偿的前馈校正和按扰动补偿的前馈校正。如图 6.2（a）所示的前馈校正方式相当于先对给定信号进行处理再送入反馈系统；如图 6.2（b）所示的前馈校正方式加在扰动信号之后，一旦出现扰动，控制器根据扰动的大小和性质进行控制，对扰动产生补偿，对抑制由于扰动引起的系统性能变化比较快速有效。

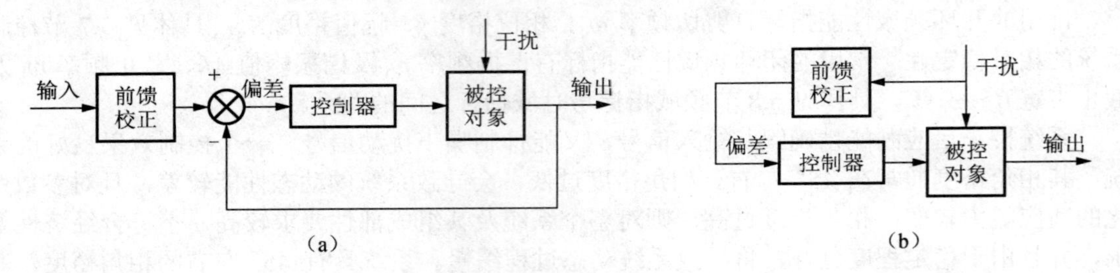

图 6.2　前馈校正

（a）按输入补偿的前馈校正；（b）按扰动补偿的前馈校正

前馈控制器除了可以单独使用外，也可与其他校正方式组合成复合校正系统，如图 6.3 所示，其中图 6.3（a）为按扰动补偿的前馈校正和串联校正组成的复合控制方式，图 6.3（b）为按输入补偿的前馈校正和串联校正组成的复合控制方式。

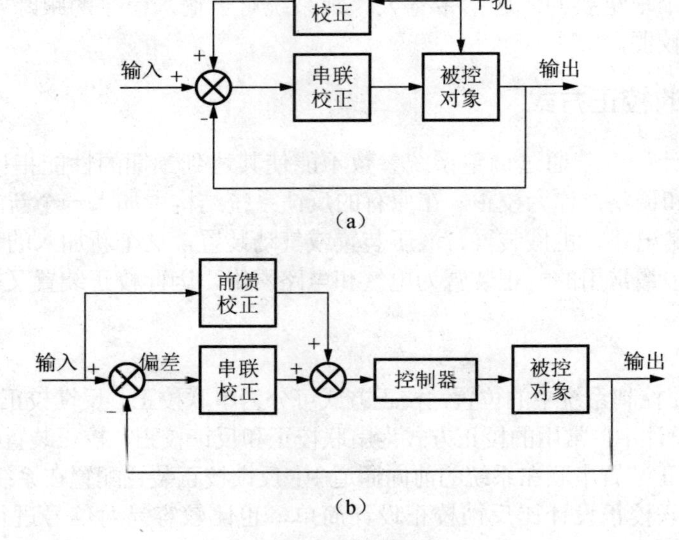

图 6.3　复合校正

（a）按扰动补偿的前馈校正和串联校正组合；（b）按输入补偿的前馈校正和串联校正组合

在控制系统设计中，校正方式的选择需要综合考虑系统的性能要求、信号的性质、技术实现方式、使用环境等因素。究竟选用哪种校正方式，取决于系统中的信号性质、技术实现的方便性、可供选用的元件、抗干扰性要求、经济性要求、环境使用条件及设计者的经验等因素。

2. 校正装置

根据校正装置本身是否有电源，可分为无源校正装置和有源校正装置。

无源校正装置通常是由电阻和电容组成的二端口网络，图 6.4 是几种典型的无源校正装置。无源校正装置线路简单、组合方便、不需外供电源，但本身没有增益，只有衰减，且输入阻抗低，输出阻抗高，因此在应用时要增设放大器或隔离放大器。

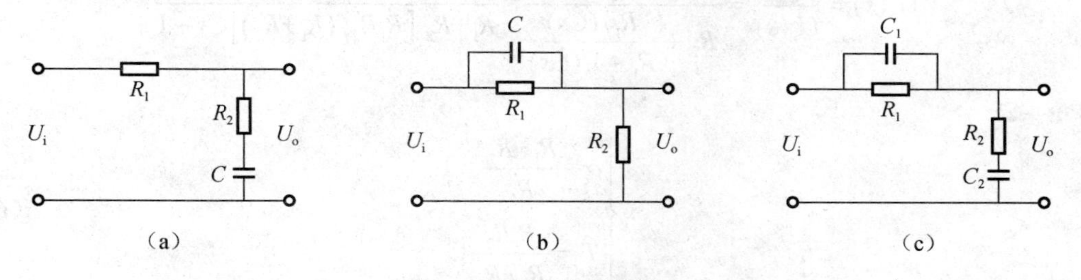

图 6.4 无源校正装置

（a）相位滞后；（b）相位超前；（c）相位滞后-超前

有源校正装置是由运算放大器、电阻、电容组成的调节器，图 6.5 是典型的有源校正装置。有源校正装置本身有增益，且输入阻抗高，输出阻抗低，所以目前较多采用有源校正装置。缺点是运算放大器需另供电源。

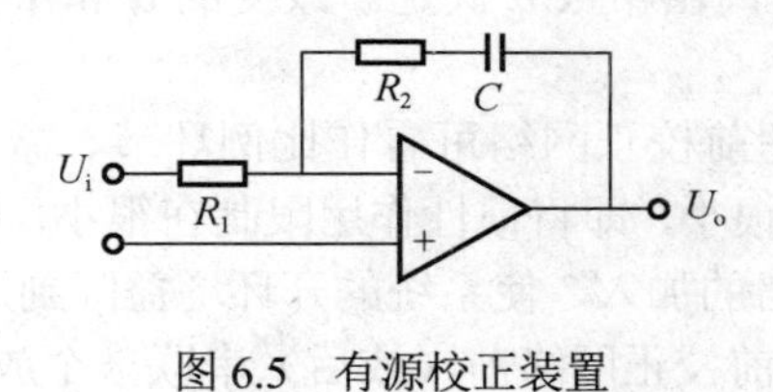

图 6.5 有源校正装置

6.2 相位超前校正网络设计

6.2.1 相位超前校正及其校正元件的特性

相位超前校正是利用超前校正网络的相位超前特性来增大系统的相位裕量，以达到改善系统瞬态响应的目的。为此，要求校正网络最大的相位超前角出现在系统的剪切频率 ω_c 处。RC 组成的超前网络具有衰减特性，因此，可应采用带放大器的无源网络电路，或采用运算放大器组成的有源网络实现。

无源超前校正网络的典型结构如图 6.6 所示。

该电路的传递函数可写为

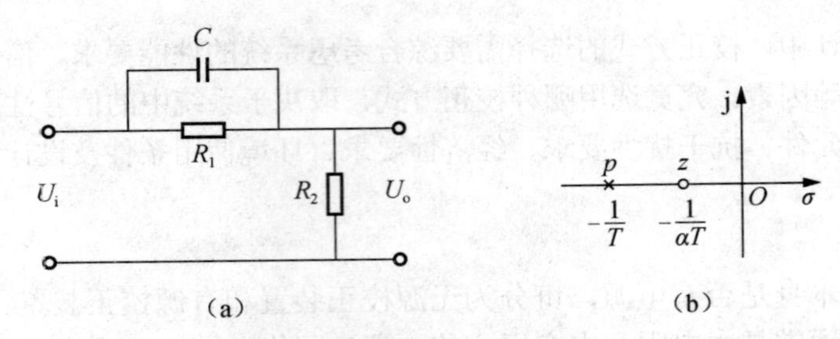

图 6.6　无源超前校正网络

（a）超前校正网络；（b）零极点分布图

$$G_c(s)=\frac{U_o(s)}{U_i(s)}=\frac{R_2}{R_2+\dfrac{R_1/(Cs)}{R_1+1/(Cs)}}=\frac{R_2}{R_1+R_2}\frac{R_1Cs+1}{\left[R_1R_2/(R_1+R_2)\right]Cs+1}$$

令

$$\begin{cases}\alpha=\dfrac{R_1+R_2}{R_2}>1\\ T=\dfrac{R_1R_2}{R_1+R_2}C\end{cases}\tag{6-1}$$

则超前校正网络传递函数为

$$G_c(s)=\frac{1+\alpha Ts}{\alpha(1+Ts)}=\frac{1}{\alpha}\cdot\frac{1+\alpha Ts}{1+Ts}\tag{6-2}$$

超前校正网络的零极点分布如图 6.6 所示，零点 $z=-1/(\alpha T)$，极点 $p=-1/T$，其零点总是位于极点的右侧，两者之间的距离由常数 α 决定。改变的 α 和 T 数值，超前校正网络的零极点可在[s]平面上任意移动。

由式（6-2）可以看出，超前校正网络可看作比例环节、微分环节和惯性环节的组合，在超前校正网络实现时，可使 T 很小，即将惯性作用限制在很小，则超前网络可近似于 PD 控制。由于 $1/\alpha<1$，因此超前校正网络的加入，使系统的开环增益降到原来的 $1/\alpha$。为补偿超前校正网络造成的增益衰减，需要在超前校正网络前（或后）串联一个放大系数为 α 的放大器，即

$$\alpha G_c(s)=\frac{1+\alpha Ts}{1+Ts}\tag{6-3}$$

补偿后超前校正网络的 Bode 图如图 6.7 所示。

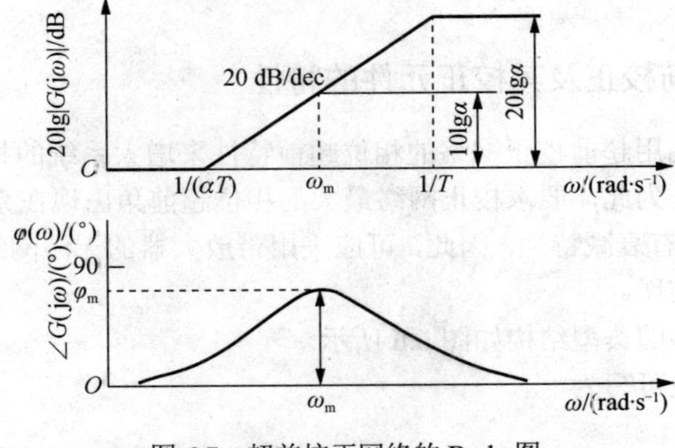

图 6.7　超前校正网络的 Bode 图

由图 6.7 可知，超前校正网络的相角为正，表明校正网络可为原有控制系统提供附加的超前相角。在频率 $1/\alpha T \sim 1/T$ 间，超前校正网络有明显的微分作用，其输出信号相角比输入信号超前，显然超前网络的名称由此而来。

由图 6.7 可见，最大超前相角出现在频率 ω_m 处，以 φ_m 表示最大超前相角，而 ω_m 又恰好是频率 $1/(\alpha T)$和 $1/T$ 的几何中点，即

$$\lg \omega_m = \frac{1}{2}\left(\lg\frac{1}{\alpha T} + \lg\frac{1}{T}\right) = \lg\frac{1}{T\sqrt{\alpha}} \tag{6-4}$$

因此，

$$\omega_m = \frac{1}{T\sqrt{\alpha}} \tag{6-5}$$

超前校正网络的相频特性函数为

$$\angle G(j\omega) = \varphi(\omega) = \arctan(\alpha\omega T) - \arctan(\omega T) \tag{6-6}$$

则最大超前相角为

$$\varphi_m = \arctan \alpha\omega_m T - \arctan \omega_m T \tag{6-7}$$

将最大相角频率 ω_m 代入式（6-7），得到最大超前相角

$$\varphi_m = \arctan\frac{\alpha - 1}{2\sqrt{\alpha}} \tag{6-8}$$

根据三角函数公式，求得最大超前相角

$$\sin\varphi_m = \frac{\alpha - 1}{\alpha + 1} \tag{6-9}$$

式（6-9）表明，最大超前相角 φ_m 仅与超前校正网络参数 α 值有关，α 值选得越大，则超前网络的微分效应越强。如果确定了预期的最大超前相角 φ_m，即可计算所需的超前网络参数 α。实际选用的 α 值必须考虑到网络物理结构的限制及附加放大器的放大系数等原因，一般取值不大于 20。

此外，最大相角频率 ω_m 处的对数幅值为

$$L_m = 20\lg|G_c(j\omega_m)| = 10\lg\alpha \tag{6-10}$$

α 与 φ_m 和 $10\lg\alpha$ 的关系曲线如图 6.8 所示。

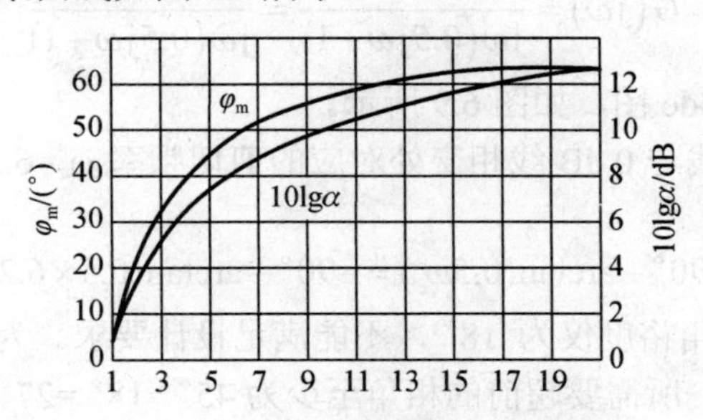

图 6.8　α 与 φ_m 和 $10\lg\alpha$ 的关系曲线

6.2.2　基于 Bode 图的相位超前校正网络设计

利用线性系统的叠加特性，可方便地将超前校正网络的Bode图添加到未校正系统的Bode图上，从而得到校正后的闭环系统 Bode 图。超前校正网络利用正相位增加系统的相角裕度，改善系统的稳定性，同时在幅频特性上提高高频增益，增加系统的剪切频率，即增加了系统的带宽，使系统的响应速度增加。

设计超前校正网络时，首先应在保证稳态精度的前提下，比较未校正系统的相角裕度和给定的期望值，即可得到需要添加的超前相角 φ_m，利用式（6-9）即可求得超前校正网络的参数 α。为了最大限度地增加系统的相角裕度，应使最大相角频率 ω_m 正好与校正后的系统0dB 线的剪切频率 ω_c 重合。由图 6.7 可知，超前校正网络在增大系统相角裕度的同时，也会增加系统的幅值增量，当 $\omega_c=\omega_m$ 时，幅值增益的增量应为 $10\lg\alpha$，因此，在未校正系统的 Bode 图上，与幅值增益 $-10\lg\alpha$ 对应的频率就是与校正后系统的剪切频率 ω_c。利用前面得到的 α 和 $\omega_c=\omega_m$，就可完全确定超前校正网络的零点和极点，从而得到所需的超前校正网络。

采用 Bode 图设计超前校正网络时，其设计步骤可归纳如下：

（1）绘制未校正系统的 Bode 图，计算相角裕度，判断其是否满足要求，是否需要引入超前校正网络。

（2）在允许的调节范围内，确定所需的最大超前相角 φ_m。

（3）利用式（6-9），计算对应的 α。

（4）计算 $10\lg\alpha$，在未矫正系统的幅值增益曲线上，确定与 $-10\lg\alpha$ 对应的频率。

（5）利用式（6-5）计算极点频率 $|p|=\omega_m\sqrt{\alpha}$ 和零点频率 $|z|=\dfrac{p}{\alpha}=\dfrac{\omega_m}{\sqrt{\alpha}}$，并绘制校正后闭环系统的 Bode 图，确定系统是否满足设计要求。如不满足要求，需重复设计。

（6）确定系统的增益，以保证系统的稳态精度，抵消超前校正网络带来的（$1/\alpha$）衰减。

【例 6-1】某二阶反馈控制系统为

$$G(s)=\frac{K}{s(s+2)}$$

设计要求：在斜坡输入 $r(t)=R\cdot t$ 时，系统的稳态误差为 5%，相角裕度不小于 45°。

解 首先，根据系统的稳态误差要求确定开环增益，系统的静态速度误差系数为

$$K_v=K=\frac{K}{e_{ss}}=\frac{K}{0.05K}=20$$

则未校正系统的开环频率特性函数为

$$G(j\omega)=\frac{K}{j\omega(0.5j\omega+1)}=\frac{20}{j\omega(0.5j\omega+1)}$$

绘制未校正系统的 Bode 图，如图 6.9 所示。

图 6.9 中幅值增益曲线与 0 dB 线相交处对应的剪切频率 $\omega_c=6.2\ \text{rad}\cdot\text{s}^{-1}$，此时对应的未校正系统相角为

$$\varphi(\omega_c)=-90^\circ-\arctan(0.5\omega_c)=-90^\circ-\arctan(0.5\times6.2)=-162^\circ$$

因此未校正系统的相角裕度仅为 18°，不能满足设计要求。为了将系统在新的剪切频率处的相角裕度提高到 45°，所需要超前的相角至少为 45°−18°=27°。但引入超前校正网络会使系统的剪切频率增加（右移），因而会损失一定的相角裕度，因此最大超前相角应增加 5°，以补偿这一移动，即最大超前相角为

$$\varphi_m=27^\circ+5^\circ=32^\circ$$

由式（6-9）解得超前校正网络参数为

$$\alpha=\frac{1+\sin\varphi_m}{1-\sin\varphi_m}=\frac{1+\sin32^\circ}{1-\sin32^\circ}\approx3.3$$

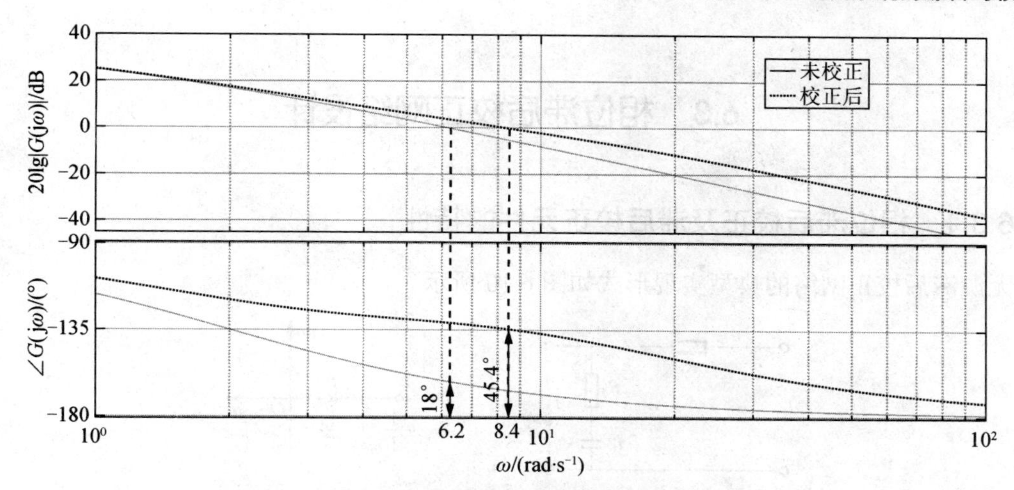

图 6.9　超前校正前后系统的 Bode 图

超前校正网络的最大超前相角频率 ω_m 处对应的幅值为 $10\lg\alpha=5.2$ dB，由于超前校正网络会造成未校正系统的对数幅频特性上移 5.2 dB，因此校正后系统的剪切频率 ω_c 应在−5.2 dB 对应频率处，约为 8.5 rad·s^{-1}，即

$$\omega_m=\omega_c=8.5$$

则超前校正网络的零点和极点频率分别为

$$z=\frac{\omega_m}{\sqrt{\alpha}}=\frac{8.5}{\sqrt{3.3}}\approx 4.7$$

$$p=\omega_m\sqrt{\alpha}=8.5\times\sqrt{3.3}\approx 15.4$$

则校正网络的传递函数为

$$G_c(s)=\frac{1}{3}\frac{1+s/4.7}{1+s/15.4}$$

消除超前校正网络带来的 $1/\alpha$ 衰减后，经过校正后系统的开环传递函数为

$$\frac{1}{\alpha}G_c(s)G(s)=\frac{20\left(1+s/4.7\right)}{s\left(0.5s+1\right)\left(1+s/15.4\right)}$$

则校正后系统的剪切频率 ω_c=8.4 rad·s^{-1} 时对应相角为

$$\begin{aligned}\varphi\left(\omega_c\right)&=-90^\circ-\arctan\left(0.5\omega_c\right)-\arctan\left(\frac{\omega_c}{15.4}\right)+\arctan\left(\frac{\omega_c}{4.7}\right)\\&\approx-90^\circ-76.8^\circ-28.9^\circ+61.1^\circ\\&=-134.6^\circ\end{aligned}$$

则校正后系统的相角裕度为45.4°，满足设计要求。根据式（6-1）中 R_1、R_2、C 的关系，以及电阻、电容标准件参数，选定其中一个元件数值，再利用式（6-1）即可确定另两个元件参数值，即可构成超前校正网络。

从图 6.9 中看到，超前校正网络主要作用是对未校正系统在中频段的频率特性进行校正，确保校正后系统中频段斜率等于−20 dB/dec，使系统具有 45°～60° 的相角裕量。相位超前校正网络，使系统截止频率右移，这就说明了超前校正能够提高系统反应速度，但同时它也削弱了系统抗干扰的能力。因此，截止频率的选择应兼顾速度和抗干扰两方面。

6.3 相位滞后校正网络设计

6.3.1 相位滞后校正及滞后校正元件的特性

无源滞后校正网络的典型实现形式如图 6.10 所示。

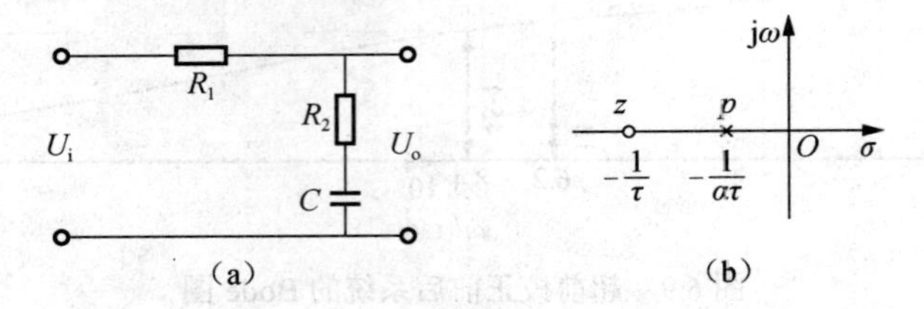

图 6.10 无源滞后校正网络

(a) 滞后校正网络；(b) 零极点分布图

该电路的传递函数可写为

$$G_c(s)=\frac{U_o(s)}{U_i(s)}=\frac{R_2+1/(Cs)}{R_2+R_1+1/(Cs)}=\frac{R_2Cs+1}{(R_1+R_2)Cs+1}$$

令 $\alpha=\frac{R_1+R_2}{R_2}>1$，$\tau=R_2C$，则滞后校正网络传递函数为

$$G_c(s)=\frac{1+\tau s}{1+\alpha\tau s} \tag{6-11}$$

式中：零点频率 $z=-1/\tau$，极点频率 $p=-1/(\alpha\tau)$。

滞后网络的零极点分布如图 6.10 所示。由于 $\alpha>1$，滞后校正网络的极点 p 更靠近[s]平面的原点。

滞后网络的频率特性函数为

$$G_c(j\omega)=\frac{1+j\omega\tau}{1+j\omega\alpha\tau}$$

其幅频和相频特性分别为

$$20\lg|G(j\omega)|=L(\omega)=|G_c(j\omega)|=\frac{\sqrt{1+(\omega\tau)^2}}{\sqrt{1+(\omega\alpha\tau)^2}}$$

$$\angle G(j\omega)=\varphi(\omega)=\arctan(\omega\tau)-\arctan(\omega\alpha\tau)$$

滞后校正网络的 Bode 图如图 6.11 所示，与超前校正网络类似，滞后校正网络所产生的最大滞后相角 $\varphi_m{}'$ 及对应的频率 $\omega_m{}'$ 为

$$\sin\varphi_m{}'=\frac{1-\beta}{1+\beta}$$

$$\omega_m{}'=\frac{1}{\tau\sqrt{\beta}}$$

其高频衰减量为

$$L_m = -20\lg\alpha$$

上式表明，滞后校正网络对低频信号不产生衰减，对高频信号有削弱作用。

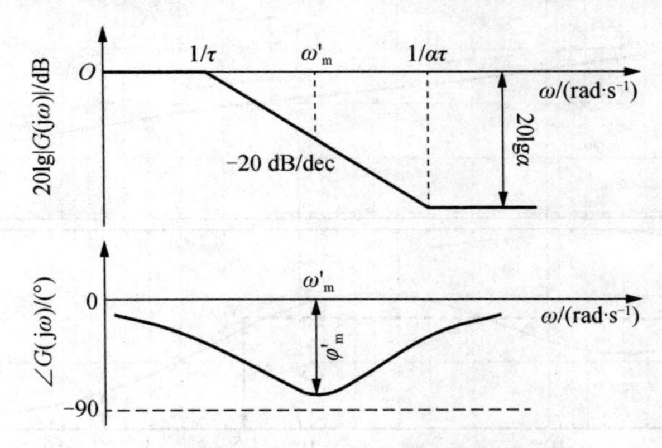

图 6.11　滞后校正网络的 Bode 图

6.3.2　基于 Bode 图的相位滞后校正网络设计

采用无源滞后网络进行串联校正时，主要是利用其高频幅值衰减的特性，引入系统后可以使系统的剪切频率 ω_c 前移，从而增大了系统的相角裕度。但滞后校正网络会产生负相位，如图 6.11 所示，尤其是在两个转折频率 $1/\tau$ 和 $1/(\alpha\tau)$之间负相位较大，因此设计时应使这个频段离校正后系统的剪切频率远一点，减少滞后校正环节产生的负相位对相角裕度的影响。

采用 Bode 图设计滞后校正网络时，其设计步骤可归纳如下：

（1）根据稳态误差的要求，确定未校正系统的增益，并绘制相应的 Bode 图，计算未校正系统的相角裕度，判断其是否满足要求。

（2）若不能满足设计要求，计算能够满足相角裕度设计要求的剪切频率 ω_c，考虑滞后网络可能引起的附加滞后相角，相角裕度可增加 5°。

（3）配置滞后校正网络的零点，滞后校正网络的零点频率 $\omega_z=1/\tau$ 应该比预期剪切频率 ω_c 小十倍频程。

（4）根据预期剪切频率 ω_c 和未校正系统的幅值增益曲线，确定所需要的增益衰减。

（5）在剪切频率 ω_c 处，滞后校正网络产生的增益衰减为$-20\lg\alpha$，确定参数 α。

（6）计算滞后校正网络的极点频率 $\omega_p=1/(\alpha\tau)=\omega_z/\alpha$，完成滞后校正网络的设计。

（7）绘制校正后闭环系统的 Bode 图，确定系统是否满足设计要求。如不满足要求，需重新设计。

【例 6-2】 以例 6-1 中的二阶反馈控制系统为例，即

$$G(s)=\frac{K}{s(s+2)}$$

设计要求：在斜坡输入 $r(t)=R\cdot t$ 时，系统的稳态误差为 5%，相角裕度不小于 40°。

解　由例 6-1 可知，开环增益 K=20，未校正系统的开环频率特性函数为

$$G(\mathrm{j}\omega)=\frac{K}{\mathrm{j}\omega(0.5\mathrm{j}\omega+1)}=\frac{20}{\mathrm{j}\omega(0.5\mathrm{j}\omega+1)}$$

且未校正系统的相角裕度仅为 18°，不能满足设计要求。

绘制未校正系统的 Bode 图，如图 6.12 所示。

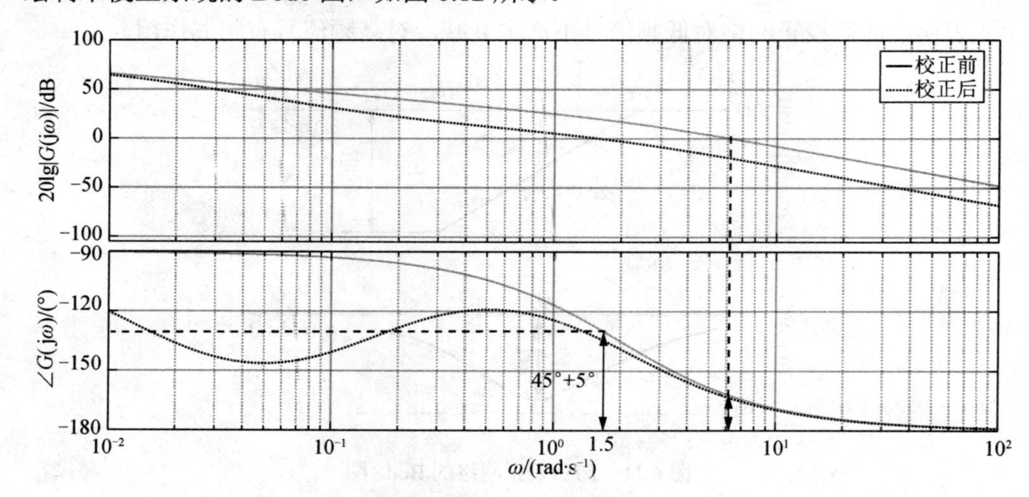

图 6.12　滞后校正前后系统 Bode 图

考虑滞后校正网络可能引起的附加滞后相角，取校正后相角裕度为 45°+5°=50°。从图 6.12 中未校正系统的相频特性曲线可知，对应于相角裕度为 50° 的频率约为 1.5 rad·s^{-1}，将校正后系统的剪切频率 ω_c 选在此处。

滞后校正网络的零点频率应该比预期剪切频率 ω_c 小 10 倍频程，即

$$\omega_z=\frac{1}{\tau}=\frac{\omega_c}{10}=0.15$$

解得 $\tau\approx6.67$。

在剪切频率 ω_c 处，未校正系统的幅值约为 20 dB，校正后系统的幅值为 0 dB，即

$$20\lg\left|G(j\omega_c)G_c(j\omega_c)\right|=20\lg\left|G(j\omega_c)\right|+20\lg\left|G_c(j\omega_c)\right|=0\ \text{dB}$$

解得校正环节的此处应衰减

$$20\lg\left|G_c(j\omega_c)\right|=-20\lg\left|G(j\omega_c)\right|=-20\lg\alpha=20\ \text{dB}$$

得到 α=10。因此校正网络的传递函数为

$$G_c(s)=\frac{1+6.67s}{1+66.7s}$$

则校正后系统的开环传递函数为

$$G_c(s)G(s)=\frac{20(1+6.67s)}{s(0.5s+1)(1+66.7s)}$$

校正后系统的相角裕度为 45.4°，满足设计要求。但由于校正后系统的截止频率下降，闭环系统的带宽也随之下降，因此滞后校正网络会使系统的响应速度降低。

串联超前校正和串联滞后校正都可改善系统的性能，完成系统的校正任务，但超前校正是利用超前网络的相角超前特性，而滞后校正则是利用滞后网络的高频幅值衰减特性；为了满足严格的稳态性能要求，当采用无源校正网络时，超前校正要求有一定的附加增益，而滞后校正一般不需要附加增益。比较例 6-1 和例 6-2 可知，采用超前校正的系统带宽大于采用

滞后校正的系统带宽，从而改善了系统的动态性能，但同时使系统对噪声更加敏感。采用滞后校正能够抑制高频噪声，减小系统的稳态误差，但会减缓系统的瞬态响应速度。因此，当系统对快速响应和稳态误差有严格要求时，应将两种校正方法结合起来，即采用相位滞后-超前校正。

6.4　相位滞后-超前校正网络设计

相位滞后-超前校正兼有滞后校正和超前校正的优点，利用超前部分来增大系统的相角裕度，同时利用滞后部分来改善系统的稳态性能，既可提高校正系统响应速度，减少最大超调量，又具有抑制高频噪声的性能。当系统不稳定，且要求校正后系统的响应速度、相角裕度和稳态精度较高时以采用串联相位滞后-超前校正为宜。

6.4.1　相位滞后-超前校正网络特性

无源相位滞后-超前校正网络的典型实现如图 6.13 所示。

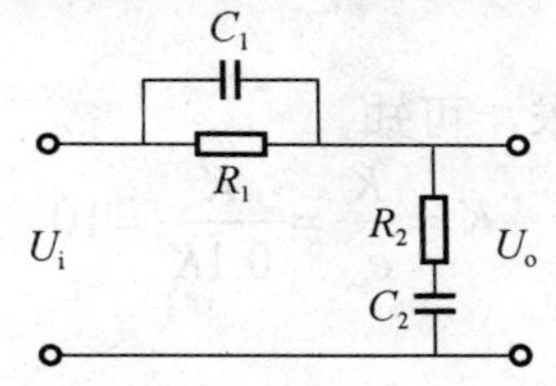

图 6.13　无源相位滞后-超前校正网络

该电路的传递函数可写为

$$G_c(s)=\frac{U_o(s)}{U_i(s)}=\frac{(1+T_1s)(1+T_2s)}{\left(1+\frac{T_1}{\beta}s\right)(1+\beta T_2 s)} \tag{6-12}$$

式中：取 $\beta>1$，$T_2>T_1$，$T_1=R_1C_1$，$T_2=R_2C_2$，则

$$R_1C_1+R_2C_2+R_1C_2=\frac{T_1}{\beta}+\beta T_2$$

则滞后校正网络传递函数频率特性可表示为

$$G_c(j\omega)=\frac{(1+j\omega T_1)(1+j\omega T_2)}{\left(1+j\omega\frac{T_1}{\beta}\right)(1+j\omega\beta T_2)}=\frac{(1+j\omega T_1)}{\left(1+j\omega\frac{T_1}{\beta}\right)}\cdot\frac{(1+j\omega T_2)}{(1+j\omega\beta T_2)}$$

式中：$\dfrac{(1+j\omega T_1)}{\left(1+j\omega\frac{T_1}{\beta}\right)}$为滞后部分；$\dfrac{(1+j\omega T_2)}{(1+j\omega\beta T_2)}$为超前部分。

相位滞后-超前网络的 Bode 图如图 6.13 所示，其中低频段为相位滞后部分，其增益衰减作用允许在低频段提高增益以改善系统的稳态特性；高频段为相位超前部分，其正相位增加系统的相角裕度，改善系统的动态响应。

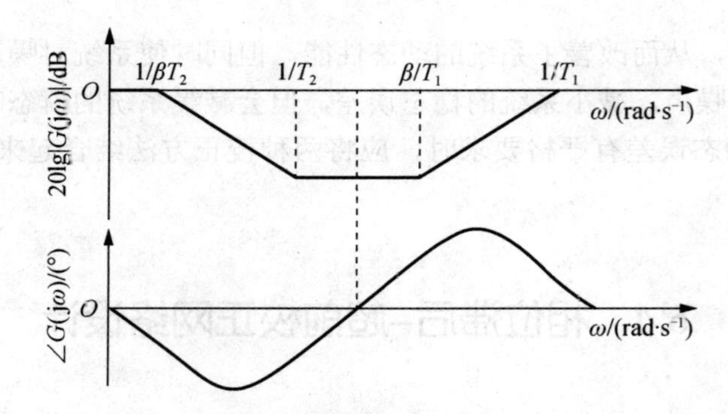

图 6.14　相位滞后-超前校正网络的 Bode 图

6.4.2　基于 Bode 图的相位滞后-超前校正网络设计

【例 6-3】设有单位反馈系统的开环传递函数为

$$G(s)=\frac{K}{s(s+1)(s+2)}$$

设计要求：在斜坡输入 $r(t)=R\cdot t$ 时，系统的稳态误差为 10%，相角裕度不小于 50°，增益裕度大于 10 dB。

解　（1）根据系统的稳态要求，可知

$$K=\frac{K}{e_{ss}}=\frac{K}{0.1K}=10$$

则系统的开环传递函数为

$$G(s)=\frac{10}{s(s+1)\left(\frac{1}{2}s+1\right)}$$

（2）绘制开环传递函数的 Bode 图，如图 6.15 所示。

$$G(j\omega)=\frac{10}{j\omega(j\omega+1)(0.5j\omega+1)}$$

求得未校正系统的相位裕度为-32°，不能满足设计要求。

（3）选择新的剪切频率 ω_c。从图 6.15 中可以看出，未校正系统的相频特性曲线穿越-180°时，频率约为 1.5 $rad\cdot s^{-1}$。选择新的剪切频率 ω_c=1.5 $rad\cdot s^{-1}$，其所需的相位超前角为 50°，可采用滞后-超前校正网络进行校正。

（4）确定校正网络的相位滞后部分。选滞后部分的零点转角频率远低于 ω_c=1.5 $rad\cdot s^{-1}$，即 $\frac{1}{T_2}=\frac{1.5}{10}$，则 $T_2=6.67$。选 β=10，则极点转角频率为 $\frac{1}{\beta T_2}=0.015$，因此相位滞后部分为

$$\frac{(1+j\omega T_1)}{\left(1+j\omega\frac{T_1}{\beta}\right)}=\frac{1+j\omega 6.67}{1+j\omega 66.7}$$

（5）确定校正网络的相位超前部分。新的剪切频率 ω_c=1.5 $rad\cdot s^{-1}$时，从图 6.15 中可以求出 20lg|G(jω)|=13 dB。因此，校正网络需在此处产生-13 dB 的增益才能保证校正后的剪切频率 ω_c=1.5 $rad\cdot s^{-1}$。在图 6.15 中过（1.5 $rad\cdot s^{-1}$，-13 dB）画一条斜率为 20 dB 的斜线，该线与

0 dB 和−20 dB 的交点就是超前部分的零点和极点转角频率。如图 6.15 所示，超前部分的零点和极点转角频率约为 0.7 和 7，解得 T_1=1.43，因此相位滞后部分为

$$\frac{(1+\mathrm{j}\omega T_2)}{(1+\mathrm{j}\omega\beta T_2)}=\frac{(1+\mathrm{j}1.43T_2)}{(1+\mathrm{j}0.143T_2)}$$

因此，滞后-超前校正网络的传递函数为

$$G_{\mathrm{c}}(s)=\frac{1+6.67s}{1+66.7s}\cdot\frac{1+1.43s}{1+0.143s}$$

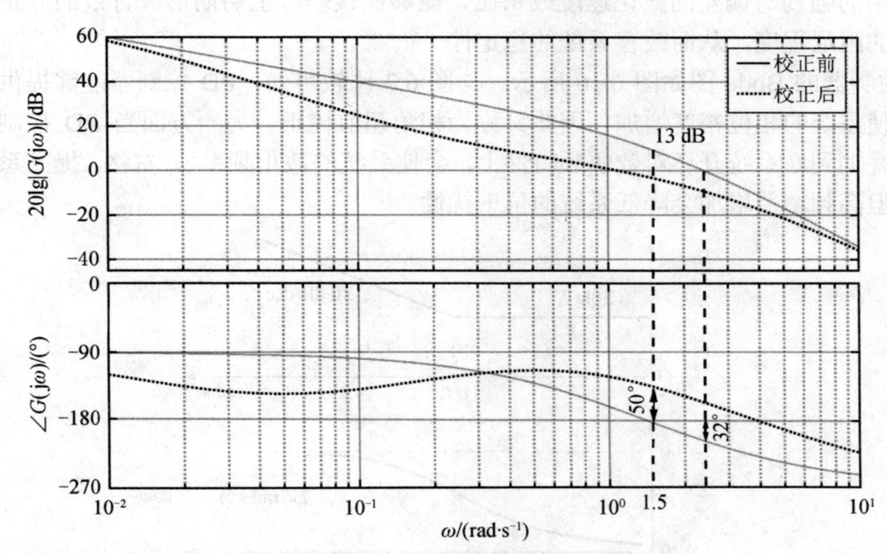

图 6.15　相位滞后-超前校正前后系统 Bode 图

（6）校正后系统的开环传递函数为

$$G(s)G_{\mathrm{c}}(s)=\frac{10(6.67s+1)(1.43s+1)}{s(s+1)(0.5s+1)(66.7s+1)(0.143s+1)}$$

核算校正后系统的相角裕度为 55.2°，幅值裕度为 16.9 dB，满足系统的设计要求。

6.5　PID 校正

工业过程控制中常常采用比例（proportion）、积分（integral）、微分（derivative）等基本控制规律构成校正装置，称为 PID 控制器。PID 控制自 20 世纪 30 年代末出现后应用至今，在工业过程控制中获得了良好的控制效果，且其参数调节方便，结构改变灵活，可将基本控制规律组合，如 PD、PI、PID 等组合，以实现对被控对象的有效控制。随着计算机技术的发展，数字 PID 逐渐代替由运算放大器、电阻、电容组成的模拟 PID 控制器，使控制器实现更加灵活方便。

6.5.1　比例微分（PD）控制

PD 控制器输出 $m(t)$与输入偏差 $e(t)$的关系表示为

$$m(t)=K_{\mathrm{P}}\left[e(t)+T_{\mathrm{D}}\frac{\mathrm{d}e(t)}{\mathrm{d}t}\right]$$

式中：K_{P}为比例系数；T_{D}为微分时间常数。

PD 控制器的传递函数为

$$G_{\mathrm{c}}(s)=K_{\mathrm{P}}\left(1+T_{\mathrm{D}}s\right)$$

比例控制实质上是一个具有可调增益的放大器，只改变信号的增益而不影响其相位。微分控制作用的强弱与偏差的变化速度成正比，能够在误差产生初期形成有效的修正信号，以增加系统的阻尼程度，从而改善系统的稳定性。

PD 控制器的 Bode 图如图 6.16 所示。与图 6.7 比较可知，PD 控制器能够提供一个正的相位角，使系统的相位裕度增加，因此又称为相角超前校正。另一方面当 PD 控制器的对数幅频特性叠加到原系统开环对数幅频特性上，会使系统的截止频率 ω_{c} 右移，提高系统响应的快速性，但高频增益增加会降低系统的抗干扰性。

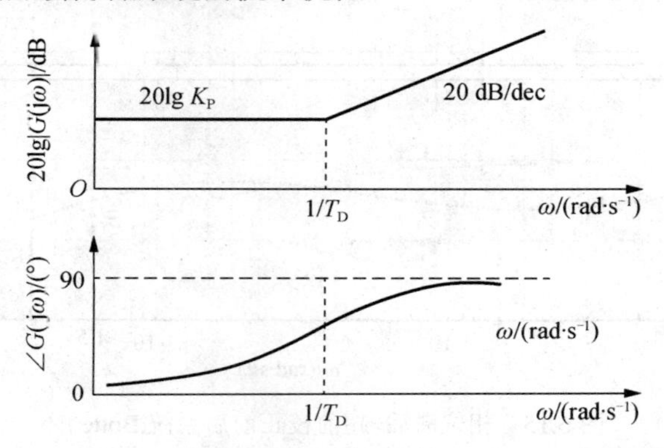

图 6.16　PD 控制器的 Bode 图

6.5.2　比例积分（PI）控制

PI 控制器输出 $m(t)$与输入偏差 $e(t)$的关系表示为

$$m(t)=K_{\mathrm{P}}\left[e(t)+\frac{1}{T_{\mathrm{I}}}\int_{0}^{t}e(\tau)\mathrm{d}\tau\right]$$

式中：T_{I}为微分时间常数。

PI 控制器的传递函数为

$$G_{\mathrm{c}}(s)=K_{\mathrm{P}}\left(1+\frac{1}{T_{\mathrm{I}}s}\right)$$

积分控制中输出与输入误差信号的积分成正比，与比例和微分控制不同，即使偏差 $e(t)$ 消失后，其输出信号 $m(t)$有可能是一个不为 0 的常量。在控制工程实践中，用于消除系统余差，以改善控制系统的稳态性能。从时域角度，PI 控制器相当于在系统中增加了一个位于原点的开环极点，可以提高系统的型别，以消除或减小系统的稳态误差，改善系统的稳态性能；同时也增加了一个位于[s]平面左半部分的开环零点，可减小系统的阻尼程度，缓和 PI 控制器极点对系统稳定性及动态过程产生的不利影响，只要积分时间常数 T_{I} 足够大，PI 控制器对系统稳定性的不利影响可大为减弱。

频域上，PI 控制器的 Bode 图如图 6.17 所示。比较图 6.17 和图 6.11 可知，增加 PI 校正装置后，系统的型别提高，可消除或减少系统的稳态误差，但由于 PI 调节器提供了负的相位角，在低频产生较大的相位滞后，因此又称为相角滞后校正，使相位裕量减小，降低了系统的相对稳定性，所以 PI 控制器应用时要注意将其转角频率放在系统固有转角频率的左边，并且要远一些，这样对系统稳定性的影响较小。

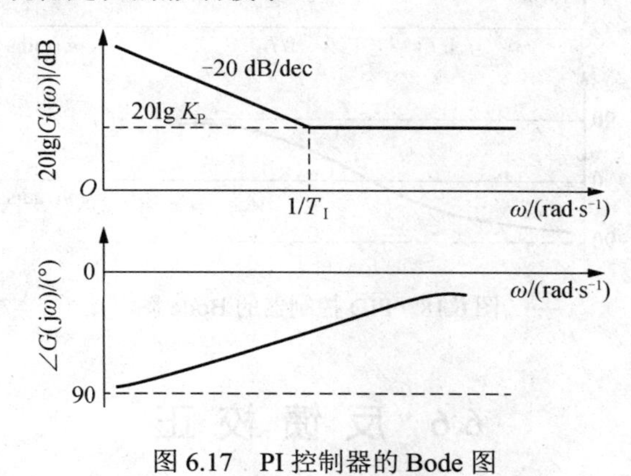

图 6.17　PI 控制器的 Bode 图

6.5.3　比例积分微分（PID）控制

PID 控制器的输出 $m(t)$与输入偏差 $e(t)$的关系表示为

$$m(t)=K_P\left[e(t)+\frac{1}{T_I}\int_0^t e(\tau)\mathrm{d}\tau+T_D\frac{\mathrm{d}e(t)}{\mathrm{d}t}\right]$$

或者表示为其等价形式

$$m(t)=K_Pe(t)+K_I\int_0^t e(\tau)\mathrm{d}\tau+K_D\frac{\mathrm{d}e(t)}{\mathrm{d}t}$$

式中：$K_I=K_P/T_I$ 称为积分系数；$K_D=K_PT_D$ 称为微分系数。

其传递函数为

$$G_c(s)=K_P\left(1+\frac{1}{T_Is}+T_Ds\right)=K_P+K_I\frac{1}{s}+K_Ds$$

在 PID 控制器使用中，应使积分控制在系统频率特性的低频段起作用，以提高系统的稳态性能；而使微分控制作用在系统频率特性的中频段，以改善系统的动态性能，即 $T_I>T_D$。PID 控制器的 Bode 图如图 6.18 所示。

综上所述，PID 控制器各参数对系统性能的影响分别如下：

（1）比例系数 K_P 直接决定着控制作用的强弱，增大 K_P 能够减小系统的稳态误差，提高系统的响应速度，但过大则会使系统动态性能变坏，产生有较大的超调，甚至产生振荡导致系统不稳定。

（2）在比例控制基础上加上积分作用能够减小或消除系统的静差，因此，增大积分系数 K_I 或减小积分时间常数 T_I 会使系统的最大超调量增加，调节时间变长，从而降低系统的稳定性。

（3）微分控制作用与偏差的变化速度成正比，因此能够产生超前控制作用，阻止偏差的继续增加。增大微分系数 K_D 或 T_D，可加快系统的响应速度，减少调节时间，且有助于减少系统的超调，增加系统的稳定性，但它使系统对扰动比较敏感，使系统抗干扰能力下降。

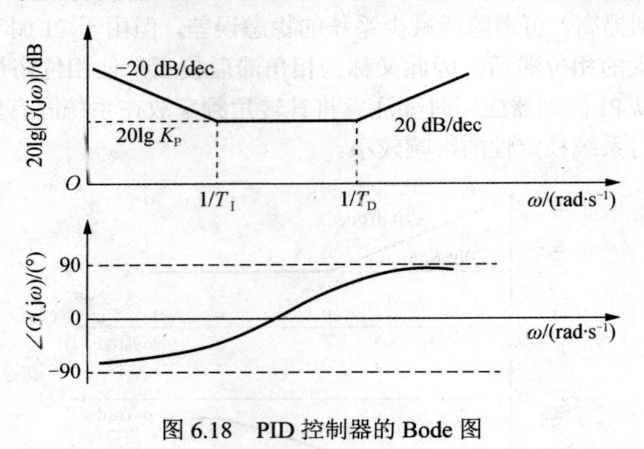

图 6.18　PID 控制器的 Bode 图

6.6 反馈校正

反馈校正将校正装置放在被校正对象的反馈通道中，广泛应用于现代控制系统中。反馈能够获得和串联校正一样的校正效果，并能有效改变被包围环节的动态结构和参数，大大减弱这部分环节特性参数变化及干扰给系统带来的不利影响。

设某反馈校正系统如图 6.19 所示，其开环传递函数为

$$G(s)=G_1(s)\frac{G_2(s)}{1+G_2(s)G_c(s)}$$

频率特性为

$$G(j\omega)=G_1(j\omega)\frac{G_2(j\omega)}{1+G_2(j\omega)G_c(j\omega)}$$

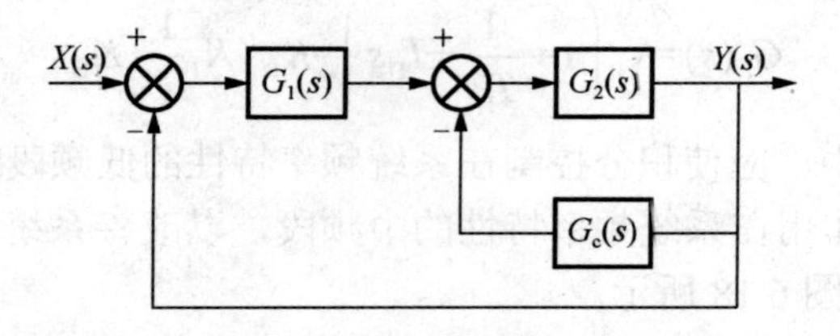

图 6.19　某反馈校正系统

（1）假设在对系统动态性能起主要作用的频率范围内，有

$$|G_2(j\omega)G_c(j\omega)|\ll 1$$

校正后系统的开环传递函数为

$$G(j\omega)\approx G_1(j\omega)G_2(j\omega)$$

上式表明，校正前后系统的特性一致，与反馈环节的频率特性无关，也就可以认为在该

频率范围内，反馈无法发挥任何作用。

（2）假设在对系统动态性能起主要作用的频率范围内，

$$|G_2(\mathrm{j}\omega)G_\mathrm{c}(\mathrm{j}\omega)| \gg 1$$

则

$$G(\mathrm{j}\omega) \approx \frac{G_1(\mathrm{j}\omega)}{G_\mathrm{c}(\mathrm{j}\omega)}$$

上式表明，开环传递函数与被包围环节基本无关，即反馈校正后系统的特性几乎与被包围环节无关。因此，在系统设计中，反馈校正常被用来改造不希望有的某些环节，可以及时消除该环节时变参数、非线性的影响，或用于消除系统扰动带来的不利影响。

但当 $|G_2(\mathrm{j}\omega)G_\mathrm{c}(\mathrm{j}\omega)|=1$ 时，上述近似无法满足，会带来较大误差。系统剪切频率附近 Bode 图的形状对于系统的动态和稳态性能指标影响较大。因此，在实际应用中，应使校正后系统的剪切频率 ω_c 附近，$|G_2(\mathrm{j}\omega)G_\mathrm{c}(\mathrm{j}\omega)|$ 的幅值远远大于 1，即可获得较满意的控制效果。

6.6.1　比例（位置）负反馈校正

若反馈校正中校正环节为常数，即 $G_\mathrm{c}(s)=K_\mathrm{H}$，则称为比例（位置）负反馈。比例负反馈能够削弱被包围环节的惯性，从而扩展其频带，提高系统的响应速度。如图 6.20 所示，积分环节和惯性环节均增加比例负反馈。积分环节校正后，系统的传递函数为

$$G(s)=\frac{\dfrac{1}{K_\mathrm{H}}}{\dfrac{1}{K_\mathrm{H}K}s+1}$$

加入比例负反馈后，原有的积分环节变为惯性环节。

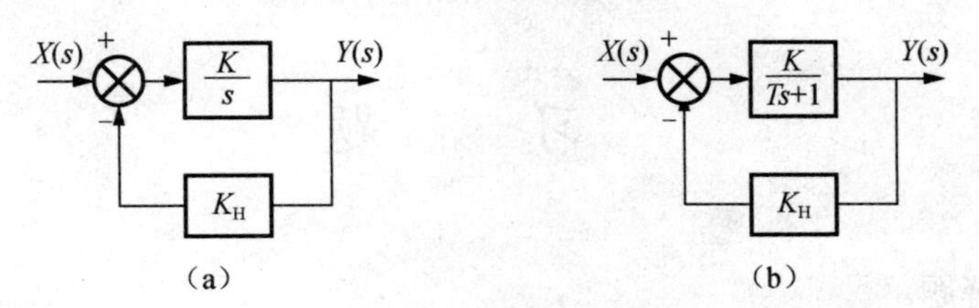

图 6.20　具有比例负反馈的回路

（a）积分环节；（b）惯性环节

惯性环节校正后，系统的传递函数为

$$G(s)=\frac{\dfrac{K}{1+K_\mathrm{H}K_\mathrm{H}}}{\dfrac{T}{1+K_\mathrm{H}K}s+1}=\frac{K'}{T's+1}$$

式中：时间常数 $T'=\dfrac{T}{1+K_\mathrm{H}K}$；增益 $K'=\dfrac{K}{1+K_\mathrm{H}K}$。

因此，加入比例负反馈后，原有的惯性环节仍为惯性环节，但校正后的系统时间常数减小了，说明比例负反馈使得惯性减弱，导致过渡过程时间缩短，系统响应速度加快，且反馈

系数 K_H 越大，时间常数越小。另外，比例负反馈也将导致系统的增益下降，这是不希望出现的，可在系统正向通道中增加前置放大器进行补偿，来保证系统的开环放大倍数不变。

6.6.2 微分（速度）负反馈校正

若反馈校正中的校正环节为微分环节，即 $G_c(s)=K_D s$，则称为微分（速度）反馈，能够增加系统的阻尼比。

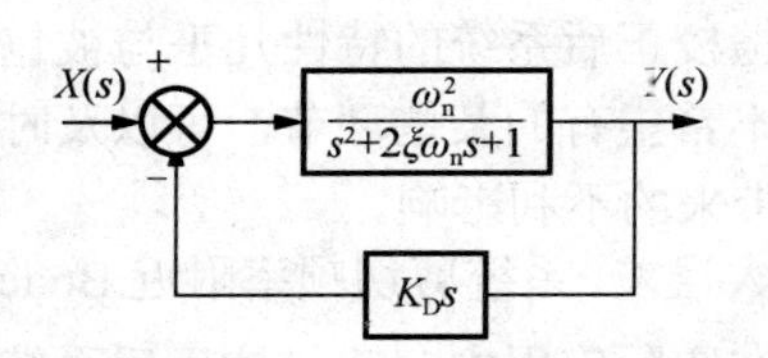

图 6.21 具有微分负反馈的二阶系统

图 6.21 为一个带微分负反馈的二阶系统，校正前的传递函数为

$$G(s)=\frac{\omega_n^{\ 2}}{s^2+2\xi\omega_n s+1}$$

式中：ξ 为阻尼比；ω_n 为无阻尼固有频率。

微分负反馈校正后，系统的传递函数为

$$G(s)=\frac{\omega_n^{\ 2}}{s^2+(2\xi\omega_n+K_D\omega_n^{\ 2})s+1}$$

校正后系统新的阻尼比

$$\xi'=\xi+\frac{1}{2}K_D\omega_n$$

显然，校正后系统仍为二阶系统，且不影响无阻尼固有频率 ω_n，但阻尼比的增加可增加系统惯性降低超调，提高系统的相对稳定性，可用于改善阻尼比小的不利影响。

在控制系统的局部反馈回路中，接入不同形式的反馈校正装置，可以起到与串联校正装置相同的作用，但反馈校正能够消除系统不可变部分中不希望存在的特性，减弱参数变化对系统性能的影响。

习　　题

6-1 单项选择题。

（1）若已知某串联校正装置的传递函数为 $G_c(s)=\frac{s+1}{10s+1}$，则它是一种（　　）。

A．反馈校正　　B．相位超前校正

C．相位滞后-超前校正　　D．相位滞后校正

（2）三频段中的（　　）段基本确定了系统的动态性能。

A．低频　　B．中频　　C．高频　　D．相频

（3）下列串联校正装置的传递函数中，能在 $\omega_c=1$ 处提供最大相位超前角的是（　　）。

A．(10s+1)/(s+1)　　B．(10s+1)/(0.1s+1)

C．(2s+1)/(s+1)　　D．(0.1s+1)/(10s+1)

（4）采用串联超前校正时，通常可使校正后系统的截止频率 ω_c（　　）。

A．减小　　B．不变

C．增大　　　　　　　　　　　　　　D．可能增大，也可能减小

（5）在对控制系统稳态精度无明确要求时，为提高系统的稳定性，最方便的是（　　）。

A．减小增益　　　B．超前校正　　　C．滞后校正　　　D．滞后-超前

6-2　什么是控制系统的校正？

6-3　在系统校正中，常用的性能指标有哪些？

6-4　如何确定串联校正网络的类型？

6-5　为满足要求的稳态性能指标，一单位负反馈伺服系统的开环传递函数为

$$G_{\mathrm{k}}(s)=\frac{200}{s(0.1s+1)}$$

试设计一个无源校正网络，使已校正系统的相位裕度不小于 45°，剪切频率不低于 50 rad·s^{-1}。

6-6　单位负反馈最小相位系统校正前后的开环对数幅频特性如图题 6-6 所示。

（1）求串联校正装置的传递函数 $G_{\mathrm{c}}(s)$。

（2）求串联校正后，使闭环系统稳定的开环增益 K 的值。

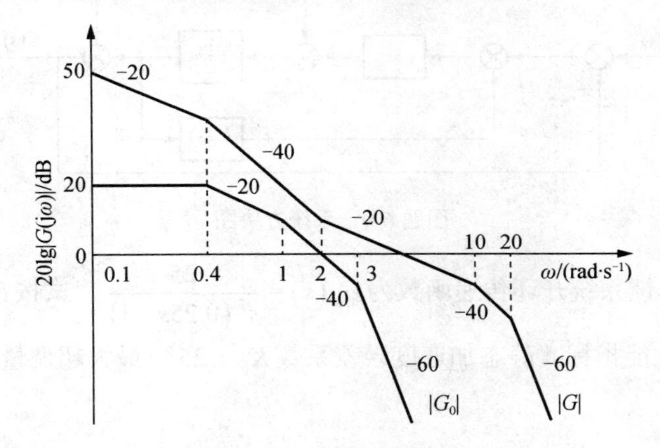

图题 6-6　开环对数幅频特性

6-7　如图题 6-7 所示的 3 种串联校正网络特性，它们均由最小相角环节组成。若控制系统为单位负反馈系统，其开环传递函数 $G_{\mathrm{k}}(s)=\dfrac{400}{s^2(0.01s+1)}$。

（1）这些网络特性中，哪种校正程度最好？

（2）为了将 12 Hz 的正弦噪声削弱 10 倍左右，应采用哪种校正网络特性？

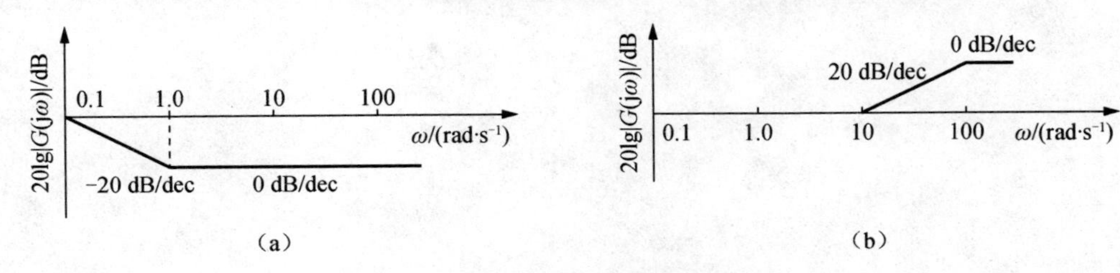

图题 6-7　串联校正网络特性

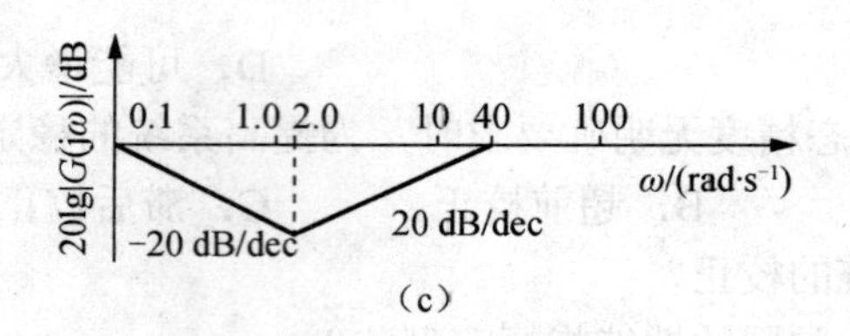

(c)

图题 6-7 串联校正网络特性（续）

6-8 已知某单位负反馈系统的开环传递函数 $G_k(s)=\dfrac{1}{s(0.5s+1)}$，要求系统的静态速度误差系数 $K_v=10$，相位裕度 $\gamma>45^\circ$。试设计串联校正系统。

6-9 已知系统如图题 6-9 所示。

（1）选择 $G_c(s)$ 使干扰 $n(t)$ 对系统无影响；

（2）选择 K_2 使系统具有最佳阻尼 $(\xi=0.707)$。

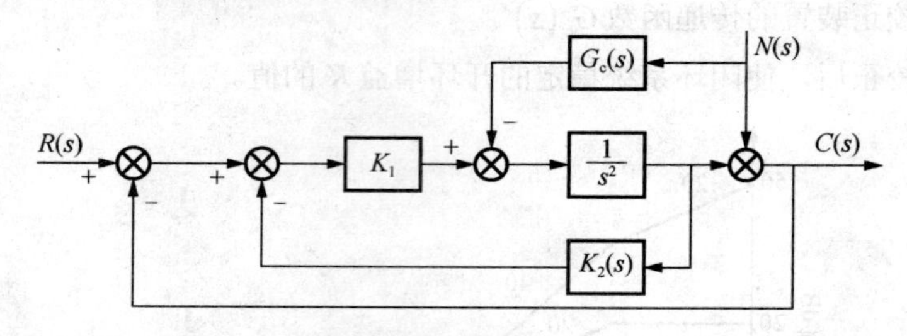

图题 6-9 系统方块图

6-10 单位负反馈系统开环传递函数为 $G_k(s)=\dfrac{25}{s^2(0.25s+1)}$，试按希望特性对此系统进行校正，达到如下性能指标：静态加速度误差系数 $K_a=25$；最大超调量 $M_p\leqslant 28\%$；调节时间 $t_s\leqslant 1.2\ \text{s}$。

第7章

线性离散系统的分析与综合

随着电子技术和计算机控制技术的快速发展，数字控制器在许多场合取代了模拟控制器。作为分析与设计数字控制系统的基础理论，离散系统理论的发展非常迅速。

本章主要讨论线性离散系统的分析方法。首先介绍信号采样和保持的基本概念及 Z 变换理论，然后介绍脉冲传递函数，最后研究线性离散系统稳定性和线性离散系统的时域分析。

7.1 引　言

如果控制系统中的所有信号在每个时间段上都是已知的，即系统中的所有信号都是时间变量的连续函数，则称这样的系统为连续时间系统，也称为连续系统；如果控制系统中至少有一处信号是仅定义在离散时间上，则这样的系统称为离散时间系统，简称为离散系统。离散系统的最广泛应用形式是以微型计算机为控制器的数字控制系统。如图 7.1 所示为以计算机为核心的数字控制系统。

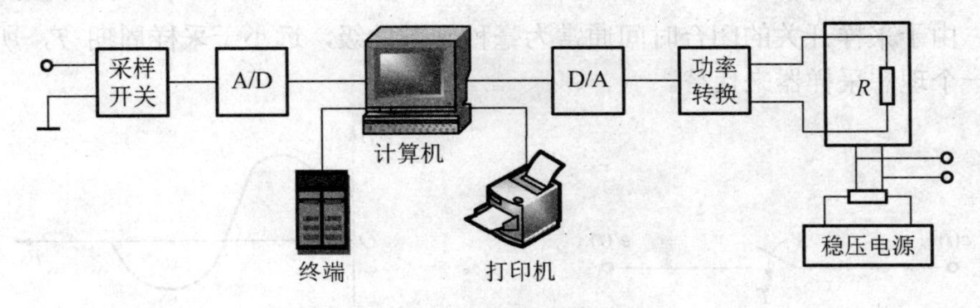

图 7.1　计算机控制的温度控制系统

由图 7.1 可知，计算机控制系统首先是把现场参数（如温度等）经过传感器或变换器转换为电信号，然后采样，再经过 A/D 转换器将模拟量转换为相应的数字量，计算机根据控制算法进行计算，再将控制量经 D/A 转换器将数字量转换为相应的模拟量，通过执行机构去控制生产过程，以达到预期的目的。典型系统的方块图如图 7.2 所示。

离散系统较之相应的连续系统具有以下明显的优点。

（1）由数字计算机构成的数字校正装置，效果比连续式校正装置好，而且由软件实现的控制规律易于改变，控制灵活。

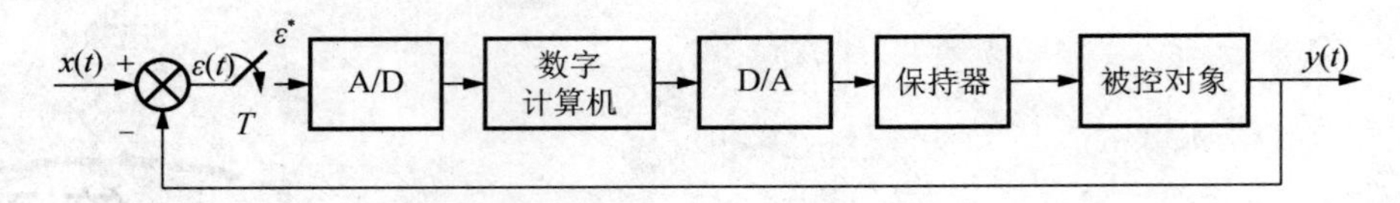

图 7.2　典型采样系统方块图

（2）采样信号，特别是数字信号的传递可以有效地抑制噪声，从而提高系统的抗干扰能力。

（3）可用一台计算机分时控制若干个系统，提高设备利用率，经济性好。

由于在离散系统中存在脉冲或数字信号，需要采用 Z 变换法建立离散系统的数学模型。在本章中会学习到通过变换处理后的离散系统，把用于连续系统中的方法，如稳定性分析、时间响应分析等，经过适当改变后直接应用于离散系统的分析和设计之中。

7.2　采　　样

计算机只能接收和处理离散的数码，而大量的物理过程或物理量的数学描述都是模拟信号，为了把连续信号变换为脉冲信号，需要使用采样器。因此，为了定量研究离散系统，必须对信号的采样过程用数学的方法加以描述。

7.2.1　采样过程

采样器又称为采样开关，采样过程可以用一个周期性闭合的采样开关 S 来实现，如图 7.3（a）所示，假设采样器每隔 T 闭合一次，闭合的持续时间为 τ；采样器的输入 $e(t)$ 为连续信号；输出 $e^*(t)$ 为宽度等于 τ 的调幅脉冲序列，在采样瞬时 $nT(n=0,1,2,\cdots,\infty)$ 时出现。也就是 $t=0$ 时，采样器闭合 τ，此时 $e^*(t)=e(t)$；$t=\tau$ 以后，采样器打开，输出 $e^*(t)=0$；以后每隔 T 重复一次这种过程。由于采样开关的闭合时间通常为毫秒到微秒级，远小于采样周期 T，所以采样器就可以用一个理想采样器来代替。

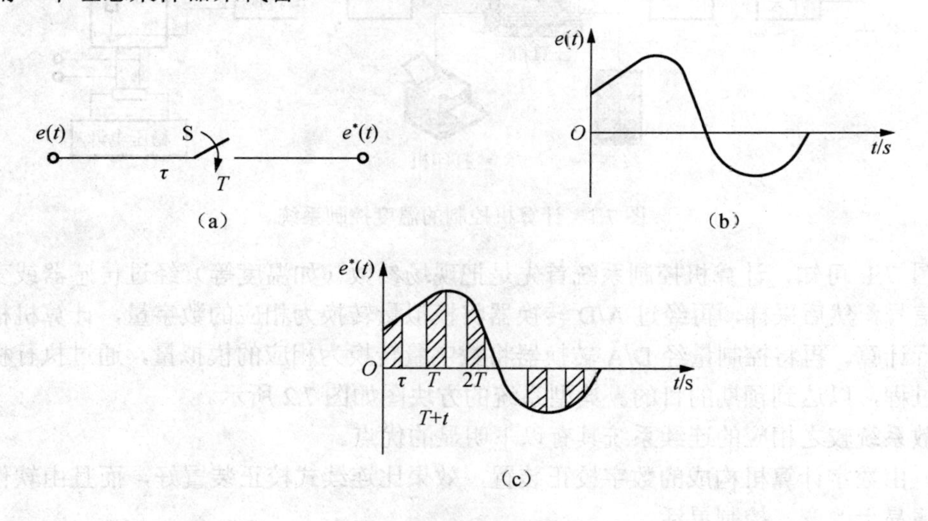

图 7.3　采样过程

采样频率为

$$f_s = \frac{1}{T} \tag{7-1}$$

采样角频率为

$$\omega_s = \frac{2\pi}{T} \tag{7-2}$$

如果用 $\delta_T(t)$ 表示理想单位脉冲系列，则在数学形式描述上有

$$e^*(t) = e(t)\delta_T(t) \tag{7-3}$$

理想单位脉冲序列 $\delta_T(t)$ 可以表示为

$$\delta_T(t) = \sum_{n=0}^{\infty} \delta(t - nT)$$

其中：$\delta(t) = \begin{cases} 1, & t = 0 \\ 0, & t \neq 0 \end{cases}$，则

$$e^*(t) = e(t)\sum_{n=0}^{\infty} \delta(t - nT)$$

由于 $e(t)$只有在 $t=nT$ 时刻时才有意义，因此

$$e^*(t) = e(nT)\sum_{n=0}^{\infty} \delta(t - nT) \tag{7-4}$$

7.2.2　采样定理

在设计离散系统时，采样定理是必须严格遵循的一条准则。若从采样信号中不失真地复现原连续信号，依据采样定理确定理论上的最小采样周期 T。

采样定理也称为香农定理，指出：如果采样器的输入信号 $e(t)$具有有限带宽，并且有最大为 $\omega_m(\mathrm{rad\cdot s^{-1}})$ 的频率分量，则只要采样周期 T 满足下列条件

$$T \leqslant \frac{2\pi}{2\omega_m}$$

即

$$\omega_s \geqslant 2\omega_m \tag{7-5}$$

信号 $e(t)$就可以完整地从采样信号 $e^*(t)$ 中恢复过来，如图 7.4 所示。

从物理意义上来理解采样定理，如果选择这样一个采样频率，使得对连续信号所含的最高频率，能做到在某一个周期内采样两次以上，则经采样获得的脉冲序列中将包含连续信号的全部信息；反之，如果采样次数太少，即采样周期太长，那就不能无失真地再现原连续信号。

采样定理给出了采样周期选择的基本原则，但并未给出选择采样周期的具体计算方法。采样周期 T 选得越小，将获得越多的控制过程信息，控制效果也会越好。但是，采样周期 T 选得过小，将会增加不必要的计算负担。反之，采样周期 T 选得过大，又会给控制过程带来较大的误差，降低系统的动态性能甚至有可能导致整个控制系统的不稳定。

工程实践表明，对于一般的过程控制系统，根据表 7.1 给出的参考数据选择采样周期 T 可以取得比较满意的控制效果。

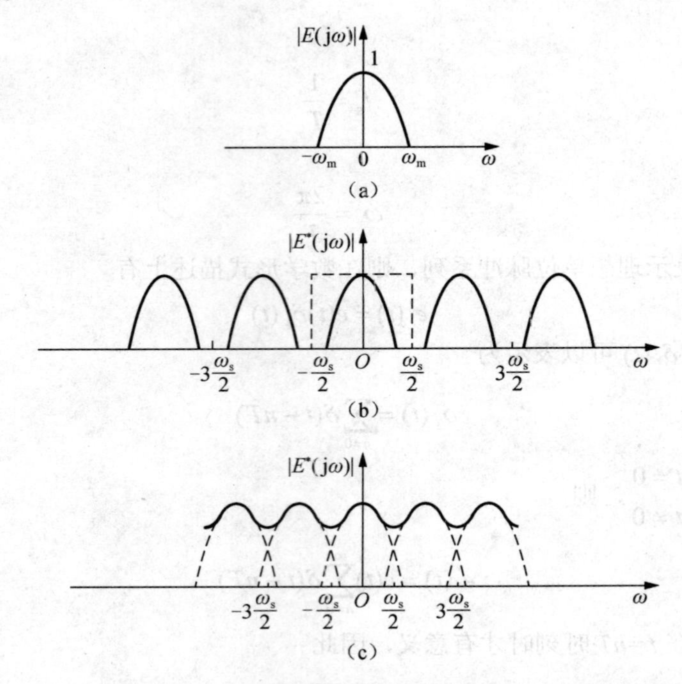

图 7.4　连续信号频谱和采样信号频谱

（a）连续信号频谱；（b）采样信号频谱（$\omega_s \geqslant 2\omega_m$）；（c）采样信号频谱（$\omega_s < 2\omega_m$）

表 7.1　工业过程控制系统采样周期 T 的选择

控制过程	采样周期 T/s
流量	1
压力	5
液面	5
温度	20
成分	20

对于随动系统，采样周期的选取在很大程度上取决于系统的性能指标。在一般情况下，控制系统的闭环频率响应具有低通滤波特性，当随动系统输入信号的频率高于其闭环幅频特性的谐振频率 ω_r 时，信号通过控制系统将会很快地衰减。而在随动系统中，一般可近似认为，开环频率响应幅频特性的剪切频率 ω_c 与闭环频率响应幅频特性的谐振频率 ω_r 相接近，即 $\omega_c \approx \omega_r$。这就是说，随动系统输入信号的最高频率分量为 ω_c，超过 ω_c 的分量通过控制系统时，将被大幅度衰减掉。工程实践表明，随动系统的采样频率 ω_s 可近似取为

$$\omega_s = 10\omega_c \tag{7-6}$$

由于 $T = \dfrac{2\pi}{\omega_s}$，所以采样周期 T 可以按照下式来选取：

$$T = \frac{\pi}{5} \cdot \frac{1}{\omega_c} \tag{7-7}$$

从时域性能指标来看，采样周期 T 通过单位阶跃响应的上升时间 t_r 或调节时间 t_s 可按下列经验公式选取，即

$$T=\frac{1}{10}t_{\mathrm{r}} \tag{7-8}$$

或

$$T=\frac{1}{40}t_{\mathrm{s}} \tag{7-9}$$

7.2.3　保持器

信号保持器在信号变换中广泛使用，它将离散信号转换成模拟信号。从数学上说，其任务是解决各采样时刻之间的插值问题。常用的保持器是按多项式外推公式，即

$$e(nT+\tau)=\alpha_0+\alpha_1\tau+\alpha_2\tau^2+\cdots+\alpha_m\tau^m \tag{7-10}$$

式中：τ 为以 nT 时刻为原点的时间坐标。

式（7-10）表示现在时刻的输出 $e(nT+\tau)$ 取决于过去时刻，即 $\tau=0,-T,-2T,\cdots,-mT$ 各时刻的离散信号值 $e(nT),e[(n-1)T],e[(n-2)T],\cdots,e[(n-m)T]$ 的 $(m+1)$ 个值，这时称为 m 阶保持器。外推式（7-10）的系数 $\alpha_i(i=0,1,2,\cdots,m)$ 由过去各采样时刻的离散信号 $e[(n-i)T](i=0,1,2,\cdots,m)$ 唯一确定。因为 $(m+1)$ 个一阶方程确定 $(m+1)$ 个未知数，所以系数 α_i 有唯一解。

零阶保持器的外推公式为

$$e(nT+\tau)=\alpha_0$$

显然，$\tau=0$ 时，此式也成立，故有

$$e(nT)=\alpha_0$$

从而

$$e(nT+\tau)=e(nT)\quad(0\leqslant\tau\leqslant T) \tag{7-11}$$

式中：T 为采样周期。

式（7-11）说明，零阶保持器是一种按常值规律外推的保持器。它把前一个采样时刻 nT 的采样 $e(nT)$ 不变地保持到下一个采样时刻 $(n+1)T$ 到来之前的时刻。也就是说，任何一个采样时刻的采样值能作为常值保持到下一个相邻的采样时刻到来之前，其保持时间显然是一个采样周期 T。零阶保持器的工作过程如图 7.5 所示。

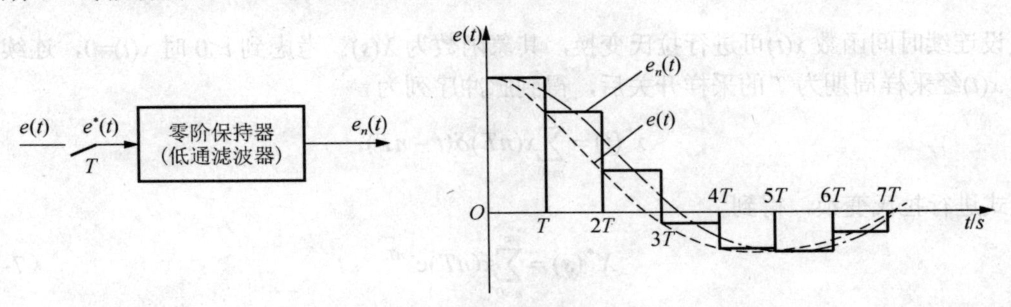

图 7.5　零阶保持器工作过程

零阶保持器的时域特性 $g_{\mathrm{h}}(t)$ 如图 7.6 所示。它是高度为 1、宽度为 T 的方脉冲。高度等于 1，说明采样值经过保持器既不放大，也不衰减；宽度等于 T，说明零阶保持器对采样值能不增不减地保持一个采样周期。可求得零阶保持器的传递函数 $G_{\mathrm{h}}(s)$ 为

$$G_{\mathrm{h}}(s)=\frac{1-\mathrm{e}^{-Ts}}{s} \tag{7-12}$$

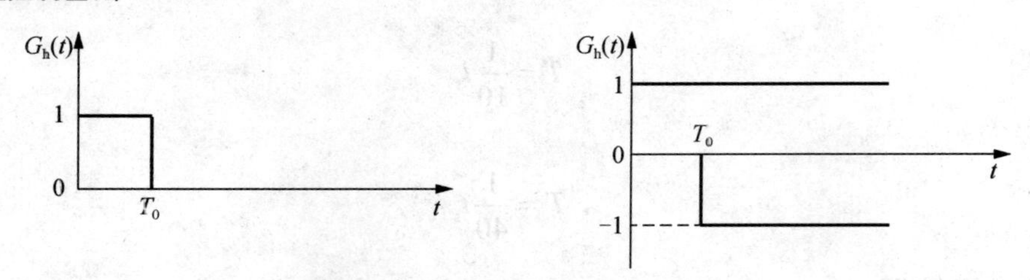

图 7.6　零阶保持器的时域特性

由式（7-12）求得零阶保持器的频率响应为

$$G_h(j\omega)=\frac{1-e^{-j\omega T}}{j\omega}=T\frac{\sin\frac{\omega T}{2}}{\frac{\omega T}{2}}\cdot e^{-j\frac{\omega T}{2}} \tag{7-13}$$

当输入是离散脉冲序列时，零阶保持器的输出在采样周期内保持不变。由于零阶保持器比较简单，容易实现，相位滞后相对较小，因此被广泛采用。实际应用中，保持器在控制输出过程中用来将数字信号转变成模拟信号，在数据采集过程中接在采样器后面以保证 A/D 转换的正常工作。

7.3　*Z* 变换

线性连续控制系统的动态及稳态特性，可应用拉氏变换方法进行分析。与此相似，线性数字控制系统的性能也可应用基于拉氏变换方法建立的 *Z* 变换方法来分析。*Z* 变换方法可看作是拉氏变换方法的一种变形，它可由拉氏变换导出。*Z* 变换方法是研究线性离散系统的重要数学工具。

7.3.1　*Z* 变换

设连续时间函数 $x(t)$可进行拉氏变换，其象函数为 $X(s)$。考虑到 $t<0$ 时 $x(t)=0$，连续时间函数 $x(t)$经采样周期为 T 的采样开关后，得到脉冲序列为

$$x^*(t)=\sum_{n=0}^{\infty}x(nT)\delta(t-nT)?$$

对上式进行拉氏变换，得到

$$X^*(s)=\sum_{n=0}^{\infty}x(nT)e^{-nTs} \tag{7-14}$$

因复变量 s 含在指数函数 e^{-nTs} 中不便计算，故引进一个新变量

$$z=e^{Ts} \tag{7-15}$$

可得以 z 为变量的函数 $X(z)$，即

$$X(z)=\sum_{n=0}^{\infty}x(nT)z^{-n} \tag{7-16}$$

式（7-16）中 $X(z)$称为离散时间函数——脉冲序列 $x^*(t)$的 Z 变换，记为 $Z(x^*(t))$。

在 Z 变换过程中，考虑的仅是连续时间函数在采样时刻上的采样值，所以式（7-16）仅是连续时间函数在采样时刻上的信息。显然，假如两个不同的函数 $x_1(t)$和 $x_2(t)$采样值完全相同，则其 Z 变换是一样的。

7.3.2　Z 变换的求法

下面只介绍其中的两种主要方法。

1. 级数求和法

设连续时间函数为 $x(t)$，对应的离散时间函数为 $x^*(t)$，展开为

$$x^*(t)=\sum_{n=0}^{\infty}x(nT)\delta(t-nT)$$
$$=x(0)\delta(t)+x(t)\delta(t-T)+x(2t)\delta(t-2T)+\cdots+x(nT)\delta(t-nT)+\cdots \quad (7\text{-}17)$$

然后逐项进行拉氏变换，得到

$$X^*(s)=x(0)+x(T)\mathrm{e}^{-Ts}+x(2T)\mathrm{e}^{-2Ts}+\cdots+x(nT)\mathrm{e}^{-nTs}+\cdots$$

或

$$X(z)=x(0)+x(T)z^{-1}+x(2T)z^{-2}+\cdots+x(nT)z^{-n}+\cdots \quad (7\text{-}18)$$

式（7-18）就是离散时间函数 $x^*(t)$进行 Z 变换的一种级数表达形式。由这种表达形式可知，若已知连续时间函数 $x(t)$在各采样时刻 $nT(n=0,1,2,\cdots)$上的采样值 $x(nT)$，便可根据式(7-18)求得其 Z 变换的级数展开式，它是一个无穷项的级数。

【例 7-1】 求单位阶跃函数 $1(t)$的 Z 变换。

解　单位阶跃函数 $1(t)$在所有采样时刻上的采样值均为 1，即

$$1(nT)=1 \quad (n=1,2,\cdots,\infty)$$

根据式（7-18）求得

$$1(z)=1+z^{-1}+z^{-2}+\cdots+z^{-n}+\cdots$$

将上式两端乘以 z^{-1}，有

$$1(z)\cdot z^{-1}=z^{-1}+z^{-2}+\cdots+z^{-(n+1)}+\cdots$$

两式相减可得

$$1(z)(1-z^{-1})=1$$

所以

$$1(z)=\frac{1}{1-z^{-1}}=\frac{z}{1-z} \quad (|z|>1)$$

【例 7-2】 求 $x(t)=\mathrm{e}^{-\alpha t}$ 的 Z 变换。

解： $x^*(t)=x(nT)=\mathrm{e}^{-\alpha nT}$，

$$X(z)=1+\mathrm{e}^{-\alpha T}z^{-1}+\mathrm{e}^{-2\alpha T}z^{-2}+\cdots+\mathrm{e}^{-n\alpha T}z^{-n}+\cdots$$

将上式两边同时乘以 $\mathrm{e}^{-\alpha T}z^{-1}$，得到

$$\mathrm{e}^{-\alpha T}z^{-1}X(z)=\mathrm{e}^{-\alpha T}z^{-1}+\mathrm{e}^{-2\alpha T}z^{-2}+\cdots+\mathrm{e}^{-(n+1)\alpha T}z^{-(n+1)}+\cdots$$

两式相减，得

$$X(z)(1-\mathrm{e}^{-\alpha T}z^{-1})=1$$

$$X(z)=\frac{1}{1-e^{-\alpha T}z^{-1}}=\frac{z}{z-e^{-\alpha T}} \quad (z>e^{-\alpha T}) \tag{7-19}$$

2. 部分分式法

设连续时间函数 $x(t)$的拉氏变换 $X(s)$为复变量 s 的有理函数，形式为

$$X(s)=\frac{M(s)}{N(s)}$$

式中：$M(s)$及 $N(s)$分别为复变量 s 的多项式，并且有 $\deg M(s)\leqslant \deg N(s)$，以及 $\deg N(s)=n$。

将 $X(s)$展开成部分分式和的形式，即

$$X(s)=\sum_{i=1}^{n}\frac{A_i}{s+s_i}$$

式中：s_i为 $N(s)$的零点，即 $X(s)$的极点；$A_i=\frac{M(s_i)}{N(s_i)}$为常系数；$N(s_i)=\frac{d}{ds}N(s)|_{s=s_i}$。

由拉氏变换知，与$\frac{A_i}{s+s_i}$项对应的原函数为 $A_i e^{-s_i t}$，又根据式（7-19）便可求得 $Z\left[\frac{A_i}{s+s_i}\right]$为$\frac{A_i z}{z-e^{-s_i T}}$。因此，函数 $x(t)$的 Z 变换由象函数 $X(s)$求得为

$$X(z)=\sum_{i=1}^{n}\frac{A_i z}{z-e^{-s_i T}}$$

【例 7-3】试求拉氏变换为$\frac{a}{s(s+a)}$的连续时间函数 $x(t)$的 Z 变换。

解　写出 $x(t)$的拉氏变换 $X(s)$的部分分式展开式，即

$$X(s)=\frac{a}{s(s+a)}=\frac{1}{s}-\frac{1}{s+a}$$

对上式逐项求取拉氏反变换，得到

$$x(t)=1(t)-e^{-at}$$

根据上述时间函数逐项写出相应的 Z 变换，即得连续时间函数 $x(t)$的 Z 变换，即

$$X(z)=\frac{z}{z-1}-\frac{z}{z-e^{-aT}}=\frac{z(1-e^{-aT})}{z^2-(1+e^{-aT})z+e^{-aT}}$$

7.3.3　Z 变换的基本性质

Z 变换的一些基本性质与拉氏变换的基本性质有许多相似之处。

1. 线性定理

若 $Z[x(t)]=X(z)$，$Z[x_1(t)]=X_1(z)$，$Z[x_2(t)]=X_2(z)$，a 为常数，则

$$Z[ax(t)]=aX(z) \tag{7-20}$$

$$Z[x_1(t)\pm x_2(t)]=X_1(z)\pm X_2(z) \tag{7-21}$$

2. 平移定理

平移定理又称为实数位移定理。其含义是指整个采样序列在时间轴上左右平移若干个采

样周期，其中向左平移称为超前，向右平移称为滞后。平移定理如下所述。

如果 $Z[x(t)]=X(z)$，则有

$$Z[x(t-kT)]=z^{-k}X(z) \tag{7-22}$$

以及

$$Z[x(t+kT)]=z^{k}\left[X(z)-\sum_{n=0}^{k-1}x(nT)z^{-n}\right] \tag{7-23}$$

式中：k 为整数。

平移定理的作用相当于拉氏变换中的微分和积分定理。应用平移定理，可将描述离散系统的差分方程转换为 z 域的代数方程。

3. 复数位移定理

如果 $Z[x(t)]=X(z)$，则有

$$Z[\mathrm{e}^{\mp at}x(t)]=X(z\mathrm{e}^{\pm at}) \tag{7-24}$$

复数位移定理是仿照拉氏变换的复数位移定理导出的。

4. 终值定理

如果 $Z[x(t)]=X(z)$，$X(z)$不含 z=1 的二重以上极点，且在[z]平面单位圆外无极点，则 $x(t)$ 的终值为

$$\lim_{t\to\infty}x(t)=\lim_{z\to 1}[(z-1)X(z)] \tag{7-25}$$

在离散系统分析中，常采用终值定理求取系统输出序列的稳态误差。

7.3.4　Z 反变换

Z 反变换是 Z 正变换（简称 Z 变换）的逆运算。Z 反变换是已知 z 变换表达式 $X(z)$，求相应离散序列 $x(nT)$的过程。通过 Z 反变换得到的是采样时刻上连续时间函数的函数值。常用的 Z 反变换方法有三种方法。

1. 幂级数法

幂级数法又称为综合除法。Z 变换函数 $X(z)$通常可以表示为按 z^{-1} 升幂排列的两个多项式的比值：

$$X(z)=\frac{b_0+b_1z^{-1}+b_2z^{-2}+\cdots+b_mz^{-m}}{1+a_1z^{-1}+a_2z^{-2}+\cdots+a_nz^{-n}}\quad (m\leqslant n) \tag{7-26}$$

式中：$\alpha_i(i=0,1,2,\cdots,n)$ 和 $b_j(j=0,1,2,\cdots,m)$ 均为常系数。

通过对式（7-24）直接做综合除法，得到按 z^{-1} 升幂排列的幂级数展开式

$$X(z)=c_0+c_1z^{-1}+c_2z^{-2}+\cdots+c_nz^{-n}+\cdots=\sum_{n=0}^{\infty}c_nz^{-n} \tag{7-27}$$

如果所得到的无穷幂级数是收敛的，则按 z 变换定义可知，式（7-25）中的系数 $c_n(n=0,1,2,\cdots,\infty)$就是采样脉冲序列 $x^*(t)$的脉冲强度 $x(nT)$。因此，根据式（7-25）可以直接写出 $x^*(t)$的脉冲序列表达式

$$x^*(t)=\sum_{n=0}^{\infty}c_n\delta(t-nT)$$

在实际应用中，常常只需要计算有限几项就可以。

【例 7-4】求 $X(z)=\dfrac{10z}{(z-1)(z-2)}$ 的 Z 反变换 $x^*(t)$。

解 由 $X(z)=\dfrac{10z}{(z-1)(z-2)}=\dfrac{10z^{-1}}{1-3z^{-1}+2z^{-2}}$，应用综合除法求得

$$X(z)=10z^{-1}+30z^{-2}+70z^{-3}+150z^{-4}+\cdots$$

因此采样函数为

$$x^*(t)=10\delta(t-T)+30\delta(t-2T)+70\delta(t-3T)+150\delta(t-4T)+\cdots$$

2. *部分分式法*

由已知象函数 $X(z)$ 求出极点 $z_1,z_2,\cdots,z_n$，再将 $X(z)/z$ 展开成部分分式和的形式，即

$$\frac{X(z)}{z}=\sum_{i=1}^{n}\frac{A_i}{z-z_i} \tag{7-28}$$

由 $\dfrac{X(z)}{z}$ 求取 $X(z)$ 的表达式，即

$$X(z)=\sum_{i=1}^{n}\frac{A_i z}{z-z_i} \tag{7-29}$$

最后，逐项地求取 $\dfrac{A_i z}{z-z_i}$ 对应的 Z 反变换，并根据这些反变换写出与象函数 $X(z)$ 对应的原函数 $x^*(t)$，即

$$x^*(t)=\sum_{i=1}^{n}Z^{-1}\left(\frac{A_i z}{z-z_i}\right)\cdot\delta(t-nT) \tag{7-30}$$

【例 7-5】求下式的 Z 反变换。

$$X(z)=\frac{1}{(1-z^{-1})(1-0.5z^{-1})}$$

解 由

$$X(z)=\frac{1}{(1-z^{-1})(1-0.5z^{-1})}=\frac{z^2}{(z-1)(z-0.5)}=z\left(\frac{A_1}{z-1}+\frac{A_2}{z-0.5}\right)=\frac{zA_1}{z-1}+\frac{zA_2}{z-0.5}$$

得 $A_1=2$，$A_2=-1$。可得 $x(nT)=2-0.5^n$。

3. *留数法*

由 Z 变换定义，得

$$X(z)=\sum_{n=0}^{\infty}x(nT)z^{-n}$$

$$=x(0)+x(T)z^{-1}+\cdots+x[(n-1)T]z^{-(n-1)}+x(nT)z^{-n}+x[(n+1)T]z^{-(n+1)}+\cdots$$

用 z^{n-1} 乘上式两端，得

$$X(z)z^{n-1}=x(0)z^{n-1}+x(T)z^{n-2}+\cdots+x[(n-1)T]+x(nT)z^{-1}+\cdots$$

由复变函数理论可知

$$x(nT)=\frac{1}{2\pi}\oint_C X(z)z^{n-1}\mathrm{d}z=\sum_{i=1}^{k}\mathrm{Re}\,s[X(z)z^{n-1}]_{z\to p_i} \tag{7-31}$$

积分曲线 C 可以是包含 $X(z)z^{n-1}$ 全部极点的任何封闭曲线，$\mathrm{Re}\,s[X(z)z^{n-1}]_{z\to p_i}$ 表示函数 $X(z)z^{n-1}$ 全在极点 p_i 处的留数。

对于一阶极点 $z=p_1$ 的留数为

$$R=\lim_{z\to p_1}(z-p_1)[X(z)z^{n-1}] \tag{7-32}$$

对于 q 阶重复极点 $z=p$ 的留数为

$$R=\frac{1}{(q-1)!}\lim_{z\to p}\frac{\mathrm{d}^{q-1}}{\mathrm{d}z^{q-1}}[(z-p)^q X(z)z^{n-1}] \tag{7-33}$$

【例 7-6】 使用留数法求下式的 Z 反变换。

$$X(z)=\frac{0.5z^{-1}}{1-1.5z^{-1}+0.5z^{-2}}$$

解 因为

$$X(z)=\frac{0.5z^{-1}}{1-1.5z^{-1}+0.5z^{-2}}=\frac{0.5z}{z^2-1.5z+0.5}=\frac{0.5z}{(z-1)(z-0.5)}$$

$$X(z)z^{n-1}=\frac{0.5z^n}{(z-1)(z-0.5)}$$

$$\mathop{\mathrm{Res}}_{z=1}\left[\frac{0.5z^n}{(z-1)(z-0.5)}\right]=\frac{0.5z^n}{z-0.5}\bigg|_{z=1}=1$$

$$\mathop{\mathrm{Res}}_{z=0.5}\left[\frac{0.5z^n}{(z-1)(z-0.5)}\right]=\frac{0.5z^n}{z-1}\bigg|_{z=0.5}=-0.5^n$$

所以

$$X(nT)=1-0.5^n$$

7.3.5 Z变换方法解差分方程

线性差分方程是研究离散系统的重要数学工具，它不仅可以描述控制系统，而且通过求解方程，可以分析和设计控制系统。

线性差分方程的一般形式为

$$y(n)+a_1y(n-1)+a_2y(n-2)+\cdots+a_ny(n-N)=b_0x(n)+b_1x(n-1)+\cdots+a_mx(n-m) \tag{7-34}$$

或

$$y(n)=-\sum_{k=1}^{N}a_ky(n-k)+\sum_{k=0}^{m}b_kx(n-k) \tag{7-35}$$

式中：$y(n)$代表某一采样时刻的输出值；$x(n)$代表对应这一时刻的输入值。

式（7-35）表明，对于离散系统，n 时刻的输出值 $y(n)$，不但与 n 时刻的输入值 $x(n)$有关，而且与 n 时刻以前的输入 $x(n-1)$, $x(n-2)$, $\cdots$有关，同时还与 n 时刻以前的输出 $y(n-1)$, $y(n-2)$, $\cdots$有关。

利用 Z 变换法可将线性定常系统的差分方程变换为 z 变量的代数方程来运算，这就简化了离散控制系统的分析和综合问题。

利用平移定理，将 $x(n+1)$ 变换，即

$$Z[x(n+1)] = zX(z) - zx(0)$$

同理，有

$$\begin{cases} Z[x(n+2)] = z^2 X(z) - z^2 x(0) - zx(1) \\ \vdots \\ Z[x(n+m)] = z^m X(z) - z^m x(0) - z^{m-1} x(1) - z^{m-2} x(2) - \cdots - zx(m-1) \end{cases} \tag{7-36}$$

通过上面的运算得到以 z 为变量的代数方程，然后对代数方程的解取 Z 反变换，求得输出序列。

【例 7-7】试用 Z 变换法解二阶差分方程

$$x(n+2) + 3x(n+1) + 2x(n) = 0$$

初始条件 $x(0)=0$，$x(1)=1$。

解 对方程两端取 Z 变换，得

$$z^2 X(z) - z^2 x(0) - zx(1) + 3zX(z) - 3zx(0) + 2X(z) = 0$$

代入初始值，有

$$z^2 X(z) - z + 3zX(z) + 2X(z) = 0$$

所以

$$X(z) = \frac{z}{z^2 + 3z + 2} = \frac{z}{z+1} - \frac{z}{z+2}$$

查 Z 反变换表，得

$$x(n) = (-1)^n - (-2)^n \quad (n = 0, 1, 2, \cdots)$$

差分方程的解可以提供线性定常离散系统在给定输入序列作用下的输出序列响应特性，但不便于研究系统参数变化对离散系统性能的影响。因此，需要研究离散系统的另一种数学模型——脉冲传递函数。

7.4 脉冲传递函数

线性连续控制系统的特性可由传递函数来描述，而线性数字控制系统的特性可通过脉冲传递函数来描述，以便于分析和校正线性离散系统。

7.4.1 脉冲传递函数的定义

如图 7.7 所示，在零初始条件下，线性系统输出脉冲序列的 Z 变换与输入脉冲序列的 Z 变换之比，称为系统的脉冲传递函数（或 Z 传递函数），即

$$G(z) = \frac{Y(z)}{X(z)} \tag{7-37}$$

由式（7-37）可以求得采样系统的离散输出信号为

$$y^*(t) = Z^{-1}[Y(z)] = Z^{-1}[G(z)X(z)] \tag{7-38}$$

对大多数实际系统来说，其输出往往是连续信号 $y(t)$，而不是采样信号 $y^*(t)$。此时可以在系统输出端虚设一个理想采样开关，如图 7.7 中的虚线所示，它与输入采样开关同步工作，并具有相同的采样周期。如果系统的实际输出 $y(t)$比较平滑，且采样频率较高，则可用 $y^*(t)$ 近似描述 $y(t)$，实际上，只是输出连续函数 $y(t)$在采样时刻上的离散值 $y^*(t)$。

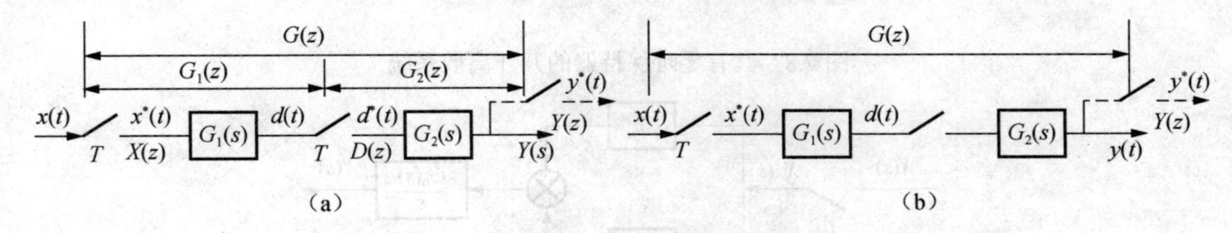

图 7.7 采样系统方块图

（a）串联环节间有采样开关；（b）串联环节间无采样开关

7.4.2 串联元件的脉冲传递函数

在线性连续系统中，若两个元件串联，则根据传递函数的相乘性，总的传递函数等于每个元件传递函数之积。可是对于离散系统而言，情况却不同，需分类进行讨论。

1. 中间有采样开关隔开的两个连续环节的串联

设开环离散系统如图 7.7（a）所示，在两个串联连续环节 $G_1(s)$和 $G_2(s)$之间，有理想采样开关隔开。$G_1(s)$和 $G_2(s)$的脉冲传递函数为 $G_1(z)$和 $G_2(z)$，根据脉冲传递函数定义，可得

$$D(z)=G_1(z)X(z)，Y(z)=G_2(z)D(z)$$

于是

$$Y(z)=G_1(z)G_2(z)D(z)$$

因此，开环系统脉冲传递函数

$$\frac{Y(z)}{X(z)}=G_1(z)G_2(z) \tag{7-39}$$

式（7-39）表明，有理想采样开关隔开的两个连续环节串联的脉冲传递函数，等于这两个环节各自的脉冲传递函数之积。这一结论，可以推广到类似的 n 个环节相串联时的情况。

2. 中间没有采样开关隔开的两个连续环节的串联

若串联环节间无同步采样开关隔离，如图 7.7（b）所示，其脉冲传递函数由连续工作状态的传递函数 $G_1(s)$和 $G_2(s)$的乘积 $G_1(s)G_2(s)$求取，记为

$$G(z)=Z[G_1(s)G_2(s)]=G_1(z)G_2(z) \tag{7-40}$$

若在图 7.7（b）中是多个（如 m 个）无同步采样开关隔离的串联环节的等效传递函数，开环脉冲传递函数 $G(z)$为

$$G(z)=Z[G_1(s)G_2(s)\cdots G_m(s)]=G_1(z)G_2(z)\cdots G_m(z)$$

3. 环节与零阶保持器串联

如图 7.8 所示，开环系统具有零阶保持器，由于其传递函数为$G(s)=\dfrac{1-\mathrm{e}^{-Ts}}{s}$不是 s 的有

理分式，用上述方法不能直接求出开环离散系统的脉冲传递函数。将其变换为等效的开环系统，如图 7.9 所示。

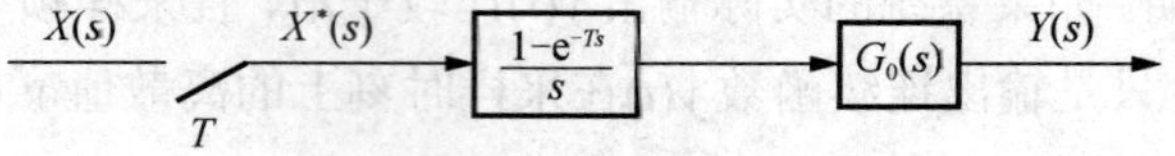

图 7.8　具有零阶保持器的开环离散系统

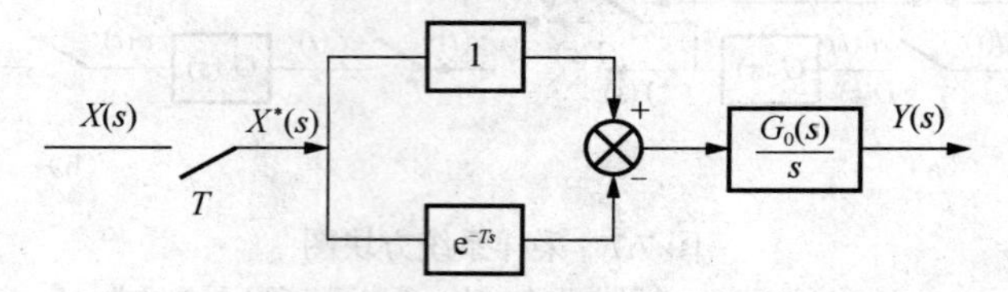

图 7.9　具有零阶保持器的等效开环离散系统

由图 7.9，得

$$G(s)=\frac{G_0(s)(1-\mathrm{e}^{-Ts})}{s}=\frac{G_0(s)}{s}-\frac{G_0(s)}{s}\mathrm{e}^{-Ts}$$

对上式两边进行 Z 变换，有

$$Z\left[\frac{G_0(s)}{s}-\frac{G_0(s)}{s}\mathrm{e}^{-Ts}\right]=Z\left[\frac{G_0(s)}{s}\right]-z^{-1}Z\left[\frac{G_0(s)}{s}\right]=(1-z^{-1})Z\left[\frac{G_0(s)}{s}\right] \tag{7-41}$$

【例 7-9】 如图 7.8 所示，已知 $G_0(s)=\dfrac{a}{s(s+a)}$，求 $G(z)$。

解　首先将 $\dfrac{G_0(s)}{s}$ 分解成部分分式

$$\frac{G_0(s)}{s}=\frac{a}{s^2(s+a)}=\frac{1}{s^2}-\frac{\frac{1}{a}}{s}+\frac{\frac{1}{a}}{s+a}$$

根据式（7-41），得

$$G(z)=(1-z^{-1})Z\left[\frac{G_0(s)}{s}\right]=(1-z^{-1})Z\left(\frac{1}{s^2}-\frac{\frac{1}{a}}{s}+\frac{\frac{1}{a}}{s+a}\right)$$

查 Z 变换表，得

$$G(z)=(1-z^{-1})\left[\frac{Tz}{(z-1)^2}-\frac{\frac{1}{a}z}{z-1}-\frac{\frac{1}{a}z}{z-\mathrm{e}^{-aT}}\right]=\frac{\frac{1}{a}[(\mathrm{e}^{-aT}+aT-1)z+(1-aT\mathrm{e}^{-aT}-\mathrm{e}^{-aT})]}{(z-1)(z-\mathrm{e}^{-aT})}$$

7.4.3　闭环系统的脉冲传递函数

图 7.10 是一种比较常见的误差采样闭环离散系统结构图。图中虚线所示的理想采样开关是为了便于分析而虚设的，输入采样信号 $x^*(t)$和反馈采样信号 $b^*(t)$事实上并不存在。图中所有理想采样开关都同步工作，采样周期为 T，连续输出信号和误差信号的拉氏变换分别为 $Y(s)$、$E(s)$。

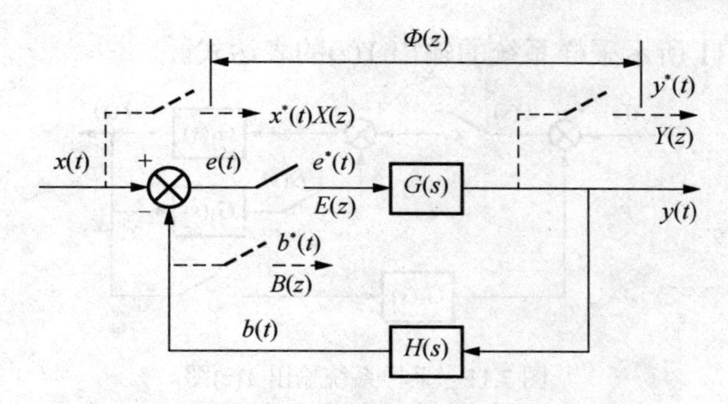

图 7.10　闭环离散系统结构图

因为

$$Y(s)=G(s)E^{*}(s),\quad E(s)=X(s)-H(s)Y(s)$$

所以有

$$E(s)=X(s)-H(s)G(s)E^{*}(s)$$

于是，误差采样信号 $e^{*}(t)$拉氏变换为

$$E^{*}(s)=X^{*}(s)-G(s)H^{*}(s)E^{*}(s)$$

整理，得

$$E^{*}(s)=\frac{X^{*}(s)}{1+G(s)H^{*}(s)} \tag{7-42}$$

由于

$$Y^{*}(s)=[G(s)E^{*}(s)]^{*}=G^{*}(s)E^{*}(s)=\frac{G^{*}(s)}{1+G(s)H^{*}(s)}X^{*}(s)$$

因此取 Z 变换，可得

$$E(z)=\frac{1}{1+G(z)H(z)}X(z)$$

$$Y(z)=\frac{G(z)}{1+G(z)H(z)}X(z)$$

定义

$$\varPhi_{\mathrm{e}}(z)=\frac{E(z)}{X(z)}=\frac{1}{1+G(z)H(z)}$$

为闭环离散系统对于输入量的误差脉冲传递函数。

定义

$$\varPhi(z)=\frac{G(z)}{1+G(z)H(z)}$$

为闭环离散系统对于输入量的脉冲传递函数。

与连续系统相类似，令 $\varPhi_{\mathrm{e}}(z)$或 $\varPhi(z)$的分母多项式为 0，便可得到闭环离散系统的特征方程为

$$D(z)=1+G(z)H(z)=0 \tag{7-43}$$

式中：$G(z)H(z)$为开环离散系统脉冲传递函数。

【例 7-9】求图 7.11 所示采样系统的输出 $Y(z)$的表达式。

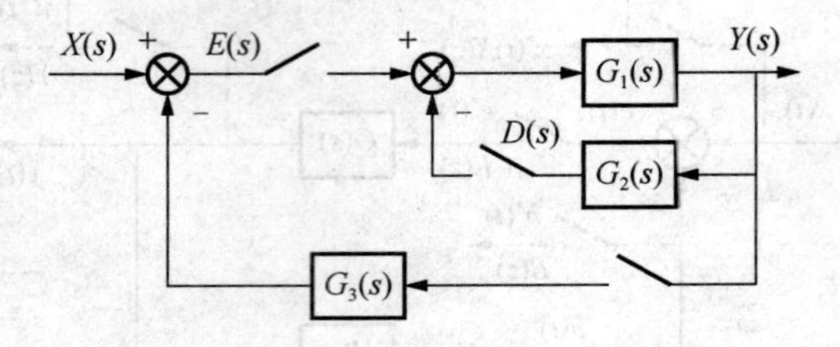

图 7.11　采样系统输出 $Y(z)$图

解　由于 $E(z)=X(z)-Y(z)G_3(z)$，而 $D(z)=E(z)G_1(z)G_2(z)-D(z)G_1(z)G_2(z)$，因此

$$D(z)=\frac{G_1(z)G_2(z)}{1+G_1(z)G_2(z)}E(z)$$

$$Y(z)=E(z)G_1(z)-D(z)G_1(z)=\frac{G_1(z)}{1+G_1(z)G_2(z)}E(z)$$

所以

$$Y(z)=\frac{G_1(z)X(z)}{1+G_1(z)G_2(z)+}-\frac{G_1(z)}{1+G_1(z)G_2(z)}Y(z)G_3(z)$$

即

$$Y(z)=\frac{G_1(z)X(z)}{1+G_1(z)G_2(z)+G_1(z)G_3(z)}$$

7.5　线性离散系统的稳定性分析

线性连续系统稳定的充要条件是系统特征方程的所有根全部位于[s]平面虚轴的左半部分，即特征根全都具有负实部。本节介绍在[z]平面上分析线性离散控制系统稳定性的方法。

7.5.1　[s]平面与[z]平面的映射关系

由 Z 变换的定义知

$$z=\mathrm{e}^{sT}$$

设

$$s=\sigma+\mathrm{j}\omega$$

则

$$z=\mathrm{e}^{(\sigma+\mathrm{j}\omega)T}=\mathrm{e}^{\sigma T}\cdot\mathrm{e}^{\mathrm{j}\omega T}$$

依据复数运算原则，z 的模是

$$|z|=\mathrm{e}^{\sigma T}\tag{7-44}$$

z 的辐角是

$$\angle z=\omega T\tag{7-45}$$

由式（7-44）可以找到σ与$|z|$存在的关系，即

$$\begin{cases}\sigma > 0, & |z| > 1 \\ \sigma = 0, & |z| = 1 \\ \sigma < 0, & |z| < 1\end{cases} \tag{7-46}$$

如图 7.12 所示，对于[s]平面的虚轴，复变量[s]的实部 $\sigma = 0$ 、当虚部 ω 从 $-\infty$ 变化到 $+\infty$ 时，[s]平面的虚轴在[z]平面映射成若干个单位圆；对于[s]平面左半部分，即 $\sigma < 0$ ，当 ω 由 $-\infty$ 变化到 $+\infty$ 时，映射在[z]平面的单位圆内；而对于[s]平面右半部分，即 $\sigma > 0$ ，当 ω 由 $-\infty$ 变化到 $+\infty$ 时，映射在[z]平面的单位圆外。

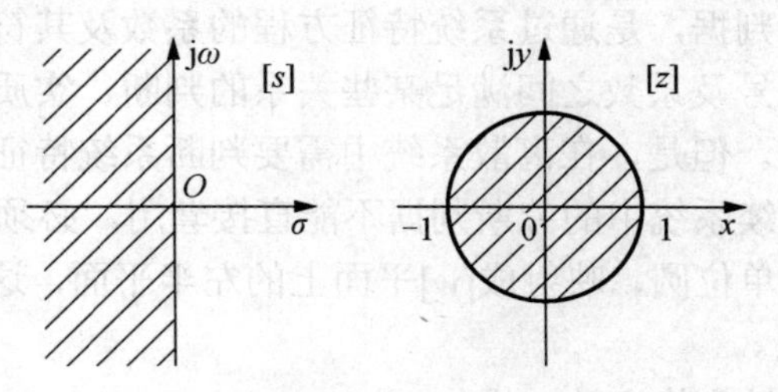

图 7.12　[s]平面与[z]平面的关系

7.5.2　线性离散控制系统稳定的充要条件

线性数字控制系统的闭环脉冲传递函数为

$$\frac{Y(z)}{X(z)} = \frac{G(z)}{1 + G(z)H(z)}$$

由上式求得闭环系统的特征方程为

$$1 + G(z)H(z) = 0 \tag{7-47}$$

设闭环系统的特征根或闭环脉冲传递函数的极点为 $z_1, z_2, \cdots, z_n$ ，则线性离散控制系统的充要条件是：线性离散控制系统的全部特征根 $z_i (i = 1, 2, \cdots, n)$ 均需分布在[z]平面的单位圆内，或特征根的模必须小于 1，即 $|z_i| < 1 (i = 1, 2, \cdots, n)$ 。如果上述特征根有位于单位圆之外的情况，则闭环系统不稳定。

【例 7-9】线性离散系统的方块图如图 7.13 所示，判断该系统的稳定性。

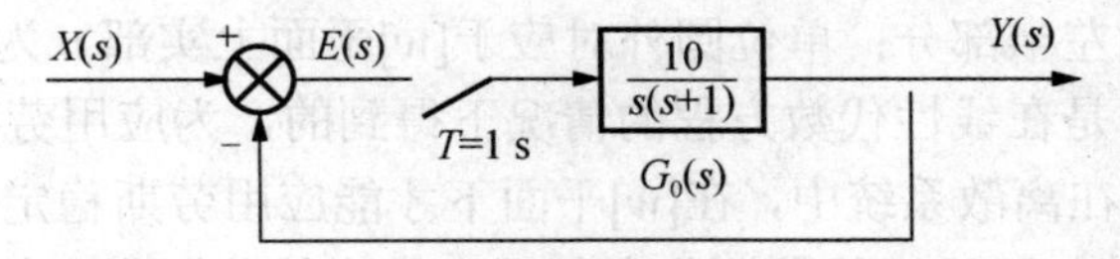

图 7.13　例 7-9 线性离散系统的方块图

解　将 $G_0(s)$ 写成部分分式为

$$G_0(s) = \frac{10}{s(s+1)} = 10\left(\frac{1}{s} - \frac{1}{s+1}\right)$$

则

$$G_0(z) = Z[G_0(s)] = 10Z\left(\frac{1}{s} - \frac{1}{s+1}\right) = 10\left(\frac{z}{z-1} - \frac{z}{z-\mathrm{e}^{-1}}\right) = \frac{10z(1-\mathrm{e}^{-1})}{(z-1)(z-\mathrm{e}^{-1})}$$

系统闭环的脉冲传递函数为

$$\frac{Y(z)}{X(z)}=\frac{10z(1-\mathrm{e}^{-1})}{z^2+4.952z+0.368}$$

解得特征根为$z_1\approx-0.076$，$z_2\approx-4.876$。

因为有一个根的模大于1，所以该线性离散系统不稳定。

7.5.3 推广的劳斯稳定判据

连续系统的劳斯稳定判据，是通过系统特征方程的系数及其符号来判别系统稳定性的。这种对特征方程系数和符号及系数之间满足某些关系的判断，实质是判断系统特征方程的根是否都在[s]平面左半部分。但是，在离散系统中需要判断系统特征方程的根是否都在[z]平面上的单位圆内。因此，连续系统中的劳斯判据不能直接套用，必须引入另一种 z 域到 w 域的线性变换，使[z]平面上的单位圆，映射成[w]平面上的左半平面，这种新的坐标变换，称为双线性变换，或称为 w 变换。

根据复变函数的双线性变换方法，设

$$z=\frac{w+1}{w-1}$$

则

$$w=\frac{z+1}{z-1} \tag{7-48}$$

式中：z 和 w 均为复变量，

$$z=x+\mathrm{j}y,\quad w=u+\mathrm{j}v$$

将以上两式代入式（7-48），可得

$$w=u+\mathrm{j}v=\frac{\left(x^2+y^2\right)-1}{(x-1)^2+y^2}-\mathrm{j}\frac{2y}{(x-1)^2+y^2}$$

对于[w]平面上的虚轴，实部$u=0$，即

$$x^2+y^2-1=0$$

这就是[z]平面上以坐标原点为圆心的单位圆的方程。单位圆内$x^2+y^2<1$，对应于[w]平面实部 u 为负数的虚轴左半部分；单位圆外对应于[w]平面上实部 u 为正数的虚轴右半部分。

因为劳斯稳定判据是在线性代数方程的情况下得到的，为应用劳斯稳定判据，必须找其对应的线性代数方程。在离散系统中，在[w]平面下才能应用劳斯稳定判据。为了区别[s]平面下的劳斯稳定判据，称[w]平面下的劳斯稳定判据为推广的劳斯稳定判据。

【例 7-10】应用劳斯稳定判据分析如图 7.14 所示线性离散系统的稳定性。

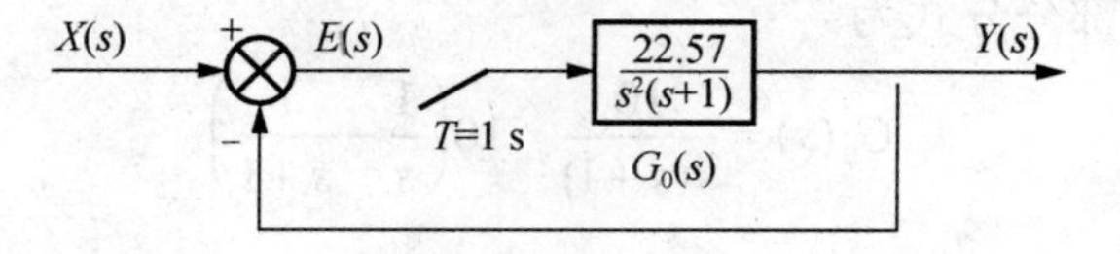

图 7.14　例 7-10 线性离散系统

解

$$G_0(z)=\frac{22.57[(T-1+\mathrm{e}^{-T})z+(1-\mathrm{e}^{-T}-T\mathrm{e}^{-T})]z}{(z-1)^2(z-\mathrm{e}^{-T})}=\frac{22.57(0.368z+0.264)z}{(z-1)^2(z-0.368)}$$

系统的特征方程为

$$z^3+5.94z^2+7.7z-0.368=0$$

将$z=\frac{w+1}{w-1}$代入上式得

$$\left(\frac{w+1}{w-1}\right)^3+5.94\left(\frac{w+1}{w-1}\right)^2+7.7\left(\frac{w+1}{w-1}\right)-0.368=0$$

进一步整理得

$$14.27w^3+2.34w^2-11.74w+3.13=0$$

列劳斯计算表

w^3	14.27	−11.74
w^2	2.34	3.13
w	−30.83	0
w^0	3.13	

由于第一列符号改变两次，所以特征方程在[w]平面右半部分有两个根，它相应于[z]平面单位圆外，故本系统不稳定。

7.6　线性离散系统的时域分析

7.6.1　[z]平面上极点的位置与系统的时间响应

离散系统闭环脉冲传递函数的极点在[z]平面上单位圆内的分布，对系统的动态响应具有重要的影响，对分析和设计离散系统都是有指导意义的。

设闭环脉冲传递函数

$$\Phi(z)=\frac{b_0z^m+b_1z^{m-1}+\cdots+b_m}{a_0z^n+b_1z^{n-1}+\cdots+b_n}=\frac{b_0}{a_0}\frac{\prod_{i=1}^{m}(z-z_i)}{\prod_{k=1}^{n}(z-p_k)}\quad(m\leqslant n)$$

式中：z_i (i=1,2,⋯,m)表示 $\Phi(z)$的零点；p_k（k=1,2,⋯,n）表示 $\Phi(z)$的极点，它们既可以是实数，也可以是共轭复数。

如果离散系统稳定，则所有闭环极点均位于[z]平面上的单位圆内，有$|p_k|<1$。为了便于讨论，假定 $\Phi(z)$无重极点，这不失一般性。

当 $x(t)=1(t)$时，离散系统输出的 z 变换为

$$Y(z)=\Phi(z)X(z)=\frac{M(z)}{D(z)}\cdot\frac{z}{z-1}$$

将 $Y(z)/z$ 展开成部分分式，有

$$\frac{Y(z)}{z}=\frac{M(1)}{D(1)}\cdot\frac{1}{z-1}+\sum_{k=1}^{n}\frac{c_k}{z-p_k}$$

式中：常数 $c_k=\left.\frac{M(p_k)}{(p_k-1)}\right|_{z=p_k}$；$\dot{D}(p_k)=\left.\frac{\mathrm{d}D(z)}{\mathrm{d}z}\right|_{z=p_k}$。

于是有

$$Y(z)=\frac{M(1)}{D(1)}\cdot\frac{z}{z-1}+\sum_{k=1}^{n}\frac{c_k z}{z-p_k} \tag{7-49}$$

在式（7-49）中，等号右端第一项的 Z 反变换为 $M(1)/D(1)$，是 $y^*(t)$ 的稳态分量，若其值为 1，则单位反馈离散系统在单位阶跃输入作用下的稳态误差为 0；第二项的 Z 反变换为 $y^*(t)$ 的瞬态分量。根据 p_k 在单位圆内的位置，可以确定 $y^*(t)$ 的动态响应形式。

7.6.2 线性离散系统的响应过程

应用 Z 变换方法分析线性离散控制系统，需根据其闭环脉冲传递函数 $Y(z)/X(z)$，通过给定输入信号的 Z 变换 $X(z)$，求取被控制信号的 Z 变换 $Y(z)$，最后经 Z 反变换求取被控制信号的脉冲序列 $y^*(t)$。$y^*(t)$ 代表线性离散控制系统对给定输入信号的响应过程。

基于最大超调量 σ_{p}、调整时间 $t_{\mathrm{s}}=\lambda T$（$\lambda>0$ 的整数，T 为采样周期）及稳态误差等各项性能指标，根据线性离散控制系统的响应过程 $y^*(t)$ 便可分析系统的动态性能与稳态性能。

【例 7-11】试应用 Z 变换方法分析图 7.15 所示线性离散控制系统。已知 $x(t)=1(t)$及参数 $k=1$，$a=1$ 及采样周期 $T=1\mathrm{s}$。

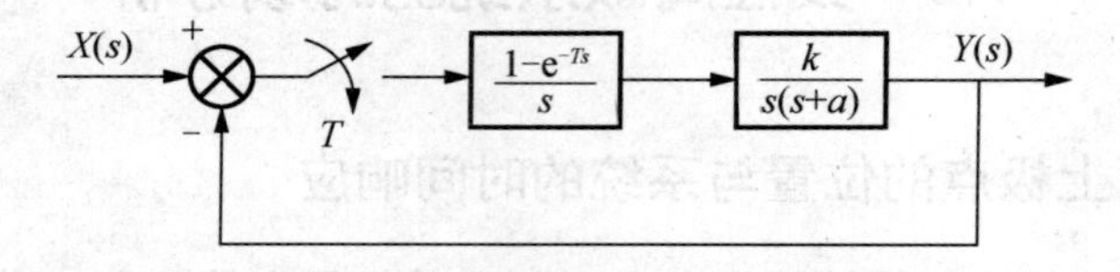

图 7.15 例 7-11 线性离散控制系统

解 求给定系统的开环脉冲传递函数为

$$G(z)=\frac{k[(aT-1+\mathrm{e}^{-aT})z+(1-\mathrm{e}^{-aT}-aT\mathrm{e}^{-aT})]}{a^2(z-1)(z-\mathrm{e}^{-aT})} \tag{7-50}$$

将式（7-50）代入 $\frac{E(z)}{X(z)}=\frac{1}{1+G(z)}$，并将已知参数 $k=1$，$a=1$ 及采样周期 $T=1\ \mathrm{s}$ 代入得闭环脉冲传递函数 $E(z)/X(z)$、$Y(z)/X(z)$的表达式分别为

$$\frac{E(z)}{X(z)}=\frac{z^2-1.368z+0.368}{z^2-z+0.632}$$

$$\frac{Y(z)}{X(z)}=\frac{0.368z+0.264}{z^2-z+0.632}$$

求给定系统在 $x(t)=1(t)$作用下的单位阶跃响应。为此，将 $X(z)=\frac{z}{z-1}$ 代入上式闭环脉冲传递函数 $Y(z)/X(z)$，求得被控制信号的 Z 变换为

$$Y(z)=\frac{0.368z^2+0.264z}{z^3-2z^2+1.632z-0.632}$$

通过长除法，将 $Y(z)$展成无穷级数形式，即

$$\begin{aligned}Y(z)=&0.368z^{-1}+z^{-2}+1.4z^{-3}+1.4z^{-4}+1.147z^{-5}+0.895z^{-6}+0.802z^{-7}+0.868z^{-8}+0.993z^{-9}\\&+1.077z^{-10}+1.081z^{-11}+1.032z^{-12}+0.981z^{-13}+0.961z^{-14}+0.973z^{-15}+0.997z^{-16}\\&+1.015z^{-17}+1.017z^{-18}+1.0072z^{-19}+0.996z^{-20}+\cdots\end{aligned}$$

由上式求得被控制信号 $y(t)$在各采样时刻上的函数值 $y(nT)(n=0,1,2,\cdots)$为

$$\begin{array}{lll}y(0)=0 & y(7T)=0.802 & y(14T)=0.961\\ y(T)=0.368 & y(8T)=0.868 & y(15T)=0.973\\ y(2T)=1 & y(9T)=0.993 & y(16T)=0.997\\ y(3T)=1.4 & y(10T)=1.077 & y(17T)=1.015\\ y(4T)=1.4 & y(11T)=1.081 & y(18T)=1.017\\ y(5T)=1.147 & y(12T)=1.032 & y(19T)=1.0072\\ y(6T)=0.895 & y(13T)=0.981 & y(20T)=0.996\\ & \cdots & \end{array}$$

根据上列 $y(nT)(n=0,1,2,\cdots)$数值绘制给定线性数字控制系统的单位阶跃响应 $y^*(t)$，如图 7.16 所示。

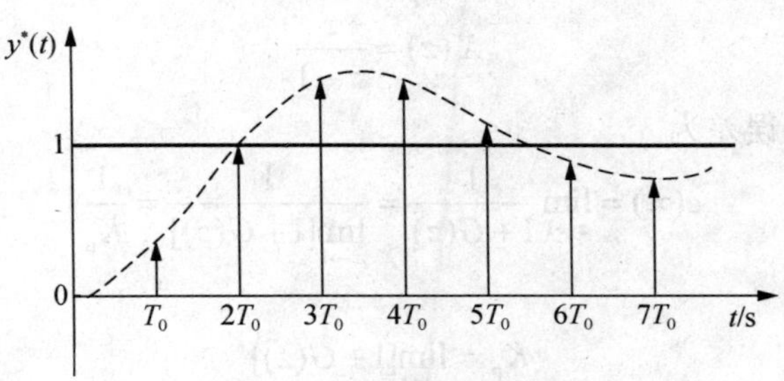

图 7.16　系统输出脉冲序列

7.6.3　线性离散系统的稳态误差

线性离散控制系统稳态误差的计算方法有两种：一种方法是应用 Z 变换终值定理来计算，所得到的稳态误差是 $t\to\infty$ 时的稳态误差值，即稳态误差的终值，故也称为终值误差；另一种方法是应用误差脉冲传递函数获得动态误差系数，进而得到稳态误差，与终值误差不同，它是从 $t=t_s$ 开始计时，误差变量对于时间 t 的函数，它代表在 $t\geqslant t_s$ 的稳态情况下，稳态误差的变化过程，其中也包括不随时间变化的恒值过程。下面介绍单位反馈线性离散系统在典型输入作用下的终值误差。

设线性离散控制系统结构如图 7.17 所示，其中，$G(s)$为连续部分传递函数。

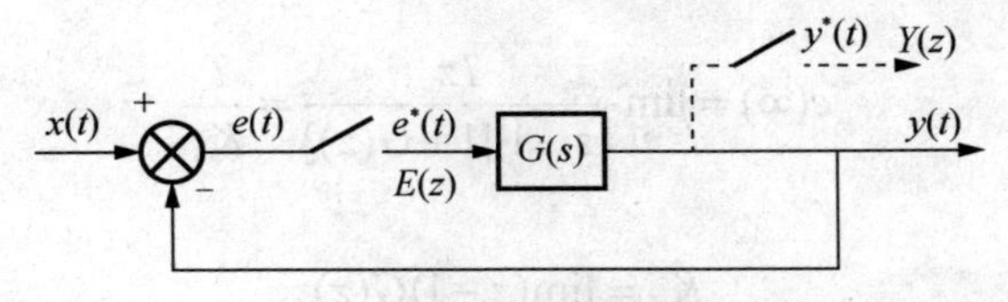

图 7.17　线性离散控制系统结构

由图 7.17 系统的结构可得，系统在输入作用下的误差脉冲传递函数为

$$\Phi_e(z)=\frac{E(z)}{X(z)}=\frac{1}{1+G(z)}$$

所以

$$E(z)=\frac{1}{1+G(z)}X(z)$$

设系统稳定，即 $\frac{1}{1+G(z)}$ 的全部极点都在 z 平面的单位圆内。应用 Z 变换的终值定理，可得系统的稳态误差为

$$e(\infty)=\lim_{z\to1}(z-1)E(z)=\lim_{z\to1}(z-1)\cdot\frac{1}{1+G(z)}\cdot X(z) \tag{7-51}$$

为与连续系统对应，将 $G(z)$中有 v 个 z=1 的极点的系统称之为 v 型系统，即当 $v=0,1,2$ 时，对应的系统分别称为 0 型、Ⅰ型、Ⅱ型系统。下面讨论图 7.18 所示的不同型别的离散系统在 3 种典型输入信号作用下的稳态误差。

1. 单位阶跃输入时的稳态误差

当系统输入是单位阶跃函数 $x(t)=1(t)$时，其 Z 变换函数为

$$X(z)=\frac{z}{z-1}$$

由式（7-51）知，稳态误差为

$$e(\infty)=\lim_{z\to1}\frac{1}{1+G(z)}=\frac{1}{\lim\limits_{z\to1}[1+G(z)]}=\frac{1}{K_p}$$

式中：

$$K_p=\lim_{z\to1}[1+G(z)]$$

称为静态位置误差系数。

上式代表离散系统在采样瞬间的终值位置误差。若 $G(z)$没有 z=1 的极点，则 $K_p\neq\infty$，从而使 $e(\infty)\neq0$，这样的系统称为 0 型离散系统；若 $G(z)$有一个或一个以上 z=1 的极点，则 $K_p=\infty$，从而使 $e(\infty)=0$，这样的系统相应称为Ⅰ型或Ⅰ型以上的离散系统。

2. 单位速度输入时的稳态误差

当系统输入是单位速度函数 $x(t)=t$ 时，其 Z 变换函数

$$X(z)=\frac{Tz}{(z-1)^2}$$

所以系统稳态误差为

$$e(\infty)=\lim_{z\to1}\frac{Tz}{(z-1)[1+G(z)]}=\frac{T}{K_v}$$

式中：

$$K_v=\lim_{z\to1}(z-1)G(z)$$

称为静态速度误差系数。

上式也是离散系统在采样瞬间的终值位置误差，可以仿照连续系统，称之为速度误差。

3. 单位加速度输入时的稳态误差

当系统输入为单位加速度函数 $t^2/2$ 时，其 Z 变换函数为

$$X(z)=\frac{T^2z(z+1)}{2(z-1)^3}$$

因而稳态误差为

$$e(\infty)=\lim_{z\to 1}\frac{T^2z(z+1)}{2(z-1)^2[1+G(z)]}=\frac{T^2}{K_a}$$

式中：

$$K_a=\lim_{z\to 1}(z-1)^2G(z)$$

称为静态加速度误差系数。

上式也是系统的终值位置误差，并称为加速度误差。

习　题

7-1　求下列函数的 Z 变换。

（1）$e(t)=a^n$；　　　　（2）$e(t)=\frac{1}{3!}t^3$。

7-2　求下列函数的 Z 反变换。

（1）$E(z)=\frac{10z}{(z-1)(z-2)}$；　　　　（2）$E(z)=\frac{-3+z^{-1}}{1-2z^{-1}+z^{-2}}$。

7-3　设开环离散系统如图题 7-3 所示。试求开环脉冲传递函数 $G(z)$。

图题 7-3　开环离散系统

第 8 章

线性控制系统的状态空间法

前面介绍的都是基于输入–输出模型的分析与设计方法，本章介绍基于状态空间模型的分析与设计方法。由于状态空间模型描述了系统内部状态和系统输入、输出之间的关系，因此，状态空间分析与设计方法能够比基于输入–输出模型的方法更深入地揭示系统的动态特性，能够实现最优控制。

8.1 状态空间的基本概念

考虑如图 8.1 所示的动力学系统，外力 $F(t)$作用在质量 m 上，摩擦力忽略不计。$x(t)$是位移，$v(t)$是速度。

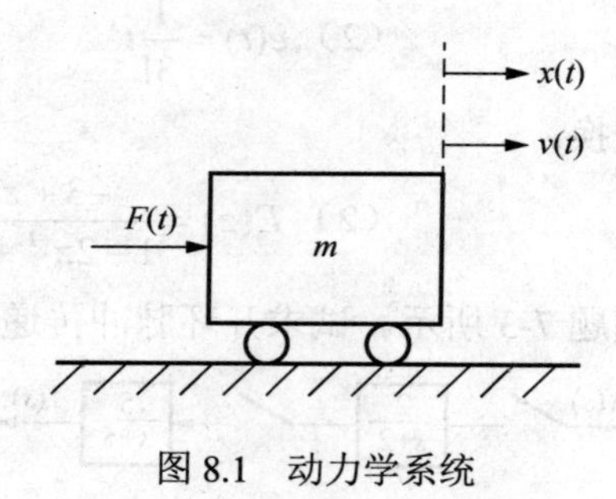

图 8.1 动力学系统

设位移 $x(t)$为输出量。利用牛顿定律不难建立起系统的输入–输出关系。然而，仅靠系统的输入量和输出量，并不能唯一地确定该系统的动态行为，因为对于该系统有

$$F(t)=m\frac{\mathrm{d}v}{\mathrm{d}t}\ ,\quad v(t)=\frac{\mathrm{d}x}{\mathrm{d}t}$$

对上述两式积分得

$$v(t)=\frac{1}{m}\int_{-\infty}^{t}F(t)\mathrm{d}t=\frac{1}{m}\int_{-\infty}^{t_0}F(t)\mathrm{d}t+\frac{1}{m}\int_{t_0}^{t}F(t)\mathrm{d}t=v(t_0)+\frac{1}{m}\int_{t_0}^{t}F(t)\mathrm{d}t \tag{8-1}$$

$$\begin{aligned}x(t)&=\int_{-\infty}^{t}v(t)\mathrm{d}t=\int_{-\infty}^{t_0}v(t)\mathrm{d}t+\int_{t_0}^{t}v(t)\mathrm{d}t\\&=x(t_0)+(t-t_0)v(t_0)+\frac{1}{m}\int_{t_0}^{t}\int_{t_0}^{\tau}F(\tau)\mathrm{d}\tau\mathrm{d}t\end{aligned} \tag{8-2}$$

由此可见，只有给定了初始速度 $v(t_0)$、初始位移 $x(t_0)$及从 $t=t_0$ 时刻开始的输入量 $F(t)$，才能唯一地确定质量 m 在任意时刻的位移和速度。对于该系统而言，速度和位移称为系统的状态。

动力学系统的状态是描述系统的最小一组变量（统称为状态变量），只要已知在 $t=t_0$ 时刻的该组变量值和 $t \geqslant t_0$ 时刻的输入，便能够完全确定在 $t \geqslant t_0$ 任意时刻的系统的行为。

通常将系统的一组状态写成列向量形式：$\boldsymbol{x}(t)=[x_1(t),x_2(t),\cdots,x_n(t)]^{\mathrm{T}}$，$\boldsymbol{x}(t)$称为系统的状态向量。所有 n 维状态向量的全体便构成了实数域上的 n 维状态空间。在这个空间中，时间 t 是一个参变量。某一时刻 t 下的状态是空间中的一个点，而一段时间下状态的集合称为系统在这一时间段的状态轨迹，有时也称作相轨迹。

同样，也可以将系统的各个输入量看成一个列向量，$\boldsymbol{u}(t)=[u_1(t),u_2(t),\cdots,u_m(t)]^{\mathrm{T}}$，$\boldsymbol{u}(t)$称为输入向量。将系统的各个输出量也看成一个列向量，$\boldsymbol{y}(t)=[y_1(t),y_2(t),\cdots,y_l(t)]^{\mathrm{T}}$，$\boldsymbol{y}(t)$称为输出向量。对一个系统而言，$n$、$m$、$l$ 可以不相同。

对于线性定常系统，状态方程是一组一阶线性微分方程

$$\begin{cases} \dot{x}_1 = a_{11}x_1 + \cdots + a_{1n}x_n + b_{11}u_1 + \cdots + b_{1m}u_m \\ \dot{x}_2 = a_{21}x_1 + \cdots + a_{2n}x_n + b_{21}u_1 + \cdots + b_{2m}u_m \\ \qquad\vdots \\ \dot{x}_n = a_{n1}x_1 + \cdots + a_{nn}x_n + b_{n1}u_1 + \cdots + b_{nm}u_m \end{cases} \tag{8-3}$$

式中：$a_{ij}(i=1,2,\cdots,n;\ j=1,2,\cdots,m)$和 $b_{ij}(i=1,2,\cdots,n;\ j=1,2,\cdots,m)$均是常数。

通常将式（8-3）写成向量矩阵形式，即

$$\dot{\boldsymbol{x}}(t)=\boldsymbol{A}\boldsymbol{x}(t)+\boldsymbol{B}\boldsymbol{u}(t) \tag{8-4}$$

式中：$\boldsymbol{x}(t)$是 n 维状态向量；$\boldsymbol{u}(t)$是 m 维输入向量；$\boldsymbol{A}$ 是 $n \times n$ 维方阵；$\boldsymbol{B}$ 是 $n \times m$ 维矩阵。

$$\boldsymbol{A}=\begin{bmatrix} a_{11} & a_{12} & \cdots & a_{1n} \\ a_{21} & a_{22} & \cdots & a_{2n} \\ \vdots & \vdots & & \vdots \\ a_{n1} & a_{n2} & \cdots & a_{nn} \end{bmatrix}$$

$$\boldsymbol{B}=\begin{bmatrix} b_{11} & b_{12} & \cdots & b_{1m} \\ b_{21} & b_{22} & \cdots & b_{2m} \\ \vdots & \vdots & & \vdots \\ b_{n1} & b_{n2} & \cdots & b_{nm} \end{bmatrix}$$

输出方程是描述系统输出量与状态和输入量之间相互关系的代数方程，即

$$\begin{cases} y_1 = g_1(x_1,\cdots,x_n;u_1,\cdots,u_m) \\ \qquad\vdots \\ y_l = g_l(x_1,\cdots,x_n;u_1,\cdots,u_m) \end{cases} \tag{8-5}$$

通常也将式（8-5）写成向量形式，即

$$\boldsymbol{y}(t)=\boldsymbol{g}(x(t),\boldsymbol{u}(t)) \tag{8-6}$$

式中：$\boldsymbol{y}(t)$是 l 维输出向量；$\boldsymbol{g}(\cdot)=[g_1(\cdot),\ldots,g_l(\cdot)]^{\mathrm{T}}$ 是 l 维函数向量。

对于线性定常系统，输出量是状态变量和输入量的线性组合，即

$$\begin{cases} y_1 = c_{11}x_1 + \cdots + c_{1n}x_n + d_{11}u_1 + \cdots + d_{1m}u_m \\ y_2 = c_{21}x_1 + \cdots + c_{2n}x_n + d_{21}u_1 + \cdots + d_{2m}u_m \\ \vdots \\ y_l = c_{l1}x_1 + \cdots + c_{ln}x_n + d_{l1}u_1 + \cdots + d_{lm}u_m \end{cases} \tag{8-7}$$

式中：c_{ij} 和 d_{ij} 均是常数。

式（8-7）也可以写成向量矩阵形式，即

$$\boldsymbol{y}(t) = \boldsymbol{Cx}(t) + \boldsymbol{Du}(t) \tag{8-8}$$

式中：$\boldsymbol{C}$ 和 $\boldsymbol{D}$ 分别是 $l \times n$ 维和 $l \times m$ 维的矩阵。

$$\boldsymbol{C} = \begin{bmatrix} c_{11} & c_{12} & \cdots & c_{1n} \\ c_{21} & c_{22} & \cdots & c_{2n} \\ \vdots & \vdots & & \vdots \\ c_{l1} & c_{l2} & \cdots & c_{ln} \end{bmatrix}$$

$$\boldsymbol{D} = \begin{bmatrix} d_{11} & d_{12} & \cdots & d_{1m} \\ d_{21} & d_{22} & \cdots & d_{2m} \\ \vdots & \vdots & & \vdots \\ d_{l1} & d_{l2} & \cdots & d_{lm} \end{bmatrix}$$

将状态方程（8-4）和输出方程（8-8）合在一起，即

$$\begin{cases} \dot{\boldsymbol{x}}(t) = \boldsymbol{Ax}(t) + \boldsymbol{Bu}(t) \\ \boldsymbol{y}(t) = \boldsymbol{Cx}(t) + \boldsymbol{Du}(t) \end{cases} \tag{8-9}$$

式（8-9）称为线性定常系统的状态空间模型。引入状态空间模型的一个好处是可以方便地描述多输入多输出系统，另一个好处是可以运用线性空间中的运算方便地推导线性系统的一些性质，并用计算机直接在时域中进行数值计算。显然，系统的状态空间模型式（8-9）由矩阵 $\boldsymbol{A}$、$\boldsymbol{B}$、$\boldsymbol{C}$、$\boldsymbol{D}$ 唯一确定，因此可简记为 $\sum(\boldsymbol{A},\boldsymbol{B},\boldsymbol{C},\boldsymbol{D})$ 或写成一个大矩阵的形式 $\begin{bmatrix} \boldsymbol{A} & \boldsymbol{B} \\ \boldsymbol{C} & \boldsymbol{D} \end{bmatrix}$。

8.2 状态空间模型与输入-输出模型间的关系

8.2.1 由状态空间模型推导输入-输出模型

设系统状态空间模型为

$$\begin{cases} \dot{x}(t) = \boldsymbol{Ax}(t) + \boldsymbol{Bu}(t) \\ \boldsymbol{y}(t) = \boldsymbol{Cx}(t) + \boldsymbol{Du}(t) \end{cases}$$

并假设 $\boldsymbol{x}(0)=\boldsymbol{0}$。对上面等式的两端进行拉氏变换，可得

$$\begin{cases} s\boldsymbol{X}(s) = \boldsymbol{AX}(s) + \boldsymbol{BU}(s) \\ \boldsymbol{Y}(s) = \boldsymbol{CX}(s) + \boldsymbol{DU}(s) \end{cases}$$

于是得到系统的传递函数矩阵为

$$\boldsymbol{G}(s)=\frac{\boldsymbol{Y}(s)}{\boldsymbol{U}(s)}=\boldsymbol{C}(s\boldsymbol{I}-\boldsymbol{A})^{-1}\boldsymbol{B}+\boldsymbol{D}=\boldsymbol{C}\frac{\operatorname{adj}(s\boldsymbol{I}-\boldsymbol{A})}{|s\boldsymbol{I}-\boldsymbol{A}|}\boldsymbol{B}+\boldsymbol{D} \tag{8-10}$$

令传递函数矩阵 $\boldsymbol{G}(s)$ 的分母为 0，则得到系统的特征方程为

$$|s\boldsymbol{I}-\boldsymbol{A}|=0$$

【例 8-1】 如图 8.2 所示的 RLC 网络，其一种状态变量模型为

$$\begin{cases}\begin{bmatrix}\dot{x}_1\\ \dot{x}_2\end{bmatrix}=\begin{bmatrix}0 & \dfrac{1}{C}\\ -\dfrac{1}{L} & -\dfrac{R}{L}\end{bmatrix}\begin{bmatrix}x_1\\ x_2\end{bmatrix}+\begin{bmatrix}0\\ \dfrac{1}{L}\end{bmatrix}u_{\mathrm{i}}(t)\\ u_{\mathrm{o}}(t)=\begin{bmatrix}1 & 0\end{bmatrix}\begin{bmatrix}x_1\\ x_2\end{bmatrix}\end{cases}$$

求该电路系统的输入-输出传递函数。

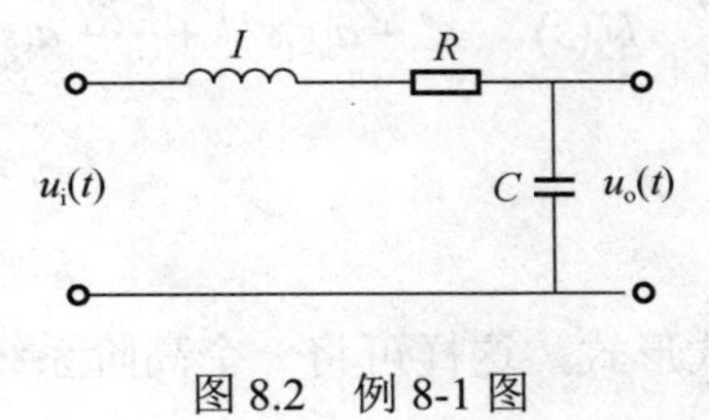

图 8.2　例 8-1 图

解　因为

$$[s\boldsymbol{I}-\boldsymbol{A}]=\begin{bmatrix}s & -\dfrac{1}{C}\\ \dfrac{1}{L} & s+\dfrac{R}{L}\end{bmatrix}$$

所以可得

$$[s\boldsymbol{I}-\boldsymbol{A}]^{-1}=\begin{bmatrix}s+\dfrac{R}{L} & \dfrac{1}{C}\\ -\dfrac{1}{L} & s\end{bmatrix}$$

其中该系统的特征多项式为

$$\Delta(s)=|s\boldsymbol{I}-\boldsymbol{A}|=s^2+\frac{R}{L}s+\frac{1}{LC}$$

因此，该系统的输入-输出传递函数模型为

$$G(s)=C(s\boldsymbol{I}-\boldsymbol{A})^{-1}\boldsymbol{B}+\boldsymbol{D}=[1\quad 0]\begin{bmatrix}\dfrac{s+\dfrac{R}{L}}{\Delta(s)} & \dfrac{1}{C\Delta(s)}\\ -\dfrac{1}{L\Delta(s)} & \dfrac{s}{\Delta(s)}\end{bmatrix}\begin{bmatrix}0\\ \dfrac{1}{L}\end{bmatrix}=\frac{\dfrac{1}{LC}}{\Delta(s)}$$

$$=\frac{\dfrac{1}{LC}}{s^2+\dfrac{R}{L}s+\dfrac{1}{LC}}=\frac{1}{LCs^2+RCs+1}$$

进一步得到该电路系统的输入-输出微分方程模型为

$$LC\frac{\mathrm{d}^2u_o(t)}{\mathrm{d}t^2}+RC\frac{\mathrm{d}u_o(t)}{\mathrm{d}t}+u_o(t)=u_i(t)$$

8.2.2 由输入-输出模型转换为状态变量模型

输入-输出模型指 SISO 线性定常系统的传递函数和微分方程模型，由输入-输出模型转换为状态变量模型的过程称为“实现”。显然，由于状态选取的多样性，系统的实现也不是唯一的，其中维数最低的实现称为该系统的最小实现。

考察某一 n 阶 SISO 线性定常输入-输出传递函数模型

$$G(s)=\frac{Y(s)}{U(s)}=\frac{s^m+b_{m-1}s^{m-1}+\cdots+b_1s+b_0}{s^n+a_{n-1}s^{n-1}+\cdots+a_1s+a_0} \tag{8-11}$$

式中：$n\geqslant m$。

1. 部分分式法

将传递函数分解为部分分式形式，这样可将一个高阶系统看成多个低阶系统的并联，便于建立系统的状态变量模型。

【例 8-2】 考查单极点输入-输出传递函数模型

$$G(s)=\frac{Y(s)}{U(s)}=\frac{30(s+1)}{(s+5)(s+2)(s+3)}$$

求系统的一种状态变量模型。

解 将该系统传递函数用部分分式法分解为

$$G(s)=\frac{Y(s)}{U(s)}=\frac{k_1}{s+5}+\frac{k_2}{s+2}+\frac{k_3}{s+3}$$

利用留数计算公式，得到系数 $k_1=-20$，$k_2=-10$，$k_3=30$。

令该系统的状态量分别为

$$X_1(s)=\frac{1}{s+5}U(s),\quad X_2(s)=\frac{1}{s+2}U(s),\quad X_3(s)=\frac{1}{s+3}U(s)$$

系统的状态变量模型为

$$\begin{aligned}\dot{x}_1&=5x_1+u\\ \dot{x}_2&=5x_2+u\\ \dot{x}_3&=5x_3+u\\ y&=k_1x_1+k_2x_2+k_3x_3\end{aligned}$$

所以该系统的信号流图如图 8.3 所示。

得到该系统的状态变量矩阵模型为

$$\dot{\boldsymbol{x}}=\boldsymbol{A}\boldsymbol{x}+\boldsymbol{B}\boldsymbol{u}=\begin{bmatrix}-5&0&0\\0&-2&0\\0&0&-3\end{bmatrix}\boldsymbol{x}+\begin{bmatrix}1\\1\\1\end{bmatrix}\boldsymbol{u}$$

$$\boldsymbol{y}=\boldsymbol{C}\boldsymbol{x}=\begin{bmatrix}-20&-10&30\end{bmatrix}\boldsymbol{x}$$

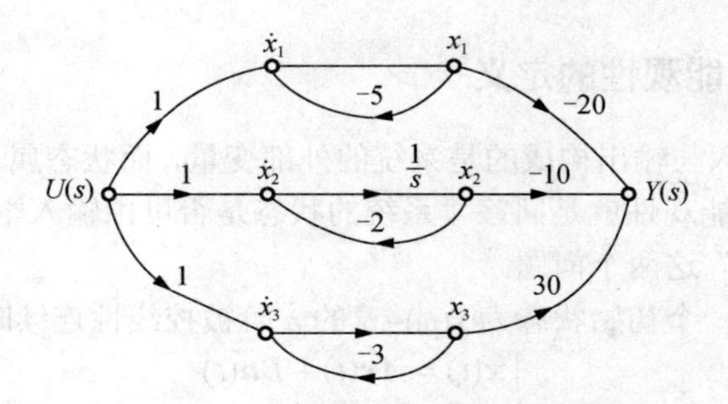

图 8.3　例 8-2 系统的一种信号流图实现

2. 串联分解实现法

如果研究的系统本身就是由一些低阶系统的串联构成，或将传递函数分解为因子相乘的形式，可将一个高阶系统看成多个低阶系统的串联，便于建立系统的状态变量模型。

【8-3】如图 8.4 所示为某一控制系统，求系统的一种串联分解实现。

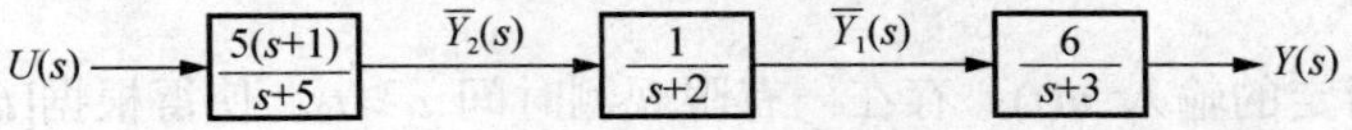

$U(s)$ → $\frac{5(s+1)}{s+5}$ → $\overline{Y}_2(s)$ → $\frac{1}{s+2}$ → $\overline{Y}_1(s)$ → $\frac{6}{s+3}$ → $Y(s)$

图 8.4　例 8-3 系统结构图

解　由于系统

$$G(s)=\frac{Y(s)}{U(s)}=\frac{30(s+1)}{(s+5)(s+2)(s+3)}$$

是由 3 个一阶环节

$$\frac{5(s+1)}{s+5}=\frac{5+5s^{-1}}{1+5s^{-1}}，\quad \frac{1}{s+2}，\quad \frac{6}{s+3}$$

串联构成，因此很容易得到该系统的一种信号流图实现，如图 8.5 所示。

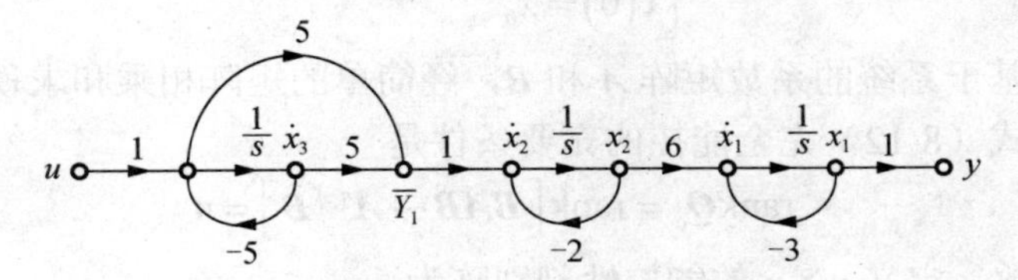

图 8.5　例 8-3 系统的一种信号流图实现

8.3　控制系统的能控性和能观性

能控性和能观性是现代控制理论中两个很重要的基础性概念，最优控制和最佳估计都是以它们的存在为条件的，是由卡尔曼于 1960 年首先提出的。现代控制理论是建立在状态变量模型描述系统的基础上的，状态方程是描述由输入和初始状态所引起的状态的变化，而输出方程则是描述由状态变化而引起的输出的变化。

8.3.1 能控性和能观性的定义

考虑一个系统，输入与输出构成的是系统的外部变量，而状态属于反映系统内部的变量。从物理上看，能控性和能观性就是回答“系统的状态是否可由输入影响”和“系统内部的状态能否由输出反映出来”这两个问题。

不失一般性，考查一个初始状态为 $x(t_0)=x_0$ 的 n 阶被控线性连续时变系统：

$$\begin{cases}\boldsymbol{x}(t)=\boldsymbol{A}\boldsymbol{x}(t)+\boldsymbol{B}\boldsymbol{u}(t)\\ \boldsymbol{y}(t)=\boldsymbol{C}\boldsymbol{x}(t)+\boldsymbol{D}\boldsymbol{u}(t)\end{cases}$$

若系统对初始时刻 t_0 存在另一时刻 t_f $(t_f>t_0)$，对 t_0 时刻的初始状态 $x(t_0)$可以找到一个控制输入向量 $\boldsymbol{u}$，能在有限时间(t_f-t_0)内将系统从某一初始状态 $x(t_0)$转移到任意一个指定的最终状态 $x(t_f)$（一般指原点），则称此系统的状态是完全能控的，或简称系统能控。显然能控性只需考虑系统矩阵 $\boldsymbol{A}(t)$和控制矩阵 $\boldsymbol{B}(t)$，即表示为$\sum(\boldsymbol{A}(t),\boldsymbol{B}(t))$的情况。

若系统存在某个状态 $x(t_0)$不满足上述条件，则此系统是状态不能控的系统，或不完全能控的系统。

如果对任意给定的输入 $\boldsymbol{u}(t)$，存在一有限观测时间 $t_f\geqslant t_0$，使得根据$[t_0,t_f]$期间的输出 $\boldsymbol{y}(t)$能唯一地确定系统在初始时刻的状态 $x(t_0)$，则称状态 $x(t_0)$是能观的，若系统的每一个状态都在有限$[t_0,t_f]$内能观测，则称系统是状态完全能观的，或简称系统是能观的。

能观性是通过系统输出 $\boldsymbol{y}(t)$识别状态 $\boldsymbol{x}(t)$的能力，因为 $\boldsymbol{u}(t)$是给定的，不妨设 $\boldsymbol{u}(x)=\boldsymbol{0}$，这样状态的能观性只需考虑系统矩阵 $\boldsymbol{A}(t)$和输出矩阵 $\boldsymbol{C}(t)$，即表示为$\sum(\boldsymbol{A}(t),\boldsymbol{C}(t))$。

8.3.2 线性定常连续系统的能控性判据

考查一个 n 阶线性定常系统

$$\begin{cases}\dot{\boldsymbol{x}}(t)=\boldsymbol{A}\boldsymbol{x}(t)+\boldsymbol{B}\boldsymbol{u}(t)\\ x(0)=x_0\end{cases}\tag{8-12}$$

秩判据是直接基于系统的系数矩阵 $\boldsymbol{A}$ 和 $\boldsymbol{B}$，经简单的矩阵相乘和求秩运算获得的。

线性定常系统式（8-12）完全能控的充要条件是

$$\mathrm{rank}\boldsymbol{Q}_c=\mathrm{rank}\left[\boldsymbol{B}\boldsymbol{A}\boldsymbol{B}\cdots\boldsymbol{A}^{n-1}\boldsymbol{B}\right]=n\tag{8-13}$$

式中：n 为 $\boldsymbol{A}$ 的维数，定义 $n\times n$ 的能控性判别阵为

$$Q_c=\left[\boldsymbol{B}\boldsymbol{A}\boldsymbol{B}\cdots\boldsymbol{A}^{n-1}\boldsymbol{B}\right]\tag{8-14}$$

【例 8-4】考查某一线性定常系统

$$\dot{\boldsymbol{x}}=\begin{bmatrix}1&1&0\\0&1&0\\0&1&1\end{bmatrix}\boldsymbol{x}+\begin{bmatrix}0&1\\1&0\\0&1\end{bmatrix}\begin{bmatrix}u_1\\u_2\end{bmatrix}$$

判断系统的能控性。

解 首先计算能控性矩阵

$$Q_c = \left[BABA^2B \right] = \begin{bmatrix} 0 & 1 & 1 & 1 & 2 & 1 \\ 1 & 0 & 1 & 0 & 1 & 0 \\ 0 & 1 & 1 & 1 & 2 & 1 \end{bmatrix}$$

第 1 行与第 3 行完全相同，于是 $\text{rank}Q_c = 2 < n = 3$，因此该系统是不完全能控的。

8.3.3　线性定常连续系统的能观性判据

考查线性定常系统

$$\begin{cases} \dot{x}(t) = Ax(t) + Bu(t) \\ x(0) = x_0 \\ y(t) = Cx(t) \end{cases} \tag{8-15}$$

式中：$x: n\times 1$；$y: m\times 1$；$A: n\times n$；$C: m\times n$。

为讨论能观性简便，假设控制输入 $u(t)=0$。

线性定常系统式（8-15）为完全能观的充要条件是

$$\text{rank}Q_o = \text{rank}\begin{bmatrix} C \\ CA \\ \vdots \\ CA^{n-1} \end{bmatrix} = n \text{ 或 } \text{rank}\left[C^T \quad A^TC^T \quad \cdots \quad (A^T)^{n-1}C^T \right] = n \tag{8-16}$$

式中：能观性判别矩阵为

$$Q_o = \begin{bmatrix} C \\ CA \\ \vdots \\ CA^{n-1} \end{bmatrix}$$

【例 8-5】 考查线性定常系统的能观性。

$$A = \begin{bmatrix} -4 & 5 \\ 1 & 0 \end{bmatrix}, \quad C = [1 \quad -1]$$

解　因为，$C = [1 \quad -1]$，$CA = [-5 \quad 5]$，于是有能观性矩阵 $Q_o = \begin{bmatrix} C \\ CA \end{bmatrix} = \begin{bmatrix} 1 & -1 \\ -5 & 5 \end{bmatrix}$，而 $\text{rank}Q_o = 1 < 2$，所以该系统的状态是不完全能观的。

习　题

8-1　设系统微分方程为 $\ddot{x} + 3\dot{x} + 2x = u$。式中：$u$ 为输入量；x 为输出量。设取状态变量：$x_1 = x$；$x_2 = \dot{x}$，试列写动态方程。

8-2　已知双输入-双输出系统状态方程和输出方程，写出其向量矩阵形式并画出状态变量图。

$$\dot{x}_1 = x_2 + u_1$$
$$x_2 = x_3 + 2u_1 - u_2$$
$$\dot{x}_{23} = 6x_1 - 11x_2 - 6x_3 + 2u_2$$
$$y_1 = x_1 - x_2$$
$$y_2 = 2x_1 + x_2 - x_3$$

8-3　试判断下列系统的状态可控性。

（1）$\dot{\boldsymbol{x}} = \begin{bmatrix} -2 & 2 & -1 \\ 0 & -2 & 0 \\ 1 & -4 & 0 \end{bmatrix} \boldsymbol{x} + \begin{bmatrix} 0 \\ 0 \\ 1 \end{bmatrix} \boldsymbol{u}$；　（2）$\dot{\boldsymbol{x}} = \begin{bmatrix} 1 & 1 & 0 \\ 0 & 1 & 0 \\ 0 & 1 & 1 \end{bmatrix} \boldsymbol{x} + \begin{bmatrix} 0 \\ 1 \\ 0 \end{bmatrix} \boldsymbol{u}$。

第9章

控制系统设计

控制系统设计是许多动态系统设计过程中的重要部分，如卫星飞行姿态调整、数控机床零件的精密加工、化工生产过程控制等。好的控制系统应该具有如下特征：稳定性好、对系统参数的扰动不敏感、有比较小的稳态误差、能够抑制外界干扰的影响等。如何利用自动控制理论设计一个高性能的控制系统是本章的主要内容。

本章首先介绍了控制系统的设计步骤，然后以数控直线工作台位置控制系统为例，阐明设计的方法和步骤，运用系统时域、频域、z 域的分析设计方法，为其设计多种控制器来满足系统性能要求，针对实际控制系统设计中存在的被控对象精确模型难以获得的问题，简单介绍了运用时域性能指标来辨识系统模型的方法，并介绍了不需要被控对象模型的 PID 控制参数的工程整定方法，从而达到理论联系实际，真正掌握运用自动控制理论知识来解决一个简单系统设计问题的方法。本章所有设计仿真均是基于 MATLAB 软件完成的。

9.1 控制系统设计的步骤

工程上实际控制系统的设计，从任务的提出到最后设计完成是一个不断修改完善的过程，充满了挑战。控制系统最基本的性能要求是稳定、快速、准确，另外还要从经济性、鲁棒性、体积、寿命等方面考虑。控制系统设计的基本流程如图 9.1 所示，首先分析被控对象，确定控制目标和被控变量，选择合适的传感器和执行机构，建立整个控制系统（包括传感器和执行机构）的数学模型，设计合理的控制器使系统满足性能指标要求。

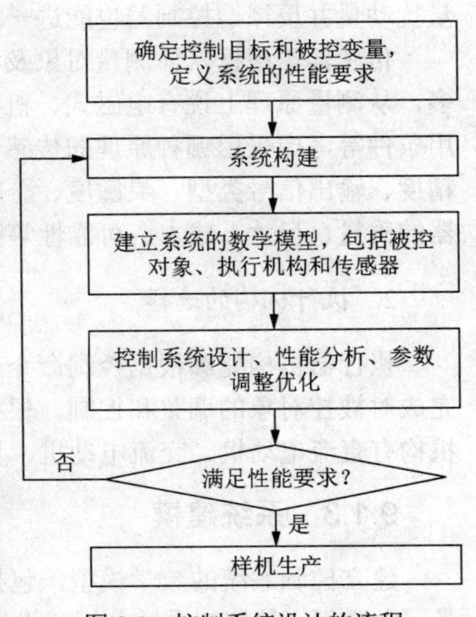

图 9.1　控制系统设计的流程

9.1.1 确定系统的性能指标要求

深入调查研究被控对象，确定控制目标和被控变量，把对系统的性能要求转换成性能指标表示。性能指标是设计控制系统的依据，既可用时域指标来表示，也可以用频域指标来表示。当采用时域指标时，需要给定时域指标的预期值，如最大超调量、峰值时间、调节时间等，另外还需要指定控制系统对典型信号的稳态跟踪误差和对干扰的稳态响应指标。当采用频域性能指标时，需要给定相关频域指标的预期值，如谐振峰值、谐振频率、带宽、相角裕度、幅值裕度等。

性能指标的拟定要有理有据，符合实际生产。设计人员必须经常深入现场参加实践，了解实际使用时的要求，掌握第一手资料，同工人和现场技术人员讨论，制定出切实可行的技术要求。另外，某些性能指标要求是相互矛盾的，如增加系统响应的快速性，往往会降低系统的稳定性，增大系统的最大超调量。因此，需要首先满足该系统主要的性能指标，或者采取折中方案，实现系统的整体优化。

9.1.2 系统构建

根据设计精度要求选择开环或闭环控制，通常采用闭环控制，结构如图 9.2 所示。闭环控制将实际输出与设定输出进行比较，控制器根据比较所得的偏差，驱动执行机构调整被控变量，使偏差逐渐减小。这一步的主要任务是构建能够达到预期控制要求的系统结构，设计者需要了解不同传感器和执行机构的优缺点及其适用范围，选择合适的传感器和执行机构。

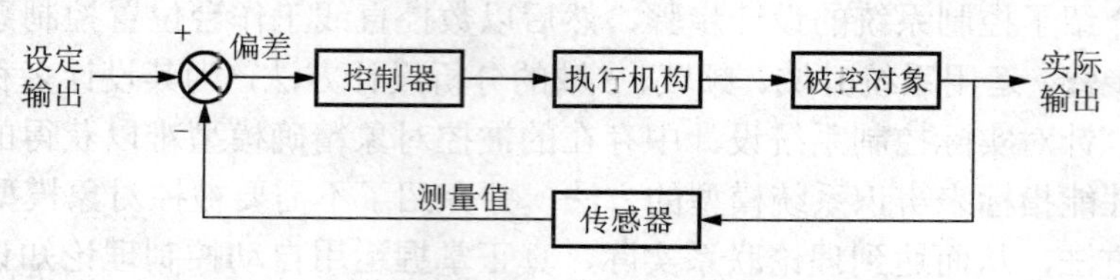

图 9.2 闭环反馈控制系统

1. 传感器的选择

分析系统需求，确定被控变量。除了被控变量外，还要考虑还有哪些变量对控制性能影响非常大，也需要实时监测。另外对于无法直接测量的关键变量可进行间接的测量。直接测量扰动量并反馈给控制器也能进一步改善系统的性能。

传感器需根据具体测量对象及测量环境合理地选用。测量同一物理量的传感器种类非常多，从测量原理上说有电磁式、机械式、光电式、压电式等。首先要根据被测量的特点和使用条件等考虑采用哪种原理的传感器更为合适，其次根据被测量的要求选择传感器的量程、精度、输出信号类型、灵敏度、分辨率、线性度、频率响应特性等。另外，还需要考虑传感器的质量、尺寸、成本、可靠性等因素。

2. 执行机构的选择

执行器机构能够根据控制命令改变被控对象的被控变量，要准确、迅速、精确、可靠地完成对被控对象的调整和控制。根据其能源来源分为电动式、液压式和气动式，常用的执行机构有直流电动机、交流电动机、步进电动机、液压缸、液压马达、气缸、电动调节阀等。

9.1.3 系统建模

建立控制系统的数学模型，包括控制对象、执行机构、传感器等环节。数学建模本身就是一种学问，是控制系统分析和设计的基本。在这一步，需要根据被控对象自身的物理规律，利用机械、电气、流体和热力学等知识建立描述系统动态特性的数学模型。由于系统的复杂性，了解和考虑所有的相关因素是不可能的，因此必须对系统做出一些合理的假设，忽略影响较小的因素来简化数学模型。本书介绍的大部分控制系统分析与设计均是以线性系统为基础的，但实际控制系统都存在严重的非线性，需要对数学模型进行适当的线性化处理，便于后续的设计分析。对于复杂的系统，当无法根据基础物理学知识获取系统的模型时，也可以通过测量系统在某典型输入下系统的响应输出，利用得到的数据建立分析模型，称为系统辨识。

9.1.4　控制器设计

从控制理论的角度，控制器的功能是使被控对象自动按照预定规律变换，指的是能够改善系统性能的各种校正方法、控制算法等。在设计中，控制器首先选用简单的增益（比例）放大器调整系统的增益，根据控制系统的数学模型，分析系统能达到什么性能指标，能否满足所要求的各项性能指标。若不能满足，则需要在原有系统中增加必要的元件和环节进行校正（第 6 章），调节校正网络参数，使闭环控制系统达到预期的性能要求。当系统获得所期望的性能时，实际设计工作完成；否则重复上述步骤，直到最终满足第一步中提出的性能指标要求。若性能指标要求过于苛刻，可根据实际情况放宽要求。另外，在很多时候，仅仅依靠校正装置对控制性能进行调整是远远不够的，可引入智能控制技术，如模糊控制、神经网络控制、专家系统、学习控制、分层递阶控制、遗传算法等，解决复杂系统的控制问题。

从实际系统设计的角度，控制器是指完成协调和指挥整个控制系统的决策装置，能够根据操作人员的指令和来自传感器的实时测量信号等自主决策控制执行机构的动作，实现控制算法的功能。从硬件上来说，控制算法的功能可以由集成电路实现，也可以由各种微控制器和计算机等来实现。因此，这一步还需要确定控制器的硬件以实现人机交互、信号采集和执行机构的驱动等。

9.1.5　样机生产

在实际进行生产之前，一般需要制造样机进行测试，最终检验其是否满足设计指标的要求。实际系统与系统设计模型之间存在的差异是不可避免的，如果测试不通过，需要重新设计选择传感器、执行机构、控制器等，对设计进一步完善。对于难以测试和重建的样机系统（如飞机、卫星、火星车等），设计修正可通过计算机辅助仿真来实现。

9.2　数控直线工作台位置控制系统设计实例

数控直线工作台能够根据控制指令准确地控制工作台移动到需要的位置，具有精度高、效率高、寿命长、磨损小、节能低耗、摩擦系数小、结构紧凑、通用性强等特点，目前已广泛运用于小型数控机床、断层射线扫描、激光切割焊接、机械手、涂胶、打孔等场合。数控直线工作台结构如图 9.3（a）所示，采用滚珠丝杠副为机械传动机构，将来自动力单元的回转运动变为与螺母固定在一起的工作台的直线运动，配合直线导轨副作为导向机构支持和限制工作台的运动方向。将两个单轴工作台垂直组合在一起可得到 x 轴和 y 轴两个方向可调节的 xy 工作台，如图 9.3（b）所示。本章以单轴数控直线工作台为例介绍控制系统的设计方法。

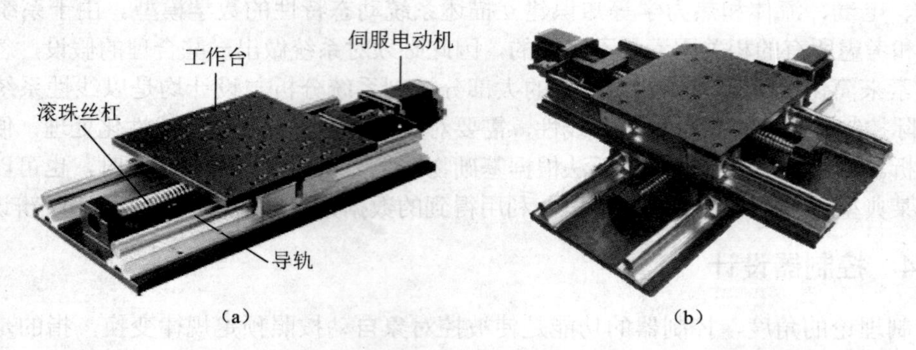

图 9.3　数控直线工作台

(a) 单轴数控直线工作台；(b) xy 数控直线工作台

9.2.1　系统构建

数控直线工作台位置控制方案主要有开环控制、半闭环控制和闭合控制三种，要综合考虑系统的精度、负载等因素来确定系统的控制方案。开环控制采用步进电动机为动力单元，当步进电动机接收到一个脉冲信号时，它就转动一个固定的角度（称为步距角），调整脉冲信号的个数能够精确控制其转过的角度，进而实现工作台的位置控制。该方案不包括位置检测传感器，因此当负载不大，精度要求不高时可采用此方案。半闭环控制和闭环控制都对系统进行了实时检测和反馈，但传感器的检测信号不同，半闭环控制利用角位移传感器来测量丝杠或电动机的旋转角度，闭环控制则利用直线位移传感器直接测量工作台的位移，因此，闭环控制的精度更高。本章以数控直线工作台的闭环控制系统设计为例来介绍控制系统的设计方法。

数控直线工作台闭环位置控制系统的工作原理如图 9.4 所示。控制系统的主要功能是：操作人员的控制指令经给定环节转换为工作台位置指令，与检测装置检测到的工作台实际位置进行比较，得到位置偏差，经过控制算法计算得到电动机控制量，并驱动伺服电动机转动以减少位置偏差，只要检测装置检测到的工作台实际位置与指令位置不一致，即位置偏差存在，电动机就会带动工作台移动，直至工作台达到指定位置。检测装置通常采用高精度的光栅尺，伺服电动机可采用直流电动机和交流电动机，考虑系统模型的复杂性，本章采用直流电动机作为执行机构。

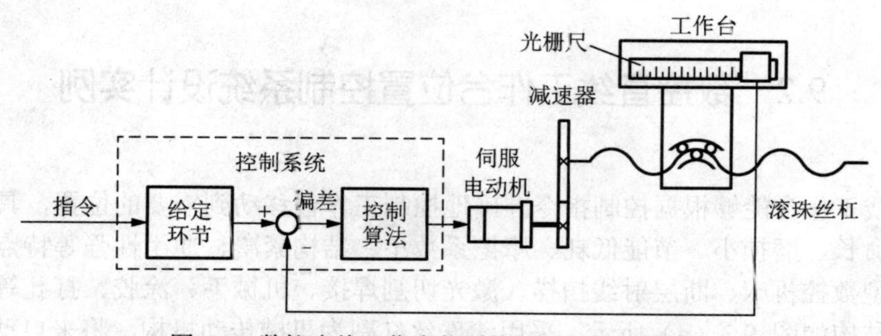

图 9.4　数控直线工作台位置控制系统的工作原理

9.2.2　系统建模

数控直线工作台的数学模型由伺服电动机、减速器、滚珠丝杠和工作台等部件组合起来的机电系统整体模型。

1. 执行机构模型

本章以电枢控制直流电动机为执行机构。直流电动机将电能转化成旋转运动的机械能，主要有定子、转子（电枢）、换向器和电枢组成。定子给转子电枢提供磁场，可能是永磁铁，也可能是电磁体。电枢绕组中通入直流电 u_a，在电枢回路中产生电枢电流 i_a，通电转子电枢在磁场中受安培力作用带动负载旋转。在定子磁场不变的情况下，通过控制施加在电枢绕组两端的电压，即电枢电流 i_a 来控制电动机的转速和输出转矩，其等效图如图 9.5 所示。

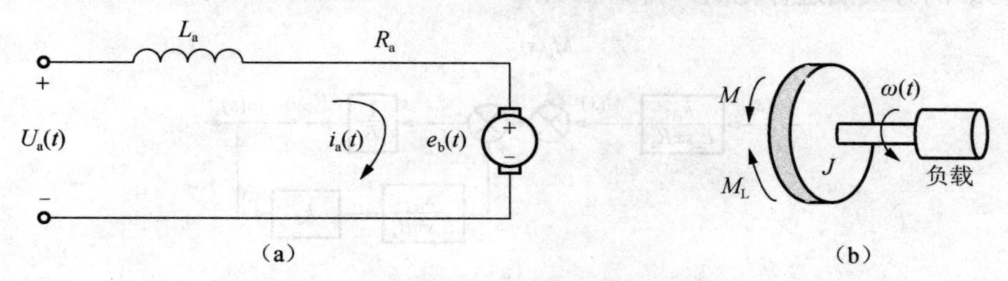

图 9.5　电枢控制式直流电动机等效图

（a）电枢电路；（b）转子的受力分析

根据基尔霍夫定律，电动机电枢回路的电压方程为

$$L_a \frac{\mathrm{d}i_a}{\mathrm{d}t} + i_a R_a + e_d = u_a \tag{9-1}$$

式中：L_a、R_a 分别为电枢等效电感和电阻；e_d 为电枢导体在磁场中切割磁力线产生的反相感应电动势。

当磁通固定不变时，与转速 ω 成正比，为

$$e_d = k_d \omega \tag{9-2}$$

式中：k_d 为反电动势常数。

定子绕组产生的励磁磁场磁通固定不变时，通电的电枢绕组在磁场中受到的电磁转矩 M 与电枢电流 i_a 成正比，为

$$M = k_m i_a \tag{9-3}$$

式中：k_m 为电动机的电磁力矩常数，与定子绕组产生的励磁磁场有关。

根据刚体定轴转动定律，电动机转子的运动方程为

$$J \frac{\mathrm{d}\omega}{\mathrm{d}t} = M - M_L \tag{9-4}$$

式中：J 为转动部分折算到电动机轴上的总转动惯量；M_L 为折算到电动机轴上的总负载力矩。

对式（9-1）～式（9-4）做拉氏变换得到

$$\begin{cases} L_a s I_a(s) + R_a I_a(s) = U_a(s) - E_d(s) \\ E_d(s) = k_d \omega(s) \\ M = k_m I_a(s) \\ Js\omega(s) = M - M_L \end{cases}$$

以电动机的输入电压 $U_a(s)$为输入，电动机的旋转角速度 $\omega(s)$为输出，绘制电动机方块图模型，如图 9.6 所示。

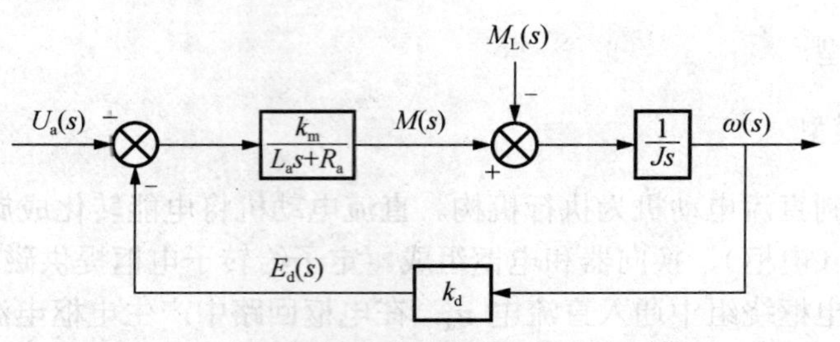

图 9.6　电枢控制式直流电动机的方块图模型

对图 9.6 的方块图进行化简，得到图 9.7。

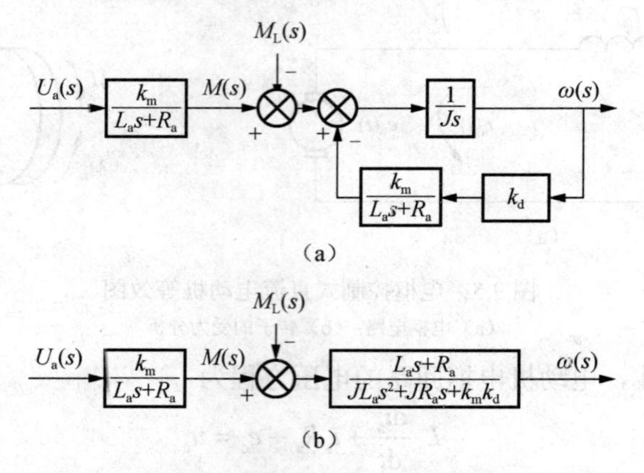

图 9.7　电枢控制式直流电动机的方块图简化过程

令负载力矩 $M_L(s)=0$，得到电枢控制式直流电动机的传递函数为

$$G_m(s)=\frac{\omega(s)}{U_a(s)}=\frac{k_m k_d}{JL_a s^2+JR_a s+k_m k_d} \tag{9-5}$$

2. 被控对象模型

电动机转过的角度 $\theta(t)$ 为电动机的角速度 $\omega(t)$ 的积分，经减速器后，丝杠转动的角度 $\theta_0(t)$ 为

$$\theta_0(t)=\frac{\theta(t)}{i} \tag{9-6}$$

式中：i 为减速器的减速比。

丝杠每旋转一圈工作台移动一个导程 p，因此工作台的位移 $x_0(t)$ 与丝杠的转角 $\theta_0(t)$ 成正比，即

$$x_0(t)=\frac{\theta_0(t)}{2\pi}\cdot p \tag{9-7}$$

对式（9-7）进行拉氏变换，得

$$\begin{cases}\theta(s)=\dfrac{\omega(s)}{s}\\[2ex]\theta_0(s)=\dfrac{\theta(s)}{i}\\[2ex]X_0(s)=\dfrac{p}{2\pi}\theta_0(s)\end{cases}$$

令 $k_i = \dfrac{p}{2\pi i}$，整理得该环节方块图如图 9.8 所示。

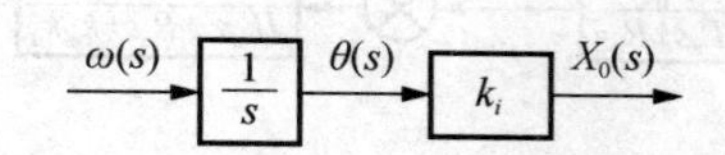

图 9.8　工作台位移方方块图模型

3. 传感器模型

光栅尺为光栅式线位移传感器，由标尺光栅（长光栅）、指示光栅（短光栅）和光电组件组成，长光栅固定在机床不动部件上，短光栅固定在机床移动部件上，长、短光栅以很小角度重叠在一起，由于光的干涉作用形成莫尔条纹，短光栅移动，在光敏元件上产生忽明忽暗的信号，整形成方波后输出。每产生一个方波，光栅移动了一个栅距，因此通过对脉冲计数便可得到工作台的移动距离。因此，以光栅尺作为检测反馈环节的传递函数为常数，即

$$G_s(s) = k_s \tag{9-8}$$

式中：k_s 为光栅尺输出信号对位移的放大倍数。

4. 控制器模型

控制器首先选用简单的增益放大器，将指令位移 $X_i(s)$ 调整到与传感器输出相同范围后，减去传感器的输出 $B(s)$，得到系统的偏差 $E(s)$，经过增益放大器 k_c 后控制直流电动机。

综上所述，数控直线工作台的整体方块图如图 9.9 所示。

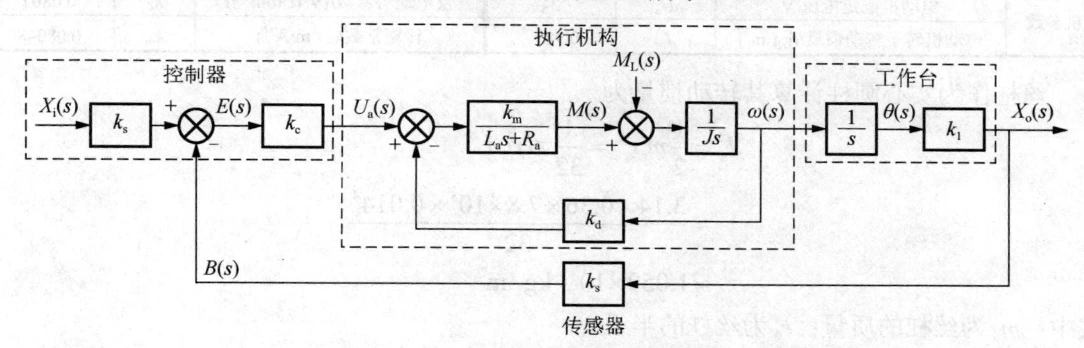

图 9.9　数控直线工作台位移控制系统整体方块图模型

将左侧第一个相加点左移进行简化，如图 9.10 所示。

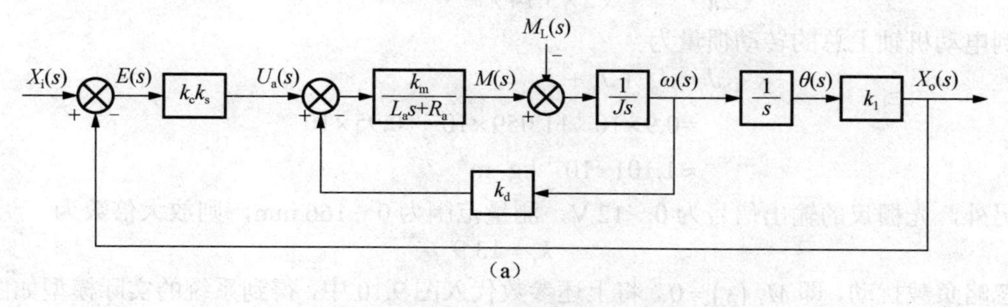

图 9.10　数控直线工作台位移控制系统简化方块图

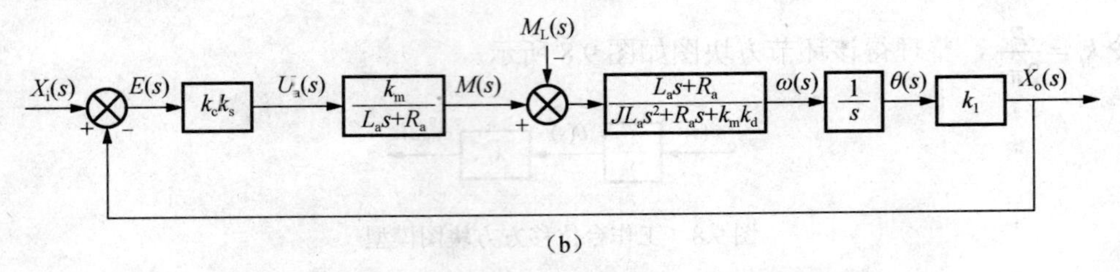

图 9.10 数控直线工作台位移控制系统简化方块图（续）

忽略负载力矩的变化，即 $M_L(s)=0$，得到系统在给定输入 $X_i(s)$ 下的闭环传递函数为

$$G_{x_i}(s)=\frac{k_m k_1 k_c k_s}{JL_a s^3+JR_a s^2+k_d k_m s+k_m k_1 k_c k_s} \tag{9-9}$$

5. 控制模型参数的确定

根据工作台的结构尺寸和直流电动机的说明书得到数控直线工作台的参数如表 9.1 所示。

表 9.1 数控直线工作台参数

	参数	符号	数值	参数	符号	数值
机械结构参数	工作台质量/kg	m_d	15	减速器减速比	i	5
	丝杠长度/mm	l	70	丝杠直径/mm	d_s	14
	丝杠导程/mm	p	5	丝杠密度/(g·cm^{-3})	P	7.8
直流电动机参数	电动机电阻/Ω	R_a	1.18	电动机电感/mH	L_a	1.37
	电动机额定电压/V	U_a	24	反电动势常数/(V·(r·min^{-1}))	k_d	0.0802
	电动机转子转动惯量/(kg·m^2)	J_m	0.9×9^{-4}	转矩常数/(N·m·A^{-1})	k_m	0.08048

丝杠作为实心圆柱计算其转动惯量为

$$\begin{aligned}J_s&=\frac{1}{2}m_s r_s^2=\frac{1}{32}\pi l\rho_s d_s^4\\&\approx\frac{3.14\times0.36\times7.8\times10^3\times0.014^4}{32}\\&\approx1.059\times10^{-5}\ \text{kg}\cdot\text{m}^2\end{aligned}$$

式中：m_s 为丝杠的质量；r_s 为丝杠的半径。

工作台的转动惯量为

$$J_d=\left(\frac{l}{2\pi}\right)^2 m_d\approx\left(\frac{0.005}{2\times3.14}\right)^2\times15\approx0.95\times10^{-5}\ \text{kg}\cdot\text{m}^2$$

折算到电动机轴上总的转动惯量为

$$\begin{aligned}J&=J_m+J_s+J_d\\&=0.9\times10^{-4}+1.059\times10^{-5}+0.95\times10^{-5}\\&\approx1.101\times10^{-4}\ \text{kg}\cdot\text{m}^2\end{aligned}$$

另外，光栅尺的输出信号为 0～12 V，测量范围为 0～166 mm，则放大倍数为

$$k_s=13.9$$

忽略负载扰动，即 $M_L(s)=0$，将上述参数代入图 9.10 中，得到系统的实际模型如图 9.11 所示。

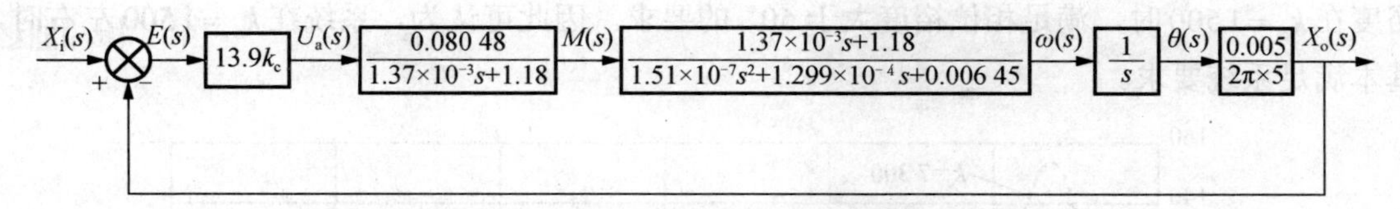

图 9.11 数控直线工作台位置控制系统实际模型

整理得系统的闭环传递函数为

$$G_{x_i}(s)=\frac{k_m k_1 k_c k_s}{JL_a s^3+JR_a s^2+k_d k_m s+k_m k_1 k_c k_s}=\frac{1.78k_c}{1.51\times10^{-3}s^3+1.299s^2+64.5s+1.78k_c} \quad (9\text{-}10)$$

系统的开环传递函数为

$$G_o(s)=\frac{k_m k_1 k_a k_s}{(JL_a s^2+JR_a s+k_d k_m)s}=\frac{1.78k_c}{(1.51\times10^{-3}s^2+1.299s+64.5)s} \quad (9\text{-}11)$$

9.2.3 控制器设计

数控直线工作台位置控制系统的性能指标如下：

（1）稳态性能指标：速度信号输入时其稳态误差为 $e_{ss}=0.005$。

（2）频域性能指标：相位裕度为 $\gamma\geqslant 50^\circ$，增益裕度为 $20\lg K_g\geqslant 10$ dB。

本节运用时域、频域、z 域的分析设计方法为数控直线工作台设计了增益调整、超前校正、PD 校正和数字控制器，来保证系统满足性能指标要求。

1. 增益调整

适当调整图 9.10 中的增益放大器 k_c 能够改善系统的闭环动态特性。图 9.12 为增益放大器 k_c 分别为 1 500、4 000 和 7 300 时，数控直线工作台在设定值 100 mm 的阶跃输入作用下的响应曲线。表 9.2 所示为在不同的增益下系统的频域和时域的性能指标的变化情况。

表 9.2 增益 k_c 对系统性能指标的影响

增益 k_c	最大超调量/%	调整时间/s	相位裕度/(°)	幅值裕度/dB
1 500	13.62	0.125	54.35	26.35
4 000	37.33	0.148	33.20	17.83
7 300	53.63	0.195	21.98	12.61

分析图 9.12 和表 9.2 可知，闭环传递系统中，调整系统的增益能够改变系统的性能，增益放大器相当于一个比例控制器，随着增益的 k_c 增大，系统的上升时间和到达峰值的时间在逐渐减小，说明系统的响应加快，但系统在设定值 100 mm 上下波动的次数增加，即系统的调整时间反而在增加，同时系统的最大超调量也增加了 4 倍。对于频域指标，相位裕度和幅值裕度都随着系统的增益的增加而减小，其中幅值裕度都大于 6 dB，满足指标要求，但相位

裕度在 $k_c = 1\,500$ 时，满足相位裕度大于 50° 的要求。因此可认为，系统在 $k_c = 1\,500$ 左右时，基本满足系统要求。

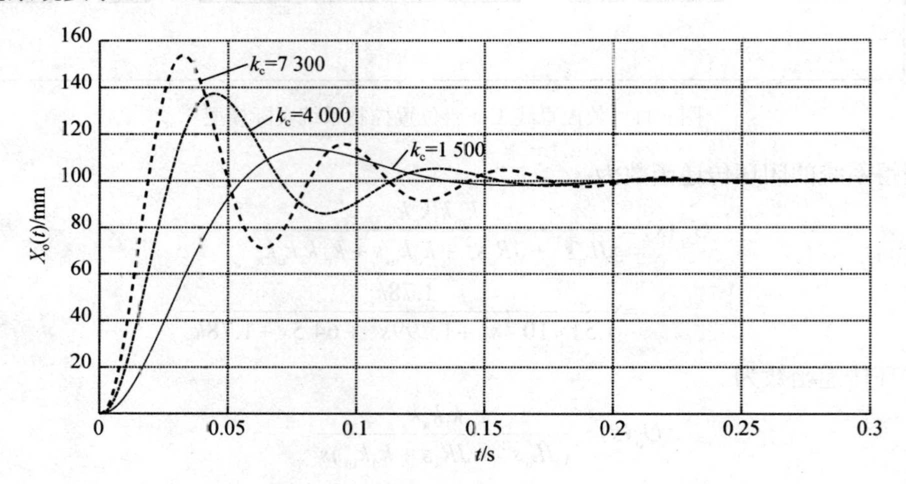

图 9.12　增益放大时系统阶跃响应曲线

2. 超前校正网络设计

研究系统的结构和参数变化对系统性能的影响时，在频域中分析比在时域中更容易些，可通过频率特性进行参数选择和系统校正，达到系统预期的性能指标。

数控直线工作台的开环传递函数可整理为标准形式，即

$$\begin{aligned} G_o(s) &= \frac{1.78k_c}{(1.51\times10^{-3}s^2+1.299s+64.5)s} \\ &= \frac{0.027\,6k_c}{(0.001\,2s+1)(0.018\,9s+1)s} \end{aligned} \tag{9-12}$$

由式（9-12）可知，待校正系统为 I 型系统。由稳态误差设计要求可知，

$$e_{ss} = \frac{1}{0.027\,6k_c}$$

解得增益 $k_c = 7\,246$ 。

待校正系统的开环频率特性函数为

$$G_o(j\omega) = \frac{200}{(0.001\,2j\omega+1)(0.018\,9j\omega+1)j\omega}$$

待校正系统的 Bode 图如图 9.13 所示，此时未校正系统的相位裕度为 22.1°，幅值裕度为 12.7，因此系统是稳定的。但相位裕度小于 50°，不能够满足给定的设计要求。为提高系统的相位裕度，需要引入相位超前校正网络，其传递函数为

$$G_c(s) = \frac{1+\alpha\tau s}{\alpha(1+\tau s)} \quad (\alpha > 1)$$

引入超前校正环节后，新的剪切频率会增加，会损失一定的相位裕度，因此在考虑相位超前量时需增加 5°，即所需要的最大相位超前角为

$$\varphi_m = 50° - 22.1° + 5° = 32.9°$$

对应地

$$\frac{\alpha-1}{\alpha+1}=\sin\varphi_{\rm m}=0.54$$

解得 $\alpha=3.35$。

相位超前环节的最大超前相角 $\varphi_{\rm m}$ 对应的频率为 $\omega_{\rm m}$，此时

$$10\lg\alpha=10\lg 3.35=5.25\ \text{dB}$$

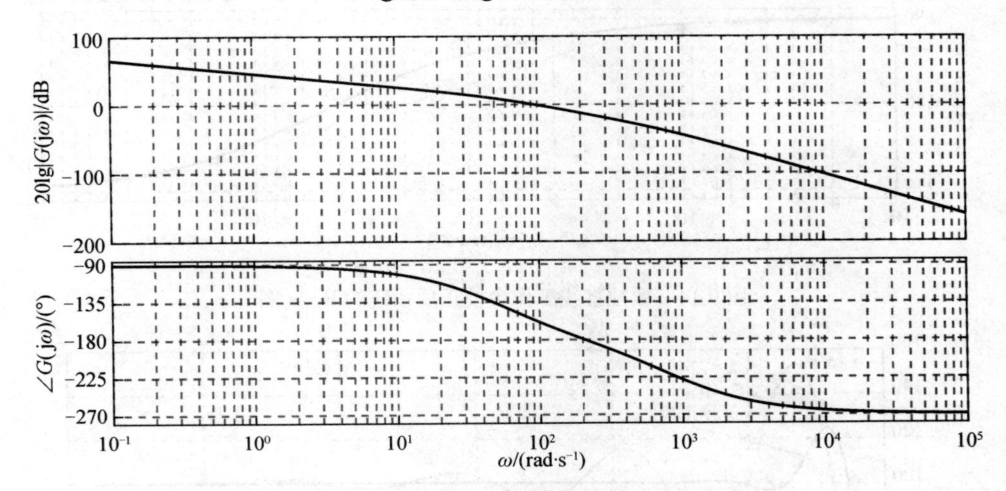

图 9.13　数控直线工作台未校正系统的 Bode 图

从系统的开环 Bode 图 9.13 上，可以找到幅值为−5.25 dB 对应的频率为 $\omega_{\rm m}=133.6\ \text{rad}\cdot\text{s}^{-1}$，这一频率就是校正后系统的剪切频率 $\omega_{\rm c}$，即

$$\omega_{\rm c}=\omega_{\rm m}=\frac{1}{\sqrt{\alpha\tau}}=133.6$$

解得 $\tau=0.0041$，$\alpha\tau=0.014$。

由此得相位超前校正环节为

$$G_{\rm c}(s)=\frac{1}{2.2}\cdot\frac{1+0.014s}{(1+0.0041s)}$$

为补偿超前校正造成的幅值的衰减，原来的开环增益需要增加 α 倍，即不影响校正后系统的增益，则校正后的开环传递函数为

$$G_{\rm c}(s)G_{\rm o}(s)=\frac{1+0.014s}{(1+0.0041s)}\cdot\frac{0.0276k_{\rm c}}{(0.0012s+1)(0.0189s+1)s}$$

校正后系统的 Bode 图如图 9.14 所示，与待校正系统相比，校正后系统的相位裕度由 22.1° 增加为 45.1°，幅值裕度由 12.7 增加为 16.1，剪切频率由 95.9° 增加为 134.7°，因此，超前校正环节使系统的相位裕度增加从而提高了相对稳定性。

上述 Bode 图无法直观的看出超前校正环节对系统时域性能的影响，因此，绘制系统的设定值为 100 mm 时校正前和校正后系统的闭环阶跃响应曲线，如图 9.15 所示。

从图 9.15 中可以看出，超前校正环节的加入，使系统的最大超调量由 53.5%减小为 24.7%，调节时间 0.195 s 缩短为 0.048 s，因此超前校正环节能够提高系统的响应速度，减少系统的最大超调量，提高了系统的动态特性，增加了系统的相对稳定性。

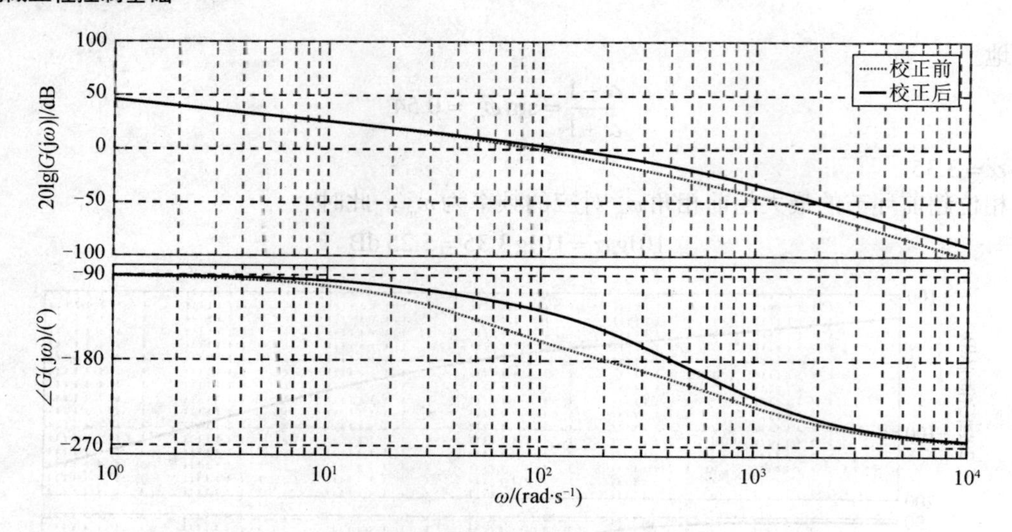

图 9.14 数控直线工作台校正后系统的 Bode 图

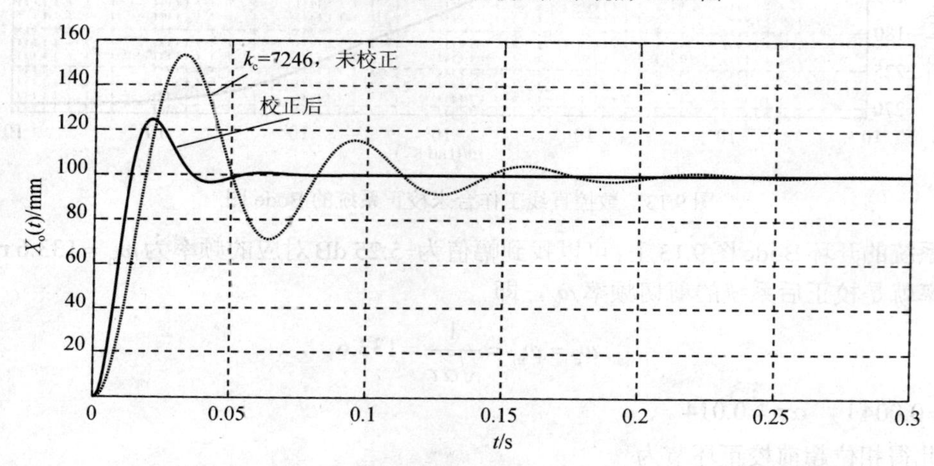

图 9.15 数控直线工作台校正后系统的 Bode 图

3. PD 校正设计

PD 校正环节的传递函数为

$$G_c(s)=K_p(T_d s+1)$$

式中：K_p 为比例系数；T_d 为微分时间常数。

调整 K_p 和 T_d 的大小，能够改善系统的稳态和动态特性。与超前校正的传递函数相比，PD 校正少一个惯性环节，但同样能够增加系统的相位裕度，提高系统的动态性能。

加入 PD 校正后，数控直线工作台的开环传递函数变为

$$G_c(s)G_o(s)=\frac{0.027\,6k_c}{(0.001\,2s+1)(0.018\,9s+1)s}K_p(T_d s+1)$$

为使校正后的系统为希望二阶最优模型，可消去系统的一个极点 $s=1/0.001\,2$，即令 $T_d=0.001\,2$，则系统的开环传递函数变为

$$G_c(s)G_o(s)=\frac{0.027\,6k_c}{(0.018\,9s+1)s}K_p$$

根据系统的稳态性能指标要求确定系统的增益 $k_c=7246$，校正后的闭环传递函数为

$$G_b(s)=\frac{10\,579.2K_p}{s^2+52.9s+10\,579.2K_p}$$

典型二阶系统闭环传递函数为

$$G(s)=\frac{\omega_n{}^2}{s^2+2\xi\omega_n s+\omega_n{}^2}$$

式中：ξ 为阻尼系数；ω_n 无阻尼振荡频率。

根据第 3 章中二阶系统的时域分析可知，二阶系统动态响应与阻尼系数 ξ 有直接关系，在工程上，一般希望二阶系统工作在 $\xi=0.4\sim0.8$ 的欠阻尼状态，且随着阻尼系数 ξ 的增加，二阶系统的单位阶跃响应最大超调量增加，上升时间减小，振荡特性加强。

二阶系统的单位阶跃响应的最大超调量只是阻尼系数的函数，表示为

$$\sigma_p=e^{-\frac{\xi\pi}{\sqrt{1-\xi^2}}}\times100\%$$

如果系统的设计要求中给出了最大超调量的指标，可根据这个指标来计算校正后系统的阻尼系数。本设计要求中未给出最大超调量的要求，因此，可在 0.4～0.8 间任意选择阻尼系数的值，优先选择工程最佳阻尼系数 $\xi=1/\sqrt{2}$，二阶系统的参数为

$$\begin{cases}2\xi\omega_n=52.91\\ \omega_n{}^2=10\,579.2k_p\end{cases}$$

代入 $\xi=1/\sqrt{2}$，解得 $\omega_n=37.4$，$k_p=0.132$。则校正后系统的传递函数为

$$G_b(s)=\frac{1\,399.7}{s^2+52.9s+1\,399.7}$$

校正后系统的 Bode 图和阶跃响应如图 9.16 所示。

从图 9.16 中闭环响应曲线可以看出，PD 控制器和超前校正环节一样能够减少系统的最大超调量，由校正前的 53.46%减少为 4.32%，增加了系统的相对稳定性。PD 校正的调节时间为 0.159s，略小于校正前的调整时间，但明显高于超前校正，因此，PD 校正在提高系统的响应速度上比超前校正略逊色。从图 9.16 中系统的 Bode 图中可以看出，虽然校正后剪切频率变小，但系统的相位曲线上移，且未穿过−180°，因此，校正后系统的相位裕度由 22.1°变为 66.5°，满足系统的设计要求。

4. 数字控制器设计

目前，控制系统中大多采用了嵌入式、计算机等来实现控制器的作用，其基本方块图如图 9.17 所示。这一类控制器只能处理数字量，称为数字控制器，因此需要加入模/数转换器（A/D）将传感器输出信号转换成数字信号送给控制器，利用数/模转换器（D/A）将控制器输出的数字信号转换成模拟信号来控制执行机构动作。

当控制系统的采样周期较小时，可以将控制系统看作是一个连续的系统，采用前几种模拟控制器设计方法来设计，然后再将控制器离散化用于数字控制系统。当采样周期较大或对

控制性能要求较高时，需要利用离散系统的知识在 z 域上直接设计数字控制器。本节从离散系统分析设计入手，为数控直线工作台的设计一个最小拍数字控制器。

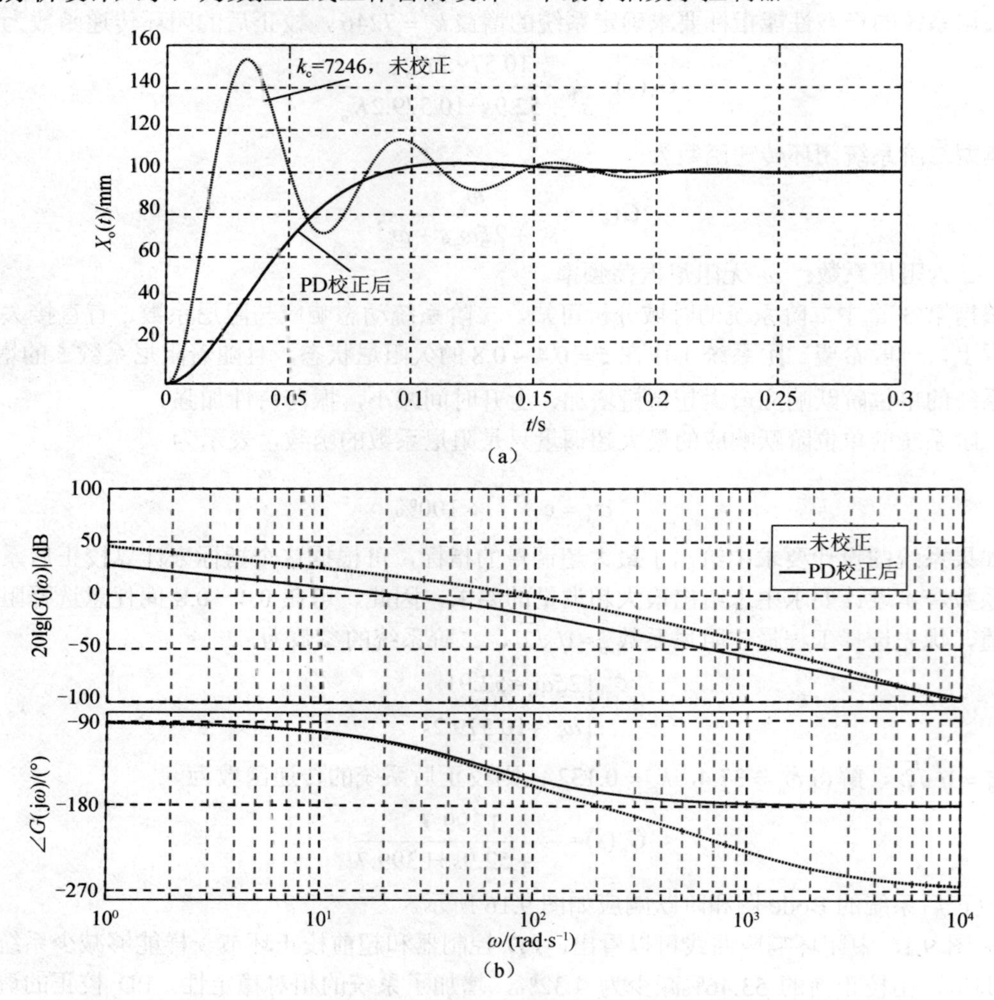

图 9.16　数控直线工作台 PD 校正前后性能比较

（a）数控直线工作台闭环阶跃响应曲线；（b）数控直线工作台校正前后系统的 Bode 图

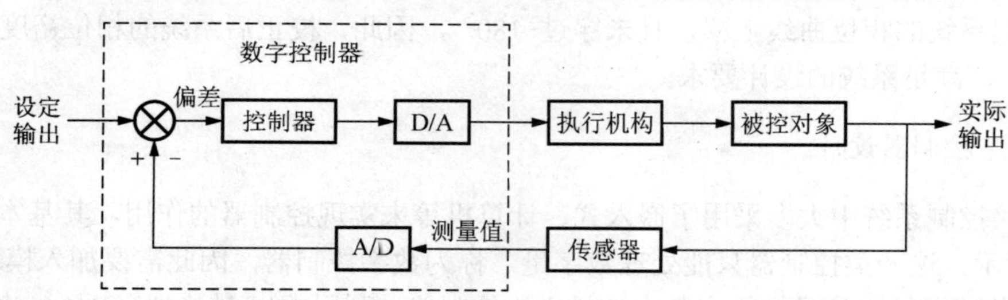

图 9.17　数字控制系统典型结构方块图

为简化设计过程，忽略电动机的电感值 L_a 和负载变化的影响，则系统方块图 9.9 可简化为图 9.18。

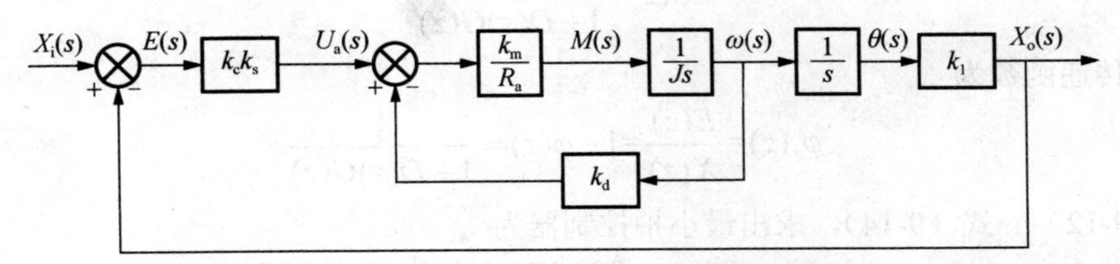

图 9.18　数控直线工作台简化二阶模型方块图

数控直线工作台的二阶开环传递函数为

$$G_p(s)=\frac{k_m k_1 k_c k_s}{(JR_a s+k_d k_m)s}=\frac{1.78}{1.299s^2+64.5s}$$

利用数字控制器替代增益放大器，则控制系统的方块图如图 9.19 所示。其中，采样周期 $T=0.1\,\mathrm{s}$，$D(z)$ 为数字控制器，$G(z)$ 为包括零阶保持器的广义控制对象的脉冲传递函数。

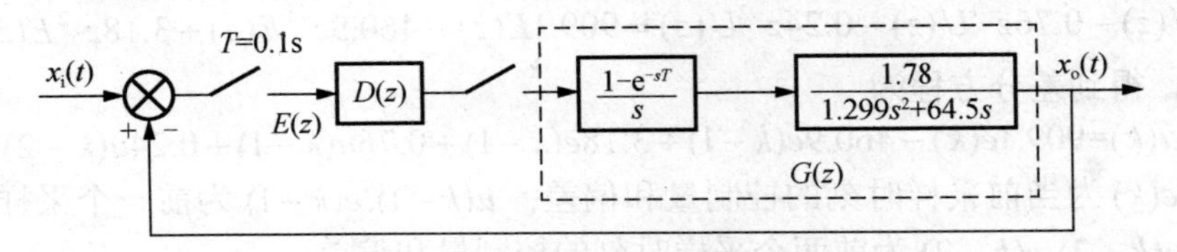

图 9.19　数控直线工作台数字控制系统方块图

首先，求广义对象的脉冲传递函数

$$\begin{aligned}G(z)&=Z\left(\frac{1-e^{-sT}}{s}\frac{1.78}{1.299s^2+64.5s}\right)\\&=(1-z^{-1})Z\left(\frac{1.37}{(s+49.65)s^2}\right)\\&=(1-z^{-1})Z\left(\frac{0.006}{s+49.69}-\frac{0.006}{s}+\frac{0.276}{s^2}\right)\\&=\frac{0.002\,208z^{-1}+0.000\,532\,7z^{-2}}{(1-z^{-1})(1-0.007z^{-1})}\end{aligned}$$

最小拍控制是指系统在典型信号（如阶跃信号、速度信号、加速度信号等）输入下，经过最少个采样周期使系统输出的稳态误差为 0。本节设计一个在单位速度输入下的最小拍控制器。

输入为单位速度信号，即 $x_i(t)=t$，则

$$X_i(z)=\frac{Tz^{-1}}{2(1-z^{-1})^{-2}}$$

对于最小拍控制，在单位速度输入时，误差脉冲传递函数应该为

$$\varphi_e(z)=(1-z^{-1})^2 \qquad (9\text{-}13)$$

$$\varphi(z)=2z^{-1}-z^{-2}$$

控制系统的闭环脉冲传递函数为

$$\varphi(z)=\frac{D(z)G(z)}{1+D(z)G(z)} \tag{9-14}$$

误差脉冲传递函数为

$$\varphi_e(z)=\frac{E(z)}{X(z)}=1-\varphi(z)=\frac{1}{1+D(z)G(z)} \tag{9-15}$$

根据式（9-12）～式（9-14），求出最小拍控制器为

$$D(z)=\frac{\varphi(z)}{\varphi_e(z)G(z)}=\frac{909.1(1-0.5z^{-1})(1-0.007z^{-1})}{(1+0.24z^{-1})(1-z^{-1})} \tag{9-16}$$

数字控制器都是由软件实现的，即用某种编程语言（C 语言等）来实现，因此需要将其转换为便于计算机编程的差分方程的形式。将式（9-15）整理成

$$D(z)=\frac{U_o(z)}{E_i(z)}=\frac{909.1-460.9z^{-1}+3.18z^{-2}}{1-0.76z^{-1}-0.24z^{-2}}$$

解得

$$U(z)-0.76z^{-1}U(z)-0.24z^{-2}U(z)=909.1E(z)-460.9z^{-1}E(z)+3.18z^{-2}E(z)$$

做 Z 反变换，得到差分方程为

$$u(k)=909.1e(k)-460.9e(k-1)+3.18e(k-1)+0.76u(k-1)+0.24u(k-2)$$

式中：$u(k),e(k)$ 为当前采样时刻的控制量和偏差；$u(k-1),e(k-1)$ 为前一个采样时刻的控制量和偏差；$u(k-2),e(k-2)$ 为前两个采样时刻的控制量和偏差。

数字控制器本质上是根据当前时刻和之前的偏差和控制量计算出当前时刻的控制量，可以非常方便地采用某种编程语言实现对偏差和控制量的加减乘除运算。

对上述控制系统进行仿真，得到系统对于速度输入的响应曲线如图 9.20 所示。

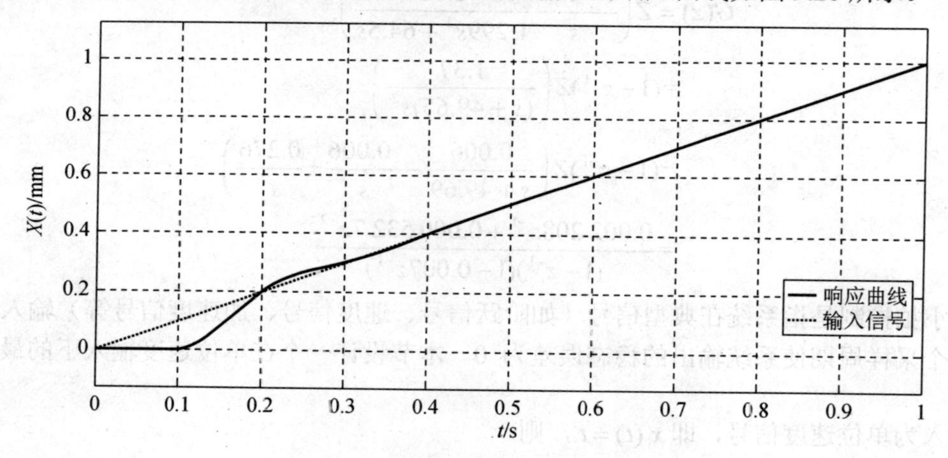

图 9.20　最小拍控制器速度响应曲线

从图 9.20 中可以看出，最小拍控制器在 0.1 s 采样时刻检测到偏差存在，然后控制器开始发挥作用，经过两个采样周期，响应曲线与输入信号完全重合。

最小拍控制器对输入信号变化的适应能力较差，系统对于阶跃输入和加速度输入的响应曲线如图 9.21 所示。当输入信号变为单位阶跃信号时，从图 9.21 中可以看出在第一个采样时刻，产生大于 100%的最大超调量。当输入信号变为单位加速度信号时，输入与响应之间总是

存在偏差。因此，针对某种特定输入设计的最小拍控制器，当输入信号改变时，系统的性能将变坏，输出响应不理想，在控制器设计时需认真考虑输入信号的形式。

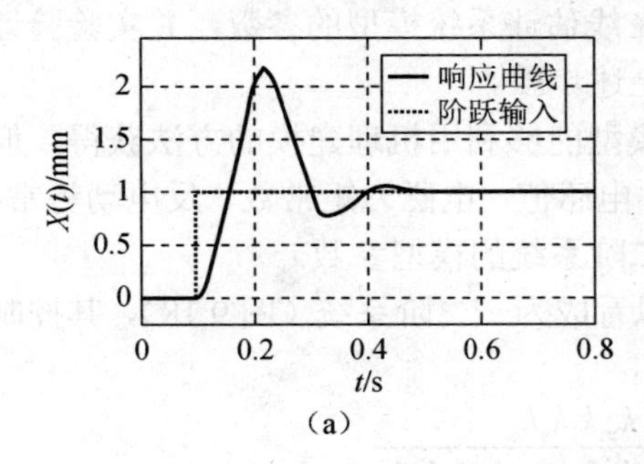

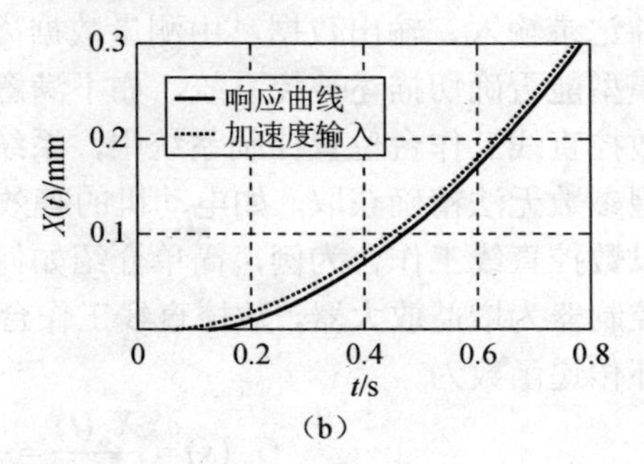

图 9.21　最小拍控制器其他输入信号响应曲线

（a）阶跃响应；（b）加速度响应

综上所述，控制系统设计的方法多种多样，每一种控制算法的适用情况也各不相同，对于增益调整、超前校正、PD 校正 3 种方法相比，超前校正后系统的动态性能最好。系统设计过程中，必须对被控对象的特性、生产工艺的技术要求，被控对象受到的主要扰动、被控对象在整个生产过程中的地位及与其他系统的关系等进行深入的了解，选择正确的控制方案。控制方案也不仅仅局限于上述方法，最优控制、模糊控制、神经网络、遗传算法等先进智能控制算法也逐渐应用到工业实际生产中。

9.3　系统辨识

本书所有的控制系统分析设计都是假设系统的数学模型已知，动态特性已知，且在运行过程中其特性不发生未知变化。也就是说，只有得到系统精确的数学模型，才能对系统进行分析，改善系统的动态和稳态性能，设计一个性能良好的控制系统。

第 2 章中系统数学模型的建立都是根据系统内在的运行机理，利用各个学科领域的物质能量守恒性、连续性原理或其他有关物理定律以及系统的结构与参数，来推导出系统的数学模型。在建立模型的过程中需要做一些合理性的假设，在保证模型精度的前提下又尽可能的简单。即便如此，这种方法也只适用于较简单的系统。在实际控制工程中，被控对象十分复杂，或多或少都具有非线性和时变性，依靠机理分析方法建立其精确的数学模型几乎是不可能的。另外，被控对象的特性在运行过程中也会发生变化，例如，导弹在飞行过程中重心的位置随燃料的消耗而变化；大型数控直线工作台在加工中工件质量变化明显，电动机负载扰动不可忽略。

当对复杂系统的运行机理不了解，无法运用机理分析的方法建模时，可以利用实验建模方法，对其施加某种测试信号，并记录其输出响应，然后根据这些输入、输出数据确定系统模型结构和模型参数，这种方法也被称为系统辨识。系统辨识是在实际生产中最常用的建模方法，已经发展为一门独立的学科。

通过辨识的方法建立被控对象的数学模型，主要包括两步：首先，假定被控系统的数学模型，可以是本书介绍过的微分方程、传递函数、状态方程等参数模型，也可以是脉冲响应模型、阶跃响应模型、频率响应模型等非参数模型；其次，选择适当的激励信号作用于系统上，并记录输入、输出数据，由测量数据离线或在线估计系统模型的参数，并实验验证所确定的模型能否确切描述被控系统，如不满意重复上述步骤。

数控直线工作台位置控制系统中，系统数学模型能够利用机理建模的方法获得，但是部分模型参数无法精确获取，如电动机的等效电容、电感值、电磁力矩常数、反电动势常数等。本节以数控直线工作台为例，简单介绍如何辨识二阶系统的模型参数。

控制器为增益放大器，数控直线工作台可近似看成为一二阶系统（图 9.18），其控制系统的闭环传递函数为

$$G_{x_i}(s)=\frac{X_o(t)}{X_i(t)}=\frac{k_m k_1 k_s k_c}{JR_a s^2+k_d k_m s+k_m k_1 k_c k_s}$$

将其化为二阶系统的标准形式

$$G_{x_i}(s)=\frac{{\omega_n}^2}{s^2+2\xi\omega_n s+\omega_n}=\frac{\dfrac{k_m k_1 k_s k_c}{JR_a}}{s^2+\dfrac{k_d k_m}{JR_a}s+\dfrac{k_m k_1 k_c k_s}{JR_a}}$$

式中：无阻尼振荡频率 $\omega_n=\sqrt{\dfrac{k_m k_1 k_s k_b}{JR_a}}$；阻尼系数 $\xi=\dfrac{k_d}{2}\sqrt{\dfrac{k_m}{JR_a k_1 k_s k_c}}$。

第 3 章介绍了二阶系统的时域分析，以阶跃响应为例建立了时域性能指标，即稳态响应 $x(\infty)$、调整时间 t_s、最大超调量 σ_p 等与阻尼系数 ξ 和无阻尼振荡频率 ω_n 之间的关系。反过来，如果给数控直线工作台一个阶跃信号，记录其响应曲线，并从曲线中得到了上述时域性能指标，则可以利用上述指标计算出系统的阻尼系数 ξ 和无阻尼振荡频率 ω_n。

已知数控直线工作台的单位阶跃响应曲线如图 9.22 所示，系统的最大超调量为 13.6%，调整时间为 0.114 s。

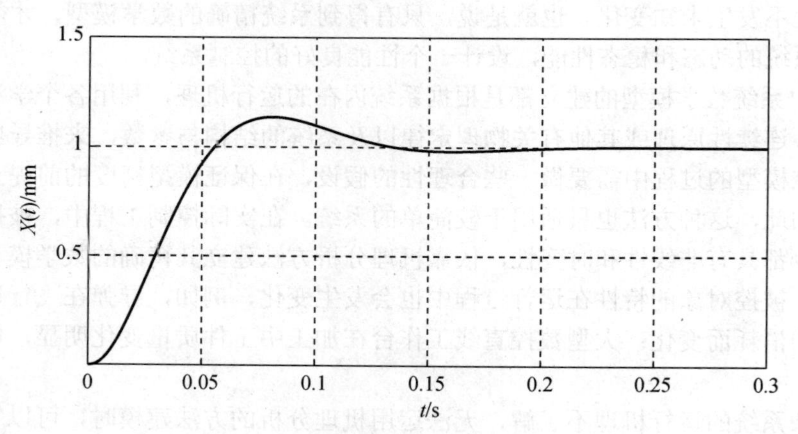

图 9.22　数控直线工作台单位阶跃响应

二阶系统单位阶跃响应的最大超调量和阻尼系数之间的关系为

$$\sigma_p = e^{-\frac{\xi\pi}{\sqrt{1-\xi^2}}} \times 100\%$$

解得

$$\xi = \sqrt{\frac{(\ln\sigma_p)^2}{\pi^2 + (\ln\sigma_p)^2}} \approx 0.536$$

二阶系统的调整时间由无阻尼振荡频率和阻尼系统共同决定，近似表示为 $t_s \approx \frac{4}{\xi\omega_n}$，解得

$$\omega_n = \frac{4}{\xi t_s} \approx 65.46$$

因此，辨识出来的系统传递函数为

$$G(s) = \frac{65.46}{s^2 + 70.17s + 65.46}$$

同样，也可以利用一阶系统的单位阶跃响应来确定其参数。这只是系统辨识最简单的应用。另外，将系统辨识与自适应控制结合在一起，算法能够适应被控对象特性和环境条件的变化，获得高品质的控制性能，是自动控制领域的重要研究方向之一。

9.4　PID 控制参数工程整定方法

9.2 节中控制系统理论设计方法复杂烦琐，需要对控制理论有深入的理解，并且数学模型总是存在误差，实际控制效果与仿真结果存在差距。PID 控制结构简单易于实现，且不依赖被控对象的数学模型，能够通过实验的方法整定参数，在各种不同的工作条件下都能够保持较好的工作性能，因此在实际工业生产过程中得到了广泛应用。

PID 控制是对给定值与实际值的偏差进行比例、积分、微分运算，形成控制量输出给执行机构，其传递函数为

$$G_c(s) = K_P + K_I\frac{1}{s} + K_D s$$

式中：K_P 为比例系数；K_I 为积分系数；K_D 为微分系数。

其等价形式为

$$G_c(s) = K_P\left(1 + \frac{1}{T_I s} + T_D s\right)$$

式中：T_I 为积分时间常数；T_D 为微分时间常数。

实际应用中还可以忽略其中几项构成 PD 控制器和 PI 控制器。只要合理选择 PID 控制器的参数，既可以提高控制器的稳态性能，又可以提高控制器的动态性能。因此，参数整定对于 PID 控制最为重要，是决定控制品质的决定因素。

对于比较复杂的控制对象，且数学模型难以建立时，在系统的设计和调试中，可以考虑借助实验，采用以下方法来整定 PID 控制参数。

9.4.1 稳定边界法

稳定边界法是基于系统的闭环阶跃响应曲线来整定 PID 参数的，具体步骤是：令控制器的积分环节和微分环节输出为 0，先取比例系数为较小的任意值，然后逐渐增加比例系数，直到闭环系统进入连续等幅振荡为止，记录此时的比例系数为临界比例增益 K_u，振荡周期为 T_u，如图 9.23 所示。

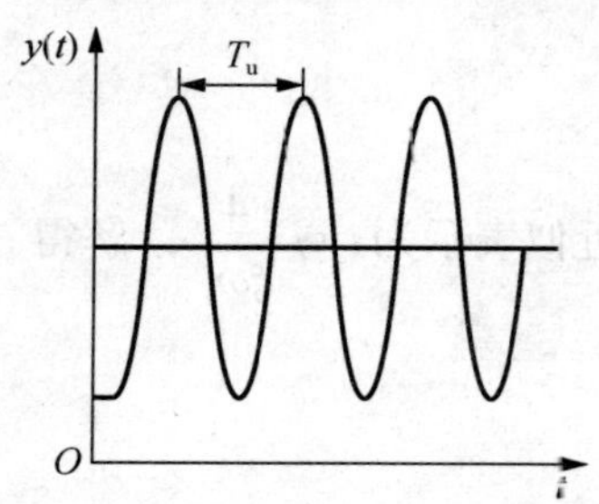

图 9.23 阶跃输入下的临界振荡状态

PID 控制的参数经验公式如表 9.3 所示。首先选择控制器的类型，然后根据表 9.3 中的公式计算控制器参数，观察该参数下系统的响应曲线，如果不满足设计要求，可适当微调，直到获得满意的控制效果。

表 9.3 稳定边界法 PID 参数经验公式

控制器类型	PID 参数设定值		
P 控制	$K_P=0.5K_u$	—	—
PI 控制	$K_P=0.45K_u$	$K_I=0.54K_u/T_u$	—
PID 控制	$K_P=0.6K_u$	$K_I=1.2K_u/T_u$	$K_D=0.075\,4K_uT_u$

9.4.2 衰减曲线法

很多系统在调试过程中不允许出现等幅振荡，此时可以从较低增益慢慢增加，观察闭环响应曲线第一个峰值和第二个峰值的衰减比，当衰减比 $y_1 : y_2$ 达到 4 : 1，也就是说振荡幅值在一个周期内衰减到原来的 1/4，如图 9.24 所示。记录此时的比例系数为 K_s，振荡周期为 T_s。

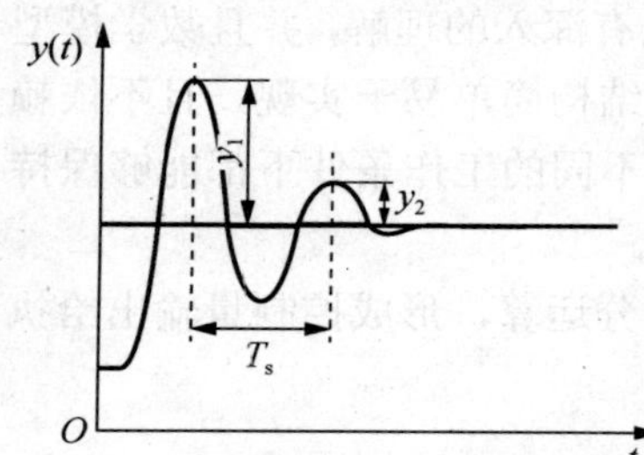

图 9.24 阶跃输入下的衰减响应曲线

PID 控制的参数经验公式如表 9.4 所示。与稳定边界法相同，首先选择控制器的类型，然后根据经验公式计算控制器参数，观察控制效果，再适当调整参数，直到获得满意的控制效果为止。

表 9.4 衰减曲线法 PID 参数经验公式

控制器类型	PID 参数设定值		
P 控制	$K_P=K_s$	—	—
PI 控制	$K_P=0.83K_s$	$K_I=0.5T_s$	—
PID 控制	$K_P=1.25K_s$	$K_I=0.3T_s$	$K_D=0.1T_s$

9.4.3 试凑法

试凑法是从长期的生产实践中总结出来的一种整定方法，通过模拟或实际的系统闭环运行，观察不同控制参数下系统对于阶跃输入的响应曲线，根据 PID 控制各个环节的作用，反复试凑，不断修改参数，直到获得满意的控制效果。这种方法不需要对控制理论有深入的理解，易于现场操作工人理解掌握，因此在实际工程中应用最广泛的一种整定方法。

运用此方法调整 PID 控制参数需要了解各个控制参数对系统性能的影响，各个控制参数的介绍如下：

1. 比例控制

比例系数 K_P 直接决定着控制作用的强弱，增大 K_P 能够减小系统的稳态误差，提高系统的响应速度，但过大则会使系统动态性能变坏，产生有较大的超调，甚至产生振荡导致系统不稳定。

2. 积分控制

在比例作用基础上加上积分作用能够减小或消除系统的静差，同时系统的相位裕度会减少，稳定程度变差。因此，增大积分系数 K_I 或减小积分时间常数 K_I 会使系统的超调增加，调节时间变长，从而使系统的稳定性变坏。

3. 微分控制

微分控制与偏差的变化速度成正比，因此能够产生超前控制作用，阻止偏差的变化。增大微分系数 K_D 加快系统的响应速度，减少调节时间，且有助于减少系统的超调，减少振荡，增加系统的稳定性，但它使系统对扰动比较敏感，使系统抗干扰能力下降。

参考上述 PID 参数对系统性能影响，按照“比例—积分—微分”的顺序依次整定各个参数，具体步骤如下：

首先，只采用比例控制，即积分系数 K_I 和微分系数 K_D 均为 0，从小到大调整 K_P，观察系统的响应曲线，若系统的最大超调量、调节时间和稳态误差已满足要求，则只采用比例控制即可；若不满足要求，则需要加入其他控制环节。

其次，在只采用比例控制的情况下，如果系统的稳态误差不满足设计要求，则加入积分控制。此时，需要先将原来的比例作用调小，例如，取 $0.8K_P$ 代替原来的 K_P，积分系数 K_I 先设为一个较大的数，观察系统的响应曲线，然后逐步减小 K_I，直到系统的稳态误差满足要求。可反复测试多组参数值，从中确定最合适的参数，使系统的稳态和动态特性都满足要求。

最后，如果系统的动态特性不满足设计要求，如最大超调量过大，调节时间过长，则需要加入微分控制。微分系数 K_D 同样采用从小到大的顺序逐渐加大微分的作用，直到使系统的稳态和动态特性都满足要求。试凑出多组 PID 控制参数，从中找出最佳的一组。

PID 参数整定是一个比较烦琐的工作，由于系统非线性、时变性的影响，整定好的参数在系统状态发生变化时可能就不能满足系统控制的要求，需要重新整定。随着控制理论的发展，出现了各种各样的参数在线自整定的方法，如模糊 PID 等，详细内容可查阅相关文献。

习　　题

9-1　某化学反应器的生产率是催化剂的函数，其模型如图题 9-1 所示，其中系统延时为 T=50 s，时间常数约为 40 s，增益常数 K=1，使用 Bode 图法设计合适的校正网络，是系统对

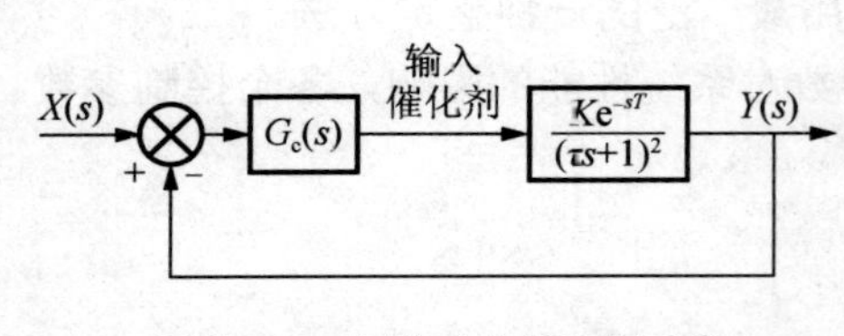

图题 9-1　化学反应的控制系统

阶跃响应的稳态误差小于 0.1，并计算校正后系统的调节时间。

9-2　数控六角车床控制系统的方块图如图题 9-2 所示，其中 n=0.1，J=10^{-3}，b=10^{-2}。设计一个合适的校正网络，串入晶闸管前面，增益 K_R=5，使系统的阻尼系数为 0.7，最大超调量小于 5%，速度响应的稳态误差为 2.5%。

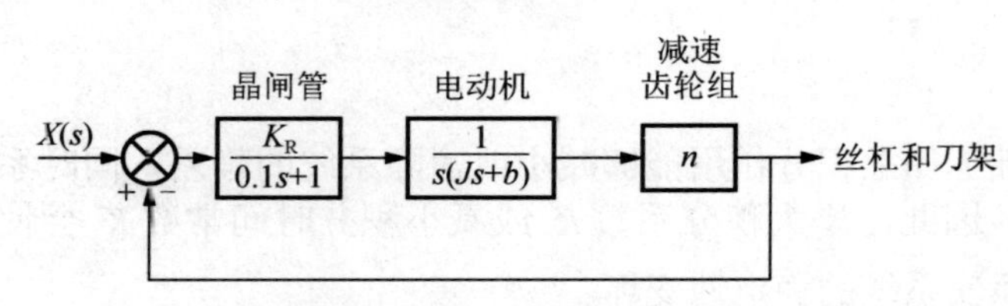

图题 9-2　六角车床控制系统

参 考 文 献

[1] 胡寿松．自动控制原理[M]．4 版．北京：科学出版社，2008．

[2] 冯巧玲．自动控制原理[M]．北京：北京航空航天大学出版社，2003．

[3] 吴仲阳．自动控制原理[M]．北京：高等教育出版社，2005．

[4] 田玉平．自动控制原理[M]．2 版．北京：科学出版社，2013．

[5] 李友善．自动控制原理[M]．3 版．北京：国防工业出版社，2014．

[6] 杨智，范正平．自动控制原理[M]．北京：清华大学出版社，2010．

[7] 张正方，李玉清，康远林．新编自动控制原理题解[M]．武汉：华中科技大学出版社，2003．

[8] 杨叔子，杨克冲，吴波，等．机械工程控制基础[M]．6 版．武汉：华中科技大学出版社，2011．

[9] 鄢景华．自动控制原理[M]．3 版．哈尔滨：哈尔滨工业大学出版社，2010．

[10] 熊良才，杨克冲，吴波．机械工程控制基础学习辅导与题解（修订版）[M]．武汉：华中科技大学出版社，2013．

[11] 董玉红，徐莉萍．机械控制工程基础[M]．2 版．北京：机械工业出版社，2013．

[12] 董景新，赵长德，郭美凤，等．控制工程基础[M]．4 版．北京：清华大学出版社，2015．

[13] 孟庆明．自动控制原理（非自动化类）[M]．2 版．北京：高等教育出版社，2008．

[14] 祝守新，邢英杰，关英俊．机械工程控制基础[M]．2 版．北京：清华大学出版社，2015．

[15] 罗忠，宋伟刚，郝丽娜，等．机械工程控制基础[M]．3 版．北京：科学出版社，2018．